빛과 생물과 신앙으로 살펴본
창조와 진화의 비밀 2

빛과 생물과 신앙으로 살펴본
창조와 진화의 비밀 2

초판 1쇄 인쇄　2009년 9월　5일
초판 1쇄 발행　2009년 9월 10일

지은이 | 허헌구
펴낸이 | 金泰奉
펴낸곳 | 한솜미디어
등　록 | 제5-213호

편　집 | 박창서, 김주영, 김미란
마케팅 | 김영길, 김명준
홍　보 | 장승윤

주　소 | (우143-200) 서울시 광진구 구의동 243-22
전　화 | (02)454-0492
팩　스 | (02)454-0493
이메일　hansom@hansom.co.kr
홈페이지　www.hansom.co.kr

값 15,000원
ISBN 978-89-5959-200-5 (04470)
ISBN 978-89-5959-198-5 (04470)　 (세트 2권)

*저자의 독창적인 이론(진술)이나 가설을 무단 전재하는 것을 금합니다
*잘못 만들어진 책은 구입하신 서점에서 친절하게 바꿔드립니다

빛과 생물과 신앙으로 살펴본
창조와 진화의 비밀 2

아름다운 생태계의 설계 비밀은?
신은 왜 지구를 애초에 낙원으로 만들지 않았는가?
생물신체기계의 구조와 작동원리는?
만물은 왜 서로 의사소통을 하는가?
텔레파시(정신감응)는 무엇인가?
신은 왜 천지창조를 했어야만 했는가?
생명의 말씀이 기록되어 있는 DNA 테이프는?

허헌구 지음

한솜미디어

| 머리말 |

신체를 만드는 생물분자로봇과 생물분자로봇을 만드는 DNA분자로봇

 오늘날 세계적인 큰 자동차 생산공장에서는 여러 종류의 자동차로봇들에 의해 자동차가 자동으로 만들어진다. 자동차 공장의 로봇들은 인간의 지적설계로 인간이 만들었고, 만들어진 자동차로봇들은 망가질 때까지 이유 없이 인간의 설계의도대로 자동차를 만들어낸다.
 로봇이 하는 일을 구태여 인간이 직접 할 필요가 없다. 만일 인간의 기술이 고도로 영적으로 좋다면 로봇도 로봇공장에서 영적인 컴퓨터 프로그램이 들어 있는 영적인 로봇에 의해 자동으로 만들어지게 할 수 있다.
 사람의 설계프로그램에 따라 자동차로봇들에 의해 마침내 자동차가 자동으로 만들어져 작동된다. 생물의 신체기계도 신체를 자동으로 만들어지게 하는 생물로봇이 필요한데 바로 생물로봇이 영적인 단백질분자로봇이고, 단백질분자로봇을 만들게 하는 유능한 영적인 로봇은 세포 속에 있는 DNA분자로봇이다.
 그러므로 생물신체 속에는 신체기계를 만들게 하는 단백질분자로봇과 단백질분자로봇을 만들게 하는 DNA분자로봇이 세포(생물기계 공장)마다 동시에 존재한다. 이들(단백질, DNA)에 의해 생물신체기계들이 정해진 생명프로그램(DNA, 유전정보, 생명의 정보, 생명의 설계도, 생명의 말쏨)에 따라 자동으로 만들어진다. 하나님이 생물 태초에 생명프로그램을 이미 세포 속 DNA 속에 입력되도록 했다. 그 이후로는 유전장비가 자동으로 유전 진화되면서 생물로봇인 단백질분자로봇과 이를 만들게 하는 DNA분자로봇이 자동으로 유전 진화되면서 만들어져 다양한 생물기계들을 자동으로 만들기 때문에 생물의 다양성을 이루게 된 것이다. 그러므로 하나님은 직접 손수 일일이 물질과 에너지를 들여가면서 생물을 번거롭게 신경 쓰며 만들 필요가 없는 것이다.

인간이 자동차공장과 자동차로봇을 의도적으로 설계목적에 맞게 만들었기 때문에 자동차가 자동으로 자연히 설계의도대로 만들어져 설계의도대로 작동된다. 마찬가지로 하나님도 하나님의 설계 목적에 맞게 설계프로그램대로 생명의 3대 로봇(광자로봇, 단백질분자로봇, DNA분자로봇)들과 생물로봇공장인 세포가 만들어지게 했기 때문에 생물기계들이 하나님의 설계의도대로 자동으로 자연히 만들어져서 하나님의 설계의도대로 작동되는 것이다.

만일 사람의 목적 있는 의도적인 설계프로그램이 없다면 자동차는 절대로 자연히 저절로 자동으로 만들어지지 않는다. 마찬가지로 하나님이 우주만물 창조에 대한 영―에너지―물질―설계프로그램(진화프로그램=진행프로그램)을 의도적으로 만들어지게 하지 않았다면 우주만물은 절대로 자연히 자동으로 만들어질 수 없는 것이다.

하나님은 천국물질 사이나 천국생물 사이에서 나오는 열에너지(광자와 전자기파)에 의해 상대적인 극성의 힘이 생기게 했고, 이어서 상대적인 극성의 힘으로 힘의 장(전자기장)이 만들어져서 에너지가 생겨나게 했고, 질량―에너지등가원리에 따라 생겨난 에너지에서 소립자가 만들어지게 했고, 소립자로봇들로부터 원자, 이온, 분자로봇들이 만들어지게 했고, 이어서 이들 미세한 로봇들로 하여금 스스로 만물로 만들어지게 영—에너지—물질—설계프로그램을 자동으로 해놓으신 것이다. 그리고 생물의 설계프로그램은 이미 생물의 태초 세포 속 DNA분자 속에 들어 있게 한 것이다.

사람을 대신해서 일을 하는 대리자나 기계는 노동자, 대리자, 로봇, 기계들이고, 하나님을 대신해서 만물을 만드는 로봇이나 대리자들은 소립자, 원자, 이온, 분자로봇들이다. 그리고 하나님을 대신해서 생물을 만드는 기계나 대리자들은 무생물로봇들로 만들어진 생명의 3대 로봇(광자소립자, 단백질분자, DNA분자)들이다. 생명의 3대 로봇들은 다른 무생물로봇들을 통솔하여 생명체를 만드는 로봇들이다.

인간의 기계나 로봇들은 뜨거운 용광로에서 만들어지듯이 하나님의 기계나 로봇들도 뜨거운 용광로인 태양이나 퀘이사(Quasar, 은하계의 핵) 같은 항성공장에서 원자로봇이나 소립자로봇들이 만들어진다. 생명을 만드는 생물로봇들은 생물로봇공장인 세포공장에서 만들어진다. 생명로봇들은 신이 자동으로 만들어지게 설계프로그램했기 때문에 생명의 프로그램(유전정보, DNA)에 의해서 자동으로 만들어지고 자동으로 작동된다.

그러므로 로봇과 인간이 관여하지 않는 자동차 생산공장에서는 의도적으로 자동차를 만들려는 목적을 가진 자가 없기 때문에 아무리 시간이 지나가도 자동차가 자연히 저절로 만들어지지 않는다. 마찬가지로 생명의 3대 로봇들과 신이 관여하지 않는 지구상에서는 의도적으로 아름다운 생태계와 생물을 만들려는 목적을 가진 자가 없기 때문에 아무리 세월이 흘러가더라도 자연히 저절로 아름다운 대자연과 생물들이 만들어질 수 없는 것이다. 조각가가 아름다운 상을 조각하듯이 단백질로봇으로 되어 있는 대식세포와 효소단백질로봇들이 엄마의 자궁 속에서 DNA의 조각설계도(설계프로그램, 유전정보)에 따라 귀엽고 아름다운 아기를 조각해 내는 것이다.

생물로봇인 단백질분자로봇들은 단지 자연에 있는 20가지 아미노산만으로 연결되어 만들어진다. 그러나 단백질분자로봇들은 마치 영을 지니고 있는 것처럼 신비스럽고 이상하게도 영적으로 DNA분자 속에 있는 아기의 조각설계도를 정확히 이해해서 한 치의 오차도 없게 그대로 귀여운 아기를 조각해 낸다. 이러한 단백질의 능력은 인간의 차원이나 자연의 차원을 초월하는 영적인 차원으로 영이 들어 있는 영의 기술능력인 것이다.

만일 단백질분자 속에 영이 안 들어 있다면 단백질은 유전정보를 이해하지도 못하므로 단백질로 만들어진 생체물끼리는 서로 의사소통이 되지 않아 유전정보대로 신체기계를 공동으로 만들어낼 수 없어 생명체기계는 만들어질 수 없는 것이다. 단백질이 영적으로 생체물을 만드는 것은 단백질 속에 영의 능력을 발휘하게 하는 영이 거하고 있는 것이다. 단백질 속에 영이 있으면 영의 원천인 하나님이 반드시 존재해야만 영적인 단백질이 현실로 존재할 수 있는 것이다.

부피가 거의 0인 DNA분자 속에 백과사전 글씨 크기로 200만 페이지 이상의 분량으로 생명의 정보(유전정보, 생명프로그램)의 글이 쓰여져서 입력되게 하고, 이들 정보가 영적으로 작동되게 설계할 수 있고, 그리고 눈에 안 보이는 미세한 세포 속에는 마치 생물기계 공장단지처럼 시설되어 작동되게 할 수 있는 자는 영과 에너지와 물질을 자유자재로 다스리고 다룰 수 있는 영적인 능력을 가진 하나님이라야만 가능한 것이다. 우리는 이러한 영과 에너지와 물질이 혼합상호작용하는 생물기계를 통해 하나님의 지성을 짐작하고 감지할 수 있는 것이다. 그러므로 하나님의 능력과 지혜, 목적, 감정, 창조기술 등을 살펴보기 위해서는 하나님의 대리자이며 만물의 원천인 빛과 창조작품인 생물과 하나님의 말씀이 담긴 성서 등을 살펴보아야 할 것이다.

만일 우주만물을 창조한 주인공이 신이라면 신이 우주만물을 창조한 이유와 목적은 어디에 있고 신의 설계와 계획은 어떠하고 신의 지성과 과학기술은 어느 차원이고 신의 감정은 어떠한지, 과연 우리의 영혼은 죽음 후에 다시 부활되는지, 하나님은 왜 애초에 지구를 낙원으로 만들지 않았는지 등을 살펴보는 것은 인생의 삶 동안에 가장 중요한 일이 될 것이다. 그럼으로써 우리의 삶을 기쁨과 희망과 사랑으로 풍요롭게 만들 것이고 미래의 세상을 이상으로 그리며 여유 있게 살아가게 될 것이다. 그리고 후에 우리가 이 지구를 떠나가도 기쁜 마음으로 이별하게 될 것이다.

독자 여러 분들에게 많은 뜨거운 성과가 있으시길 진심으로 기원한다.

허헌구

〈참고 서적〉

· Biologie Sekundar stufe I, II
· Chemie heute—Sekundar stufe I, II
· Physik Sekundar stufe I, II
· Basiswissen Physik, Chemie und Biochemie
· Biochemie. Springer—Lehrbuch
· Phsikalische Chemie und Biophysik. Springer—Lehrbuch
· Ökologie der Erde I, II
· 백과사전, 성경 등

| 차 례 |

머리말   4

제1장. 아름다운 생태계의 설계 비밀

1. 생명의 샘(수권)   15
2. 생물의 신체를 만드는 대기권(공기)   22
3. 생태계를 이루기 위한 생물의 다양성   29
4. 만물과 생명의 원천인 빛(햇빛)   39
5. 생명체가 생존·번성하게끔 치밀하게 설계된 지구   65
    / 우연히 자연히 저절로의 기적적인 확률
6. 왜 공룡은 다량 전멸되어졌어야만 했는가?   74
    / 만들어지는 물질의 모습과 기능은 자신의 모체와 비슷하다
7. 신비스러운 자연의 질서―피보나치수열과 황금비율   84
8. 생명은 언제 어디에서 어떻게 생겨났나?   93

제2장. 신의 지성과 영이 담긴 생물기계들

1. 육체와 혼을 만드는 생물세포(Cell)기계   113
2. 생명의 유전장비가 들어 있는 세포핵(nucleus)기계   123
3. 정보의 통신과 물질의 수송을 위한 세포막기계   125
    / 시스템과 메커니즘―히틀러
4. 스스로 생물기계로 만들어지는 미세한 분자로봇기계들   133
5. 영적인 단백질분자기계를 만드는 아미노산   141
6. 생명의 기본물질이고 신의 대리자인 영적인 단백질분자로봇   145
7. 생명의 말씀이 기록되어 있는 DNA 테이프   156

8. 유전자 변이(gene mutation) 166
   / 시스템—환경—생물
9. 생물을 성장시키는 체세포분열과 유전물질을 섞는 감수분열 172
10. 생명의 신비 177
    / 영혼과 물질의 특성
11. 정신세계를 만들고 돌보는 신경세포(neuron)기계 186
    / 영—혼—영혼
12. 황홀한 환상의 세계를 만드는 마약 201
    / 자연의 법칙과 자연의 질서—인과법칙
13. 물질+정신+영의 세계를 만들고 돌보는 호르몬분자로봇 207
14. 삶의 활동을 돌보는 신경계의 시설과 작용 216
    / 신체항상성—영들의 작용
15. 물질+정신+영의 세계를 만들고 돌보는 두뇌컴퓨터기계 228
16. 삶의 활동을 돌보는 신경계와 호르몬계의 상호작용 239
17. 병을 만드는 스트레스(stress) 243
    / 스트레스를 이겨내고 건강을 유지하려면

제3장. 의사소통(communication, 정보전달, 에너지전달, 교제)

1. 의사소통과 상호작용 253
   / 하나님은 말씀으로 우주만물(천지)을 창조하셨다
2. 생물의 신체 내외부는 의사소통을 하기 위한 신체구조로
   되어 있다 262
3. 동물과 식물의 의사소통 267
4. 가장 값진 삶의 활동은 사랑의 감정을 나누는 교제이다 277
5. 의사소통은 주위환경과 시간의 영향을 받는다 282

제4장. 성경의 하나님은 참 하나님인가?

    1. 성경과 하나님   287
    2. 영―혼―영혼   320
    3. 영혼의 순환   330
    4. 하나님의 천지창조   335
      / 성경은 일점일획도 틀리지 않는가?
    5. 하나님은 왜 천지(우주만물)를 창조했어야만 했는가?   348
       하나님은 왜 애초에 지구를 낙원으로 만들지 않았는가?
       인간은 왜 죄를 지어야만 하는가?

제5장. 하나님의 영과 지성이 들어 있는 기계들

    1. 양심이 들어 있는 심장기계   361
    2. 생명을 나르는 피   371
    3. 음식물 분해공장인 소화기관   386
      / 프로그램(program)

제6장. 텔레파시(Telepathy, 정신감응)

    1. 텔레파시는 무엇인가?   399
    2. 동물의 텔레파시   403
    3. 인간의 텔레파시   407
    4. 텔레파시와 광자(에너지+정보+영)   414

지구에서 생물이 살아갈 수 있도록 생태계의 5권은 어떻게 설계되어 만들어져 어떻게 작동되는지 알아본다.

제1장
아름다운 생태계의 설계 비밀

- 생명의 샘(수권)
- 생물의 신체를 만드는 대기권(공기)
- 생태계를 이루기 위한 생물의 다양성
- 만물과 생명의 원천인 빛(햇빛)
- 생명체가 생존·번성하게끔 치밀하게 설계된 지구
- 왜 공룡은 다량 전멸되어졌어야만 했는가?
- 신비스러운 자연의 질서—피보나치수열과 황금비율
- 생명은 언제 어디에서 어떻게 생겨났나?

01

생명의 샘(수권)

생명을 만드는 물에 관하여 알아본다.
모든 생물체는 50%에서 95%까지 물로 형성되어 있기 때문에 물이 있어야 살아갈 수 있으므로 물은 빛과 함께 생명을 만드는 원천이다. 지구상의 물은 물의 순환을 통해 교묘히 지구 곳곳에 생명체가 살 수 있도록 하고 있다. 지구표면의 72%가 물로 덮여 있다. 물의 97%가 소금물(바닷물)이고, 2.7%가 단물이고, 겨우 0.3%가 식수이다.

지구에 있는 모든 물은 물의 순환에 참여하며 물의 순환을 통해 모든 생명체에게 물을 공급한다. 물의 순환을 위해서도 태양이 적극 참여한다.

자연에 의해서 물의 순환에 의해 비가 우연히 저절로 만들어져서 바람에 의해 지구 곳곳으로 퍼져 골고루 뿌려져서 생물을 우연히 저절로 살리는 것이 아니라 생물을 살리기 위한 신의 설계프로그램에 의해 물이 순환되어 비가 만들어지는 것이다. 비가 내리는 혹성에는 생물의 기후가 알맞기 때문에 자연히 생물이 존재하게 되는데 이것이 바로 생명의 설계프로그램인 것이다.

대우주 속에는 지구와 같은 혹성들이 헤아릴 수 없이 많은데 그

중에는 비가 오는 혹성도 무수히 많기 때문에 물이 있는 혹성마다 대기의 성분과 토질의 성분에 따라 다소 다른 종류의 생물들이 무수히 많이 살아갈 것이다. 그 이유로 지구에 떨어지는 운석(바위덩어리) 속에는 지구에 없는 화학물질들이 많이 들어 있기 때문이다.

비가 오면 물의 일부는 땅속 지하수로 되어 광물과 양분을 바다로 운반하기도 하는데 도중에 많은 생물체에게도 물과 광물염, 양분 등을 공급한다. 비가 하는 일은 우리 몸속에서 피가 하는 일과 비슷하다.

천만 다행스럽게도 생물은 오늘날까지 지구상에 물이 있도록 공헌해 왔다. 이산화탄소를 포함하고 있는 현무암은 공기와 물로 인한 산화반응으로 여러 탄산염을 만드는데, 이때 가벼운 수소원소는 대기권으로 날아간다. 지구의 중력(인력)이 붙잡지 못할 정도로 수소원소는 아주 가볍기 때문에 지구의 중력을 벗어나 우주 공간으로 날아가기도 한다. 그래서 우주 공간에는 대부분 수소와 헬륨기체가 날아다닌다. 그 때문에 지구의 가장 바깥층의 대기층은 수소층이고 그 다음 안쪽은 헬륨층으로 되어 있다.

지구에 박테리아와 녹색식물의 광합성작용이 생기자 수소원소는 포도당($C_6H_{12}O_6$) 속에 결합하게 되었다. 결국 박테리아와 식물이 없었으면 수소원소가 지구에서 날아가 모자라서 물이 생성되어 존재할 수가 없었을 것이다. 또한 광합성에 필요한 이산화탄소의 상당량은 동물이 공급하므로 동물 없이는 식물의 번창도 기대하기 어렵기 때문에 동물도 간접적으로 물의 존재에 기여하는 것이다.

물은 자연에서 3가지 상태(고체, 액체, 기체)로 존재하는 유일한 화합물이다. 우리 몸속에 살아있는 모든 세포는 60% 이상이 물로 되어 있다 (아기는 75%, 미생물은 95%, 노인은 50%, 피는 90~95%). 식물이나 동물은 양분 없이도 며칠간은 살 수 있으나 물 없이는 단 하루도 살기 힘들 정도로 물은 생명을 유지하는 세포와 직접적으로 연결되어 있는 것이다.

물은 피 속의 영양분을 운반하는 운반자로서 쓰이고, 필요 없는 노폐물이나 원소를 콩팥(신장)에서 걸러서 오줌으로 내보내게 하는 신진대사의 수많은 반응에도 함께 작용하며 땀을 배출시키는 데도 쓰인다. 물은 다른 물질과 달리 여러 가지 특이한 특성을 많이 가지고 있으며 생물을 위해 빛과 같은 신비스러운 고마운 물질이다.

물분자(H_2O)는 수소원자 2개와 산소원자 1개로 이루어져 있다. 산소원자를 중심으로 양옆에 2개의 수소원자가 105°의 각도로 산소원자와 결합하고 있다. 전기음성도가 큰 산소원자가 공유전자쌍을 더 많이 잡아당기므로 산소원자 쪽이 부분 극성 음성(-)을 띠고, 수소원자 쪽이 부분 극성 양성(+)을 띠므로 극성을 띠는 극성물질이다. 한 물분자의 양성 부분과 다른 물분자의 음성 부분이 수소결합을 하기 때문에 물방울을 만들고 물방울은 다시 물방울끼리 응집력으로 다량의 물이나 수증기나 구름을 만든다. 물의 극성구조는 다른 많은 물질을 녹이게 하고 다른 한편으로는 물의 안전한 구조로 인해 다른 원소나 분자를 안전하게 만들어 준다. 즉 극성의 힘으로 물분자와 다른 물질분자가 서로 인력으로 붙들고 있다.

지구상의 생명체는 50~95%가 물로 되어 있으므로 물은 생명체를 만드는 모체이다. 살아있는 세포의 기본 구성물질인 세포원형질은 지방, 탄수화물, 단백질, 염 등 다른 물질을 함유하고 있는데 여기서 물은 다른 물질들 사이에 안전하게 연결시키는 중개자(매개물) 역할을 하고 있다.

물은 물질을 운송해 이들 화합물이 생성되는 데도 돕고 얼마 후 이들 화합물이 분해할 때도 돕는다. 즉 신진대사를 돕는다. 동물의 피와 식물의 즙이 양분을 운반하는 일도 돕고, 체내의 노폐물을 운반하는 청소부 역할도 한다.

물분자는 부분 극성을 띤다. 같은 극끼리는 서로 밀고 다른 극끼리는 서로 당기므로 주위의 다른 물분자나 다른 극성물질과도 반응하게 된다. 그러므로 극성물질인 물은 다른 극성물질을 잘 녹이는 극성용매로도 쓰인다(상대적으로 비극성물질은 비극성용매에 잘 녹는다). 더구나 물 액체는 수소결합(수소다리결합)력의 힘을 가지고 있기 때문에 물의 어는점과 끓는점은 유사한 분자구조를 한 다른 물질보다 월등히 높다.

그 때문에 지구상에서 물이 액체로 머무는 것이며 만일 물분자에 이러한 극성의 힘인 수소결합력이 없다면 낮은 온도에서도 수소와 산소처럼 기체로 되어 있으므로 생물의 육체를 만들 수 없는 것이다. 즉 생물의 육체는 물의 극성의 힘으로 이루어지는데, 이는 곧 극성의 힘으로 생물이 만들어지는 것을 의미한다. 만일 물분자가 다른 분자처럼 상온에서 기체분자로 머문다면 지구상에는 생물이 하나도 없을 것이다.

왜 유독 물분자에게만 수소결합력의 강한 극성의 힘이 작용하는가? 그 이유는 신이 생명체를 만들기 위해 의도적으로 예외적으로 물분자의 특성을 유난히 특이하게 많이 생기게 한 것이 틀림없다. 물분자(H_2O)도 빛의 광자(에너지+정보+영)소립자가 들어 있는 분자로봇이므로 하나님의 로봇이며 하나님의 대리자로서 모든 생물에게 하나님을 대신해서 물질을 날라다주고 노폐물은 내다버리고, 더러운 곳은 말끔히 씻어버리고, 생태계와 대자연을 순환시키고, 온화한 기후를 유지시키고, 물질을 결합시키고 분해시키고, 생물의 신체를 만들고, 신진대사를 돕고, 생명의 피를 만들고, 목마른 생물에게 물을 가져다 주고, 배고픈 생물에게 양분을 날라다 주는 등 신체활동을 일일이 돌보고 보살피는 어머니와 같은 존재이다.

비록 물질인 물이 하는 행동은 빛처럼 자연을 아름답게 가꾸어 꾸미고 생물을 돌보고 번창시키려는 하나님의 뜨거운 감정과 강한 의지가 들어 있는 영의 행동으로 하나님의 대리자인 것이다. 그러므로 물은 자연과 생물을 만들고 돌보는 어머니와 같은 존재이고, 빛은 자연과 생물을 만들고 돌보는 아버지와 같은 존재로 만물의 원천인 것이다.

일반적으로 물질은 밀도가 크면 클수록 더 무거워지나 물은 그렇지 않다. 물은 섭씨 4도에서 밀도가 가장 크고 4도보다 높거나 낮아지면 밀도가 작아진다. 얼음은 물보다 밀도가 작아 물 위에 뜬다. 만일 얼음이 다른 물질과 같이 온도가 내려가면 수축되어 밀도가 커져서 액체의 물보다 더 무거우면 물속에 있는 고기 등의 생명체는 얼음에 눌려 죽어버릴 것이다. 오히려 얼음은 바깥의 강추위보다 더 온화하게 얼음 밑을 만들어 물속의 생명체가 강추위의 겨울을 나는 일을 도와주고 있다. 눈도 다른 물질의 특성과 다르게 가벼워 눈 밑에 사는 생물을 바깥의 강추위로부터 보호한다.

물은 예외로 얼면 오히려 부피가 9% 늘어나 밀도가 작아져 가벼워진다. 왜 물 액체만 유난히 예외적으로 다른 물질과 다르게 행동하는가? 그 이유는 아마도 신이 사랑하고 아끼는 생물을 겨울의 혹독한 추위로부터 보호하고 생물을 만드는 세포를 만들기 위해서 물한테 특별히 예외적인 특성을 많이 부여한 것임에 틀림없는 일이다. 과학이 발달할수록 물의 특성도 하나둘 더 나타나지만 관찰할 때마다 물의 특이한 특성의 신비한 의문들은 점점 더 늘어나기만 한다.

물은 다른 액체보다 가장 큰 열에너지의 저장능력을 가지고 있다. 바다는 햇빛의 막대한 열에너지를 저장한다. 그래서 대서양의 해류는 유럽의 기후를 온화하게 해준다. 이 능력이 없으면 유럽은 물론 전 세계가 얼음으로 덮여 서서히 생물이 멸종될 것이다.

증발한 수증기는 대기권에서 바람에 의해 운반되어진다. 증발할 때에는 수증기 속에 더 많은 열에너지를 저장하고, 수증기가 다시 액체로 되어 비가 되면 이 열에너지를 다시 내놓는다. 그 밖에 수증기는 온실가스로 작용하여 지구온실 영향에 약 60%를 차지해 기후에 큰 영향을 미친다. 구름도 한편으로는 태양빛을 반사시키고 다른 한편으로는 열복사를 억제시키면서 기후에 영향을 미치는데, 기후를 따뜻하게 하는지 서늘하게 하는지는 구름의 높이와 형에 달려 있다.

물은 순환을 통하여 지구상의 열의 70%를 지구 곳곳에 보내고, 나머지 30%의 열은 해류에 의해 운반되어지므로, 결국 물이 지구상의 열에너지를 운반하는 셈이다(물론 바람의 도움을 받아). 물은 극성 때문에 다른 물질을 잘 녹이거나 다른 물질을 잘 결합시키거나 다른 물질을 안전하게 하거나 다른 물질과 반응도 잘한다.

빗물 속에는 대기 중의 유기물이나 무기물, 먼지 등을 포함한다. 예를 들어 CO_2와 반응하여, 즉 비금속 산화물과 반응하여 산을 만들기도 하고, 지상에서는 흙이나 돌 속의 광물과도 반응하여 생물이 살 수 있도록 이온이나 광물염을 공급하기도 한다.

물의 형태는 자연에서 얼음, 물, 수증기, 눈, 서리, 우박, 소낙비, 가랑비, 보슬비, 이슬비, 바닷물, 강물, 시냇물, 도랑물, 폭포수, 안개, 구름 등 여러 가지 형태로 존재하며(구름의 종류만 해도 여러 가지이고) 만물에 수많은 영향을 미치고, 자연을 아름답게 만들어 동물계의 정서적 감정적인 마음의 형성에도 큰 영향을 미친다.

물의 순환은 생물계를 위한 물질과 에너지의 순환뿐만 아니라 무생물계의 흙의 순환, 공기(비금속원소)의 순환, 즉 자연의 순환에도 적극적으로 참여한다. 고여 있는 물이나 얼음, 눈도 수증기로 끊임없이 증발되기 때문에 물은 가능한 한 움직이고, 다른 물질을 안전하게 돌보며, 다른 물질과 반응도 하고, 다른 물질을 조절하고, 다른 물질을 생성·분해시키는 일도 돌보고 이끈다.

물은 태양계에서 만들어진 물질이다. 지구 태초에는 목성도 작아 인력이 작았으므로 거대하게 큰 눈덩이나 얼음덩이로 된 혜성이 지구에 자주 떨어져 지구의 대양을 만들었다. 우리의 태양계 주위에는 오늘날도 헤아릴 수 없는 수많은 운석(바위덩어리)과 혜성(얼음덩어리)들이 돌고 있다. 거대한 운석이나 혜성은 지구보다 훨씬 인력이 큰 목성으로 떨어져 목성이 방패 역할을 하고, 단지 인력이 작은 조그마한 혜성들만 지구에 수없이 떨어지는데 이들은 이미 높은 대기권에서 마찰에 의해 타서 증발되고 있다.

식물은 광합성작용으로 물과 이산화탄소를 빛에너지로 포도당(탄수화물)과 산소를 만드는데, 즉 물을 분해하는 것이다. 그리고 동물은 포도당을 산소로 분해해서(산화시켜) 물과 이산화탄소를 만들므로 식물과 동물은 상대적인 선수처럼 항상 상호작용을 하기 때문에 서로의 삶의 활동을 도와주므로 공생·공존을 하면서 생태계를 이루어나간다.

우주 곳곳에나 태양계에는 물이 있다. 그러나 생물이 살아가기 위해서는 물이 존재할 수 있는 충분한 중력(인력)이 필요하고 물이 액체상태라야만 한다. 이러한 조건을 만족하는 것은 태양계에서 지구뿐이다.

태양 가까이에 있는 수성이나 금성은 너무 뜨거워 물이 존재할 수 없으며, 지구 바깥에 있는 목성, 토성은 너무 추워 물이 얼어 있고, 화성은 중력이 너무 작아 물이 거의 사라졌고 다만 극지방에만 소량의 얼음이 있을 뿐이다.

02
생물의 신체를 만드는 대기권(공기)

대기는 지구중력에 의해 지구를 둘러싸고 있는 기체로, 약 78%가 질소(N_2), 21%가 산소(O_2), 0.93%가 아르곤(Ar), 0.035%가 이산화탄소(CO_2), 그 나머지 0.07%가 미량의 네온(Ne), 헬륨(He), 오존(O_3), 수소(H_2) 등으로 되어 있다.

산소, 질소, 이산화탄소 등 대기권 가스는 생명체의 신진대사에 꼭 필요한 성분(구성요소)이다. 즉 대기권은 지구 생태계의 부분조직에 결합되어 있다. 그 때문에 지구 대기권의 기체 구성비율은 생물권과 직접적인 연관성이 있다.

만일 대기권이 없다면 생명체를 만드는 원소가 없어 생물은 만들어질 수 없다. 대기권 가스도 빛의 광자(에너지+정보+영)가 들어 있으므로 신의 영이 들어 있는 신을 대신한 신의 대리자인 원자로봇, 분자로봇들인 것이다.

가스를 붙잡는 중력이 충분히 큰 모든 혹성에는 대기권이 있다. 달같이 중력이 충분히 크지 않으면 가스(기체)는 우주로 날아가 대기권이 없다. 그러나 지구의 대기권은 다르다. 지구의 대기권은 화학적인 평형에 있는 것이 아니라 지구상의 모든 생명체와 직접 결합되어 있다.

지구의 생물이 생겨난 이후로 지구의 대기권도 변해 왔다. 식물과 박테리아의 끊임없는 산소 배출 없이는, 산소는 다른 물질과 매우 잘 결합해서 산화물을 만들므로 대기 속에 산소는 없어졌을 것이다.

태초에 지구가 만들어지고 있을 때는 지구가 작아 중력이 작았으므로 태양바람에 의해 지구 대기가 날아가 버렸고, 지구가 어느 정도 커졌을 때는 서서히 지각 속에서 나오는 가스로 원시대기권을 형성했는데 그 당시 대기권에는 산소가 없었다. 그 이유는 땅속의 광물의 산화물은 산소가스보다 더 안정하므로 스스로 산소를 내놓지 않기 때문이다. 그 후 지각이 식자 땅속에서 나온 수증기와 지구에 떨어진 수많은 혜성(얼음덩어리)으로 구름과 강과 바다가 생겨났다. 태초에는 목성도 작았기 때문에 지구에 떨어지는 거대한 수많은 천체(운석과 혜성)를 대신 막아주지 못했다.

대기 중에 이산화탄소는 0.035%로 소량이지만 생명체가 살아가기 위해 지구를 따뜻하게 하기에는 충분하다. 그러나 오늘날과 같이 인류에 의해 이산화탄소의 양이 급증하여 지구온실가스로 지구의 온도를 높이고 있는 것이 문제가 되고 있다.

대기는 지구표면에 가장 밀집되어 있고 하늘로 올라갈수록 얇아지며 일부는 경계 없이 우주 공간으로 날아간다.

지구표면(육지, 바다)에 오는 태양빛의 작용은 여러 상호작용으로 지구의 기후를 결정한다. 대기권 온실가스에 의한 열은 바람이나 해류가 열대지방에서 한대지방으로 운반한다. 즉 자연의 평형(화평, 조화, 균형)의 힘에 따르는 것이다.

기후를 결정하는 모든 과정을 위해 이끌어 주는 힘은 태양빛이다. 태양빛의 약 반은 지구표면이 흡수하고 반은 반사되는데, 반사되는 빛은 복사열로 일부는 대기권 밖으로 나가고 일부는 온실효과(이산화탄소 대기층)로 다시 지구표면에 되돌아오게 된다. 이 작용으로 폭우와 가뭄이 과거보다 더 심해지고 있다.

　대기권에 이산화탄소의 양이 많아지면 지구의 복사열이 대기권을 뚫고 나가는 양이 적으므로 지구의 온도가 상승하게 되며 이로 인해 북극, 남극에 있는 얼음이 녹게 되고, 그로 말미암아 육지 면적은 줄게 된다. 얼음물(찬물)이 없어지면 대양의 해저해류가 없어져 해류가 돌지 못하므로 온도가 내려가 유럽 등은 다시 빙하시대로 접어들게 된다. 즉 북극과 남극의 빙산은 바닷물을 순환시키는 모터나 다름없다.

　생물이 살기 위한 온화한 기후를 만들기 위해서는 바닷물이 순환해야 되고, 이를 위해선 빙산이 있어야 하고, 빙산을 위해서는 북극과 남극이 존재해야 하며, 이를 위해서는 지구핵이 액체로 빠른 속도로 이동해야 하며 바닷물은 태양의 빛에너지를 오랫동안 저장할 수 있는 능력을 가지고 있어야만 한다. 이와 같이 바닷물에 의한 지구의 온난한 기후에 대한 메커니즘에는 수없이 많은 조건을 충족시켜 주어야 하며 다시 이들이 서로 상호작용되어져야만 한다.

　자연적인 온실가스로는 수증기가 60%, 이산화탄소 25%, 오존 8%, 나머지는 메탄가스, 산화질소 등이 온실효과에 영향을 미친다. 이들 자연적인 온실가스는 생명체가 생존하는 데 반드시 필요하다. 만일 이들이 없으면 지구는 달과 같이 낮에는 100℃ 이상이고 밤에는 영하 150℃ 이하가 될 것이다.

　태양빛은 지구표면만 따듯하게 하는 것이 아니라 지구상의 물을 증발시킨다. 대기권의 수증기는 막대한 양의 열에너지를 저장한다. 적도에서는 태양빛을 직사로 받기 때문에 더 덥고 증발이 더 잘된다.

따듯한 습기공기는 상승하며, 상승할수록(1km마다 5~6℃ 낮아짐) 식어져 액체로 변해 가면서 열에너지를 내놓아 비가 된다. 이 과정에서 저기압과 고기압이 생겨 바람이 생겨나고 세력이 크면 폭풍이 된다.

 지구의 자전과 찬 공기의 하강과 더운 공기의 상승의 영향으로 기압이 변하게 되고, 이로 인해 바람이 불게 된다. 바람 부는 방향과 지구자전 방향이 다르면 큰 원 모양의 돌풍(태풍은 바닷물의 온도가 26℃ 이상일 때 생김)이 형성되는데, 이로 말미암아 해류가 생겨 적도의 더운 물을 바닷물 상층부로 극지방 쪽으로 보내고 극지방의 차가운 물이 바다 밑(하층부)으로 적도지방을 향해 흐르게 된다. 이렇게 함으로써 바다 속에 충분한 산소와 양분이 이동되어 물고기들이 살아갈 수 있는 것이다.

 물은 많은 열에너지를 함유하고 있으므로 극지방의 기후를 온화하게 해준다. 태풍에 의해 바다 속 모래와 돌덩이가 침식작용을 하게 되고, 이로 인해 침식작용, 지각변동과 지진과 화산이 일어나게 된다. 이들의 작용으로 돌과 흙이 순환하게 되며, 이로 인해 광물과 유기물도 곳곳으로 이동되어 수많은 플랑크톤이나 작은 물고기 등의 양분으로 쓰인다. 돌과 흙의 순환 없이는 역시 생태계는 유지할 수 없는 것이다. 그러므로 지진과 화산은 생태계를 위해 꼭 필요하며, 만일 이들이 죽어 작용을 안 하면 지구도 달처럼 죽은 천체나 다름없게 변해 가게 된다.

 바람은 사하라사막의 풍부한 광물이 들어 있는 흙먼지를 모래바람에 싣고 남아메리카, 브라질, 중남미아메리카로 운반해 열대우림 지역의 삼림에 중요한 광물을 흠뻑 뿌려준다. 오래된 열대우림 토양에는 충분한 광물이 없어 공중에서 바람에 의해 광물을 뿌려주는 것은 매우 중요한 일이다. 쓸모없이 보이는 사막이 있음으로 해서 삼림들이 오래도록 유지할 수 있는 것이다. 아시아도 몽고사막의 광물이 들어 있는 흙먼지 바람이 아시아 전역으로 바람에 의해 곳곳에 뿌려진다.

바다 바닥에서 높은 산꼭대기까지 평균적으로 약 20km의 얇은 공간 안에 사는 생물을 위해 자연물질은 끊임없는 순환을 통해 생물을 보호하고 생육시키고 있다. 생물은 생물 사이와 생물과 자연 사이에 물질과 에너지를 전달함으로써 결국은 자연과 생물은 생태계의 순환을 위해 서로 상호작용을 하고 기여함으로써 자연의 균형(조화, 평형)이 이루어지고 자연의 평형이 이루어져 지구의 생태계는 오래 유지되는 것이다.

다만 유감인 것은 인간만이 인간의 사리사욕을 채우기 위해 대자연의 상호작용에 역행해 생태계를 파괴시키고 있다. 인류는 열대우림 벌목, 도시건설, 개간지 개척사업, 공업화 등으로 해마다 무절제하게 식물계를 훼손시키고 있다. 그 때문에 인간은 자연과 생태계 순환의 호흡을 맞추지 않고 자연이 대응하고 회복할 시간도 가질 수 없게끔 식물계에 막대한 피해를 입히고 있는 것이다. 그로 인해 이산화탄소의 소비량이 급증하여 지구의 온도는 급격히 상승되어 극지방의 저장 빙산량이 해마다 현격히 줄어가고 있으며 잇단 폭우나 홍수로 천재재해가 늘어나고 있다. 일단 자연의 위험수위를 넘어서면 생태계는 파괴의 길을 가기 때문에 자연의 힘으로도 막지 못하고 회복도 되지 않으므로 생물과 인류의 종말이 오게 되는 것이다.

생태계를 위하고 사랑하는 마음은 자연을 사랑하는 마음이고, 자연을 사랑하는 마음은 자연을 만든 하나님을 사랑하게 되고, 하나님을 사랑하는 마음은 하나님과 진실한 사랑의 교제도 나눌 수 있는 것이다. 그리고 자연을 사랑하는 마음은 곧 이웃이나 이웃의 생물이나 이웃의 자연물도 사랑하게 된다.

대부분의 인간은 생태계만 파괴하는 것이 아니라 인간사회에서도 살인, 상해, 시기, 질투, 싸움, 전쟁 등으로 원만하지 않으며 이웃끼리도 원만하지 않다. 이웃이 있으므로 인간사회가 유지되고, 이웃이 있으므로 내가 있게 되어 존재할 수 있는 것이다. 이웃이 직업에 종사함으로써 사회가 유지되고, 설사 직업이 없는 이웃이라도 소비에 기여하므로 생산사회와 소비사회에 공헌하는 것이며, 동네사회를 이루어 전기, 전화, 컴퓨터선 등도 공동으로 이용할 수 있는 것이다. 그리고 누가 죽거나 집에 불이 나면 그래도 제일 먼저 와서 도와주는 사람은 이웃인 것이다.

자연을 사랑하는 마음은 징그러운 벌레나 곤충도 미워하지 않고 사랑하게 되고, 차가운 바람이나 추위도 원망하지 않게 되며 모든 자연물을 하나님이 창조해 놓으신 것으로 보기 때문에 세상을 비판적이고 비관적으로 보는 눈에서 긍정적이고 이해적이고 희망적인 신의 창조세계로 보게 되어 우주만물과 이웃도 사랑하게 된다. 이러한 사랑하는 마음은 나에게 다시 돌아오므로 결국 이웃이나 이웃의 모든 것을 사랑하는 마음은 주위환경 물질로 만들어진 내 몸을 사랑하는 것이나 다름없는 것이다.

사랑하는 마음은 나와 이웃과 자연과 서로의 존재를 기뻐하고 사랑의 감정을 나누게 된다. 더 나아가 자신들을 창조한 하나님께 뜨거운 찬양을 보내고, 대자연을 모든 생물과 피조물과 창조자와 함께 음미하고 즐기고 기뻐하며 모두 함께 공생·공존하는 보람과 의의를 느끼게 된다. 우리와 신과 대자연이 교제하며 공생·공존하는 데 가장 중요한 것은 사랑의 감정이 담긴 의사소통(교제)으로 이루어지는 상호작용이다.

사랑의 감정이 없는 교제는 3세계(신의 세계, 물질세계, 정신세계)가 존재하는 것도 아무 의미가 없고, 이들이 서로 상호작용하는 교제도 아무 즐거움과 의미가 없고 소용이 없는 것이다. 수많은 종류의 사랑과 감정이 없는 삶은 낙이 없는 죽음의 삶이다. 수많은 종류의 사랑과 감정을 느끼기 위해서는 수많은 만물과 의사소통(정보전달, 에너지전달=물질전달, 교제)을 함으로써 이루어진다. 그 때문에 하나님은 우주만물과 인간을 창조해야만 했던 것이다. 그래서 하나님은 우주만물 사이는 항상 의사소통이 이루어지게 하고 동시에 항상 상호작용이 일어나게 하신 것이다.

 물질이 만들어지는 것도 부분물 간의 상호작용이고, 물질이 작용하는 것이나 생물이 활동하는 것도 그들 부분물 사이의 상호작용이며, 또한 우리가 생각하는 것도 신경계와 주위환경과 감각기관의 상호작용이고, 나와 이웃이 존재하는 것도 나와 이웃과 주위환경과 상호작용을 하기 때문이다. 물질세계와 정신세계가 존재하는 곳에는 항상 상호작용이 이루어지고, 상호작용이 이루어지지 않는 곳에는 물질과 정신세계도 존재할 수 없는 것이다.

 상호작용이 이루어지려면 서로 정보나 에너지나 물질이 전달되거나 교환되어져야 한다. 이는 넓은 의미로 교제를 하고 의사소통을 하는 것이다. 그러므로 상호작용을 하는 것은 동시에 에너지적으로나 정보적으로나 물질적으로 서로 의사소통을 하는 것이다. 그러므로 현 세상에서 의사소통(교제)을 하지 않고 상호작용을 하지 않는 무생물이나 생물은 존재할 수 없는 것이다. 그리고 의사소통을 통한 상호작용 없이는 물질도 만들어질 수 없는 것이다.

03
생태계를 이루기 위한 생물의 다양성

생물의 다양성은 지구 생태계의 순환과 대자연의 아름다움과 분위기와 물질과 에너지의 전달과 생태계의 유지를 위해서 꼭 필요한 필수적인 자원이다. 각 생명체가 각기 자신의 맡은바 삶의 활동을 하는 것은 곧 생태계의 순환과 유지에 기여하는 것이다.

우리가 태어난 가장 큰 이유는 어버이의 사랑의 결실이며 생태계의 일원이 되기 위해서 불가피하게 태어난 것이다. 어버이와 우리의 의지와는 관계없이 하나님의 생태계프로그램에 따라 자동으로 자연히 태어나는 것이다.

그러나 인간은 다른 동물들같이 먹이사슬적으로 태어나는 것이 아니고 하나님과 영적 교제를 하고 대자연을 함께 즐기는 관중이며 동참자이며 교제 상대자로 특별히 선정되어 태어나는 것이다. 그렇기 때문에 특정한 영혼(혼, 영)을 가지고 하나님을 찾으며 살아가다 하나님을 부르며 죽어간다. 그러나 동물은 인간을 신같이 생각하기 때문에 하나님을 전혀 모르고 살다가 아무도 찾지도 않고 죽어간다.

어버이의 사랑의 결실로 DNA가 융합되면서 고유한 DNA비밀번호와 고유한 영혼비밀번호로 만들어진 육체와 영혼이 합성되면서 고유하고 독특한, 이 세상에서 단 하나밖에 없는 내가 만들어지는 것이다. 나(=나의 DNA+나의 영혼)라는 하나의 생명체는 나 혼자만이 가지는 유일한 DNA번호와 유일한 영혼번호를 가지고 이 세상에 태어나기 때문에 우연적이고 자연적인 현상이 아니고 하나님으로부터 하나님의 교제상대자이며 생태계의 일원으로 특별히 선택되어 태어나는 것이다. 즉 내 육체와 내 혼이 합성되어 이 세상에서 하나밖에 없는 내가 만들어져서 이 세상의 생태계 일원으로서 임무를 다해 가며 살아가는 과정은 하나님의 설계프로그램에 의한 과정이기 때문에 우연적이고 자연적인 과정이 아니라 의도적인 선택적인 과정인 것이다.

왜냐하면 모든 생물의 육체는 영이 들어 있는 단백질로 만들어지기 때문에 영의 작용으로 DNA가 만들어지고, 동시에 영의 작용으로 혼이나 영혼도 만들어지기 때문이다. 이는 결국 하나님의 영에 의해서 만들어지므로 하나님의 영이 내 몸속에 거하면서 태어나기 때문에 하나님으로부터 특별히 선택되어 태어나는 것이나 다름없는 것이다. 그러므로 모든 생물은 하나님의 수많은 사랑의 감정을 채우기 위해 대자연의 아름다움과 생태계를 위해 선택되어 태어나기 때문에 고유한 생명의 칩인 DNA(유전정보, 생명의 말씀)를 가지고, 동시에 고유한 혼(삶의 활동을 하는 영)을 가지고, 고유한 형질과 고유한 특성을 가지고, 주어진 생태계의 임무대로 고유한 삶을 살게 되는 것이다.

다양한 생물들의 고유한 삶이 복잡 다양한 생태계를 순환 유지시키고 대자연을 아름답게 가꾸어 꾸미고 따듯한 사랑의 감정이 샘솟는 지구정원 분위기를 만드는 것이다. 이러한 아름다운 지구정원 속에서 신이나 동물들이나 인간들은 활기찬 생기가 감도는 대자연의 아름다운 환경 분위기를 즐기면서 따듯한 사랑의 감정이 담긴 교제를 나눌 수 있는 것이다.

지구가 생성된 후 높은 온도와 방사성 물질이 있는데도 미생물인 박테리아는 흙 속, 돌 속에서 살아남아 번성하여 모든 생물체를 생존·번성케 했다. 원자폭탄이 터진 히로시마와 나가사키와 체르노빌 원자력발전소 사고 주위의 땅속에서도 박테리아, 곰팡이, 해초 등은 살아남았다. 미생물의 이러한 끈질긴 생존력과 번식력은 태초 불모의 우리의 지구를 옥토의 생물지구로 만드는데 가장 큰 공헌을 한 것이다.

미생물인 박테리아 중에는 광합성작용을 하는 박테리아들도 많기 때문에 식물이 없던 초창기 지구에서 물과 이산화탄소로 유기물(포도당)과 산소를 만들어 20억여 년 동안 지구의 산소량과 유기물의 양을 증가시켜 식물이나 동물이 번성할 수 있도록 터전을 닦고 토질을 옥토로 바꾸게 했다.

박테리아 종류는 너무나 많으며 지금까지 발견해 낸 박테리아 종류는 불과 5% 정도이고 나머지 95% 정도는 모르는 종류의 박테리아이다. 그래서 진화론자들은 환경이 맞으면 새로운 종이 생겨난다는 것이다. 지구상의 모든 생명체의 형은 서로 근친(유사함)관계로 오랜 시간이 지나면 자연환경에 따라 자연선택적으로 저절로 종의 변화가 생겨 새로운 종이 생겨난다는 것이다.

왜 인간원숭이인 침팬지는 더 이상 진화를 하지 않고 침팬지로 머물고 있으며, 적어도 인간과 침팬지 사이에 중간 지능을 가진 중간으로 진화된 중간형 동물은 왜 없는가? 그리고 인간보다 더 지능이 좋은 동물이 왜 진화되어 태어나지 않는가? 그리고 고양이에게 잡아먹히는 쥐나 변태동물인 개구리나 미생물, 식물들은 왜 지능이 더 높고 발달된 고등동물로 조금도 진화를 하지 않고 천적을 먹여 살리기만 하는가?

새로운 종이 태어나려면 DNA 구조에 변화가 있어야 한다. 이것은 외부적인 마음이나 주위환경 조건으로 되는 것이 아니라 내부적으로 신체를 직접 통과하여 DNA 구조 변화에 영향을 줄 수 있는 에너지(광선)나 물질분자에 의해서 이루어지는 것이다.

인간과 같이 지능이 특이하게 월등히 높고 발견과 발명의 능력, 깊은 사고의 능력과 언어의 능력, 연장을 사용하는 능력 등 수많은 능력과 다양한 감정을 가진 인간이 만들어지기까지에는 그저 우연히 저절로 자연의 자연선택적인 진화로만은 불가능한 것이다. 왜냐하면 침팬지와 인간 사이의 진화의 차가 비교할 수 없을 만큼 너무 크기 때문이다.

자연의 자연선택적인 진화로 인간이 만들어졌다면 침팬지보다 높은 지능을 가진 동물들이 무수히 많아야 인간이 침팬지로부터 자연선택적으로 진화되었다고 말할 수 있는 것이다. 인간과 침팬지 사이에 진화의 다리가 전혀 흔적도 없는데 침팬지가 어느 동물한테서 인간이 가진 수많은 능력들을 모두 자연선택해서 인간으로 진화될 수 있었는가?

보이지 않는 에너지 중에는 하나님의 의도(말씀, 설계)가 들어 있는 빛 속의 광자(에너지+정보+영)와 같은 영의 에너지가 있을 것이다. 이 영의 에너지가 하나님의 정신감응력이나 정신동력 등에 의해 조절되어 모든 생물의 DNA분자구조에 영향을 미침으로써 하나님의 의도대로 DNA분자구조가 변화되어 새로운 종이 생겨날 수 있는 것이다.

또는 생명의 칩인 DNA 속에 유전정보가 프로그램화되어 염색체수에 따라 억제되어 있다가 주위환경의 환경요인(토질, 먹이, 기후, 방사선, 우주선, 보이지 않는 에너지, 보이지 않는 물질) 수치 변화에 따라 자동으로 유전자의 억제가 풀려 염색체수의 변화를 가져와 생명의 정보(유전물질)가 대규모로 바뀌어 DNA의 구조에 대규모적인 변화가 옴으로써 새로운 종이 생겨날 수도 있는 것이다. 그러므로 신이 없는 자연의 진화로 새로운 종이 태어나는 것이 아니고 신에 의한 자연의 진화로 새로운 종이 태어나는 것이다. 왜냐하면 모든 생물체 속에는 단백질이 들어 있고 단백질 속에는 영을 가진 빛의 광자(에너지+정보+영)가 들어 있기 때문에 결국 하나님의 영으로 진화가 이루어지고 안 이루어지고 하기 때문이다.

사람에 의해 저성능 자동차에서 점점 고성능 현대자동차로 발전·진화되어 간다. 마찬가지로 하등생물에서 영이 들어 있는 생명의 3대 로봇들에 의해 고등생물로 점점 진화되어 가는 것이지, 하나님이 일일이 낱개로 물질과 에너지를 들여가며 손수 직접 창조하시는 것은 아닌 것이다. 다만 하나님은 진화가 자동으로 자연히 이루어지게끔 생물 태초에 영—에너지—물질—설계프로그램을 해서 태초 세포 속에 DNA 속에 입력되어 자동으로 진화 작동되도록 한 것이다.

인간에게만 유난히 특이하게 예외로 사고의 능력, 발견·발명의 능력, 언어의 능력 등이 수없이 듬뿍 들어 있고 다른 동물에게는 거의 안 들어 있는 것은 다른 한편으로 보면 인간이 동물에서 우연히 저절로 자연히 자연선택적으로 진화된 것을 전혀 의미하지 않는 증거이다. 그와 달리 신에 의해 인간이 특별히 예외적으로 DNA의 염기배열 순서가 많이 바뀌어 창조되었음을 증거하는 것이다.

동물들 중에서 일부는 인간보다 더 좋은 감각능력을 가지고 있다. 예를 들어 냄새를 더 잘 맡고 더 잘 보고 더 잘 듣고 시각, 후각, 청각 등이 더 발달되어 있고 전자기파 등도 더 잘 감지할 수 있다. 만일 인간이 동물들로부터 자연선택적으로 자연히 진화되었다면 이러한 좋은 감각능력도 인간이 선택해서 가지고 있어야만 하나 인간한테는 전혀 전달되지 않았다. 동물의 우수한 감각능력이 인간에게로 진화되는 것이 자연히 저절로 인간한테서 모두 정지되어 멈춘 것이 아니고 인간의 염색체수에 따라 자동으로 DNA분자 속에 유전정보가 이러한 동물의 우수한 감각능력들이 엄격히 삭제되거나 억제되기 때문이다.

동물의 감각능력이나 본능은 종별로 염색체수에 따라 정확히 엄격히 한정되어 있는데 이는 DNA 속에 유전정보가 정확히 엄격히 한정되어 있기 때문이다. 만일 인간에게 동물의 좋은 우수한 감각능력이 모두 자연선택적으로 선택되어 진화되어 전달되면 비밀이 유지되기 힘들어 욕망이 많은 인간사회는 유지되지 못하기 때문에 신이 인간의 유전정보 속에 자동으로 이러한 능력들이 삭제되거나 억제되게 한 것이 분명한 것이다. 그러므로 다른 염색체수를 가진 다른 생물의 종이면 자동으로 DNA분자 속의 유전정보도 염색체수에 따라 자동으로 변하게끔 염색체수와 유전정보(DNA 구조)가 영적인 신에 의해 이미 자동프로그램화되어 있는 것이다.

자연선택적인 진화에 의해 사람이 만들어졌다면 동물과 사람 사이에 적어도 여러 단계의 지능을 가진 여러 종류의 지능적인 동물들이 여러 단계로 존재해야만 할 것이다. 그러나 여러 단계의 동물은커녕 지능적인 동물은 인간 이외에는 하나도 없다. 그리고 동물과 인간의 지성의 차이는 하늘과 땅 차이로 너무나 크기 때문에 인간이 만들어진 목적과 이유가 동물과 같은 차원이 아니고 동물과 전혀 다른 차원으로 다른 목적으로 특이하게 만들어진 것이다.

주위환경에 적응하며, 즉 자연선택하며 생물이 진화된다면 지능이 어느 정도 좋은 쥐는 왜 옛날부터 지금까지 육체적으로 조금도 진화되지 않고 고양이에게 잡혀만 먹히는가? 먹이사슬에 의해 잡아먹히는 동물은 오랜 시간을 두고 왜 진화를 하지 않고 잡아먹히기만 하는가? 그 이유는 잡아먹히는 동물은 천적동물을 보호하는 것이고, 그렇게 자연현상은 유지되어지게 생태계 설계프로그램이 신에 의해 짜여져 있기 때문에 잡아먹히는 동물은 DNA 구조 변화가 일어나지 않게끔 억제되어 있으므로 진화가 되지 않고 항상 잡아먹히는 삶을 살아야만 되는 것이다.

인간만이 특이한 수많은 능력을 간직하고 모든 동물들의 지능이 그 자리에 머물고 지적으로 진화되지 않는 것이나 인간이 만물의 영장으로 모든 동물을 다스리는 것이나 하나님과 영적 교제 상대자로 머무는 것이나 동물은 먹이사슬에 머무는 것 등은 신의 설계의도대로 설계프로그램대로 대자연이 창조되기 때문이다. 그러므로 모든 생물은 종에 따라 염색체수에 따라 DNA분자 속에 있는 유전정보에 따라 정해진 특정한 능력(본능) 이상으로는 절대로 진화될 수 없는 것이다. 능력이나 지능이나 본능이나 또는 진화가 되고 안 되고 하는 모든 생명의 활동은 생명의 칩인 DNA 칩 속에 유전정보로 모두 엄격히 한정되어 입력되어 있는 것이다.

만일 동물이 DNA 칩의 억제함이 없이 자연선택적으로 자연히 저절로 진화된다면 동물의 지능도 사람과 같아져 인간은 동물을 다스릴 수 없을 것이고, 수많은 동물들로부터 쉴 새 없이 공격을 받아 하루도 평안할 날이 없을 것이다. 그렇게 되면 인간과 신과의 감정 깊은 사랑의 영적 교제도 이루어질 수 없을 것이다. 이것을 신도 원하지 않을 것이다.

만일 동물의 지능이 자연의 진화로 점점 발달되어 하나님을 알게 되고 또한 동물들 자신이 먹이사슬 때문에 창조되어 비참히 다른 동물의 먹잇감으로 태어난 것을 알게 되면 신을 얼마나 원망하고 욕을 하고 저주를 하겠는가?

박테리아는 눈에 보이지 않는 아주 미세한 단세포(하나의 세포)로 되어 있고 DNA가 핵막 없이 세포질에 있어 방사선, 자외선, 보이지 않는 광선이나 물질 등에 노출되어 있는 상태이다. 그렇기 때문에 DNA 구조의 변화가 피부와 껍질이 있는 다른 생명체보다 쉽게 일어나므로 유난히 수많은 종류가 생겨났다. 이것을 보더라도 DNA 구조의 변화는 DNA가 에너지나 물질분자하고 직접 접촉해야 이루어지는 것이다. 생물의 다양성을 이루기 위해 생물은 수정(교미)을 통해서 어버이의 유전자를 섞어 만들어진 DNA에 의해 여러 종류의 단백질이 만들어지고, 이들에 의해 어버이의 형질을 이어받은 후손이 태어나게 된다.

생물 이전에 무생물 자연계에는 수정메커니즘이 없었는데 감각기관도 없어 감각을 느끼지도 못하는 자연이 쾌감과 황홀감이 흠뻑 들어 있는 수정메커니즘을 그저 우연히 저절로 고안 발명하여 진화시킬 수는 없는 것이다.

성경을 보면, "식물과 동물은 각기 종류대로 하나님이 만드시고"와 같이 종의 다양성이 나타나 있다. "하나님은 우리의 형상을 따라 우리의 모양대로 우리가 사람을 만들고 사람으로 하여금 모든 동물을 다스리게 하시고 남자와 여자를 창조하시고, 그들로 하여금 생육하고 번성하도록 하셨다. 동물에게 먹이로 식물을 주셨다"라고 쓰여 있다.

하나님은 하나님과 천국사람의 형상(모양)과 같이 사람을 만들었기 때문에 다른 동물들처럼 모양이 다른 여러 종류의 인간이 태어날 수 없는 것이다. 그러므로 사람보다 더 아름답고 지혜로운 동물은 태어날 수 없는 것이다.

사람으로 하여금 모든 동물을 다스리게 했기 때문에 동물들은 언어, 발명·발견의 능력이나 사고의 능력 등을 가진 동물로 진화될 수 없는 것이다.

＊생물의 다양성을 설계한 이유＊
① 다양한 먹이사슬을 만들어 다양한 먹이사슬 그물망으로 종의 멸종을 방지한다.
② 다양한 천적그물망으로 종의 멸종과 무제한 번식을 방지한다. 한 종을 잡아먹는 종에게 천적이 있으므로 잡아먹히는 종이 덜 잡아먹히게 된다.
③ 원친 수정으로 질병에 저항력을 기른다.
④ 생물의 다양성으로 자연의 다양한 아름다움이 생기고, 이를 통해 다양한 감정이 생겨나는 분위기를 만들어 삶을 풍요롭게 만든다.
⑤ 다양한 물질과 에너지순환으로 다양한 생태계의 순환이 이루어진다.

생물의 다양성은 생물의 3대 물질로봇인 광자, 단백질, DNA의 상호작용으로 이루어진다. 만일 생명의 칩인 DNA가 없다면 교미도 필요 없고, 교미가 필요 없으면 태어나는 생물을 하나하나 일일이 에너지와 물질을 들여가며 만들어야 하므로 생물의 숫자도 얼마 안 될 것이고 같은 종들은 형질과 모양도 모두 같아 고유한 개체성이 없을 것이다. 먹이사슬도 몇 가지 안 되므로 쉽게 종의 멸종도 올 것이고, 질병이 성하고, 생물의 다양성과 대자연의 아름다움과 수많은 감정과 사랑이 없는 그야말로 지구는 황량하고 쓸쓸하고 삭막하고 메마르고 생존경쟁이 더 치열한 곳이 되어 지옥이나 다름없을 것이다.

동물의 다양성을 가져오게 모든 동물들은 뜨거운 열정과 뜨거운 성욕으로 이 세상에서 느껴볼 수 없는 성적 황홀감과 즐거움으로 교미(수정)를 하려 한다. 이 수정메커니즘은 물질계와 정신계가 혼합된 혼합세계의 작용이기 때문에 이러한 뜨거운 성욕이 생길 수 있는 것이다. 그러나 태초 생명이 없던 자연에는 정신세계가 없기 때문에 성욕을 불러일으킬 수 없는 것이다. 그리고 생각 못하는 식물이나 미생물도 성욕은 느끼지 못하나 대를 이으려고 안간힘을 쓰는 것은 자연의 물질적인 작용이 아니고 신의 영이 들어 있는 영적인 단백질로 만들어진 식물호르몬의 작용이다.

식물호르몬 속에 있는 영에 의해 후손을 잇도록 곤충과 새를 유혹시키기 위해 향기롭고 예쁜 꽃을 피우고, 먹음직스러운 열매가 맺도록 돌봐지고 이끌어지는 것이다. 바로 이러한 영적인 자연현상은 영의 작용이고, 이는 이들 속에 하나님의 분신인 영적인 영이 들어 있어 생각도 못하고 움직이지도 못하는 연약한 식물의 삶을 돌보고 이끄는 것이다.

　자연에서 불필요한 물질과 불필요한 생물이 하나도 없이 모두 반드시 꼭 필요한 것들만 존재하듯이 생물신체에서도 불필요한 조직이나 불필요한 기관이 하나도 없이 모두 반드시 꼭 필요한 것들만 설치되어 작동된다. 그것은 지구자연이나 생명체가 목적 없이 설계 없이 우연히 저절로 자연히 만들어진 것을 의미하는 것이 아니고, 지성이 무한히 높은 영적인 자에 의해 의도적으로 목적에 맞게 필요에 따라 정확히 계산되어 세밀하게 설계되어 창조되어진 것을 의미하는 것이다. 왜냐하면 인간이 의도적으로 만드는 물건이나 기계도 불필요한 것을 구태여 만들어 첨부하지 않기 때문이다.

　징그럽고, 보기 싫고, 보잘것없이 보이는 수많은 종류의 곤충과 벌레라도 그들은 잡아먹히면서 천적을 먹여 살리면서 땅을 옥토로 만들어 모든 생물이 살아가는 터전을 닦아 주기 때문에 아름다운 생태계를 유지시키는 꼭 필요한 일원들인 것이다. 땅속에 사는 벌레, 곤충, 개미, 지렁이, 굼벵이, 진드기 무리, 달팽이 무리 등은 떨어진 잎과 열매, 동물의 분비물, 죽은 동물 등을 먹어 치우며 분해시키고, 미생물인 곰팡이와 박테리아는 흙이 광물만 남을 때까지 계속해서 분해시켜 버린다. 이러한 다양한 작은 생명체의 역할로 땅은 더 비옥해지고, 더 잘 공기가 통하고, 배수가 더 잘되고, 나무뿌리는 땅속으로 더 잘 뻗을 수 있게 된다.

　이러한 작은 생명체들의 도움 없이는 식물의 오랜 역사를 기대할 수 없으며 번창한 숲과 산림도 어려운 것이다. 그러므로 다양한 미생물의 번창은 다양한 식물의 번창을 가져온다. 다양한 식물의 번창은 다양한 동물의 번창을 가져오며, 다양한 동물의 번창은 다양한 미생물의 번창을 가져온다. 모든 생물의 번창은 서로 의사소통을 하면서 서로 상호작용을 하면서 생기가 넘쳐흐르고 사랑의 감정이 가득 담긴 아름다운 생태계를 공동의 힘으로 이루어 가는 것이다.

04
만물과 생명의 원천인 빛(햇빛)

빛은 모든 물질과 생명의 원천이므로 물질세계와 정신세계를 만드는 근원이다. 신비스러운 빛을 분석·관찰해 봄으로써 신의 지성(지혜와 능력, 지적능력)과 설계능력은 어느 차원인지 느끼게 될 것이다. 빛은 소립자(에너지)와 전자기파로 되어 있기 때문에 원자, 이온, 분자를 만들어 물질을 만들고 이어서 생물과 생태계를 만들어 돌보고 이끌어 간다.

햇빛은 태양으로부터 오는 여러 다른 주파수와 파장의 여러 전자기파가 합쳐져 있는 것으로서 짧은 파장(높은 주파수=큰 에너지)으로부터 r선, X선, 자외선, 가시광선, 적외선, 초단파, 라디오파를 가지고 있는데, 즉 빛은 여러 종류의 전자기파로 되어 있다.

빛은 특정한 주파수와 파장범위 안에서 특정한 전자기파로 되어 있으며 이는 특정한 전자기파의 극히 빠른 진동으로 이루어져 있다. 가시광선 빛에서는 여러 다른 주파수에 의해 여러 가지 다른 색깔이 만들어진다. 빨간 빛은 1초에 약 4×10^{14}번 진동을 하고, 파란 빛은 1초에 약 7.5×10^{14}번 진동을 한다.

전자기파는 진동하고 직선으로 퍼져 나가기 때문에 분자가 빛을 흡수하면 진동운동과 직진운동을 하게 되고, 빛 자체는 광자와 전자의 상호작용이기 때문에 전자에 의한 회전운동을 하게 된다. 그러므로 물질의 분자는 햇빛을 흡수하면 진동, 전진, 회전운동을 하려고 한다. 이들 운동은 물질을 움직이게 한다. 그래서 생물분자들이 빛을 받으면 빛 속의 광자가 지닌 에너지와 삶의 정보와 영을 더 받기 때문에 더 생기가 솟아오르고 육체적인 활동이 더 활발해지는 것이다. 그러므로 빛은 생명의 원천이다.

가시광선의 스펙트럼의 파장은 자주색(보라색) 약 4×10^7분의 1cm, 즉 400nm=400×10^{-9}m=4cm/10^7에서 빨간색 7.5×10^7분의 1cm, 즉 750nm까지이다. 빛의 속도는 30만km/s로 지금까지 측정된 물질의 속도 중에서 가장 빠르다.

지구상에서 생물이 살아가게끔 우연히 저절로 신비스럽고 영적인 능력을 가진 빛이 고차원의 복잡한 구조와 원리로 스스로 만들어져서 스스로 물질과 생물과 정신세계를 만들고, 계속해서 끊임없이 에너지와 정보와 열과 광명을 생물에게 공급하면서 생명의 활동을 돌보고 이끌어 와서 오늘날과 같은 생물의 다양성으로 이루어진 생물지구를 만들게 할 수는 없는 것이다.

빛(소립자+전자기파)은 물질세계에서만 영향을 미치는 것이 아니고 정신세계(소립자세계)에서도 절대적으로 영향을 미친다. 정신세계가 없던 무생물 자연이 어떻게 생각하는 정신세계를 스스로 만들어낼 수 있겠는가?

라디오파로 쓸 수 있는 라디오와 TV 중계, 다른 무선통신기계를 위해서는 개별적인 송신장치로 특정한 주파수 범위를 사용하게 된다. 즉 의사소통(정보전달, 에너지전달)은 암호가 맞아야 한다. 특정한 주파수 범위는 중계주파수로 사용되고, 중계파가 퍼져 나갈 수 있도록 그것에 음, 그림, 말, 기록 등의 정보가 전조(Modulation)에 의해 먼저 저장되어져야만 한다. 수신자에게는 반대과정인 정보를 다시 중계파로부터 꺼내 여과하는 복조(Demodulation)가 행해진다.

그러므로 전자기파와 광자로 된 빛 속에는 에너지와 정보가 들어 있으며 정보가 전달되어 의사소통이 되기 위해서는 영이 있어야 하므로 빛의 광자 속에는 에너지와 정보와 영이 들어 있는 것이다. 우리가 생각하고 감정을 가지고 의사소통을 하기 위해서도 우리 신체 속에는 반드시 영이 존재해야만 하는 것이다.

빛은 생물의 삶을 위하여 너무나 많은 중요한 일을 하는데 그중의 하나가 의사소통을 하기 위한 정보와 에너지와 영을 저장한 광자를 생물에게 공급하는 것이다.

빛의 광자가 에너지, 정보, 영을 가지고 있으므로 빛에너지 속에는 하나님의 말씀인 하나님의 생각과 정보와 설계를 담고 있는 것이다. 우리는 전파에너지에 우리의 정보를 실어 보내어 TV를 볼 수 있고, 핸드폰으로 전화를 할 수 있고, 이메일(e-mail, 전자우편)로 정보를 보낼 수 있는 거와 같이 하나님도 빛에너지 속에 하나님의 말씀의 정보를 실어 모든 생물에게 전달되도록 한 것이다.

빛은 전자기파로서 그 진행 도중에 입자를 만나게 되면 입자 분자 내의 쌍극자모멘트를 유발시킨다. 이렇게 유도된 쌍극자모멘트는 입사광선의 주파수와 같은 주파수로 진동하면서 공간 내의 모든 방향으로 다시 전자기파를 방사한다. 이렇게 전자기파와 입자와의 상호작용에 의해 그 입자가 새로운 광원(scattering center)이 되어 모든 방향으로 빛을 방출하는 현상을 산란(scattering)이라고 한다.

보통 빛은 완전히 균일한 매체 내에서는 산란하지 않고 통과하지만 불균일한 매체를 통과할 때에는 모든 방향으로 산란한다. 모든 만물은 빛을 받으면 흡수하거나 다시 반사시키는데 흡수된 빛에너지는 해당 물질의 역학적에너지(위치에너지+운동에너지)로 된다. 그러므로 빛은 만물에게 움직임과 활동과 생명을 위한 에너지를 공급해 주는 원천인 것이다.

크기가 같은 양과 음 두 극이 아주 가까운 거리를 두고 마주하고 있을 때 이 두 극을 쌍극자라고 하며 이때 두 극의 세기와 거리를 곱한 것을 쌍극자모멘트(dipole moment)라고 한다. 쌍극자모멘트의 방향은 음(-)전하로부터 양(+)전하로 향하는 벡터로 나타낸다. 그러므로 힘의 세기는 방향이 있으므로 자연의 질서를 잡게 된다. 쌍극자모멘트에는 양, 음의 전하로 이루어지는 전기쌍극자모멘트와 자기쌍극자에 의한 자기쌍극자모멘트가 있다.

한 분자의 음전하 무게중심과 양전하의 무게중심이 정확히 일치되지 않으면 쌍극자모멘트를 갖게 된다. 즉 외부적인 극성을 갖게 된다. 그러나 모든 물질은 내부적으로 모두 부분 극성을 띄고 있기 때문에 내부적으로는 모든 물질은 극성물질인 것이다.

전기장 하에서 모든 분자들은 일그러진 편극(distortion polarization)이 발생하기 때문에 유도된 쌍극자모멘트(전기장 방향과 거의 평행하도록 정렬된다)를 갖는다. 원자는 양성의 원자핵과 음성의 전자가 인력으로 결합되어 있기 때문에 원자핵과 전자 사이는 텅 비어 있는 상태로 단단한 고체의 부동성이 아니라 물렁하고 연한 유동성의 결합인 것이다.

이러한 연한 유동성의 원자들로 전자쌍의 힘으로 결합되어 있는 것이 분자이므로 분자는 부동성의 단단한 고체 상태가 아니고 연한 보이지 않는 용수철로 연결된 물렁한 물체와 같은 모양이므로 힘의 장인 전기장이나 자기장에 의해서 인력이나 척력으로 쉽게 일그러지게 된다. 그래서 원자에 외부전기장을 작용시키면 전기쌍극자는 그 전자의 분포를 편재하게 한다. 물, 암모니아, 염화수소와 같은 종류의 분자는 분자구조가 대칭형을 이루지 못해 극성을 띠는 극성물질로 외부전기장의 작용 없이도 전기쌍극자를 가지는데 이러한 분자를 유극분자라고 한다.

자기쌍극자는 작은 자석이나 작은 환상전류(環狀電流)를 비롯하여 전자, 양성자, 중성자 등의 소립자나 원자핵, 원자, 분자 등과 같이 미세한 입자에 있는 것으로 알려져 있으며 큰 자석이나 보통 자성체는 자기쌍극자의 집합으로 간주하고 있다.

소립자는 전하나 자기모멘트나 에너지 등의 힘의 특성을 가지고 있고, 이들 소립자로 만들어진 원자, 분자로 모든 물질은 만들어지기 때문에 모든 물질은 극성의 힘으로 결합되어 있는 것이다. 그 때문에 음전하 무게중심과 양전하 무게중심이 일치하여 전체적으로 중성을 나타내는 물질이라도 빛을 받거나 다른 극성물질이 가까워지면 전자기장에 유도되어 전자의 분포가 다르게 편재되어 극성을 띠게 된다. 그리고 극성이 있는 곳에는 자연히 힘의 장이 존재하므로 에너지가 생겨난다.

그러므로 전하나 자전력, 에너지 등 힘의 특성을 가진 소립자로 되어 있는 빛(소립자와 전자기파)이나 물질(입자와 에너지)이 있는 곳에는 자연히 극성의 힘이 생겨나고 동시에 힘의 장도 생겨나고 동시에 에너지도 생겨나는 것이다. 그리고 에너지나 물질이 이동하는 곳에는 전하의 이동으로 전류가 생겨나고 동시에 힘의 장이 생겨나므로 다시 극성의 힘이 생겨나게 되고 다시 에너지가 생겨나는 것이다. 즉 극성의 힘(힘의 장)이 있는 곳에는 에너지가 생겨나고, 에너지가 이동하는 곳에는 극성의 힘(힘의 장,전자기장)이 생겨나기 때문에 극성의 힘과 에너지 사이는 끊임없이 서로 상호작용을 한다. 그 때문에 우주 허공에는 시간이 많이 지나갈수록 소립자와 에너지가 많아져 우주만물이 점점 많아지는 것이다. 바로 이러한 에너지―극성의 힘―순환메커니즘(기계술, 작동술)이 하나님의 신비로운 창조기술인 것이다.

빛은 태양으로부터 광선의 형태로 방출되어 계속해서 퍼져 나간다. 그때 발광광도는 멀어질수록 작아진다. 반면에 빛이 육체에 부딪히면 흡수되거나 반사된다. 빛은 고른 표면에 입사한 각으로 다시 반사된다. 몇몇의 주파수의 빛은 몸의 여러 색깔에 의해 다른 주파수의 빛보다 강하게 반사된다.

하얀 표면은 빛을 거의 모두 반사시키고, 검은 표면은 빛을 거의 모두 흡수한다. 그리고 빛은 주파수와 파장의 길이에 따라 신체 속의 분자나 이온들의 입자구조에 의해 흡수되고 반사된다. 즉 특정한 물질분자는 특정한 주파수의 빛만 흡수하고 다른 빛은 반사시킨다. 하늘이 남색으로 보이는 것이나 외계에서 보면 지구가 남색(하늘색)으로 보이는 것 등은 빛이 먼지나 기체입자나 물분자 등에 반사되기 때문이다.

햇빛은 식물의 광합성작용을 통해 생물의 에너지 저장물인 포도당 유기물을 만들게 하여 모든 생물이 살아가게 하고, 직·간접으로 빛에너지를 줌으로써 건강을 돌본다. 햇빛 속의 보이지 않는 소립자인 광자(양자)는 생물세포에 에너지와 생명의 정보를 주어 생물의 생명을 이끌어간다. 특히 광자(에너지+정보+영)는 뇌세포 속에서 기억정보도 저장하고 꺼내므로 동물이 기억하고 생각할 수 있도록 영적으로 행동한다.

빛은 다른 물질과 같이 이중 특성, 즉 입자(광자)와 파동(전자기파)의 2중성을 지니고 있으므로 빛을 관찰할 때는 전자기파와 광자(양자)로 나누어 관찰하는 것이 좋을 것이다.

(1) 빛 속의 전자기파
[빛=전자기파+소립자(광자, 전자 등)=에너지+정보+($\leq$)영]

빛(광선)으로서 전자기파는 우주 생성 시부터 우주의 구성요소(성분)이다. 전자기파는 별 속에서 계속적으로 진행되는 핵반응으로 만들어지는 것뿐만 아니라 대기 속에서 구름의 이동에 의해 전하의 흐름으로 전기의 방전이 일어날 때 생긴 번개에 의해서도 만들어진다. 즉 빛의 전자기파는 전하의 이동으로 전류가 생겨 전자기파가 생겨나므로 상대적인 전자기적인 극성의 힘에 의해 생겨난다. 전기장과 자기장은 서로 90도 각도로 형성되는데 이로 인해 공간이 형성된다.

태양은 고온으로 끊임없이 수소핵이 핵융합으로 인해 헬륨핵으로 되면서 동시에 막대한 빛에너지를 방출하는데 빛에너지는 전자기파와 광자에 저장되어 빛으로 발산하여 지구에까지 이른다. 전자기파는 퍼져 나가기 위해서 매개물(매질)이 필요 없기 때문에 진공에서도 주파수에 관계없이 빛의 속도로 전파된다. 그것은 횡단파이다. 즉 그것이 퍼져나가는 방향은 전자기파의 진동방향과 수직이 된다.

고온으로 물질이 이동하는 곳에는 전하의 이동량도 많고, 전하의 이동량이 많은 곳에는 강한 전기장이 형성되며, 강한 전기장이 있는 곳에는 90도 각도로 강한 자기장도 생기고, 이들의 힘의 장인 강한 전자기장이 있는 곳에는 강한 전자기파에너지가 생겨 방출된다. 전기장과 자기장은 서로 분리될 수 없고 서로 상호작용을 하며 일정한 방향을 가지기 때문에 생물과 자연 속에서 자연의 힘의 질서를 잡아서 모든 과정을 조절하고 이끌게 한다.

물질을 마찰시키면 전자를 잃거나(양이온) 전자를 얻는다(음이온). 같지 않은 전하는 같게 되려는 성질(평형의 힘) 때문에 전류가 생긴다. 두 전하 사이의 전하의 차가 전압이고 전하의 차가 클수록 전압은 크다. 전류의 흐름도 물의 흐름과 같이 높은 곳에서 낮은 곳으로, 높낮이를 같게 하려는 평형(균형, 조화)의 힘 때문에 생긴다.

두 극 사이에 전압의 차로 전류가 흐르는 도선이 있으면 그 사이에 전기장이 생기며, 전압이 있는 곳에는 항상 전기장이 생긴다. 전기장의 강도(전기장의 밀도)가 충분히 크면 전류가 흐른다. 두 극 사이에 전기장이 충분히 크면 방전도 일어난다. 같은 전압일 때는 전기장도 같으나 변화전압일 때는 역학적인 변화전기장이 생긴다. 전기장은 전류가 흐르도록 전하를 이동시키려 한다.

전기를 띤 전하나 시간에 따라 변하는 자기장 주위의 공간에는 전기장이 형성된다. 이 전기장 안에서 하전된 물체는 전기력을 받게 된다. 전기장의 방향은 양전하(+)에서 나가서 음전하(-)로 들어가는 방향이며 이것이 곧 힘의 방향이다. 만물은 전자기력으로 이루어진 원자로 되어 있기 때문에 전자기파를 가지므로 힘의 방향이 있기 때문에 자연의 질서를 지키게 되는 것이다.

동물의 육체는 좋은 전도체는 아니지만 어느 정도는 전류를 통과시키는 전도체이다.

전류의 흐름과 자력은 분리될 수 없고 서로 함께 상호작용을 한다. 전류가 흐르는 곳에는 자기장이 도선을 직각원형으로 둘러싸고 있다. 같은 전류일 때는 같은 자기장이 생기고 변화전류일 때는 역학적인 변화자기장이 생기며 변화자기장은 낮은 주파수장과 높은 주파수장으로 구별된다.

생물의 신체 속에서 자력이 전류로 변하여 전도체(신체)를 변화시키면 전류가 흐를 수 있도록 전압이 감응전류화 된다. 즉 신경심줄이 자기장에 의해 자극을 받는 전도체와 같이 작용한다. 그래서 신체조직이 전류의 평형유지가 되게끔 자극을 받게 된다. 신체의 신경들의 작용은 전류의 작용으로 신경심줄은 도선과 같으며, 신경심줄 주위로는 자기장과 전기장이 형성되어 있어 생물의 신체는 전자기장 그물망으로 형성되어 있다.

자기장의 변화는 감응전류로 되어 신경의 자극과 뇌의 작용, 호르몬의 작용 등에 영향을 준다. 생물이 신진대사하고 에너지를 소비하며 살아가는 것은 방향이 있는 전자기장이 신체 속에서 방향을 잡고, 즉 질서를 잡고 신의 영이 들어 있는 빛의 광자가 조절하고 이끌기 때문이다. 그러므로 동물의 신체도 빛으로 만들어져서 빛에 의해서 신진대사 등이 조절되고 빛의 광자에 의해서 정신활동도 하기 때문에 빛에 의해 모든 삶의 활동이 이루어지는 것이다.

전기장(전장)은 전하를 움직이게 하고, 전하가 이동하면 전류가 생긴다. 움직이는 전하(물체가 띠고 있는 정전기의 양)는 수직으로 자기장(자장)을 만들어 내고, 자기장은 다시 수직으로 전기장을 만들어 내어 전자기장이 형성되어 전자기력이 생겨 전자기파를 방출하게 된다. 이들의 상호작용은 장의 변화가 빨리 일어날수록, 즉 주파수가 높을수록 더 강하다. 30킬로헤르츠(KHz) 이상의 높은 주파수에서는 그 때문에 전장과 자장을 더 이상 낱개로 관찰할 수 없다. 그래서 이들을 합쳐 전자기장이라고 한다.

전기장은 떨어진 두 전하 사이에 위치에너지의 차(전압)가 있으면 어느 곳에든지 생긴다. 전하와 자전력, 공전력, 에너지 등의 힘의 특성을 가진 소립자로 만들어진 원자, 분자로 이루어진 물질들 사이에는 자연히 전압의 차가 있게 되어 극성의 힘이 작용하여 에너지가 생겨나게 된다. 그 때문에 두 물질 사이에는 정전기유도에 의해서 자연히 만유인력과 만유척력이 생겨나게 된다. 그러므로 태초 전에 천국의 물질들에 의해 자연히 극성의 힘이 생겨나고 동시에 자연히 만유인력과 만유척력의 에너지가 생겨나면서 우주공간을 형성해 갔을 것이다.

전압이 너무 작아 전류가 흐르지 않더라도 전기장은 생긴다. 전장이 강할수록 전압도 커지고 자기장도 커진다. 자기장(자장)은 전하가 움직이는 곳, 즉 전류가 흐르는 곳이면 어디든지 생긴다. 전기장의 세기는 전류가 셀수록 커지고 원천에서 멀어질수록 약해지나 자기장은 전기장과는 달리 거의 모든 물질을 약해짐이 없이 뚫고 들어가고 뚫고 나간다.

모든 원자는 양전하를 띤 원자핵과 그 주위를 음전하를 띤 전자가 돌고 있기 때문에, 즉 전자(전하)가 이동하기 때문에 전기장과 자기장이 생겨서, 즉 전자기장이 생겨서 전자기파를 방출한다. 그리고 원자핵은 양성자와 중성자로 되어 있고, 이들 내부는 다시 업쿼크(up-quark(+))와 다운쿼크(down-quark(-))로 되어 있어 이들 자체 내에서도 전자기파를 방출한다. 그러므로 원자로 된 모든 물질은 상대적인 전자기적인 극성의 힘으로 만들어졌기 때문에 극성의 힘으로 작용하며 극성의 힘인 전자기파를 방출한다. 그러므로 이 세상이나 저 세상은 상대적인 극성의 힘으로 만물이 만들어져서 상대적인 극성의 힘으로 작동되어가는 것이다.

원시동물을 제외한 동물들은 대부분 신체구조가 대칭형으로 되어 있는데 이것은 이동하기에 편리하고 좌·우 전자기장의 효율적인 작용을 위해서이다. 사람 육체의 신진대사(물질교환)에서는 끊임없이 전기적이고 자기적인 많은 일이 행해지고 있기 때문에 신진대사는 전기장과 자기장에 의한 영향을 끊임없이 받게 된다. 전자기장의 원천인 빛의 전자기파는 직간접으로 신체 속에 전달되어진다.

생물세포는 직접적으로 햇빛을 흡수하거나 간접적으로 양분(유기물)을 섭취함으로써 빛 속에 있는 광자와 전자기파를 흡수한다. 그러므로 빛의 광자와 전자기파는 기억세포, 신경세포, 근육세포 등의 작용에 직접적으로 영향을 미치기 때문에 정신세계에도 큰 영향을 미친다. 동물의 육체는 피부나 신체 속에서 낮은 주파수의 전자기파를 필요로 한다. 눈, 피부, 신경세포, 근육세포 속에 있는 감각을 받는 신경세포들은 낮은 주파수의 전자기파에 의해 자극되어진다.

신경과 근육의 자극에는 전자기파장에 의해 신체 속에서 만들어진 전류와 전류밀도에 의해서 이루어진다. 신경과 근육을 자극시키기 위해선 전류밀도가 자극을 일으키게 하도록 특정한 주파수의 자극파장에 이르러야만 한다. 사람 신체의 각 자극 장소에 있는 여러 다른 전류밀도의 작용은 1Hz와 1MHz 사이의 주파수 범위이다.

공기에 비해 사람의 육체는 좋은 전도체이다. 전자기파는 육체 부분 중에서도 머리 부분에 특히 많이 몰려 있고, 여러 복잡한 전자기선을 이루고 있다. 뇌는 신체 각 부분과의 신경과 척수에 연결되어 있으므로 여러 다른 전기적인 위치에너지가 존재하고, 이로 인해 수시로 전기장과 자기장이 변하고 있다.

우리 몸은 태양빛(전자기파+광자)을 직접적으로 흡수하거나 반사시키고 간접적으로는 양분을 통해 태양빛을 흡수한다. 이는 우리 몸의 에너지로 쓰이거나 정신적인 생각을 하는 뇌의 전류와 광자(Photon)에 의한 기억정보 저장에 쓰인다. 신체의 피부는 높은 전기장에서도 감각되어진다.

낮은 주파수의 변화자기장은 전기장의 작용이 몸속에서 여러 다른 전류밀도로 이끌리게 하는 거와 같이 몸속에서 전기적인 와중전류(소용돌이 전류)를 감응시킨다. 감응전류의 강도는 주파수와 자기의 밀도에 달려 있다. 넓혀진 자기장 속에 감응된 전류밀도는 몸속에서부터 피부 쪽으로 증가되며 변화된 자기장은 사람의 신체 축에 수직으로, 신체 밖에서 원형선을 형성한다. 즉 신체전류와 신체의 자기장은 수직관계에 놓여 있고 매우 약하다.

하나님은 생물의 신체 구조도 빛에너지(전자기파와 광자소립자)에 의해 만들어지게 하고, 신체의 작용도 빛에너지에 의해 작용되게 하고, 생각하는 정신세계도 빛에너지인 광자에 의해 돌봐지고 이끌어지게 한 것이다. 그러므로 빛의 광자는 에너지와 정보와 영을 지니고 있는 것이다.

높은 주파수의 전자기파는 생물조직 속에 침투하거나 흡수되는데 이것은 주파수와 조직의 분자구조에 따라 행해진다. 즉 특정한 분자구조를 가진 생물조직은 특정한 주파수의 광선만 흡수한다. 파장이 짧고 이온화되는 자외선, X선, 감마선 광선은 높은 에너지를 지니고 있어 몸속에서 원자와 분자 사이에 결합을 분해시킬 수 있다. 이러한 광선(전자기파)은 암을 유발시키고, 유전물질인 DNA 구조 이상으로 기형아를 출생하게 한다.

사람은 인공적으로 전자기파를 만들어서 정보전달 수단인 라디오, TV, 무선전신, 핸드폰 등에 사용한다. 마찬가지로 햇빛의 전자기파 속에는 생물의 생명에 관한 정보가 들어 있다. 이와 같이 빛 속의 전자기파는 우리 몸속의 생물세포와 정신적인 생각을 만드는 뇌와 신경세포와 호르몬 신진대사 등 육체적, 정신적, 영적인 삶의 활동을 하기 위한 에너지와 정보를 공급하고, 우리의 일상생활에서는 살균작용, 열작용, X선의 의학계, 정보전달인 통신 등에 이용된다.

(2) 빛 속의 광자(양자=photon=에너지+정보+영=에너지+정보≤영)
포톤은 빛(광선)의 가장 작은 에너지 입자로 광자 또는 양자라고도 한다. 원자의 에너지 상태를 높이면 바깥 전자껍질(최외각 전자궤도)에 있는 전자(가전자)들이 껑충 뛴다. 거기서 그들은 단지 잠깐 머무르고 다시 빨리 원 궤도로 껑충 뛰어 돌아온다. 이때 그들이 궤도 밖으로 강요당한 에너지를 빛으로 내놓는데, 이 에너지를 광자(양자)라고 한다. 광자가 어떻게 기능하고, 왜 광자가 특수한 크기의 파장을 갖고, 왜 방출되는지는 아직까지 불분명하나 실험에 의해 에너지를 지닌 입자로서의 작용메커니즘이 서서히 밝혀지고 있다.

태양과 같이 매우 뜨거운 가스 속에서는 모든 원자는 이온화된다. 즉 한 원자에 결합되어 있는 전자는 떨어지고 자유로이 이동한다(자유전자). 밀도가 아주 크고 뜨거운 가스 속에서 자유전자는 이온으로부터 붙들리게 되나 현존하는 강한 광선과 높은 온도는 전자를 다시 빨리 떨어뜨린다. 그와 동시에 빛광자(photon)를 내놓게 된다.

광자는 빛의 속도로 퍼져 나가기 때문에 광자의 정질량은 아인슈타인의 상대성이론에 따라 0이다. 광자는 질량이 0이고, 전하가 없고, 자기력도 없고, 스핀이 1이고, 에너지만 지니고 있다. 그래서 광자는 전기장이나 자기장에 의해 편향되어지지 않으며 도달거리는 거시적이다.

이러한 광자의 특성 때문에 광자는 다른 물질과 화학반응을 하지 않으므로 영원히 존재하는 유일한 소립자이다. 전자소립자 속에 든 전자의 특성도 변하지 않고 영원히 감으로써 전자쌍의 힘으로 물질을 만들게 된다. 광자는 전자보다 훨씬 더 작은 보이지 않는 입자이다. 원자는 전자와 원자핵이 인력으로 서로 붙들고 있다. 전자를 원자핵에 속박시키고 있는 힘은 전자기력이며, 이 힘은 광자에 의하여 매개되고 있다.

만물은 원자로 이루어지기 때문에 광자에너지는 만물 속에 역학적 에너지(위치에너지+운동에너지)로 들어 있는 것이다. 그러므로 광자(에너지+정보+영)에 의해 물질의 특성이 만들어지고 나타내지고 저장되며 광자에 의해 생물의 혼이나 영혼도 만들어지고 나타내지고 저장되는 것이다. 결국 상대적인 전자기적인 극성의 힘도 광자에너지에 의한 것이다. 그러므로 안정한 광자에너지 속에 저장된 정보나 특성이나 영혼은 변하지 않고 영원히 가게 된다. 모든 물질은 광자(에너지+정보+영)의 전자기력으로 전자쌍의 힘으로 만들어지는 것이다.

물질은 에너지를 자유자재로 다루는 것이 아니라 오직 작은 입자 광자들을 방출하거나 흡수한다. 다시 말해 모든 물질의 화학반응은 에너지를 흡수(흡열반응)하거나 방출(발열반응)하는 것인데, 이는 광자의 흡수나 방출을 의미하는 것이다.

태양빛 속에 있는 광자(에너지+정보+영)는 생물의 세포 속에 잘 적응하도록 되어 있다.

생물 광자는 살아있는 세포에 있는 광자를 말한다. 세포에 있는 광선은 photomultiplier(광전자증배관)로 불리어지는 기구에 의해 보여지고 증명되어진다. 그것은 모든 생명체의 세포에 있는 광선을 증명하게 한다. 세포에서 생물광자의 방출 빛은 햇빛의 광자의 양과 에너지에 달려 있기 때문에 낱개의 세포에서 얼마나 많고 강한 생물광자들이 얼마나 빛을 방출하는지를 볼 수 있고, 측정할 수 있게 한 것이 photomultiplier 기구이다.

생물세포는 빛만 받아들이는 것이 아니라 그와 동시에 빛 속에 들어 있는 생명의 정보와 질서를 받아들인다. 햇빛은 생물세포의 질서에 직접적으로 연관되어 있다. 살아있는 모든 생물은 빛을 지니고 있고 빛을 방출한다. 즉 모든 물질은 역학적에너지(위치에너지+운동에너지)를 가지고 있고 전자기파를 방출한다. 즉 모든 물질은 빛의 광자(에너지+정보+영)와 빛의 전자기파로 되어 있는 것이다. 그러므로 빛은 만물을 만들고 생물을 만들고 생명을 돌보고 이끄는 빛이기 때문에 하나님의 영이 들어 있는 하나님의 대리자요, 하나님의 로봇이요, 하나님의 분신이나 마찬가지인 것이다.

▌세포 속에 있는 생물광자의 빛

① 매우 약하나 광전자증배관(photomultiplier) 기구로 감지하고 증명할 수 있다.
② 잔잔하고 고루 균등한 빛으로 밖의 영향에 극도로 예민하게 반응한다.
③ 자극 후 다시 원위치(원세포)로 돌아가는 능력이 있다.
④ 기억세포에서 기억정보를 저장하고 꺼내고 한다.

세포가 건강한지, 병들었는지, 죽었는지는 빛을 저장하거나 방출할 수 있는지를 조사함으로써 알 수 있다.

태양빛 속의 광자(에너지+정보+영)는 생물세포에 잘 적응하도록 만들어져 있다. 태양빛과 생물세포와의 적응관계는 하루아침의 우연의 일치가 아니고 오랜 세월을 통해 세밀하고 철저히 계획된 설계를 통해서만 가능한 것이다. 광자(빛)는 생명체 세포의 발달과 조절 그리고 세포 사이에 정보교환 등에도 직접적으로 영향을 미친다. 이는 광자가 에너지와 정보와 영을 가지고 있음을 뜻한다. 왜냐하면 정보를 교환해서 의사소통을 하는 것은 영밖에 할 수 없기 때문이다.

생물광자 빛의 저장과 운반은 DNA(유전물질)분자로봇이 한다. DNA 속에는 생물조직의 유전정보가 들어 있다.

DNA는 소용돌이(나사) 모양으로 서로 뒤엉클어진 약 100억 개의 분자로 되어 있다. 그것은 한 생명체가 무슨 생명체인지, 그 생명체가 되도록 하고 활동하게 하는 모든 생물학적인 정보를 가지고 있다. DNA 표면에 질서가 방해되면, 즉 정보를 저장하거나 줄 수 없으면 병이 생기거나 기형아를 낳는다.

이러한 DNA분자의 작용은 현대과학에 의해 빛에 있는 광자의 활동으로 알려지고 있다. DNA분자 이외에도 여러 다른 생물분자는 빛을 저장한다. 그러나 DNA분자는 그것의 특수한 분자구조에 의해 다른 생물분자보다 근본적으로 더 조절된 정보를 중계한다. 햇빛은 세포에 도달하는 거대한 양의 주파수(=정보)를 가지고 있다.

생물세포는 거대한 정보저장과 일처리를 필요로 한다. 극단적으로 많은 정보의 일처리 능력은 DNA 속에 있는 극단적으로 높은 정보밀도와 관련되어 있다. DNA분자는 지금까지 알려진 것보다 수십억 배 더 많은 정보저장능력을 가지고 있다.

모든 세포는 대략 $10^{-9} cm^3$의 아주 미세한 부피를 가지고 있다. 각 세포 속에는 1.5~2m의 긴 DNA가 나사형 모양으로 움츠리고 들어 있다. 이 2m의 DNA분자는 다시 100억(10^{10})개 이상의 염기쌍으로 이루어져 있다. 만일 한 사람의 모든 염기쌍을 하나의 실로 나열하면 10^{13}m의 거리가 되는데 이것은 우리 태양계의 직경과 같다.

생물광자는 규칙적으로 응축되거나 응결되어진다. 생물광자는 DNA 속에서 인간이 기술적으로 만들 수 없는 완전히 새로운 영적인 상태, 즉 광자구름 형태로 둥둥 떠 있는 상태로 머문다. 광자(구름)와 광자(에너지+정보+영) 사이에는 영과 영 사이이므로 정신감응(Telepathy, 멀리 있는 자와 정신적으로 의사소통을 하거나 장면을 보는 능력)으로 의사소통이 된다.

영을 지닌 광자로 만들어진 영적인 단백질로 만들어진 신체물질이나 조직, 기관은 영과 영 사이이므로 정신감응으로 의사소통이 영적으로 잘되어 영적으로 활동하므로 생명체의 생명의 활동이 이루어질 수 있는 것이다. 생물이 나서 자라고 활동하고 생각하는 것은 세포 속에 DNA 속에 생명의 정보를 저장하고 꺼내고 하는 작용을 빛의 광자(에너지+정보+영)가 하기 때문이다. 생물이 스스로 만들어져서 스스로 성장하면서 스스로 정신적, 육체적 활동을 하는 것은 생물신체 속에 영이 들어 있기 때문에 가능한 것이다.

그 때문에 생물광자 빛을 저장하고 방출시키기 위해선 햇빛, 햇빛이 저장된 물, 양분 등을 끊임없이 공급받아야 한다. 햇빛이 모자라는 곳에서는 광자와 빛 주파수를 공급받아야 한다. 예를 들면 자연 생산물이나 건강식품 등은 몇 주 혹은 몇 달간 햇볕에 말려 빛에너지를 저장케 한다.

태양광선은 약 10만Lux(빛의 세기단위)이고 인공 빛인 전구나 형광 등은 약 700Lux이므로 건강식품이나 건강약제는 에너지가 많이 들어 있는 햇볕에서 몇 주나 몇 달간 말려 많은 광자를 흡수하도록 한다. 이것은 햇빛의 광자(에너지+정보+영)를 저장하는 것인데, 이 광자들은 모든 생물의 각 세포에 중요한 정보와 질서를 준다.

육체조직에 받아들인 광자들은 그들의 진동정보와 그들의 에너지 저장으로 각 세포를 돌본다. 광자(양자)들은 모든 생물세포 안에서 필요한 전압을 돌보고 그것으로써 그들의 질서기능(건강)도 돌본다. 바로 이러한 광자의 역할과 작용은 광자입자 속에 하나님의 영과 정보와 에너지가 들어 있음을 증거한다. 광자 속의 에너지와 정보와 영은 근원 없이 우연히 저절로 생겨나는 것이 아니고 하나님의 영에서 유래되는 것이다. 왜냐하면 말씀이나 정보나 에너지나 영은 아무것도 없는 곳에서 우연히 자연히 만들어질 수 없고, 자연의 법칙인 인과법칙에 따라 반드시 영적인 능력을 가진 자에 의해 만들어져야만 하기 때문이다.

영의 원천이고 최고의 영적인 능력을 가진 전지전능한 신(하나님)은 반드시 한 분이어야만 할 것이다. 만일 전지전능한 신이 여러 명이면 수십억 년 내지 수백억 년 또는 무한히 오래도록 이 세상이나 저 세상을 평탄하게 다스리고 이끌어갈 수 없기 때문이다. 왜냐하면 만능적인 신이 여러 명이면 항상 의견 차이가 있게 되고 의견 차이가 여럿인 신들이 존재하면 자연히 시기질투도 심해지므로 다른 신이 만들어 놓은 세상도 경우에 따라서 쉽게 멸망시키고 다른 세상을 쉽게 만들 수도 있기 때문이다.

그러면 빈번한 세상의 대혼란으로 자연의 법칙과 자연의 질서는 존재하기 어려울 것이고 아울러 자연의 법칙인 상대적인 극성의 힘도 작용하기 어려워 우주만물의 생성도 어려울 것이다. 그 때문에 물질세계와 정신세계의 혼합세계인 현 세상도 존재하기 힘들 것이다. 그러므로 전지전능한 신이라면 결코 자기와 똑같은 전지전능한 능력을 가진 신이 생겨나거나 존재하는 것을 허용하지 않을 것이며 반드시 자기의 능력과 권세와 다스림 밑에 모두 머물게 엄격히 능력을 제한해 놓았을 것이다. 또는 제3자에게 창조능력이 절대로 아예 생기지 않게 지능을 엄격히 억제시켜 놓았을 것이다.

곤충, 벌레, 동물세계에서도 무리나 사회를 다스리는 우두머리나 왕(여왕벌, 여왕개미, 사자무리 우두머리 등)들은 결코 제2의 우두머리나 왕을 용납하거나 허용치 않는다. 동서고금을 통해서도 한 나라를 다스리는 왕이나 대통령은 반드시 하나이지 둘 이상이 아닌 거와 같다. 만일 왕이나 대통령이 여러 명이면 그 나라는 결코 태평성세로 잘 다스려질 수 없는 것이다. 그 때문에 옛날에는 형제나 조카를 죽이고 왕 자리를 빼앗는 일이 종종 있었다.

성경을 보아도 왕에게 거역하거나 왕을 타도하라는 하나님의 말씀은 한 구절도 없고 밑에 있는 자는 상관의 권세에 굴복하라고 되어 있다. 그래야만 시스템이 탈 없이 주어진 메커니즘대로 작동되어 유지되어 가기 때문이다. 나라의 법은 마땅히 지키고 낼 세금은 내라고 했다. 그러므로 온 세상 온 우주를 만들어지게 한 분은 하나님 한 분밖에 없고 온 세상을 다스리는 왕도 자연히 하나님 한 분밖에 없는 것이다. 그런데 온 세상의 왕인 하나님을 못 알아보고 하나님에게 거역하고 반항하고 하나님으로 떠받들지 않고 오히려 다른 신을 믿고 다른 신을 떠받들 때는 이 세상이나 저 세상을 평안하게 다스리기 위해서는 자연히 마땅히 엄한 죄의 심판과 엄한 벌이 따르게 되는 것이다.

빛 속의 광자(에너지+정보≤영)입자는 하나님의 생기인 에너지와 하나님의 말씀인 정보를 가지고 있는데, 광자가 가진 정보와 에너지는 곧 하나님의 영으로부터 유래되기 때문에 빛 속의 광자는 바로 하나님의 대리자요, 하나님의 로봇이요, 하나님의 분신이나 마찬가지인 것이다. 그러므로 빛의 광자는 일반 독일 과학책에서는 에너지+정보로 나타내는데, 이 책에서는 광자(에너지+정보+영)로 나타내었다. 이것의 의미는 빛의 광자는 에너지와 정보를 가지고 있어 생물을 만들고 돌보고 이끈다. 그러기 위해서는 생체물 사이에 정보로 의사소통이 이루어져야 한다.

생체물 속에서 정보를 지니고 의사소통을 하며 생체물을 돌보고 이끄는 것은 영(영적인 능력을 가진 보이지 않는 존재)일 수밖에 없다. 그러므로 빛의 광자소립자는 에너지와 정보와 영을 가지고 있어야만 현실로 실행되어지는 광자의 임무를 모두 할 수 있기 때문에 광자(에너지+정보+영)로 표현한 것이다. 그러나 영은 정보를 가지고 의사소통을 하므로 더 정확한 표현은 광자(에너지+정보≤영)일 것이다.

하나님의 영은 하나님의 생각이고 말씀이고 능력인데 이는 우리의 뇌컴퓨터 기능을 하며 영끼리 정보를 주고받으며 서로 감정이 담긴 의사소통도 한다. 다만 형체가 없는 보이지 않는 영적인 능력을 가진 존재이다. 그 때문에 영은 시간과 공간과 물질의 제약을 받지 않고,

죽음이 없고, 정신감응력(Telepathy)이나 정신력동력(Telekinesis)을 지닌 영적인 존재이다. 보이지 않는 영이지만 우리는 빛이나 생물기계 등을 통해 간접적으로 영의 존재를 확신하게 되고 영의 작용도 읽을 수 있고 감지할 수 있는 것이다. 마치 우리가 보이지 않는 만유인력이나 하나님의 존재를 느낄 수 있고 믿을 수 있는 거와 같은 영적인 존재인 것이다.

빛의 에너지는 입자와 전자기파로 전달되어지는데 이 입자를 광자(양자, Photon)라고 한다. 빛이 물질에 충돌하면 전자를 내놓는데 이로 인해 전자의 이동이 생겨 전류가 생긴다. 이로 인해 전자기장의 힘의 장이 생긴다. 전자와 광자소립자를 지닌 빛이 있는 곳에는 자연히 전하의 이동으로 전류가 생겨 전자기장의 힘의 장이 생겨 극성의 힘이 생기므로 자연히 에너지가 생겨나 전자기파를 방출하게 되는 것이다. 그리고 빛은 금속이나 물질 속에 있는 전자를 움직이게 할 수 있고 가끔 전자를 밖으로 내보내기도 한다.

보통 금속에서 전자들은 원자핵과 전기력에 의해 금속에 속박되어 있다. 이때 전자에 충분한 에너지를 공급하면 전자는 금속 밖으로 튀어나오게 된다. 마치 고무풍선에 열에너지를 주면 커지다가 터지는 원리와 같다. 이때 열에너지에 의해 떨어져 나오는 전자를 열전자라 하고, 빛에 의해 떨어져 나오는 전자를 광전자라고 한다.

전자가 이동하는 곳에는 전류도 흐르기 때문에 힘의 장인 전자기장이 형성되므로 자연히 빛도 생겨난다. 이러한 빛의 특성 때문에 빛에너지를 전기에너지로 변화시킬 수도 있다. 그러므로 소립자가 있는 곳에는 에너지가 있고, 소립자와 에너지가 있는 곳에는 자연히 빛이 있게 되고, 빛이 있는 곳에는 전자기장의 힘의 장이 있고, 반대로 빛이 있는 곳에는 소립자와 에너지가 있으므로 자연히 물질도 생겨나게 된다. 그러므로 에너지와 물질(질량)은 질량—에너지등가원리에 따라 서로 변화될 수 있다. 광자는 빛(전자기파+광자)의 2중 특성의 이유로 항상 전자기파와 밀접한 관계가 있으며 서로 상호작용을 한다.

빛의 원천의 강도가 높을수록 광자(양자)가 물체에 작용하고 그 물체 속에 저장될 수 있는 광자의 양은 증가된다. 사람 신체에서 만들어진 물질은 에너지의 형태로 빈번히 나타내는데 이들 물질은 삼태(고체, 액체, 기체)로 되어 있으나 광자는 아주 미세한 소립자로 이들 물질의 구성성분이 된다.

우리 몸은 광자(에너지)를 직접적으로 햇빛에서 받거나 간접적으로 음식물에 저장된 빛에너지를 통해 광자를 얻게 된다. 즉 우리 몸의 에너지는 거의 다 빛 속에 있는 광자로 된 것이며 극히 적은 양이 자연물질에서 얻어지는데, 이것도 결국은 태양의 빛에너지이므로 빛은 생물의 신체물질과 에너지의 원천이며 아울러 물질과 생명의 원천인 만물의 원천인 것이다.

빛은 주파수에 따라 물질 속으로 침투하는 것이 다르다. 660nm의 파장을 가진 빨간색은 8~10mm, 적외선(750μm~1mm파장)은 30~40mm 침투한다. 짧은 파장의 빛일수록 높은 주파수를 가지므로 물질 속에 적게 침투되어진다.

사람의 육체는 빛에너지를 여과기처럼 통하여 흐르게 한다. 약한 자외선의 광자는 살아있는 수천 개의 세포를 거의 손실 없이 뚫고 들어간다. 다시 말해 우리의 세포조직은 에너지 운반능력이 있는 것이다.

빛은 해골을 지나 머릿속에 있는 송과선에 들어간다. 피부와 세포조직은 빛을 대기보다 더 잘 통과시킨다. 자궁 속에 있는 태아까지도 생리학적인 영향을 받기 위하여 충분한 빛을 받는다. 모든 물질은 빛을 받으면 전자기파와 광자(에너지)를 저장한다. 햇빛의 진동(주파수=정보)과 에너지(광자)는 고체, 액체, 기체에 저장될 수 있다. 전자기파는 전기장과 자기장 사이에 상호작용으로 생기고 빛의 속도로 퍼져 나가며 모든 방향으로 직선형으로 퍼져 나간다.

빛은 고대로부터 오늘날까지 많은 지식인이나 철학자나 과학자들이 심도 있게 연구한 물질이지만 빛 속에 감추어진 진리는 모두 깨달을 수 없는 신비적이고 영적인 존재이다.

거대하고 웅장한 피라미드를 만들게 한 고대 이집트 왕들이나 거대한 궁전이나 궁궐을 만들게 한 고대 유럽의 왕들도 태양을 단순한 천체로 보지 않고 태양은 모든 만물을 만들고 이끄는 근원으로 생각해서 신처럼 태양신으로 믿고 떠받들었는데, 이는 단순한 미신이라고 쉽게 볼 수만은 없는 것이다. 왜냐하면 빛 속에는 하나님의 영인 말씀과 설계와 감정과 능력과 에너지가 들어 있기 때문에 빛은 하나님의 대리자요, 하나님의 로봇이요, 하나님의 분신이나 마찬가지이기 때문이다.

그러나 태양은 하나님의 영을 통해서 하나님의 영―에너지―물질―설계프로그램에 의해서 자동으로 자연히 하나님의 능력을 나타내는 하나님의 분신적인 존재이지만 스스로 하나님처럼 만물을 설계하고 다스리고 감정을 가진 의사소통을 하지 못하므로 전지전능한 신으로서 하나님은 아닌 것이다. 어떤 사람은 손재능이 뛰어나 무엇이든지 잘 만든다. 그러나 그 사람의 손만은 손재능을 가진 영만 들어 있는 그 사람의 분신으로 그 사람의 재능은 나타내지만 그 사람의 영혼(혼)을 나타내지 못하므로 그 사람으로 보지 않고 의사소통(교제)도 그 사람의 손하고는 할 수 없는 것이다. 그 사람의 중추적인 우두머리 영인 영혼은 마치 옛날 왕들이 여러 겹의 담으로 에워싸여진 궁궐 속에 머무르며 다스리는 것같이 해골 속에 뇌수로 채워진 3개의 피부 속에 회색물질인 대뇌피질 속에 뇌세포 속에 DNA분자 속에 광자 속에 머물며 모든 신체 곳곳과 정신적인 것을 다스린다. 그래서 사람을 상대할 때는 뇌가 딸린 그 사람의 화면인 얼굴을 보고 하게 된다.

마찬가지로 태양과는 사랑의 감정이 담긴 의사소통을 하지 못하므로 태양을 신으로 믿고 떠받드는 행위는 헛수고인 우상숭배나 다름없는 일이다. 태양은 하나님의 영을 가진 피조물(창조물)이지만 하나님의 영을 다스리는 우두머리 영인 하나님의 영혼(영, 혼)은 천국에 계신 하나님의 육체 속에 머무는 것이다. 태양 속의 영은 생명의 3대 물질 중 단백질이나 DNA가 없기 때문에 생명의 활동은 할 수 없고 오직 빛의 특성(능력)만 나타내므로 하나님의 영―에너지―물질―설계프로그램대로만 따라 행할 뿐이다.

빛의 광자(에너지+정보+영)는 사람이 보기에 의식을 가지고 영(하나님의 의도=하나님의 말씀=하나님의 생각=성령=하나님의 설계=하나님의 자연의 법칙=하나님의 능력=하나님의 에너지)을 가진 것처럼 작용한다. 즉 영은 모든 물질 속에 들어 있고 물질에 영향을 미치고 영끼리 의사소통을 하고 영 자신(우두머리 영)이 영을 돌보고 이끈다. 그러므로 물질 속에 영이나 생물 속에 혼이나 영혼 같은 것이 존재하는 것을 인정하는 과학자의 수는 날이 갈수록 점점 늘어가고 있는 추세이다.

모든 생물은 햇빛[전자기파+소립자(광자, 전자 등)]에 의해 만들어져서 햇빛에 의해 성장하고, 햇빛에 의해 육체적, 정신적, 영적인 삶의 활동을 한다. 햇빛에 의해 만들어진 생물세포와 조직은 햇빛의 전자기파와 광자의 에너지와 정보와 영을 받아 광자의 영의 유도 하에 생명의 활동이 행해진다.

뇌가 없는 미생물, 원시생물, 식물들이 살아가는 것이나 뇌가 있는 동물이더라도 각 세포들이나 자율신경계, 호르몬계, 단백질 등은 일일이 뇌의 지시를 받지 않고 맡은바 임무를 충실히 해낸다. 이들 생체물질들은 모두 빛에서 온 광자(에너지+정보+영)로 만들어진 영적인 단백질로 만들어졌기 때문에 스스로 영을 지니고 있기 때문에 스스로 영적으로 활동을 하고 영적으로 다른 생체물과 의사소통을 하므로 삶의 활동을 돌보고 이끌 수 있는 것이다. 즉 사람과 사람 사이에는 의사소통이 잘되는 거와 같이 영이 들어 있는 광자로 만들어진 단백질에 의해 만들어진 생체물질 사이는 영과 영 사이이기 때문에 정신감응에 의해 영적으로 의사소통이 잘 되어 서로 상호작용이 잘 이루어진다. 그러므로 빛의 광자는 신의 영(신의 의도=신의 말씀=신의 설계=성령=신의 에너지)을 받들어 실행하고, 실행시키는 신의 사신으로서 신의 일꾼으로서 신의 로봇으로서 신의 대리자로서 신의 능력을 나타내고 대신하는 것이다.

모든 생물이 물질적, 정신적인 삶의 활동을 하면 에너지를 소비하고 열에너지를 방출하게 된다. 하나님의 영을 가진 광자(에너지+정보+영)가 빛이나 양분을 통해서 생물신체 속으로 끊임없이 들어가고 열에너지를 통해서 신체 밖으로 끊임없이 나가므로 생물의 신체는 빛에너지에 의해 만들어지고 빛에너지에 의해 활동하는 것이다.

열에너지는 에너지의 원천인 빛에너지와 마찬가지로 광자소립자와 전자기파로 되어 있다. 생물이 방출하는 열에너지는 열로 다른 생물이나 다른 물질의 역학적에너지(위치에너지+운동에너지)로 되거나 우주공간에 머물거나 태양과 같은 뜨거운 항체나 검은 구멍 속으로 들어가 다른 입자나 에너지로 변한다. 그러므로 모든 열에너지는 영원히 없어지는 것이 아니라 물질과 물질 사이를 순환하며 물질들을 의사소통시키고 상호작용시키는 매개자이고 중개자인 것이다.

(3) 빛의 생성과 구조

스펙트럼은 색깔로 빛의 띠를 나타낸다.

모든 화학원소(모든 물질)는 독특한 스펙트럼을 방출하는데 이는 모든 물질이 독특한 전자기파를 방출하는 것을 의미하고, 이는 곧 모든 물질은 여러 에너지준위를 가진 빛에 의해서 만들어진 것을 의미한다. 고체물질이나 액체물질의 스펙트럼은 모든 파장을 포함한 끊임없고 계속적인 연속 스펙트럼을 방사한다. 태양과 같은 불타는 빛의 원천은 끊임없이 계속적인 연속 스펙트럼을 방출한다.

하얀 햇빛을 프리즘을 통하여 보면 하나의 연속적인 스펙트럼을 이룬다. 분광기 속에서 그러한 스펙트럼은 색들이 그들의 파장에 따라 차례로 잇달아 나타내는 색띠로써 나타난다. 각각의 색은 특정한 에너지준위로 나타난다. 그러므로 빛은 여러 종류의 에너지(전자기파)로 되어 있는 것이다. 짧은 파장의 자외선은 특히 에너지가 풍부히 들어 있고, 긴 파장의 빨간색 광선은 에너지가 남색(하늘색)보다도 덜 들어 있다. 태양이나 빨갛게 단 물체와는 반대로 수소가스는 발광관(방전관) 속에서 오직 특정한 파장의 빛(선스펙트럼)만 방출한다.

선스펙트럼의 특유한 파장들은 원자들의 서로 다른 에너지상태를 의미한다. 이들 선스펙트럼들과 이온화에너지의 준위(단계)는 에너지준위로 원자껍질(전자껍질)을 묘사하게 한다. 선스펙트럼은 보어(Bohr, 독일인)의 원자모형으로 간단히 설명할 수 있다.

전자들은 이 모형에 따르면 오직 특정한 껍질에만 머무른다. 한 개의 전자는 에너지공급에 의해 높은 껍질로 뛰어오르게 된다. 이를 통해서 원자는 에너지가 적은 바닥상태에서 에너지가 많이 들뜬상태(자극된 상태)로 변화된다. 짧은 시간(잠깐) 후에 전자는 다시 바닥상태(원래상태)로 뛰어내린다(떨어진다). 이와 동시에 하나의 특정한 파장의 빛이 방출되어진다. 빛의 에너지는 두 전자껍질 사이의 에너지 차이와 일치한다. 그러므로 에너지는 오직 특정한 에너지뭉치나 에너지광자로만 받아들여지고 방출되어진다는 것이다.

소립자 중에는 전자와 양전자, 양성자와 반양성자, 중성자와 반중성자와 같이 질량이 같고 전하가 반대인 기본적인 성질이 반대인 입자가 존재하는데 이를 반입자라고 한다. 입자와 반입자 한 쌍이 충돌하면 빛을 내면서 소멸되어 광자로 된다. 그런가 하면 구름과 같은 물질 사이에서도 구름이 이동하면 전하가 이동되어 전류가 발생되어 전기의 방전으로 천둥 번개를 치게 되면서 빛을 발생하기도 한다. 그러므로 빛은 전자와 광자와 같은 소립자들에 의해 힘의 장인 전자기장이 만들어져서 전자기파가 방출되면서 만들어지는 것을 알 수 있다.

이와 같이 신(하나님)은 태초 전에 천국의 물질들의 상호작용으로 나오는 열에너지와 물질 사이의 상대적인 전자기적인 극성의 힘으로 생긴 만유인력과 만유척력으로 우주공간이 만들어지게 하면서 동시에 에너지와 소립자가 만들어지게(질량―에너지등가원리에 따라 에너지가 있는 곳에는 소립자가 있게 되고 소립자가 있는 곳에는 에너지가 있게 됨) 하고, 만들어진 소립자들의 상호작용으로 자연의 4가지 기본 힘이 만들어지게 하고, 이들 힘에 의해 수많은 종류의 힘과 에너지가 생겨나고, 이들의 상호작용으로(힘의 장은 에너지를 만들고 에너지는 다시 힘의 장을 만듦) 생긴 힘의 장인 전자기장에 의해서 전자기파를 방출하면서 만물의 원천인 빛이 만들어지게 하고, 이어서 빛(소립자와 전자기파)에 의해서 모든 만물이 만들어지게 영―에너지―물질―설계프로그램을 자동화한 것이다.

05

생명체가 생존·번성하게끔 치밀하게 설계된 지구

지구뿐만 아니라 달, 태양, 다른 혹성, 은하계 등도 지구에서 생명체가 살 수 있도록 의도적으로 영적으로 치밀하게 설계 창조된 것이 틀림없는 것이다.

우리가 사는 태양계에서 가장 큰 혹성인 목성은 태양계에서 가장 먼 밖까지 돌고(공전) 있기 때문에 지구나 다른 작은 혹성들을 보호하고 있다. 목성의 인력(중력)으로 지구에 가까이 오는 소혹성을 잡아당기거나 먼 우주 쪽으로 내보낸다. 목성이 없다면 지구는 자주 소혹성에 부딪혀 생물체는 전멸되었을 것이다.

태양을 돌고 있는 9개의 혹성의 크기는 다 다르다. 만일 9개의 혹성이 다 똑같이 크다면, 벌써 몇 개의 혹성은 그들의 궤도를 떠나버렸을 것이다. 한 개의 혹성이라도 그것의 궤도를 이탈해 버리면 우리의 태양계의 시스템은 무너지게 된다. 크고 작은 9개의 혹성은 다시 말해 태양계의 궤도를 안전하게 하는 것이다.

우리의 위성인 달도 지구에서 생물체가 살아가기 위해서 꼭 필요하며 달이 없으면 지구는 화성과 같이 되었을 것이다. 화성은 위성이 없어, 화성의 축은 몇 백만 년마다 60도까지 기울어진다. 달이 없다면 지구의 북극이 얼마 안 가 적도로 바뀌게 된다. 달이 있기 때문에 지구의 축이 23.5도를 유지해 수백만 년 동안 어느 정도 기후의 대변화가 없었다. 달은 밀물과 썰물, 홍수 등에 영향을 미치고, 지구의 자전과 공전에도 제동 역할을 한다. 달이 없다면 자전이 빨라져 하루는 8시간으로 짧아지고 대기도 같이 빨리 돌므로 목성과 같은 거대하고 무시무시한 폭풍이 불 것이다.

우리 지구는 태양으로부터 3번째 떨어진(1억 5천만km) 혹성으로 태양을 한번 공전하는 데 365.256일 걸린다. 이 거리는 지구의 온도가 생물체를 생존시킬 수 있는 정확히 알맞은 거리이다. 이 거리보다 멀거나 가까우면 역시 지구에서 생물체는 존재하기 어렵다.

태양에서 지구보다 가까운 수성, 금성(400℃)은 대기온도가 100℃ 이상이고 지구보다 먼 화성, 목성 등은 대기온도가 -100℃ 이하이다. 생물체가 생존하기에는 온도, 습도, 공기가 알맞아야 한다. 대부분의 생명체는 체내온도가 42℃ 이상이 되면 생명의 기본물질인 단백질이 제 기능을 잃어버리기 때문이다.

생명체가 존재하는 혹성에는 대기를 붙잡고 있는 충분한 중력이 있어야 한다. 중력(인력)이 너무 작으면 달이나 화성처럼 대기가 날아가 생체물질을 못 만들고 생명체가 살아가기 위한 적당한 온도를 유지할 수 없어 생물이 존재할 수 없다. 달이 지금보다 10% 정도 지구와 더 가까워지면 두 천체 사이의 만유인력은 23% 가량 더 커져서 밀물과 썰물이 더 심해지고 거대해져서 대부분의 육지를 휩쓸어 버릴 것이다.

지구 내부에는 밀도가 크고 뜨거운 액체의 유동성 물질로 채워져 있고 그 위에는 밀도가 작은 지각이 아르키메데스의 원리에 의해서 떠있어 지각이 평형(균형, 조화)을 이루게 되고, 지열이 솟아나므로 생물이 지각 위에서 살 수 있도록 한다. 이러한 지각 평형은 지구의 중력을 측정하여 알 수 있다.

대륙의 고산지대에서는 중력 이상이 음의 값이 되고 깊은 해양에서는 양의 값이 되므로 지각평형을 이루게 된다. 지각의 높은 부분이 풍화나 침식에 의해서 깎여 가벼워지게 되면 지각과 맨틀이 평형(균형)을 이루기 위해 지각은 서서히 융기하게 된다. 반대로 침식에 의해 생성된 퇴적물이 바람이나 빗물 등에 운반되어 낮은 부분인 해저에 퇴적되면 그 퇴적물의 하중 때문에 온도가 낮은 해양지각이 서서히 침강하고 맨틀 부근의 뜨거운 지각이 솟아오르면서 지진이나 화산 등 지각변동을 일으킴으로써 전체적인 지각의 균형을 이루게 된다. 이러한 과정을 통해 흙이 순환하여 충분한 광물을 공급하므로 생물이 살아갈 수 있는 것이다.

▌혹성(지구)에서 생명체가 살아가기 위해서는
① 자기장이 있어야 한다.
  우주에서 오는 강한 우주선이나 태양풍(이온바람)을 막아 생물이 살아갈 수 있다.
② 오존층이 있어야 한다.
  지구의 자기장이 못 막아낸 우주선이나 태양풍을 막는다.
③ 달과 같은 위성, 목성과 같은 큰 혹성을 가지고 있어야 한다.
  달과 같은 위성은 지구의 자전축이 심하게 변하는 것과 지구의 자전과 공전에 영향을 준다. 그리고 밀물과 썰물의 조석작용으로 바닷물 속의 영양분과 원소들을 골고루 운반하고 바닷물을 깨끗이 한다. 목성과 같은 큰 혹성은 중력이 매우 크기 때문에 지구에 떨어지는 많은 소혹성, 운석, 혜성 등을 대신 막아준다.
④ 태양과 적당한 거리에 있어야 한다.

생물이 살아가기 위한 적당한 온도를 유지한다.
⑤ 대기를 붙잡고 있는 충분한 중력(인력)이 있어야 한다.
⑥ 적당한 크기라야 한다.

지구가 지금보다 조금 더 커지면 중력이 더 커져서 물이 수증기로 증발이 잘 되지 않으면 물의 순환이 잘 이루어지지 않아 지구 곳곳에 비를 내리지 못해 생명체가 살 수 없을 것이다. 지구가 지금보다 조금 더 작아져도 중력이 약해져서 액체의 물은 모두 수증기로 되어 대기와 같이 우주 공간으로 모두 날아가 버려 지구상에는 액체의 물이나 대기가 존재하지 않을 것이다.

⑦ 적당한 자전속도와 적당한 공전속도라야 한다.

지구의 자전속도가 지금보다 더 빨라지면 공기도 같이 돌기 때문에 태풍 같은 강풍이 계속해서 불 것이다. 자전속도가 지금보다 더 느려지면 지구의 비열 때문에 낮에는 너무 덥고 밤에는 너무 추워 일교차가 심해 생물이 살기 어려울 것이다. 지구의 공전속도가 지금보다 더 빨라지면 식물들이 결실을 미처 맺지 못할 것이다. 공전속도가 지금보다 더 느려지면 역시 식물들의 결실이 느려지기 때문에 식량이 모자라 많은 인구가 굶어죽게 될 것이다.

⑧ 적당한 기울기라야 한다.

지구의 지축은 23.5도 기울어져 있기 때문에 태양빛이 지구에 골고루 비춰 사시사철과 기후의 순환, 최대의 농경지를 이용할 수 있다.

⑨ 충분한 광물이 들어 있는 흙과 돌로 된 땅이 있어야 하고, 지각의 두께는 적당해야 하고 땅은 순환해야 한다.
⑩ 물(수권), 공기(대기권), 흙(지권), 생물권, 빛의 5권이 반드시 있

어야 하고 이들은 서로 상호작용을 해야만 한다.

그 밖에도 생물은 다시 미생물, 동물, 식물로 구성되어 있어야 하고, 지금과 같은 대기의 조성 비율이 필요하고, 지금과 같은 큰 대양과 물의 양이 필요하다. 지구 내부는 지금과 같은 뜨거운 맨틀이 있어야 하고, 남극과 북극이 있어야 하고, 풍부한 광물과 염이 들어 있는 토양, 태양계, 은하계, 은하단(소우주), 대우주 등등 수억만 가지 조건을 모두 골고루 갖추어야만 한다. 이들 수많은 조건들을 채우기 위해서는 물질을 만들게 하는 근본요소(초석, 구성성분)인 소립자, 쿼크(quark)의 특성(전하, 질량, 반입자, 대칭성, 스핀, 패리티, 색, 향 등)이 지금과 한 치의 오차도 없이 정확하게 소립자 속에 모두 들어 있어 영원히 유지되어야만 한다.

만일 쿼크의 전하나 질량에 미세한 오차가 있을 때는 이들 사이에 작용하는 상대적인 극성의 힘의 균형이 깨져 중성자나 양성자 등을 만들지 못하므로 물질을 만드는 원자를 만들 수 없어 우주만물이 만들어질 수 없는 것이다. 그뿐만 아니라 핵자인 양성자, 중성자의 질량이나 하전량에 미세한 오차가 생기거나 원자핵과 전자 사이의 질량과 하전량의 미세한 오차도 원자핵과 전자의 인력에 변화가 오므로 물질을 만들지 못할 것이다.

양성자(proton)의 질량은 $1,672 \times 10^{-24}$g이고 하전(e^+)은 $1,602 \times 10^{-19}$C이다. 중성자(neutron)의 질량은 $1,674 \times 10^{-24}$g이고, 전자(electron=e^-)의 질량은 0.91×10^{-27}g이고 하전(e^-)은 $1,602 \times 10^{-19}$C이다.

양성자의 질량은 양성자의 안정과 우주만물의 안정을 위하여 정확하고 세밀하게 선정되었다는 사실이 과학연구조사에 의하여 판명되었다. 양성자에 비해 아주 미세하게 더 무거운 입자인 유리중성자(자유중성자, free neutron)는 자연붕괴하여 양성자와 전자, 그리고 단지 12

분의 반감기를 갖는 반중성미자(antineutrino)로 변화한다. 유리중성자는 자연 속에서 그냥 존속할 수 없다.

만일 양성자의 질량이 미세하게 증가하여도 그 양성자는 유리중성자와 같이 불안정한 입자로 되어 버린다. 그러면 그것은 자연붕괴하여 곧 중성자, 양전자(positron), 중성미자(neutrino)로 변한다. 수소의 핵은 양성자로 되어 있기 때문에 양성자의 자연붕괴는 모든 원소의 근본원소(기초원소)인 수소원소의 파괴를 의미하므로 우주만물은 생성될 수 없는 것이다. 그러므로 소립자의 질량이나 전하, 스핀, 냄새, 색 등의 특성들은 우주만물이 생성되어 작동 유지되게끔 정확히 세밀하게 산정되어 정해져 있는 것이다.

만일 소립자의 많은 특성들 중 한두 가지라도 없다면 생물은 만들어져 살아갈 수 없는 것이다. 그러므로 소립자의 특성은 목적 없이 우연히 저절로 만들어진 것이 아니고, 지구상에서 생물이 반드시 살아가게끔 목적에 맞게 치밀한 설계에 의해서 만들어진 특성들인 것이 분명한 것이다.

지구에서 생물이 존재하기 위해서는 수억만 가지 조건들을 모두 충분히 정확히 완벽하게 채워야 하고, 현 우주를 이끌고 가는 자연법칙에 의한 모든 물리화학법칙, 힘의 세기, 입자들의 특성들이 아주 미세한 오차 없이 수십억 년간 변함없이 유지해 온 대로 유지되어 가야만 할 것이다.

만일 입자들의 특성이 옛날이나 지금과 같이 항상 같지 않고 조금이라도 미세한 오차의 특성을 가졌다면 현 우주는 존재하지 못했을 것이다. 현 우주가 존재하기 위해서는 수없이 수많은 물질들의 특성이 옛날부터 지금까지 변함없이 항상 같게 머물러야 하고 반드시 변함없는 정확한 수치를 가지고 있어야만 할 것이다.

수십억 년간 변함없는 물질의 특성, 정확한 수치 속에는 창조자의 고도의 능력과 지성과 세밀한 계획과 고도의 기술이 들어 있어야만 가능한 것이다. 그저 우연히 자연히 저절로 만들어진 물질이나 물질의 특성은 그저 우연히 자연히 저절로 언젠가는 변하거나 없어지기 때문에 수십억 년을 버틸 수 없기 때문이다. 모든 물질은 극성물질인 원자로 만들어지기 때문에 우연히 자연히 만들어지는 것이 아니고 실제로는 하나님의 영—에너지—물질—자동진행프로그램에 따라 자연의 법칙대로 자연의 질서 안에서 진화되면서 자동으로 자연히 만들어지는 것이다.

그러므로 우주만물은 지구에서 생물이 살아갈 수 있도록 지성이 무한히 높은 영적인 신에 의해 의도적으로 세밀하게 설계되어 만들어졌기 때문에 생물이 지구에서 살아가게끔 모든 만물이 하나같이 신의 의도대로 공동상호작용을 하므로 수많은 생물들이 생기를 갖고 아름다운 지구정원 속에서 자연을 즐기며 활기차게 살아가는 것이다. 만일 만물이 서로 상호작용을 하지 않는다면 지구상에는 결코 생물이 존재할 수 없는 것이다.

＊우연히, 자연히, 저절로의 기적적인 확률―의도적으로 설계된 프로그램＊

우연한 자연의 진화인가? 아니면 신에 의한 의도적인 자연의 진화인가?

가능성이 있을 때까지 우리는 우연적인 확률이 있다고 한다. 만일 전혀 가능성이 없는 확률에는 우연히고, 자연히고, 저절로고, 기적적으로라도 확률을 기대할 수 없으며 이 경우 확률의 개념을 아예 적용시킬 수 없는 것이다. 예를 들면, 1에서 6까지의 숫자로 된 주사위를 10,000번 던져서 우연이나 저절로 자연히, 즉 확률적으로 매번 4라는 숫자가 10,000번 나오기란 전혀 불가능하며 이 경우에 우연적인 확률을 기대할 수 없는 것이고, 아울러 자연히 저절로라는 기적을 바랄 수도 없는 것이다.

주사위가 변함없이 항상 10,000번 4라는 숫자가 나오는 것은 우연적이고 자연적인 자연현상으로는 아무리 시간이 지나가도 불가능하고, 반드시 누군가가 항상 4가 나오게끔 목적을 가지고 의도적으로 설계해서 주사위를 만드는 길밖에 없는 것이다. 누가 의도적으로 일부러 이러한 특정한 주사위를 설계해서 만들지 않는 한 10,000번 똑같은 4라는 숫자가 나오는 메커니즘(기계술, 작동술)은 불가능한 것이다. 마찬가지로 지구에서 수많은 종류의 생물이 생겨나서 똑같은 방법으로 에너지를 만들어 쓰고, 저장하고, 똑같은 방법으로 다른 생물에게 물질과 에너지를 전달하면서 아름다운 자연을 형성해 가면서 생태계를 순환 유지시키면서 살아가는 현상은 우연적이거나 자연하나 저절로에 의한 기적적인 확률로는 실행될 수 없는 것이다.

신의 영이 없이 단순한 자연의 진화에 의해서 우연히 저절로 수많은 낱개의 생명체 시스템들이 만들어져서 각각 독특한 메커니즘들로 작동되어 하나의 전체시스템, 즉 하나의 생명체가 만들어져서 삶의 활동을 영적으로 할 수는 없는 것이다. 반드시 영적인 능력을 가진 자에 의해 생명체가 삶의 활동을 할 수 있게끔 의도적으로 설계되어 만들어져야만 생명체 기계는 비로소 설계의도대로 영적으로 작동되어 눈물을 흘리며 기뻐하며 사랑하는 삶의 활동을 할 수 있는 것이다.

먼저 영적인 신에 의해 영이 들어 있는 생명의 3대 로봇들이 만들어져야만 이들에 의해 DNA의 생명프로그램(유전정보)에 따라 생명체는 자동으로 자연히 만들어져 영적으로 삶의 활동을 할 수 있는 것이다. 그러므로 지구에서 수많은 종류의 생물이 살아가는 것은 우연히 자연히 저절로의 기적적인 확률에 의한 것이 아니고 신의 치밀한 의도적인 생명프로그램(DNA, 유전정보, 생명의 정보)에 의한 것이다.

생물이 살아가기 위한 지구와 같은 생물혹성이 존재하기 위해서는 먼저 우주 허공에서 지구를 붙잡고 있는 태양계가 있어야 하고, 태양계가 존재하기 위해서는 먼저 은하계가 있어야 하며, 은하계가 존재하기 위해서는 소우주(은하단)가 있어야 하고, 소우주가 존재하기 위해서는 대우주(대은하단)가 있어야 한다. 대우주가 존재하기 위해서는 초우주(초은하단)가 있어야 하고, 초우주가 존재하기 위해서는 먼저 물질이 있어야 하며, 물질이 존재하기 위해서는 물질을 만드는 초석이고 구성성분이고 시초물질인 소립자(에너지)가 먼저 존재해야 하고, 소립자가 동시에 물질과 정신적인 특성을 지니고 있어야만 한다. 그러기 위해서는 공간과 질량이 거의 0인 소립자 속에 수많은 특성을 영으로 집어 넣을 수 있는 영과 에너지와 물질을 자유자재로 다스리고 다루는 영적인 능력을 가진 자가 반드시 먼저 존재해야만 할 것이다.

우주와 우리가 결과로써 존재하면 우주와 우리가 존재하게 된 원인(이유)이 자연의 법칙인 인과법칙에 의해 반드시 먼저 존재해야 하는데 자연에는 우주와 우리를 만들게 한 원인(동기, 이유)이 전혀 없고, 더구나 동기나 원인을 느끼는 감정도 없고, 더구나 자연은 우주만물을 만들 능력도 가지고 있지 않다. 그러나 하나님에게는 우주만물을 반드시 꼭 만들어야만 하는 절실한 원인(동기, 이유)과 갈망하는 목적이 분명히 있고, 이들을 만들 능력도 충분히 있고, 이들을 만들어서 함께 즐기는 뜨거운 감정도 있다.

하나님은 "우리 형상을 따라 우리의 모양대로 우리가 사람을 만들고"라고 하셨는데, 이것을 봄으로써 하나님은 혼자서 인간과 우주만물을 창조한 것이 아니라 제자나 천사들과 함께 여럿이 창조했음을 알 수 있다. 아마도 천국에는 지구생물연구소와 지구현황통제국, 지구영혼국, 지구개발국, 우주개발국 등이 분명히 있을 것이다.

06
왜 공룡은
다량 전멸되어졌어야만 했는가?

지금까지 지구에는 5번 큰 생물의 다량 전멸로 인해 종의 65%가 전멸되었다. 특히 선캄브리아대(원시시대), 고생대, 중생대의 동물은 거의 다 멸종되고 오늘날 대부분의 생물은 신생대에 출현한 것이다. 5가지 큰 시기는 고생대의 오도비지움(ordovizium), 데폰(devon), 펌(perm)시대와 중생대 공룡시대의 트리아스(trias), 크라이데(kreide)시대였다.

평균적으로 공룡을 제외하고 한 종은 백만 년 생존했다. 공룡을 제외한 대부분의 생물의 종들은 평균적으로 100만 년 생존하고 퇴화되어 전멸되고, 다시 새로운 종이 생겨났는데 이것을 보더라도 생물의 종의 생존도 신에 의한 설계프로그램에 따라 멸종되고 탄생되고 진화되고 안 되고 하는 것을 알 수 있다. 만일 자연만에 의한 자연선택적인 진화라면 고생대나 중생대의 많은 종류의 생물이 지금까지 멸종되지 않고 유전되면서 진화되어 왔어야만 한다. 아마도 하나님은 한 종의 생물을 100만 년 동안 보시면 싫증이 나기 때문에 생물의 종도 변화되게 프로그램화하신 것이 분명하다.

그러나 공룡만은 유일하게 예외적으로 1억 2천 5백만 년 동안 가장 오랫동안 생존했으므로 그 종류와 수는 헤아릴 수 없을 만큼 많았고, 작은 도마뱀, 작은 새 모양에서부터 거대한 초식공룡, 육식공룡, 수중에서 생활하던 수장룡, 하늘을 날아다니던 익룡 등 무수히 많았다. 이들 공룡들은 지구 도처에서 중생대를 지배했던 동물들이다. 공룡만이 유난히 긴 기간 동안 지구상에서 살았는데, 그 이유는 많은 종류수로 새로운 수많은 종들을 출현시키고 후에 인류를 위해 에너지원이 되도록 하나님이 의도적으로 공룡시대의 번창과 긴 시대를 이루게 프로그램화한 것임을 추측할 수 있다.

공룡들은 6천 5백만 년 전에 홀연히 거의 일시에 지구상에서 자취를 감추었다. 이는 중생대에서 신생대로 넘어가는 경계로, 즉 공룡의 멸종시대를 기준으로 하여 중생대와 신생대로 나누었다. 신생대 초기에는 큰 공백의 시간이 흘렀고 이를 이용하여 수많은 종의 포유류(젖먹이동물), 파충류(알을 낳는 동물), 조류 등이 빠른 속도로 생겨나 번성하기 시작했다. 특히 인류도 생겨나 신생대 초기에 여우원숭이와 안경원숭이에서 시작해서 신생대 중기의 원숭이류를 거쳐 신생대 말기에 인류의 선조가 되는 원인이 되고 점점 발전·진화되어 현대인과 비슷한 네안데르탈인이 되고 크로마뇽인을 거쳐 오늘날의 현대인인 호모사피엔스(Homo sapiens)로 되었다.

만일 공룡이 오늘날까지 전멸되지 않았다면 오늘날 인간과 다른 수많은 동물들이 태어나고 생존하고 번창할 수가 없었을 것이다. 왜냐하면 육식공룡의 먹이가 되었기 때문이다. 인간이 칼, 창, 활 등 기초 무기를 만들기까지는 오랜 세월을 필요로 하는데 이 긴 세월 동안 육식공룡의 공격을 막아낼 수 없기 때문이다. 수많은 종류의 무한히 많은 공룡들이 멸종되므로 상대적으로 수많은 종류의 동물들이 출현해서 번창할 수 있었던 것이다.

생태계의 먹이사슬에서 잡아먹고 잡아먹힘으로써 물질과 에너지가 다른 생물체로 전달되어진다. 죽음과 탄생으로 물질과 에너지가 순환되어 자연의 동적평형(균형, 조화)을 이루어 생태계를 오래도록 유지하게 된다. 만일 생물이 죽음이 없고 탄생만 있다면 에너지와 물질은 생물과 자연 사이로 순환되지 않고 생물 한쪽으로만 몰리어 머물러 있으므로 자연의 평형(조화, 균형)을 이루지 못하기 때문에 생태계는 순환 작동되지 않아 생물은 존재할 수 없는 것이다.

수많은 종과 수가 태어나기 위해서는 물질과 에너지 면에서, 즉 양분인 포도당 유기물과 토양의 질 면으로 균형을 이루기 위해서는 상대적으로 수많은 종과 수가 죽어야만 자연의 평형을 유지하게 된다. 예를 들어 식물이 죽지 않고 태어만 나면 금방 토질이 황폐화되어 식물의 다량 전멸을 가져오게 되고, 이어서 동물의 다량 전멸을 가져오게 되므로 종국에는 생물의 전멸을 가져오게 된다. 그러므로 자연 생태계에서 생명체의 수많은 종과 다량 탄생을 위해서는 상대적으로 생명체의 수많은 종과 다량 전멸이 생물의 동적평형을 위해서 불가피한 것이다.

자연현상(변화)은 자유에너지(유용한 에너지)는 감소하고 엔트로피(무용한 에너지, 무질서도, Entropy)는 증가하는 방향으로 진행된다. 이는 에너지가 많은 쪽에서 발열반응으로 에너지를 방출하여 에너지가 적은 쪽인 주위 자연에게 열에너지를 주어 에너지준위가 서로 같아지려는 평형의 특성 때문에 오는 자연현상이다. 에너지가 많은 쪽과 적은 쪽은 상대적인 극성관계이다. 그리고 무질서도가 증가하는 이유는 자신의 무질서도보다 주위자연의 무질서도가 훨씬 복잡하고 크기 때문에 여기에 수준을 맞추려는 평형(조화, 균형)의 특성 때문이다. 상대적인 극성 관계나 평형해지려는 힘의 관계는 모두 물질 사이에 상호작용으로 행해진다. 그러므로 모든 자연현상은 자연의 3대 힘(신의 3대 힘)인 상대적인 극성의 힘과 평형해지려는 힘과 상호작용하려는 힘의 상호작용에 의해 이루어지는 것이다.

　5번의 생명체 다량 전멸 후 그때마다 다양한 종류의 생명체가 새로 태어났다. 그 중에서도 다양한 종류의 수많은 공룡이 전멸되고는 수많은 새로운 종류의 생명체가 태어났다.
　공룡시대는 기후가 덥고 건조해서 공룡 같은 파충류(알을 낳는 동물)가 번성했다. 공룡은 100톤까지 무게가 나갔고 고래와 같은 거대한 동물이었다. 풀을 뜯어먹는 초식공룡은 거대했으며 이들 초식공룡을 잡아먹는 육식공룡의 종류와 수도 많았다. 많은 학자들은 뼈의 구조발달로 보아 공룡에서 새와 포유류(젖먹이동물)로 진화되었다고 추측한다.
　공룡의 멸종에 대한 가설로는 여러 설이 있으나 오늘날 가장 널리 인정되고 있는 것은 소행성의 충돌로 전 지구가 엄청난 흙먼지를 일으켜, 즉 6천5백만 년 전에 거대한 운석(직경 14km)이 멕시코에 떨어져 (지구에서는 희귀한 이리듐 원소를 포함하고 있음) 대기권이 흙먼지로 몇 달간 햇빛을 통과시키지 못해 기온이 영하로 떨어져 그 당시 지구상의 85% 동물을 공룡과 함께 전멸시켰다는 것이다.
　이와 같이 자연적으로 공룡이 일시에 멸종되고 이어서 새로운 종류의 수많은 생명체가 일시에 생겨났다고 생각하기에는 어렵다. 지구 한곳에 소행성이 떨어졌다고 그 흙먼지가 전 세계를 뒤덮을 수는 없는 것이다. 왜냐하면 한곳을 지나는 바람이 전 세계로 퍼져 불지 않고 항상 바람은 지역적으로 부는 습성이 있기 때문이다. 그리고 어떻게 이 시기에만 유난히 특이하게 자연적으로 수많은 새로운 종들이 진화로 일시에 태어날 수 있는가 하는 점이다. 즉 자연의 힘만으로는 공룡의 일시적인 전멸과 수많은 종의 일시적인 탄생은 이루어질 수 없는 일이다.
　유난히 이 무렵에 신의 의도가 여느 때보다 강하여 강한 자외선

같은 광선이 이 무렵에 유난히 지구표면으로 다량으로 들어와서 생물을 몰살시켰을 가능성이 있는 것이다. 또는 보이지 않는 에너지에 의해 공룡들에게 DNA 구조변형이 일시적으로 한꺼번에 일어나 새로운 종들을 탄생시키면서 일시적으로 한꺼번에 죽어갔을 가능성도 있는 것이다.

중세기 때 페스트균이 유럽을 4년(1347~1351)에 걸쳐 휩쓸어 유럽인구의 1/3을 몰살시키고 갑자기 사라졌다. 6.25사변 때 우리나라에 학질이 성하여 많은 사람들이 죽어갔다. 그리고 가끔 독한 독감이나 새나 가축의 바이러스병이 휩쓸어 많은 새와 사람을 죽이고는 갑자기 사라진다. 그런가 하면 만성적인 암이나 에이즈병으로 해마다 많은 사람들이 죽어간다.

이와 같이 병균에 의해서 공룡들이 전멸될 수도 있으나 병균인 천적에 의해서는 상대 생물을 전멸시키지는 못하는 것으로 알려져 있다. 또는 몇 백만 년마다 지구의 축이 심하게 변하는데 그로 말미암아 오존층과 지구의 자기장이 심하게 변하여 강한 에너지를 가진 우주선과 자외선이 지구에 많이 쏟아져 들어와 공룡뿐만 아니라 많은 생물을 전멸시켰을 가능성이 높은 것이다.

또는 무시무시한 대화산과 지진이 세계 곳곳에서 일시에 많이 터지면서 거대한 지각변동으로 공룡시대의 공룡과 동·식물을 일시에 땅속으로 매장시키고 동시에 화산먼지로 하늘을 덮어 오랫동안 극한의 추위로 남아있던 공룡들을 거의 전멸시켰을 가능성도 매우 높은 것이다. 그 이유로는 우리가 쓰는 기름이나 천연가스나 석탄은 대부분 공룡시대에 묻힌 동물과 식물들이기 때문이다.

이러한 여러 가지 자연현상에 의해 지구상의 생물이 5번에 걸쳐 다량 몰살되는 것도 우연히 자연히 저절로 일어나는 현상이라기보다는 신에 의한 진행프로그램에 의한 것으로 볼 수 있다. 왜냐하면 우리가 병이 나면 몸이 쇠약해지고 수축해지나 이어서 병이 회복되면 생기가 돌고 밥맛이 나서 많이 먹게 되어 몸이 다시 회복되는 것처럼 이러한 생물의 다량 전멸로 대자연(생태계)의 수축 다음에는 항상 생물의 활기찬 다량 탄생이 성하여 대자연의 다양성과 번창을 가져오기 때문이다.

　미생물, 식물, 동물, 공룡이 모습과 특성이 서로 다른 것은 단백질의 종류가 다르기 때문이다. 단백질은 DNA에 의해 만들어지며 모든 육체물질을 만드는 기본물질이다. 공룡같이 몸집을 크게 하거나 모기같이 몸집을 작게 하는 것은 뇌하수체에서 분비되는 성장호르몬이고, 뇌하수체나 성장호르몬, 다른 신체물질, 그리고 생체의 형질도 거의 모두 영적인 단백질(생명의 기본물질)들에 의해서 만들어져서 돌보아지고 이끌어지는 것이다.

　DNA 구조변형은 방사선, 우주선, 자외선, 광자(양자), 보이지 않는 에너지, 보이지 않는 물질 등에 의해 이루어진다. 특히 새로운 종의 탄생은 새로운 DNA 구조변형이 따라야 하는데 이는 신의 영(신의 의도)을 가지고 있는 광자(에너지+정보+영)에 의해 또는 보이지 않는 에너지나 보이지 않는 물질 등에 의해 이루어진다. 그러므로 생명체의 생성과 활동과 변화는 영이 들어 있는 생명의 3대 요소인 광자, DNA, 단백질의 공동상호작용에 의해 이루어진다.

　특히 공룡의 멸종은 인류와 인류의 문명 그리고 종의 다양성과 에너지 면으로 불가피했던 것으로 천만 다행스러운 일인 것이다.

　오늘날 우리가 쓰는 석탄과 석유는 대부분 공룡시대의 공룡과 식물이 땅의 침식작용에 의해 지각변동으로 땅속 깊이 묻힌 화석들이다. 화석원료인 석탄과 석유가 없었다면 인간은 지금까지도 미개인으로 머물러 화려한 문명의 혜택을 받지 못했을 것이다.

　석탄 없이는 광물 속에 있는 철을 녹여 다량으로 쓸 수 없어 쇠가 들어가는 철로나 기관차, 모터, 자동차 등 기계문명은 없었을 것이고, 색소, 플라스틱 등 우리 주변의 거의 모든 인조가공물질은 석탄, 석유의 원료가 들어가기 때문에 석탄과 석유 없이는 인류의 문명은 원시적으로 머물러 있었을 것이다. 그리고 석탄, 석유 없이는 모든 연료로 산의 나무를 이용해야 했으므로 전 세계적으로 벌목되어 오늘날쯤에는 산에 거의 나무들이 없었을 것이다. 이는 생태계의 불균형으로 동적평형을 유지하지 못해 생물의 다양성은 물론이고 생태계는 이미 많이 파괴되어 있었을 것이다.

　만일 공룡시대가 없었다면 생물의 다양성은 물론이고 인간의 문명발전은 가져오기 힘들었고, 아름다운 자연의 번창과 아름다운 감정이 담긴 따뜻한 인간사회가 건설되지도 못했을 것이다. 자연이 이러한 모든 것을 우연히 저절로 계산해서 인류와 다양한 아름다운 생물사회를 만들기 위해 그저 우연히 저절로 자연히 공룡시대를 다른 동물보다 예외적으로 엄청나게 긴 1억 2천 5백만 년 동안 유지해 번창시키고, 이어서 일시에 전멸시키고, 새로운 수많은 생물의 종을 진화로 일시에 창조시켰을 리는 불가능한 것이다. 오직 인간의 문명과 에너지와 인간과의 영적 교제와 대자연의 아름다움을 위해서 신에 의해서 의도적으로 공룡시대가 예외적으로 길어졌고 신에 의해 수많은 화산, 지진 등 지각변동이 일시에 세계 곳곳에서 많이 일어나 일시에 공룡과 공룡시대의 생물들을 매장시킨 것이 분명한 것이다.

　나무들이 무성한 곳(밭)에 새로운 종류의 씨앗을 뿌리는 농부는 없을 것이고, 농부라면 새 씨앗이 싹터서 자랄 수 있게 갈아엎어서 거름을 주고 씨앗을 뿌릴 것이다. 그러나 누가 새 종류의 씨앗을 의도적으로 뿌리지 않고서는 새 종류의 식물들이 우연히 자연히 저절로 싹터서 무성해질 수는 없는 것이다.

새 종류의 씨앗을 만드는 것이 생명의 칩인 DNA 칩이고, DNA 칩을 만드는 것이 영(신의 의도)에 따라 활동하는 빛의 광자이고, 빛의 광자를 만드는 것이 신의 영이고, 신의 영을 만드는 자는 신의 능력이 들어 있는 신의 영 자신이고, 신의 영은 하나님으로부터 정신감응력이나 정신동력으로 유래되는 것이다. 신의 영은 하나님의 말씀이고, 하나님의 말씀(설계, 의도, 능력, 에너지, 생각, 성령)은 하나님의 생각과 하나님의 에너지로 되어 있으므로 모든 만물이 만들어지게 프로그램화할 수 있는 것이다. 우리가 우리의 생각이 들어 있는 음파에너지로 말을 함으로써 의사소통이 되어 우리가 생각하고 설계하는 모든 것이 제3자에 의해 자동으로 자연히 만들어지고 행해지는 거나 다름없는 것이다.

다만 우리는 어떤 것을 하거나 만들어지게 할 때 우리가 직접 하거나 간접적으로 노동자나 기계나 로봇이나 컴퓨터나 대리자를 통해 하게 한다. 그러나 전지전능한 하나님은 간접적으로 상대적인 극성의 힘(에너지)에 의해 하나님의 대리자이고 로봇들인 소립자(에너지, 광자 등), 원자, 이온, 분자로봇들이 스스로 만들어져서 스스로 자연물로 만들어지게 하고, 이들 미세로봇(나노로봇)들과 이들로 만들어진 단백질분자로봇, DNA분자로봇들로 하여금 스스로 생명체로 만들어지게 영—에너지—물질—설계(진화, 자동)프로그램화한 것이다.

※ 만들어지는 물질의 모습과 기능은 자신의 모체와 비슷하다 ※

생물의 세포는 모체인 지구와 모습과 기능이 비슷하다.

세포는 속에 세포핵이 있고 세포막이 세포질을 보호하고 있으며, 세포막을 통하여 물질(에너지)이 출입한다. 지구는 속에 지구핵이 있고 지각과 대기권이 생물을 보호하고 있으며, 지각과 대기권을 통하여 물질인 입자와 빛에너지가 출입한다. 태양계도 중심에 태양계의 핵인 태양이 있고 명왕성까지 인력에 의한 공전궤도로 혹성들을 보호하고 있으며, 세포소기관에 해당하는 여러 혹성과 위성으로 되어 있다. 원자는 속(중심)에 원자핵이 있고 바깥에 전자껍질(전자궤도)이 광자와 전자를 보호하고 있으며, 전자껍질을 통해 전자와 광자가 출입한다.

곤충이나 물고기, 동물의 알은 세포의 모양인 원형이나 타원형이다. 그 속에는 세포핵에 해당하는 노른자가 있고, 그 주위로는 세포질에 해당하는 흰자질이 있다. 세포막에 해당하는 알껍질은 공기가 잘 통하도록 미세한 구멍으로 세포막 구멍처럼 뚫려 있다.

모든 움직이는 힘과 생명력은 세포에서는 세포핵에 있고, 지구에서는 지구핵에 있고, 태양계에서는 태양에 있고, 은하계에서는 Quasar(퀘이사, 은하계의 핵)에 있고, 원자에서는 원자핵에 있다. 이들 모두는 핵에서 전자기파를 발생하므로 상대적인 극성의 힘으로 유지된다. 극성의 힘인 전자기력에 의해 인력(중력)과 척력(미는 힘)의 상호작용으로 물질이 만들어지고, 분해되고, 변하고, 이동된다.

세포도 세포막 안과 밖에 양전하, 음전하의 차이에 의해 전압이 생겨 전류가 흘러 전자기적인 극성의 힘에 의해 작동된다. 세포핵과 세포막 사이 세포질에는 여러 세포소기관들이 활동하는 거와 같이 지구핵과 대기권 사이에는 지층과 지각, 생물이 활동하고 태양과 명왕성 사이는 여러 혹성, 위성, 입자, 우주선, 보이지 않는 에너지와 물질 등이 활동하고 원자핵과 최외각 전자껍질 사이에는 여러 전자껍질과 전자와 광자들이 활동한다.

세포는 세포핵, 세포소기관과 세포질, 세포막이 서로 상호작용함으로써 세포의 기능을 발휘한다. 이와 마찬가지로 지구도 지구핵, 지각과 생물, 대기권이 서로 상호작용함으로써 생물지구의 기능이 발휘되어 유지되고 태양계도 태양, 혹성과 위성, 혹성궤도(에너지와 소립자)가 상호작용함으로써 태양계의 기능이 발휘되어 유지된다. 원자도 원자핵, 전자, 전자궤도가 상호작용함으로써 원자로서 특성을 가지고 기능을 발휘하여 유지된다. 동물의 알도 노른자, 흰자질, 알껍질이 서로 상호작용함으로써 새로운 생명을 탄생시킬 수 있다. 이러한 원리와 현상으로 지구의 생물은 천국의 생물과 모양과 기능이 비슷하고, 지성과 사랑의 감정을 가진 인간의 모습은 지성과 사랑의 감정을 가진 신의 형상과 비슷한 것이다.

거미가 나뭇가지 사이에 치는 거미줄은 모양이 나무의 나이테와 비슷하고, 생물세포의 모양이나 기능은 모체인 지구의 모양과 기능과 비슷하고, 동물의 알의 모양이나 기능은 생물세포의 모양과 기능이 비슷한 것이다.

DNA의 모양은 나사형 은하계의 나사형 모양이고, 정자는 박테리아 모양이고, 적혈구의 원반 모양은 은하계의 원반 모양과 비슷하다. 자연이 좋아하는 형(모양)은 나사형, 타원형, 원형, 구형, 원통형, 원반형, 방사형, 6대칭형, 대칭형, 사각형, 막대형 등이다.

생물의 생체물, 세포, 조직, 기관 등의 모양은 자연이 좋아하는 형으로 이루어져 있다. 자연의 힘의 방향은 6대칭형이며, 눈은 이 방향으로 6대칭형을 이루며 전자기파를 감지하는 벌들은 6각형의 집을 짓는다. 그리고 거의 모든 척추동물은 땅바닥에 팔다리를 납작하게 넓게 펴면 6대칭형을 이룬다.

은하계, 태양계, 지구, 달, 원자, 알, 세포, 생물, 대기, 물, 흙, 태양 등 모든 우주만물은 공동으로 서로 상호작용함으로써 생물을 탄생시키고, 생물을 돌보기 위한 거대한 공동 목표 하에서 특정한 임무를 가지고 특별하게 만들어져서 특정한 임무대로 변함없이 행한다. 그러므로 우주만물은 우연히 자연히 저절로 목적 없이 만들어진 것이 아니고, 생물과 인간을 탄생시켜 아름다운 대자연을 이루어 아름다운 풍경 속에서 따듯하고 사랑의 감정이 담긴 의사소통이 이루어지는 분위기를 만들기 위한 목적으로 영의 능력을 가진 신에 의해 의도적으로 하나하나 치밀하게 설계되어 만들어진 것이 분명한 것이다.

07
신비스러운 자연의 질서―피보나치수열과 황금비율

하나님의 창조작품인 자연물 속에는 일정한 질서와 조화(균형, 평형)로 이루어지는 황금비율(Divine Proportion)이 존재하는데 이 속에는 여러 형태, 수, 패턴(pattern, 무늬, 양식, 형)들로 나타나 있다. 작은 세포로부터 거대한 은하계까지 미, 기능, 질서, 안정, 조화, 효율에 대한 하나님의 지성과 하나님이 추구하는 신비로운 설계가 들어 있다.

예를 들어 앵무조개의 나선무늬나 해바라기 씨앗, 솔방울 씨앗들의 나선형 배열이나 하늘에서 식물을 관찰했을 때 식물의 가지가 나선형 피보나치수열에 근접한 값으로 형성되거나 하는 데서 우리는 하나님의 창조기술인 황금나선(황금비율, 황금률, 황금수)을 관찰할 수 있다. 이러한 황금나선은 태풍, 나무의 가지, 씨앗의 배열상태, 잎의 배열상태, 초식동물의 뿔, 동물의 꼬리, 바다의 파도, 나선형 은하계, DNA분자, 혜성의 꼬리, 포유류의 귀 구조, 소용돌이, 민들레, 토네이도(tornado), 식물데이지, 사람의 신체구조 등에서 볼 수 있다. 이러한 황금 나선형들은 정확한 수학적 패턴에 따르고 있다.

우주의 나선은하계, 물의 소용돌이, 태풍, 앵무조개 껍질, 달팽이의 껍질과 바다생물의 껍질, 동물 귀의 달팽이관 같은 신체의 많은 기관,

초식동물의 뿔, 태풍의 눈 등 자연계에 존재하는 많은 나선형(회오리) 곡선 모양(구조)에서 정 중앙을 중심으로 십자 선을 그으면, 일정비율로 점점 커지는 원주가 연속해서 나타난다. 점점 커지는 각 원주의 반지름 길이를 비율로 나타내면 1:1:2:3:5:8:13…으로 피보나치수열로 나선형이 커져 나가는 것을 알 수 있다.

꽃잎에서도 꽃잎은 꽃이 피기 전 꽃봉오리를 이루어 내부의 암술과 수술을 보호하는 역할을 하는데 피보나치수열로 이리저리 겹치면서 효율적인 모양으로 암·수술을 감싸고 있다. 선인장에서도 이런 현상을 볼 수 있다.

해바라기 꽃의 씨앗에서 나선형태(피보나치수열)를 살펴보면 서로 반대 방향으로 감겨지는 2종류의 나선(씨의 배열상태)을 관찰하게 된다. 해바라기 씨가 꽃의 중심을 향하면서 서로 감겨질 때 꽃이 작으면 시계 방향으로 34개와 반시계 방향으로 55개, 중간 꽃이면 55개와 89개, 큰 꽃이면 89개와 144개인 비율로 감겨지는 씨앗의 수와 다른 방향으로 감겨지는 씨앗의 수 사이에는 특정한 비율인 피보나치수열로 이루어져 있다.

이 숫자들은 이탈리아 수학자 레오나르도 피보나치(1170~1240)가 발견했으므로 이 수열을 피보나치수열 또는 피보나치수라고 한다.

'한 쌍의 토끼는 매달 암수 한 쌍의 새끼를 낳으며 새로 태어난 토끼도 태어난 지 두 달 후부터 매달 한 쌍씩의 암수 새끼를 낳는다고 가정할 때 갓 태어난 한 쌍의 토끼로부터 1년이 지나면 토끼는 모두 몇 쌍이 될까?'를 피보나치가 연구하면서 생각해 낸 수열이 바로 피보나치수열이다.

1, 1, 2, 3, 5, 8, 13, 21, 34, 55, 89, 144, 233…　(피보나치수열)
1/1=1, 2/1=2, 3/2=1.5, 5/3=1.66, 8/5=1.6, 13/8=1.625,

21/13=1.61538⋯   (황금비율)

피보나치수열은 황금비율을 만들고, 커질수록 황금비율(1.618, phi)에 가까워진다.

피보나치수(열)는 앞의 두 수의 합이 뒤에 있는 어떤 수가 된다.

이러한 수열은 자연에서 다양하게 나타난다. 이 수열에서 큰 수를 앞의 작은 수로 나누면 그 비는 항상 대략 1.618이 되고, 작은 수를 뒤의 큰 수로 나누면 그 비는 항상 대략 0.618이고, 큰 수일수록 더 근접한 값을 가지게 된다. 그래서 이 비율은 신성한 비율, 신의 비율(Divine Proportion) 또는 황금률(황금비율, 황금분할, 황금비) 또는 황금수라고 부른다.

황금비율은 황금 직사각형을 만든다. 짧은 변은 1이고 긴 변이 1.618[황금의 수, 파이(phi)쉬의 비율로 된 직사각형이다. 이 황금비율은 대자연의 조화로 아름다움(Beauty)을 만들고, 자연물의 최대의 안정함과 최대의 효율과 최대의 능률을 발휘하게 한다.

황금비(황금비율)는 고대 그리스 피타고라스학파에 의해 발견되었다. 그들은 모든 자연현상을 수로 표현하려고 노력하였는데, 심지어 음악과 미술도 수로 나타낼 수 있다고 생각하여 음계와 현의 길이를 수로 나타내었다. 황금비율은 인간에게 가장 편안함과 안정감을 주고, 가장 조화가 잘 잡힌 아름다운 미를 나타내는 신비로운 비율(비)이다. 그 때문에 황금비(황금분할)는 건축가나 미술가나 음악가들에게는 항상 연구의 대상이 되어 왔다.

황금비(golden ratio)는 선분의 분할로 정의할 수 있다.

'전체 길이 : 긴 길이 = 긴 길이 : 짧은 길이'를 만족하는 분할의 비로서 1.618 : 1의 비율을 나타낼 때 황금비가 된다.

고대 그리스, 이집트의 예술작품이나 건축물을 디자인할 때 이 황금비율을 사용했다. 황금비율로 된 직사각형으로 된 조형물을 보면 그리스의 파르테논 신전, 이집트의 피라미드, 레오나르도 다빈치 작품, 미켈란젤로의 작품, 현 유엔건물, 그림, 액자, 책, 꽃병, 창문, 출입문, 조각상(statues) 등을 만들 때 기본형으로 사용되었다. 우리가 즐겨 사용하는 신용카드, 엽서, 연습장, 편지지, 담뱃갑 등도 황금 직사각형을 본뜬 것이다. 만일 사람이 여러 가지 직사각형 중에서 임의로 사각형을 고르라면 대부분 황금비율로 된 사각형을 고른다고 한다. 우리 신체 자체가 황금비율로 이루어져 있기 때문에 자신도 모르게 황금비로 된 사물을 선호하게 된다.

사람이나 동물이 아름답게 보이는 이유는 좌우 대칭과 신체의 황금비율(황금분할)에 달려 있다고 한다. 레오나르도 다빈치의 인체 비율에 대한 그림에서 살펴보면 우리의 신체도 몸의 균형을 이루기 위해 머리 팔 몸통 다리 등이 황금비율로 이루어져 있다고 한다. 몸 전체를 황금분할 하는 점이 배꼽이고, 배꼽 위의 상반신을 황금분할 하는 점이 어깨이고, 배꼽 밑의 하반신을 황금분할 하는 점이 무릎이고, 어깨 위의 부분을 각각 황금분할 하는 점이 코라고 한다. 이러한 황금분할로 이루어진 신체는 가장 안정성이 있고 지혜롭고 조화롭고 아름답게 보인다고 한다. 그리고 손가락 뼈 사이와 얼굴 윤곽에서도 황금비(황금분할)는 발견된다고 한다. 또는 계란의 가로 세로의 비와 소라껍질, 조개껍질의 각 줄 간의 비율에서도 황금비율은 나타난다고 한다.

사람 외형에만 국한되어 있지 않고 모든 생명체에 그리고 신체 내의 생체물, 조직, 기관에서도 황금분할(황금비율, 황금나선)이 적용되어 있다고 한다. 놀랍게도 생물체 내에서도 이러한 나선과 숫자가 발견되는데 유전정보를 담고 있는 DNA 구조가 바로 그것이다. DNA분자는 폭이 21Å(angstrom, 1억분의 1cm)이고, 나선이 완전히 한 번 회전한 길이는 34Å으로 둘 다 피보나치수이다. 즉 DNA분자는 황금직사각형이다.

만일 계속해서 황금직사각형 안으로 점점 더 작은 황금직사각형을 만들어서 어떤 점들을 연결시키면 대수나선(logarithmic spiral)이라고 불리는 안으로 향하는 곡선을 얻게 된다. 예를 들어 매가 공중에서 먹잇감을 잡으러 땅으로 내려오는 선이나 전하를 띤 기름방울이 떨어지는 현상은 대수나선형(황금비율)으로 떨어진다고 한다.

그런데 신비로운 것은 이러한 피보나치수열이 자연 현상에서도 많이 발견된다는 점이다. 피보나치수열은 식물에서 나뭇가지, 잎, 꽃잎들의 나선배열에서도 나타난다. 침엽수에서부터 엉겅퀴, 해바라기까지 수많은 식물들은 피보나치수열(Fibonacci Sequence) 또는 황금의 각(Golden Angle)과 같은 수학적 패턴에 따른 나선구조를 가지고 있다.

예를 들어 식물의 꽃잎, 가지, 잎 등에 나타난다. 우리 주변의 꽃잎들은 거의 모두 3장, 5장, 8장, 13장…으로 되어 있다. 붓꽃과 백합은 3장, 채송화와 딸기꽃은 5장, 코스모스와 모란은 8장, 금잔화와 금불초는 13장, 치커리와 애스터는 21장, 질경이와 데이지는 34장 등과 같이 대다수 꽃의 꽃잎 수는 피보나치수열에 있는 수 중의 하나가 된다.

식물의 잎차례(잎의 나선배열)에서도 피보나치수열이 나타난다. 잎차례는 줄기에서 잎이 나와 배열하는 방식이다. 잎차례를 t/m으로 표시하면 줄기를 t번 회전하는 동안에 잎이 m개 나오는 비율로 나타내는 것이다. 참나무와 벚꽃나무는 2/5이고(줄기를 2번 회전하면서 5개의 잎이 나옴), 포플러와 장미나무는 3/8, 갯버들과 아몬드는 5/13이다. 이들 수는 모두 피보나치수이다. 전체 식물의 90% 이상이 피보나치수열에 의한 잎차례를 따르고 있다고 한다.

이와 같이 씨앗이나 꽃잎이나 잎차례가 피보나치수열을 따르는 이유는 식물이 살기 위해서 씨앗인 경우 불필요한 부분을 최소로 하면서 최대한 자손을 많이 퍼뜨리기 위해 최대한 씨앗을 많이 배열하기 위해서이고, 꽃잎이나 잎들은 식물의 본능인 광합성작용을 최대한으로 많이 하기 위해서 위아래 잎들이 서로 가리지 않고 햇빛을 최대한 받을 수 있도록 하고, 바람이 잘 통하여 최대한으로 이산화탄소를 받아들이고, 거센 바람에도 나뭇가지들이 균형을 이루어 안정해지려고 조화를 이루면서 가지를 내어 뻗고, 최대한 빗물을 많이 받아 줄기를 통해 뿌리로 빗물을 내려 보내려고 나뭇잎들은 대부분 하늘을 향해 안쪽으로 휘어져 있다. 그리고 뿌리도 전체 나무의 균형을 잡으려고 큰 가지가 뻗은 방향으로 큰 뿌리가 뻗어 나가며 특히 양분이 많은 곳에서는 많은 잔뿌리를 낸다. 이러한 현상은 식물이 살아가기 위해서 주어진 환경에 따라 최대한 균형을 이루면서 최대한 안정함을 추구하고 식물의 본분인 광합성 작용을 최대한으로 많은 효율을 내기 위한 최상의 방법을 시도하고 모색할 때 자연히 저절로 자동적으로 조화를 이루는 피보나치수열(황금비율)에 이르게 되는 것이다.

 식물의 줄기나 잎 등은 빛을 향하여 성장하는 향일성의 특성을 가지고 있고 뿌리는 땅을 향하는 향지성의 특성을 가지는데 이는 영이 들어 있는 영적인 단백질로 되어 있는 식물호르몬에 의해서 조절되고 이끌어진다. 식물호르몬 속에는 영이 들어 있기 때문에 식물의 본능인 광합성작용을 하려고 하는 데서 향일성의 특성이 나타난다. 잎의 모양이나 잎차례나 씨앗의 배열 등 식물구조에 대한 설계도는 식물의 종에 따라, 즉 염색체수에 따라 이미 DNA분자 속에 생명의 정보로 식물종의 본능과 활동방법이 정확히 제한 한정되어 기록되어 있다. 그러므로 식물은 유전정보인 향일성, 향지성, 광합성작용 등의 특성으로 살기 위해서 노력하는데 동시에 안정성과 효율성, 조화(평형, 균형)를 추구하게 된다. 이러한 추구하는 방향의 길이 바로 피보나치수열이나 황금비율에 이르는 길이다.

생물에서뿐만 아니라 무생물 곳곳 어디에서도 피보나치수열의 비(황금비율, 대수 나선)가 나타나는 것을 관찰할 수 있다.

태양 주변의 각 행성의 공전주기를 인접한 행성의 공전주기와 정수(round numbers)로 비교할 때, 매우 광대한 영역의 현상임에도 불구하고 놀랍게도 그 수는 피보나치수이다. 해왕성으로부터 시작해서 태양을 향해 안쪽으로 감에 따라 그 비는 '1/2, 1/3, 2/5, 3/8, 5/13, 8/21, 13/34'이다.

태양계는 태양계의 핵인 태양에서 떨어져 나온 혹성과 위성들로 이루어져 있고, 은하계는 은하계의 핵인 Quasar(퀘이사)에서 떨어져 나온 태양계들로 되어 있는데, 태양이나 Quasar는 자전을 하기 때문에 떨어져 나온 이들이 인력에 의해 이들 주위로 공전을 하게 되고 핵에서 가까울수록 인력이 크기 때문에 공전각도가 작아 원주와 원주의 각도가 작게 되고 멀어질수록 인력이 작아 원주의 각도가 커지게 되어 원주도 커지게 되며 원심력도 커지게 되어 나선형을 이루게 된다. 그러나 이들도 자연의 3대 힘인 상호작용을 하려는 힘과 평형해지려는 힘과 상대적인 극성의 힘(인력과 척력)이 상호작용을 하기 때문에 인력과 척력 사이에 조화(균형, 평형)와 균형을 이루어 안정해지려는 경향으로 황금나선형을 이루게 된다.

엄마 뱃속에서 아기의 배꼽이 엄마의 탯줄에 연결되어 아기는 영양분을 공급받으며 자라는데 사람의 신체의 황금분할점이 배꼽으로 상체 하체의 균형을 이루는 곳이다. 이와 같이 무생물에서나 생물에서나 모든 물질은 조화와 균형을 이루어 안정해지려는 특성이 있는데 바로 이러한 특성이 대자연의 평형(조화, 균형, 화평)의 힘에 의한 것이다. 조화를 이루고 균형이 잡힌 자연물은 자연히 안정성이 있고 아름다워 보인다. 피보나치수(열)나 황금비율(황금나선)은 자연의 조화와 균형을 이루게 하고 안정성과 아름다움과 효율을 주는데 이는 결국 자연의 평형을 이루게 하는 수치이고 비율인 것이다. 자연의 3대 힘(신의 3대 힘)인 상호작용하려는 힘, 상대적인 극성의 힘, 평형(조화, 균형)해지려는 힘은 곧 하나님의 3대 힘이기 때문에 황금비율(황금나선)이나 피보나치수열도 결국 신의 3대 힘으로 만들어지는 것이다.

조화와 아름다움과 안정성과 효율과 능률을 위해서 식물인 나무는 나무껍질을 가지고 있고, 동물은 동물피부를 가지고 있는데 이는 식물이나 동물들이 주위환경으로부터 자신들의 내부 신체기계를 보호하고 안정하고 조화를 이루면서 외부적으로는 아름다움을 이루고 내부적으로는 효율을 높이기 위해서이다. 나무나 동물들은 스스로 나무껍질이나 피부를 만들 수 없고 오직 생명프로그램 칩(DNA)과 기술자인 단백질분자로봇의 상호작용에 의해서만 이들 껍질이 자동으로 만들어질 수 있다. 생명프로그램 칩이나 기술자가 없이 생물을 만들려면 반드시 제3자(대리자, 기술자)에 의해서 의도적으로 만들어져야만 한다.

인간이 만들어 놓은 물건이나 자동차나 컴퓨터나 냉장고 등에도 아름다움과 내부적인 기계의 안정성과 효율을 높이기 위해서 인간이 일부러 의도적으로 껍데기로 기계를 싸서 보호하고 있다. 그러므로 껍데기가 있는 물건이나 피부나 껍질이 있는 생물은 일부러 의도적으로 내용물을 보호하고 효율을 높이고 조화와 미와 안정성을 높이기 위한 것이기 때문에 목적 없이 자연히 저절로 만들어진 것이 아니고 제3자에 의하거나 설계프로그램에 의한 의도적인 발명품이고 의도적인 창조물인 것이다.

원자의 효율과 조화와 안정성 그리고 원자를 보호하려고 전자껍질이 있다. 마찬가지로 지구를 보호하려고 지각과 대기권이 있고, 동물의 알을 보호하려고 알의 껍질이 있고 세포를 보호하려고 세포막이 있다. 사람의 피부나 알의 껍질이나 동물의 피부나 나무의 껍질이나 세포막은 우연히 자연히 만들어지지 않고 세포 속에 DNA의 유전정보(생명의 정보, 생명의 프로그램)에 의해 만들어지고 자동차의 양철판이나 컴퓨터의 껍데기 등도 자연히 우연히 만들어지지 않고 인간의 지적설계로 만들어지지만 실제로는 인간의 뇌를 이루는 뇌세포 속에 들어 있는 신경세포들 속에 있는 DNA들의 역할로 이루어진다.

무생물인 지구의 지각이나 대기권 등도 아무 이유 없이 원인 없이 우연히 저절로 만들어지지 않는다. 소립자 속에 들어 있는 전하, 자전력, 공전력, 상호반전성, 기이도, 색, 냄새 등의 수많은 특성들에 의해 소립자들의 상호작용으로 극성의 힘이 생기고 극성의 힘으로 에너지가 생기며 소립자(에너지)들의 상호작용으로 원자가 만들어진다. 이어서 이온, 분자가 만들어지고 이어서 이들의 상호작용으로 물질과 물질의 특성이 만들어지며 이어서 이들의 상호작용으로 태양이나 지구도 만들어진다. 이렇게 무기물 자연물이 만들어지는 영—에너지—물질—설계프로그램은 이미 소립자 속에 영적으로 자동프로그램화되어 들어 있는 것이다.

생물을 위한 DNA생명프로그램이나 무생물을 위한 소립자설계프로그램은 자연의 법칙인 인과법칙에 의해 아무것도 없는 곳에서(무에서) 우연히 저절로 자연히 만들어질 수 없으며 반드시 영과 에너지와 물질을 자유자재로 다스리고 다루는 영적인 능력을 가진 신이라야만 영과 에너지와 물질의 혼합물인 우주만물을 만드는 영—에너지—물질—설계프로그램(진화프로그램=진행프로그램)을 만들어지게 할 수 있는 것이다.

08
생명은 언제 어디에서 어떻게 생겨났나?

생명체가 처음 만들어지게 된 과정에 대한 여러 학설을 먼저 살펴본다.

(1) 원시 국그릇에서

옛날에는 유기물(생명체를 만드는 물질)이 탄소화합물이라고 생각했다. 그러나 독일의 화학자 뵐러는 1828년에 무기물인 시안산암모늄에서 유기물인 요소를 만들었다. 그래서 생명체는 적당한 화학원소끼리 만나면 저절로 결합하여 단순한 생명체가 생겨난다고 추측했다. 즉 원시 대기권 속에서 화학반응을 통해 유기화합물이 만들어져서 대양 속에 모여서 단순한 생명체를 만들었다고 추측했다.

1953년 미국의 스탠리 밀러(stanley miller)는 원시대기와 비슷한 수증기, 수소, 암모니아, 메탄가스로 채워진 기구에 강한 전류로 천둥 번개와 같이 방전시켜 유기화합물인 아미노산을 만드는 실험에 성공했다. 아미노산은 단백질의 구성성분이다.

다른 실험에서는 핵산의 구성성분인 DNA(RNA)가 생겼다. 그래서 밀러는 이들 물질이 대양 속에서 원시 국그릇(원시 때 원소들이 작용하던 곳)으로 저장되어 마침내 고분자물질인 유기물을 만들게 했다는 것이다.

(2) 깊은 바다 속의 검은 연기에서

깊은 바다 속 화산 근처에는 고압력 하에 400℃까지 뜨거운 곳에서 광물과 황화수소(H_2S)를 포함한 검은 연기가 바닥에서 솟아오른다. 그러한 검은 연기는 유기물의 생성을 위한 에너지와 원소를 포함하고 있다. 그 근처에는 산소 대신 황으로 호흡하며 철염(II)이나 황을 양분으로 하여 사는 원시박테리아가 살고 있다. 그리고 이들 원시박테리아를 먹이로 살아가는 게 종류들이 살고 있다.

상당수의 원시박테리아는 식물과 같이 광합성작용을 하여 이산화탄소를 다시 유기물로 만들고 산소를 발생하는 원시박테리아가 지금도 살고 있다. 그러므로 많은 학자들은 깊은 바다 바닥에서 솟아오르는 화산 근처에서 원시박테리아가 출현했다고 추측한다.

(3) 벼락이 떨어진 흙에서

벼락이 떨어진 흙 속에는 모래와 흙, 바위가 녹아 유리질의 관 모양 암석인 풀구라이트를 형성한다. 이 속에는 희귀한 화학물질인 아인산염(HPO_3)과 차아인산염(H_2PO_2) 성분이 풍부하다고 한다. 현대의 E.콜리박테리아가 지금도 아인산염을 먹는 능력이 있는데 이는 태초부터 물려받은 것으로 보인다. 이들 인산염들은 초기 미생물에게는 필수적인 양분이었을 것이다.

박테리아에서 사람에 이르기까지 모든 생명체는 옛날과 마찬가지로 인산염이 있어야만 육체가 만들어져서 살아갈 수 있다. 뼈, DNA, 대사작용, 단백질 등은 모두 인산염 이온을 필요로 하고 있으며 우리가 먹는 모든 물질의 1%는 인산염이라고 한다. 미생물 중 많은 박테리아 종류는 무기물을 양분으로 먹고 살고 있으며 식물들이나 동물이나 우리도 무기물을 섭취하는데 이는 식물이나 동물의 육체가 박테리아에서 진화되었음을 암시하는 것이다. 그리고 천둥 번개는 공중에 있는 질소를 질산이온으로 만들어 식물에게 공급한다. 그러므로 천둥 번개 벼락은 연약한 미생물과 식물에게 양분을 공급하는 중요한 자연현상인 것이다.

(4) 우주에서 오는 혜성(얼음덩어리)이나 유성(운석) 속에서

운석 속에는 여러 가지 생명의 구성성분이 있는데, 예를 들어 아미노산, 설탕, 푸린, 초산 등 지구에는 단지 L—아미노산만 있는데 운석 속에는 L—아미노산, D—아미노산도 들어 있다. 이것은 우주 혹성들 중에는 더 많은 종류의 생물이 존재한다는 가능성을 암시하는 것이다.

(5) 오파린의 화학적인 진화설

① 첫 번째 단계 : 46억 년 전의 원시지구의 표면은 격렬한 화산, 지진활동과 수많은 혜성, 운석의 충돌로 뜨거운 용융상태(플라스마, 이온핵과 자유전자의 상태)로 이온물질과 자유전자가 많았다. 온도가 서서히 내려가면서 지각과 핵, 대기권이 형성되고 지각이 굳어졌다. 지각 속에서 나오는 수증기와 혜성 등에 의해 대양이 생성되었다.

원시대기는 수소(H_2), 수증기(H_2O), 암모니아(NH_3), 메탄(CH_4)과 같은 환원성 기체로 구성되어 있었다. 그러나 산소가 없어서 오존층을 형성하지 못해 태양의 자외선, 방사선, 우주선이 거르지 않고 그대로 지구에 도달했으며 빈번한 번개, 격렬한 화산폭발 등은 지구에서 수많은 끊임없는 화학반응을 통한 간단한 유기물을 합성하는 에너지의 원천이 되었다.

② 두 번째 단계 : 형성된 간단한 유기물들이 빗물과 함께 원시대양

에 축적되어 원시대양이 마치 뜨거운 원시국 국물처럼 되었고, 간단한 유기물들이 반응하여 마침내 단백질이나 핵산과 같은 고분자 유기물을 만들었다.

③ 세 번째 단계 : 고분자 화합물들이 서로 반응하여 자기복제를 하고 물질대사를 하는 원시생명체(원시박테리아)가 만들어졌다.

첫 번째 단계는 미국의 밀러가 원시대기와 비슷한 대기를 만들어 환원성 기체에 전기방전을 일으켜 무기물에서 유기물이 생성되는 것을 증명했다.

두 번째 단계는 간단한 유기물에서 고분자 유기물인 단백질이나 핵산 등이 만들어지는 것인데, 미국의 폭스(sidney Fox)가 뜨겁고 건조한 조건 하에서 폴리펩티드로 아미노산을 합성함으로써 증명하였다.

세. 번째 단계는 자기복제를 할 수 있는 생명체가 되기 위해서는 고분자 유기화합물들이 외부와 격리되는 세포막이 필요하다. 러시아의 생화학자 오파린(oparin)은 탄수화물, 단백질, 핵산의 혼합체로부터 코아세르베이트(coacerbate)를 만들었고, 이것이 원시생명체의 기원이 되는 생명의 전구체(전단계의 물질)라고 주장했다. 오파린은 원시 바다에서는 코아세르베이트가 무수히 많이 생겨났을 것이라고 보았고, 이들의 조성이 점점 복잡해지면서 효소와 DNA가 만나 자기복제를 할 수 있음에 따라 마침내 스스로 증식하는 단계에까지 도달했다고 보았다. 그리고 이들이 증식능력과 물질대사 능력을 가짐에 따라 생물체의 진화가 시작되었을 것이라고 설명하였다.

〈코아세르베이트(coacerbate)〉
콜로이드 상태의 단백질, 핵산, 당류 등의 고분자 유기화합물들이 구형의 막으로 둘러싸여 형성된 작은 액체방울을 말하며, 오파린이 주장한 원시생명체의 기원이다.

코아세르베이트는 세포의 원형질과 비슷하며 주변 환경에서 물질을 선택적으로 받아들여 계속 성장할 수 있고, 어느 정도 크기에 이르면 둘로 갈라져서 그 수가 증가하기도 한다. 또한 코아세르베이트 내에 고분자 화합물이 농축되면 보통의 수용액에서 볼 수 없는 화학반응이 일어난다.

오파린은 코아세르베이트가 살아있는 생물세포와 매우 유사한 특성을 갖고 있기 때문에 이들의 점진적인 변화로 원시생명체가 만들어졌다고 보았다.

(6) 마이크로스피어(미소구체, microsphere)

크기가 1.4~2.5μm인 구형의 아미노산 중합체(polymer)로 지구상에 생명체가 생겨나는 데 중요한 역할을 했을 것으로 여겨지는 물질이다.

1959년 폭스는 아미노산을 이용해 마이크로스피어를 합성하고, 이 물질로부터 생명체를 구성하는 기본단위인 세포가 생겨났을 것이라는 프로테노이드설(proteinoid theory)을 주장하였다.

· 마이크로스피어의 합성 : 아미노산을 높은 농도, 높은 온도에서 여러 개의 아미노산으로 이루어진 중합체인 프로테노이드를 합성한다. 이렇게 만들어진 뜨거운 프로테노이드 포화용액을 천천히 냉각시키면 구형의 마이크로스피어가 형성되는 것을 볼 수 있다. 약 1mg의 프로테노이드로부터 1억 개 이상의 마이크로스피어가 만들어진다. 폭스는 마이크로스피어가 형성되는 조건이 원시지구의 환경과 유사할 것으로 생각하였다.
· 마이크로스피어의 특징 : 마이크로스피어는 두 층의 막으로 이루어져 있으며 시간이 지나도 이러한 형태를 매우 안정적으로

유지한다. 그리고 적절한 조건 하에서는 하나의 미소구체로부터 또 다른 미소구체(마이크로스피어)가 자라나는 것을 관찰할 수 있다. 이처럼 마이크로스피어는 세포의 막 구조와 유사한 점이 있으며, 코아세르베이트에 비해 보다 안정적이기 때문에 세포가 생겨나는 데 중요한 역할을 담당했을 것이라고 학자들은 주장한다.

· 오늘날 마이크로스피어(미소구체)의 실험 : 실험에서 고분자물질이 미세한 방울 속에 저장되어진다. 그러한 미세구체는 그들의 주위환경에서 원소(물질)를 받아들일 수 있고 더 커질 수 있다. 더구나 때때로 딸의 방울(새로 생겨나는 방울)이 생기기도 한다. 이들 특성은 생명체의 기본특성이다. 실험실에서 만든 마이크로스피어는 38억년 된 오래된 돌 속에서 발견된 화석에 있는 마이크로스피어와 비슷하다. 핵산과 단백질을 포함하는 마이크로스피어는 생명체의 전 단계였을 것이다.

(7) 프로테노이드설(proteinoid theory)

프로테노이드라고 하는 단백질과 비슷한 물질이 최초 생명체의 전구물질(precursor)이었을 것이라고 주장하는 자연발생설 중의 하나이다.

미국 생화학자인 폭스(1912~1998)와 그 동료 연구자들은 실험실에서 최초로 프로테노이드를 합성하는 데 성공했다. 효소의 도움 없이 생물체 밖에서 단위체(monomer)를 결합하여 중합체(polymer)를 형성하는 것은 쉬운 일이 아니다. 생물의 모든 중합반응은 물을 제거하는 탈수반응을 통해 단위체를 결합시키는데, 질량작용의 법칙에 의해 원시대양과 같은 액체 환경에서는 그러한 반응이 잘 일어나지 않을 것이라고 많은 연구자들이 생각해 왔다.

물에서는 생물중합체가 서서히 분해되어 다시 단위체로 되돌아가며 열은 이 과정을 촉진시킨다. 따라서 효소의 촉매작용 없이 물에서 자발적으로 중합반응이 일어나려면 단위체 농도가 매우 높아야 한다.

폭스는 아미노산 중합반응이 뜨겁고 건조한 화산의 가장자리나 뜨거운 원시 바닷가에서 쉽게 일어났을 것이라고 생각하였다. 아미노산이 풍부한 전구물질이 증발에 의해 농축되고 가열되어 폴리펩티드(polypeptide)가 자발적으로 형성되었을 것이라는 것이다. 폭스는 뜨겁고 건조한 조건 하에서 200개의 아미노산으로 이루어진 중합체를 생성하는 데 성공하였다.

프로테노이드를 물에 담그면 코아세르베이트와 비슷한 덩어리를 이룬다. 이를 프로테노이드 마이크로스피어라고 부른다. 이와 같은 둥근 형체가 자동적으로 두 층의 막을 형성하여 코아세르베이트와 같이 수중환경으로부터 스스로를 격리시킨다. 더욱이 이 둥근 형체는 주위환경으로부터 선택적으로 분자를 받아들이고 자라며 다른 마이크로스피어와 융합한다. 이때 표면에 작은 돌기를 만들어 조건이 허락되면 분열한다. 이러한 특성 때문에 최초의 살아있는 세포가 프로테노이드로부터 유래하였을 거라는 가능성이 제기되었다.

(8) 생물적인 진화

약 35억 년 된 바다 퇴적암 속에서 사람은 박테리아의 흔적(자국)을 발견한다. 그들의 세포는 세포핵이 없다. 세포핵이 없는 세포는 원시 세포로서 원핵세포로 불리며, 원핵세포(세포핵과 세포소기관 없이 막으로만 둘러싸인 세포)를 가진 박테리아를 원핵박테리아(원시박테리아)라고 하고, 원핵세포를 가진 생물을 원핵생물(원시생물)이라고 한다. 이들 원핵생물(세포핵과 세포소기관 없이 세포막만 있으므로 DNA가 핵 속에 핵막으로 보호되어 있지 않고 세포질 속에 있음)인 원핵박테리아(원시박테리아)는 다른 생물이 출현하기 전 20억 년 이상 동안 지구에서 번성했다.

지구상에서 첫 번째 생명체인 이들 원시박테리아는 그들의 주위환경에서 에너지가 풍부한 유기물(박테리아 종류)로 영양분을 섭취했다. 그러나 그 당시 산소가 없었기 때문에 그들은 세포호흡은 못하고 발효를 통하여 에너지를 얻었다.

원시박테리아는 극단적인 환경에서도 사는데, 예를 들면 화산지역의 100℃ 이상의 고온지대나 황산 진흙 속에서, 진한 농도의 광물염 속에서, 얼음 속에서, 대기 속에서, 돌 속에서, 산성물질과 염기성 물질 속 등과 같이 여러 곳에서 사는 여러 종류의 원시박테리아들이 있다. 그들은 주로 무기물을 양분으로 산소를 필요로 하지 않고 무기물을 환원하면서, 예를 들면 유황을 황화수소로 환원시키면서 산다.

그 종류도 황박테리아, 질소박테리아, 메탄박테리아 등 다양하며 오늘날도 계속해서 그들의 기능을 발휘하며 생존·번성하고 있다. 그들(원시박테리아)은 무기물과 생물의 중간형으로 생물화학적인 촉매로서 생물에게 오늘날까지도 공헌하고 있으며 그들이 없으면 역시 지구의 생태계는 만들어지지도 않고 유지되지도 않는다.

① 광합성으로 발달

32억 년 전 태양에너지를 이용하여 광합성작용을 하는 파랑말(청록박테리아)에 의해서 광합성작용이 만들어졌다. 파랑말은 해초가 아니고 박테리아이다. 파랑말은 태양빛을 흡수해서 쓸 수 있는 엽록소를 발전시켰다. 그들은 생명의 예술가처럼 나무 틈 사이, 화분, 염분바다 등 지구 곳곳 어디에서나 존재한다. 광합성작용은 물과 이산화탄소를 빛에너지를 이용하여 포도당(유기물)과 산소를 만드는 것인데, 파랑말의 광합성작용으로 지구에는 산소가 있는 3번째 대기권(질소, 산소, 이산화탄소 등)이 형성되었다.

15억 년 전에 지구의 대기권에는 산소가 적어도 0.2%에 달했다.

15억 년 전 산소의 양이 증가하는 것은 많은 생명체(미생물)를 위해서는 오히려 크나큰 삶의 위협이었다. 왜냐하면 철은 산소에 의해 산화되어 녹이 쓸었고, 지방질과 단백질 같은 유기물은 산소와 반응하여 미생물에게는 독처럼 작용했기 때문이다. 그러므로 어떤 원시박테리아는 에너지가 풍부히 들어 있는 유기물(양분)을 분해해서 에너지를 얻는데 산소를 이용하는 데까지 이르렀다(세포호흡). 그들은 세포호흡을 함으로써 발효보다 더 많은 에너지를 얻을 수 있었다. 산소를 이용해서 세포호흡 하는 박테리아를 공기박테리아라고 한다.

② **진핵생물의 진화**

약 20억 년 전에 세포핵이 있는 세포를 가진 진핵생물이 출현했다. 진핵생물은 원핵생물(세포핵과 세포소기관이 없어 DNA가 세포막으로 둘러싸여 있는 세포를 가진 생물)보다 더 크고 미토콘드리아(세포호흡을 하는 세포소기관)와 엽록체(광합성작용이 일어나는 세포소기관)와 같은 세포소기관을 가지고 있다. 원시생물인 원핵생물을 제외한 거의 모든 생물은 세포막으로 생명의 칩인 DNA를 보호하는 진핵생물이다.

공기박테리아의 진핵세포 속에 있는 미토콘드리아도 물론 원핵세포에서 유래되었다고 과학자들은 추측한다. 그 이유는 지금까지 원시생물과 진핵생물 사이에 중간형의 생물이 알려지지 않았기 때문에 진핵세포 속에 있는 미토콘드리아가 자신의 원핵세포(원시세포)에서 유래했다고 보는 것이다. 왜냐하면 지금도 미토콘드리아는 자신의 DNA를 가지고 있기 때문이다. 즉 세포소기관들은 단세포로 되어 있는 원핵생물(원시생물)이 잡아먹히는 과정에서 숙주생물이 생존하기에 필요했기 때문에 소화시키지 않고 서로 공생관계로 발전되어 세포 속에 머물게 되어 세포소기관으로 되었다고 과학자들은 추정한다.

미생물이 자신이 가지고 있는 효소를 이용해 유기물을 분해시켜 유용한 물질이 만들어지는 과정을 발효라 하고 유해한 물질이 만들어지면 부패라고 한다. 산소호흡을 하지 않는 발효미생물들은 유기물을 완전히 분해시키지 못하므로 얻는 에너지의 양도 적다. 원시생물은 발효를 하여 신진대사를 했기 때문에 다른 원핵생물, 즉 단세포생물을 잡아먹었다(원핵동물인 아메바 종류). 물론 미토콘드리아나 엽록체 등은 다른 세포 속에서 소화되지 않고 세포원형질 속에 머물게 되었다.

세포호흡으로 에너지를 얻는 미토콘드리아의 능력을 숙주세포(기생하게 하는 세포)도 더 편리하게 살아가기 위해서 이용했다. 단일세포로 된 박테리아들이 서로의 장점을 살려 공생하면서 서로 도우며, 즉 서로 상호작용하면서 세포소기관으로 발전하게 되었을 것이다. 지금도 같은 동물끼리는 서로 잘 잡아먹지 않고 공생적인 무리나 사회를 이루며 살아간다. 그런가 하면 피부나 장기관 이식수술, 식물의 접붙이기 등을 보더라도 같은 종류의 세포로 이루어진 생물조직끼리는 서로 결합하는 성질이 있다. 이와 같이 원시박테리아나 파랑말의 공생관계로 세포 속의 소기관들이 늘어났을 것이다.

지금도 우리 몸속에는 140조 이상의 체세포와 10배 더 많은 1,400조 이상의 박테리아들이 우리 몸의 기능을 돌보며 서로 상호작용을 하면서 도우며 공생하고 있다. 이는 박테리아와 세포 사이 그리고 단세포인 박테리아와 다세포생물 사이에 박테리아의 공생능력을 추측하게 하는 증거인 것이다. 실제로 체세포보다 박테리아 숫자가 훨씬 더 많기 때문에 모든 생물은 박테리아와 세포들의 상호작용으로 살아가는 것이다.

모든 생물의 삶의 터전인 흙을 보더라도 1g의 흙 속에는 수십억 마리 이상의 박테리아가 4,000~7,000의 서로 다른 종류가 서로 어울려 산다. 이는 생물지구의 주위환경이나 모든 생물은 박테리아로 이루어져서 박테리아와 공생하며 삶의 활동을 하는 것을 의미한다. 그러한 생물의 터전을 닦으려고 다른 생물이 출현하기 전 원시박테리아 시대는 20억 년이란 기나긴 세월을 필요로 했던 것이다.

이러한 가설을 뒷받침하는 것이 몇 가지 있다.

미토콘드리아(세포호흡하는 세포소기관)와 엽록체(광합성작용을 하는 세포소기관)는 원핵세포만큼 크다. 그래서 그들은 세포 내에서 세포에 의해 새로 만들어질 수 없고, 다만 스스로 분열에 의해서만 번식할 수 있다. 미토콘드리아나 엽록체는 지금도 스스로 번식할 수 있는 자신의 DNA를 따로 가지고 있다.

미토콘드리아는 엽록체와 같이 2중막으로 둘러싸여 있다. 이들의 바깥에 있는 막은 원핵세포에 있는 막과 같다. 그러므로 이들의 세포막이 숙주생물의 세포 속에서는 핵막 역할을 하므로 이들이 숙주생물의 세포 속으로 들어가 이들의 세포막이 숙주세포의 핵막으로 되어 진핵세포로 될 수 있었을 것이다. 세포 속에 있는 마이크로 튜블린(미소관)은 박테리아와 같은 단백질 구성성분으로 되어 있기 때문에 튜블린도 박테리아에서 유래되었을 가능성이 많다.

비슷한 공생의 예로는 단물해파리가 있다. 초록색의 해파리는 단세포인 파랑말(초록말)의 여러 세포를 포함하고 있다. 초록해파리는 그들로부터 산소와 양분을 받고 대신 초록말들에게는 그들의 신진대사에 필요한 장소와 원소를 공급한다. 우리는 오늘날에도 그러한 공생 관계를 관찰할 수 있다.

만일 아메바(원핵동물)에게 파랑말(청록박테리아)을 주면 대개 아메바는 파랑말을 잡아먹어 소화시킨다. 그러나 아메바가 매우 굶주려 있을 때 파랑말을 주면 다른 현상이 일어난다. 파랑말은 잡아먹혔지만 소화되지 않고, 그 속에서 스스로 분열하기 시작한다. 더구나 아메바는 파랑말에게 남아있는 양분 찌꺼기를 준다. 아메바가 약 10개의 파랑말을 지니게 될 때까지 양분을 주고, 파랑말은 더 이상 분열하는 것을 멈춘다. 이제부터는 아메바가 양분 없이 살아갈 수 있다. 왜냐하면 파랑말들이 양분을 돌보기 때문이다.

파랑말을 아메바에서 떼어놓으면 그 둘은 계속해서 살다가 몇 대가 지난 후, 파랑말은 아메바처럼 죽어버린다. 이 둘 사이는 공생관계가 독립생활보다 더 의존적이기 때문에 떼어놓으면 얼마 안 가 둘 다 죽어 버린다. 만일 우리 몸에서 모든 박테리아를 떼어놓으면 우리 인간 역시 얼마 안 가서 곧 죽게 될 것이다.

③ **다세포생물**

약 10억 년 전에 처음으로 다세포생물이 출현했다. 여러 세포로 된 다세포생물은 하나의 세포로 된 단세포생물인 박테리아들이 합쳐짐으로써 이루어지게 되었을 가능성이 많다.

박테리아는 유전물질 RNA(DNA)을 1:1로 복제해서 분열한다. 박테리아는 DNA(2중 사슬) 대신 대부분 RNA(단일사슬)로 되어 있고, 핵막으로 RNA가 보호되는 것이 아니라 세포질 속에 단백질과 같이 있기 때문에 다른 물질과 쉽게 반응할 수 있어 DNA 복제 시 쉽게 잘못(실수)이 생겨 변이가 많이 일어나므로 박테리아의 종류가 다른 생물에 비해 월등히 많으며 종류마다 하는 일도 각각 다르다.

RNA가 약 50개 정도 되면 자신을 복제하는 능력이 생긴다. 수많은 단세포의 박테리아는 온도가 안 맞거나 양분이 모자라면 함께 뭉쳐 있는데, 바깥쪽의 박테리아 무리가 양분을 얻으면 안쪽에 있는 박테리아 무리에게 양분도 주게 된다. 박테리아들은 뭉쳐져 바깥쪽에 있는 무리는 움직임이나 양분을 얻는 데 주력하고, 안쪽에 있는 무리는 소화나 번식이나 에너지를 만드는 데 주력하여 나중에는 다세포생물로 발전하게 되었을 것이다.

진짜 다세포생물은 여러 종류의 특수한 세포들이 여러 다른 임무를 떠맡는다. 예를 들어 감각세포, 신경세포, 근육세포, 피부세포, 생식세포 등등 이들 세포들은 모여서 조직과 기관을 형성해서 하나의 다세포의 생명체를 형성한다. 오직 배세포(성세포, 생식세포)에서만 다음 세대가 생긴다.

박테리아는 유전물질(RNA)을 간단히 분열함으로써 번식하지만 다세포생물에서는 따로 배세포가 있어 박테리아와는 달리 핵 속의 염색체 쌍을 반으로 분열(감수분열)해서 수정(교미) 때 암수배세포가 녹아 새로운 염색체 쌍을 만들어 후손을 만들어 번식하게 된다. 수정(교미) 때마다 어버이의 유전물질인 DNA가 섞여 새로운 염기배열로 새로운 DNA분자구조가 만들어져 같은 종이라도 어버이의 성질과 형질을 이어받아 다양한 개체성을 띠게 된다.

생식세포(성세포)가 만들어지기 전 20억 년 동안에는 세포들은 매우 느리게 발전했지만 성세포가 만들어져 수정(교미)으로 고등 동식물까지는 매우 빠른 속도로 진화하게 되었다. 그러므로 모든 동식물은 파랑말(청록박테리아)과 원시박테리아의 후손인 것이다.

원시박테리아인 질소박테리아는 공기 중의 질소(N_2)를 분해하는 능력이 있어 질소를 분해하여 식물에게 준다. 이어서 식물은 질소를 유기물 속에 합성시켜 동물에게 줌으로써 모든 생명체에게 생명의 원소인 질소를 공급할 수 있어 다양하고 수많은 생명체들이 탄생될 수 있었다. 그리고 35억 년 전의 질소박테리아 등은 오늘날까지 멸종되지 않고, 근본적으로 임무도 변하지 않고, 거의 대부분 진화되지 않고, 오늘도 모든 생물을 위해서 주어진 자신의 임무만을 행하고 있을 뿐이다.

만일 동식물에 공생하는 박테리아들이 임의로 스스로 공생관계를 버리고 떠나가거나 다른 종의 생물로 진화된다면 지구상의 모든 동식물은 생존하지 못했을 것이다. 그러므로 일부 박테리아만이 진화되는

데 이것도 자연히 저절로 임의로 진화가 되는 것이 아니고 신에 의해 선택되어진 박테리아들만 유전자의 억제가 풀려 DNA의 구조변화로 새로운 종으로 진화될 수 있는 것이다.

다른 동식물을 위해 이들 미생물인 박테리아들이 일부러 헌신적으로 봉사하기 위해서 대부분 진화를 하지 않고 미생물로 머물러 있는 것이 아니라 신에 의해 설계되어 선택된 박테리아들이기 때문에 DNA분자구조의 변화가 억제되어 있어 진화가 이루어지지 않고, 오직 신의 의도에 따라 박테리아의 본분을 다하기 위해서 35억 년 동안 박테리아로 머물러 있는 것이다. 수많은 종류의 수많은 박테리아들은 오늘날도 생물의 삶을 위해서 일선에서 너무나 많이 헌신하고 있는 것이다.

대기 중의 질소가 전 지구상의 질소의 99%를 차지하고, 대기 중의 여러 종류의 기체 중에서는 78%를 차지하지만 생물체의 핵산인 DNA, 단백질 등 생명물질에는 질소원소가 반드시 들어가야 하므로 오히려 모자라는 현상이다. 질소(N_2)는 3중 결합으로 안정하므로 다른 생명체들은 직접적으로 사용할 수 없다.

질소박테리아만이 질소를 분해해 식물에게 주면 식물은 유기물 속에 질소원소를 합성시켜 양분으로 동물에게 주게 되어 전 생물이 생명의 원소인 질소를 이용하게 된다. 결국 직접적으로 일선에서 앞장서서 생명의 원소들을 만드는 것은 박테리아들이다. 박테리아미생물은 동물과 식물을 위해서 만들어진 생물이기 때문에 거의 대부분 진화를 하지 않고 신의 의도에 따라 자신의 임무에만 충실히 행하는 생물기계인 것이다.

(8) 바이러스(virus)와 바이로이드(viroid)

바이러스(병원체)는 박테리아세포와 완전히 다르다.

사람의 가장 작은 세포는 약 $6\mu m$ ($\mu=10^{-6}=1/10^6$=마이크로) 크기이다. 가장 작은 박테리아(단세포)는 $0.4\mu m$이고 가장 작은 바이러스는 $0.02\mu m$인데, 이것은 원자보다 약 150배 더 크지만 이들이 얼마나 작은 것인지는 역시 실감하기 어려울 정도이다. 즉 세포보다 훨씬 더 작은 것이 박테리아이고, 박테리아보다 훨씬 더 작은 것이 바이러스이고, 바이러스보다 훨씬 더 작은 것이 바이로이드이다.

바이러스는 단지 DNA를 위해 단백질로 포장되어 있을 뿐 다른 세포소기관이 없어 스스로 신진대사를 하지 못하고 다른 세포(숙주세포) 속에서 증식과 유전을 한다. 바이러스의 세포벽은 단백질로 된 결정체이다. 숙주세포는 바이러스가 번식하면 독에 의해 죽어버린다. 그러므로 바이러스는 병을 일으키는 병원체이다.

바이러스는 스스로 신진대사를 하지 못하고, 스스로 번식할 수 없는데 이는 생명이 없는 무생물이나 마찬가지이므로 죽일 수도 없다. 그래서 고온 속이나 돌 속 등에서 숙주세포가 없으면 결정체로 머무나 다른 생물세포 속에 침입하면 활동을 개시한다. 그러므로 바이러스는 생물과 무생물의 중간형이나 증식과 유전을 하기 때문에 생명체로 간주하기도 한다.

숙주세포에서 바이러스는 숙주세포에게 자신의 유전특성을 유전시키도록 강요하고 세포의 관리(통제, 지배)를 떠맡는다. 일부 바이러스들은 그들이 독립해서 다른 세포로 이동하기 전에 숙주세포의 DNA 속에서 자리를 잡고 거기서 여러 세포세대 동안 숨어 살기도 한다.

〈바이러스의 증식〉

바이러스가 다른 세포(숙주세포)의 세포막에 흡착 → 바이러스는 세포 내의 식포에 침입 → 침입 시 바이러스는 외각단백질(외피)을 벗어버리고 핵산(RNA나 DNA)만이 숙주세포의 세포질이나 세포핵 속으로 들어간다. → 세포핵 속이나 세포질에 들어온 바이러스의 핵산의 일부는 숙주세포의 효소(DNA, RNA poly-merase)에 의해 전령리보핵산(mRNA)을 생성하고, 이 전령리보핵산은 단위성분 합성에 필요한 효소를 만들며 단위성분들은 서로 집합되어 새로운 바이러스를 생성 증식시킨다. → 새로운 바이러스들이 숙주세포로부터 방출된다.

〈바이러스 감염세포와 정상세포의 차이점〉
① 생체 외에서 쉽게 생장할 수 있다. 즉 독립적인 자립성이 있다.
② 접촉억제현상이 상실되어 세포가 여러 층으로(겹으로) 자랄 수 있으며 세포가 성장해 가는 방향이 다행해진다. 따라서 세포가 정상세포보다 훨씬 빨리 자란다.
③ 세포 표면에 여러 변화가 생긴다(이온들의 통과능력 증가, 독소호르몬 결합능력 상실, 새로운 항원생성 등).
④ 염색체 이상이 일어난다. 즉 유전정보가 변화된다.
⑤ 인터페론이라는 항바이러스제가 생성된다.
⑥ 사이클릭(cyclic) AMP 증가로 정상세포 생성순환을 중지시키고 변형된 세포 생성순환으로 유도한다.
⑦ 세포의 노화현상이 일어나지 않는다.

바이러스 이외에 바이로이드(viroid : 바이러스보다 작은 RNA병원체, 식물병의 원인)가 있는데 이것은 오직 RNA(DNA)로만 발가벗은 상태로 존재하며, 바이러스보다 더 작으며, 바이러스와 같이 숙주세포에서 DNA를 복제해서 번식한다.

＊우리는 생명의 출현에 대해 다음과 같이 생각해 볼 수 있다＊

　지구의 광물 속에도 아미노산, 설탕, 초산, 인산, 염기 등이 포함되어 있기 때문에 DNA를 만드는 뉴클레오티드(설탕—인산—염기)사슬이 11억 년 동안 수많은 시행착오를 거쳐 여러 종류의 DNA가 만들어졌을 가능성이 많다. 만들어진 DNA들은 결정체로 자연에 묻혀 있다가 자연에 있던 20가지 종류의 아미노산들이 여러 시행착오를 거치면서 우연히 연결되어 여러 종류의 단백질(아미노산사슬)이 만들어지고, 만들어진 단백질로 된 단백질(아미노산 중합체) 막 속으로 DNA가 들어가 박테리아나 바이러스가 만들어졌을 것이다. 그 때문에 지구가 만들어지고 11억 년 후 지금으로부터 약 35억 년 전에야 겨우 처음으로 원시박테리아가 지구상에 출현하게 된 것이다.

　이러한 과정도 시간과 공간과 물질의 제약을 받지 않는 하나님의 설계프로그램(진화프로그램)에 따른 것이 분명하다. 왜냐하면 애당초 지구의 광물 속에 아미노산, 설탕, 초산, 인산, 염기 등이 들어 있는 것은 하나님이 태초에 상대적인 극성의 힘으로 소립자(에너지)와 소립자의 특성이 함께 만들어지도록 했기 때문이다.

　바이로이드(Viroid)는 벌거벗은 RNA(DNA)로만 존재하므로 바이러스보다도 훨씬 더 작으며 생물이 아닌 무생물이므로 자연에서는 결정체로 존재한다. 그러므로 RNA(DNA)의 시초는 바이로이드임을 추측할 수 있다.

　태초 지구가 형성되고, 물이 생기고, 공기와 바다가 생기고, 비도 오고, 더 빈번한 천둥 번개로 심한 벼락이 쳤을 것이고 더 많은 흙이나 바위를 녹여 생물을 위한 희귀한 화학물질들이 들어 있는 더 많은 풀구라이트 준광물을 만들었을 것이다. 어린 지구시대에 지금보다 훨씬 더 더운 지구의 온도와 습도와 대기권이 거의 없어 더 강한 우주선이나 자외선, 보이지 않는 에너지 등을 훨씬 더 받는 태초 지구에서는 지금보다 훨씬 더 많은 광촉매나 촉매에 의해서 수많은 다른 화학반응들이 더 잘 일어날 수 있었기 때문에 유기물 전 단계인 준유기물인 아미노산, DNA, 염기, 설탕 등이 생성되기에 수월했을 것이다.

　이러한 특이한 극단적인 주위환경 조건에 의해서 수십억 년 동안 수많은 화학반응에 의해서 RNA(DNA)가 만들어질 수 있었을 것이고, 만들어진 이들은 결정체로 머물러 있다가 준유기물인 설탕, 인산, 염기, 아미노산 등이 오랜 시간에 걸쳐 수많은 화학반응을 통하여 아미노산 사슬인 여러 종류의 단백질이 생성되었을 때 단백질 막(프로테노이드나 코아세르베이트 등) 속으로 들어가 박테리아나 바이러스로 되었을 가능성이 많다.

자연의 물질들은 상대적인 극성적인 성질의 기능을 가지는데, 예를 들면 산과 염기, 음성과 양성물질, 식물과 동물, 천적 사이 등 수없이 많다. 만일 병을 일으키는 DNA(RNA)분자로 된 병원체바이로이드에 의해 생물이 죽어 가면 자연의 평형을 유지하기 위해서는 상대적으로 생명을 만드는 DNA(RNA)분자로 된 생명바이로이드가 존재해야만 할 것이다. 이들 여러 종류의 유익한 생명바이로이드들은 여러 종류의 유익한 박테리아로, 병원체바이로이드들은 여러 종류의 해로운 박테리아로 발전·진화되었을 가능성이 높은 것이다.

그런 가능성으로 박테리아들 중에는 다른 생물에게 병을 일으키는 병원체박테리아들도 수많은 종류가 있고, 다른 생물의 생명에 이로운 생명박테리아들도 수많은 종류가 있다. 그리고 수많은 박테리아 종류가 바이러스나 바이로이드처럼 오늘날도 땅속, 돌 속, 공기 속 어느 곳에든지 머물고 있기 때문이다. 또한 유난히 특이하게 박테리아만 세포핵과 세포소기관이 없이 RNA(DNA)만이 세포질 속에 있는 것도 바이로이드가 단백질 방울 속으로 들어가 생존하면서 단세포박테리아로 발전되었을 가능성이 높은 것이다. 지금도 박테리아를 숙주세포로 하는 바이러스인 박테리오파지(bacteriophage, 파지)가 무수히 많이 있다. 그러므로 DNA(RNA)는 태초에 바이로이드에서 유래된 것으로 추정할 수 있다.

지금도 바이러스는 공기를 통해 생물세포를 이동하고 숙주세포를 공격하기 위해 독성바이러스를 스스로 개발해가고, 숙주세포는 독성바이러스를 방어하기 위해 스스로 면역성 항체를 개발해 가고 있기 때문에 보이지 않는 공격과 방어 전쟁이, 즉 상대적 기능적 극성적인 전쟁이 끊임없이 극렬하게 계속해서 벌어지고 있어 끊임없이 새로운 바이러스균들이 생겨나고, 이를 대항하기 위한 새로운 항체물질들이 생겨난다. 다른 한편으로는 바이로이드가 숙주세포 핵 속에 들어가 숙주세포의 DNA와 융합하여 새로운 DNA분자구조를 만들어 새로운 종의 바이러스나 박테리아가 태어나게 된다.

우리의 몸을 이루는 생물기계들은 어떤 구조를 하고 있으며 어떻게 작동되어 물질적, 정신적, 영적 활동을 하게 하는지 신비스러운 신체생물영역을 관찰해 본다.

제2장
신의 지성과 영이 담긴 생물기계들

- 육체와 혼을 만드는 생물세포(Cell)기계
- 생명의 유전장비가 들어 있는 세포핵(nucleus)기계
- 정보의 통신과 물질의 수송을 위한 세포막기계
- 스스로 생물기계로 만들어지는 미세한 분자로봇기계들
- 영적인 단백질분자기계를 만드는 아미노산
- 생명의 기본물질이고 신의 대리자인 영적인 단백질분자로봇
- 생명의 말씀이 기록되어 있는 DNA 테이프
- 유전자 변이(gene mutation)
- 생물을 성장시키는 체세포분열과 유전물질을 섞는 감수분열
- 생명의 신비
- 정신세계를 만들고 돌보는 신경세포(neuron)기계
- 황홀한 환상의 세계를 만드는 마약
- 물질+정신+영의 세계를 만들고 돌보는 호르몬분자로봇
- 삶의 활동을 돌보는 신경계의 시설과 작용
- 물질+정신+영의 세계를 만들고 돌보는 두뇌컴퓨터기계
- 삶의 활동을 돌보는 신경계와 호르몬계의 상호작용
- 병을 만드는 스트레스(stress)

01
육체와 혼을 만드는 생물세포(Cell)기계

세포 속에는 생명의 3대 요소인 광자(에너지+정보+영)소립자, 단백질분자, DNA분자가 들어 있다. 세포로 우리의 신체가 만들어져서 우리는 육체적, 정신적, 영적인 활동을 할 수 있는데, 세포는 어떤 구조로 만들어져서 어떻게 작동되기에 삶의 활동을 할 수 있게 하는지 알아본다.

그러기 위해서는 신의 지성과 영으로 만들어진 신비로운 생물기계들을 어느 정도(고등학교 수준)는 심도 있게 살펴보아야 할 것이다. 그래야만 신(하나님)이 과연 생물을 창조되게 설계프로그램 했는지 안 했는지 판단할 수 있기 때문이다. 신체생물 부분을 한번 읽어봄으로써 내 몸속의 설계 비밀을 알게 되고 건강지식도 늘게 되어 스스로 건강관리 하는 능력도 생기게 될 것이고 동시에 하나님의 지성과 하나님의 설계기술과 감정도 체험하고 느끼게 될 것이다.

세포는 세포핵, 세포막, 세포질로 되어 있다. 세포는 모든 생물의 기능적, 구조적 기본단위이다. 세포에서 생물의 신진대사(물질교환)가 이루어지므로 세포는 생명의 분자기계들을 만드는 기계화학 공장단지이다. 그러므로 세포는 생명체를 만드는 초석(건축돌)이다. 세포는 아주 미세하기 때문에 현미경으로 관찰해야 하지만 육안으로 보이는 난세포들도 있다.

세포는 핵막이나 세포소기관의 유무에 따라 원핵세포(원시세포)와 진핵세포로 구별한다. 원핵세포는 핵막이 없어 핵물질이 세포질에 퍼져 있고 세포소기관도 없다(원시생물). 원핵세포를 가진 생물을 원핵생물(원시생물)이라 하며 남조류(플랑크톤)와 미생물(세균, 박테리아, 곰팡이)이 여기에 속한다. 진핵세포는 핵막이 있어 핵물질과 세포질이 구분되어 세포소기관들은 세포질에 존재한다. 진핵세포를 가진 생물을 진핵생물이라 하고, 원핵생물(원시생물)을 제외한 모든 동식물이 여기에 속한다.

세포소기관에는 미토콘드리아(세포호흡, 효소활동), 소포체(세포 내 또는 세포 간 물질수송), 리보솜(단백질합성, 물질분해), 골지체(물질저장, 분비작용), 리소좀(세균 등 이물질을 소화), 중심소체, 용해소체, 공포, 사립체, 세포흡수소포, 엽록체(광합성작용), 액포(삼투압을 조절), 중심체(세포분열시 방추사 형성) 등이 있다. 이러한 세포소기관들은 신진대사(물질교환)에 필수적인 기관들이다. 만일 여러 세포소기관 중 한 가지라도 없거나 기능을 제대로 하지 못하면 세포는 제 기능을 발휘하지 못하므로 생물은 살아갈 수 없는 것이다.

단일세포로 된 박테리아세포나 세포호흡하는 세포소기관인 미토콘드리아의 크기는 약 $1\mu m$($\mu=10^{-6}$=마이크로)이고, 물분자나 아미노산분자의 크기는 약 $1nm$(n=나노=10^{-9})이고, 수소나 산소원자의 크기는 약 $1Å$(Angstrom=$10^{-10}m$)이다. 이렇게 상상하지 못할 만큼 미세한 원자나 분자들이 분자력(응집력)에 의해 스스로 무한히 많이 모여 세포로 되어 생명체를 만들거나 스스로 물질로 되어 별과 같은 거대한 천체를 만든다.

이렇게 작은 물질분자들은 일일이 손으로 조작하거나 만들 수 없고 오직 상대적인 극성의 힘으로 만들어지는 에너지인 전자(쌍)력에 의해서 에너지의 흐름의 법칙(자연의 법칙)에 따라 만들어진다. 바로 이 에너지의 흐름의 법칙(자연변화)이 하나님의 영—에너지—물질—설계 프로그램에 속하는 것이다. 그러므로 하나님은 우주 만물이나 생물을 일일이 손수 직접 창조하시는 것이 아니라 자연의 3대 힘이고 하나님의 3대 힘인 상대적인 극성의 힘, 평형해지려는 힘, 상호작용하려는 힘과 자유에너지(쓸모 있는 에너지)는 감소하고(발열반응) 엔트로피(무질서도, 무용한 에너지)는 증가하는 방향으로 자연변화는 자동으로 변화해 가도록 자동프로그램(진화프로그램=진행프로그램)화하신 것이다. 그리고 하나님의 영이 들어 있는 하나님의 대리자인 소립자, 원자, 이온, 분자로봇들로 하여금 서로 의사소통이 되어 서로 돌보며 상호작용을 하고 스스로 만물로 만들어지게끔 자동설계프로그램화하신 것이다.

　대략 $10^{-9}cm^3$로 아주 미세한 세포는 세포핵, 세포질, 세포막으로 이루어져 있다. 세포핵 속에는 유전장비인 DNA 칩이 들어 있고, 세포질 속에는 다시 여러 종류의 세포소기관들이 들어 있고, 10nm(종이 한 장의 10,000분의 1)의 아주 미세한 얇은 세포막 속에는 다시 100가지 이상의 서로 다른 종류의 지방질분자 종류와 수많은 종류의 단백질분자 종류로 된 합산물로 되어 있다. 세포호흡하는 미토콘드리아나 광합성작용을 하는 엽록체 세포소기관들은 다시 너무나 복잡한 고차원의 구조시스템으로 되어 있고, 고차원의 작용메커니즘으로 작동되고 있다.
　유전설비인 DNA분자는 다시 백만 내지 수십억 개로 된 뉴클레오티드 결합으로 설탕—인산—염기의 긴 사슬로 되어 있고 염기는 다시 4종류의 염기로 짝짓기를 한다. 이들 미세한 DNA분자를 가지는 염색체 속에는 다시 여러 종류의 단백질들이 들어가는데 단백질 종류는 다시 20가지 아미노산들이 수십에서 수만 개까지 펩티드 결합, 즉 아미노산사슬로 되어 있고, 다시 아미노산을 이루는 분자나 원자의 수는 끝이 없도록 무한히 많다.

이와 같이 보이지 않는 한 개의 미세한 세포가 기능을 하도록 구성되려면 무한히 많은 여러 종류의 분자기계들이 적재적소 적시에 조립되어 여러 가지 생체물이나 세포소기관들을 만들어 전체적인 세포기능이 이루어지도록 모두 공동으로 상호작용을 해야만 한다. 눈에 안 보이는 세포는 마치 하나의 큰 공업단지와 같이 수많은 화학공장과 기계를 만드는 기계공장과 에너지를 만드는 발전소 등 반드시 꼭 필요한 세포소기관들이 생물의 종에 따라 염색체수에 따라 하나도 빠짐없이 모두 세포 속에 가득 시설되어 있고 항상 주어진 정해진 임무대로 작동되고 있으며 수시로 물질과 에너지와 정보가 공장단지 내외로 운송 전달되어진다.

그런데 단지 자연의 힘에 의하여 어떻게 자연히 우연히 목적과 프로그램 없이 이들 특정한 수많은 공장들이(하나도 무용한 공장은 없음) 목적에 맞게 적재적소 적시에 동시에 건설되어 무한히 수많은 부속품들을 목적에 맞게 동시에 만들어 목적에 맞게 적재적소 적시에 조립하여 목적에 맞는 메커니즘으로 한평생 동안 변함없이 작동하게 할 수 있겠는가? 이러한 복잡한 여러 단계의 수많은 과정들이 적절한 공간과 적절한 물질의 양과 적절한 화학물리반응들이 적재적소에서 적절한 때에 적절한 시간 안에 이루어져야 한다. 그리고 모든 화학물리반응의 순서가 조금도 차질 없이 지켜져야만 세포는 비로소 만들어져서 목적에 맞게 세포가 죽을 때까지 기능을 발휘하게 된다.

이러한 복잡 다양한 시스템들이 만들어지기 위해서는 목적 없이 임의로 우연히 자연히 저절로 행해지는 과정을 통해서는 질서가 없고, 시간과 일의 순서도 없으며, 적당한 공간과 적당한 물질의 양과 적당한 에너지를 조절할 수 없기 때문에 부피가 거의 0에 가깝고, 수많은 시설을 필요로 하는 미세하고 연약한 세포는 목적에 맞는 구조로 도저히 만들어질 수 없는 것이다. 오직 공간과 시간과 물질의 양에 맞고 진행순서에 맞게 차례로 행해지는 영적인 진행프로그램에 의해서만 세포는 매번 똑같은 과정으로 자동적으로 자연히 만들어질 수 있는 것이다.

생물에서는 바로 DNA분자 속에 해당 생물이 한평생 동안 살아갈 생명의 정보가 진행프로그램화되어 들어 있다.

세포 한 개를 수천 조 이상의 이온, 분자기계로 분해시켜 놓아도 스스로 저절로 우연히 자연히 적재적소 적시에 다시 세포로 조립될 확률은 전혀 없다. 오히려 서로 무질서하게 반응하여 파괴되는 확률이 훨씬 더 쉽게 더 잘 일어난다. 더욱이 실제로는 세포에 필요한 수많은 종류의 물질들이 적당한 양으로 적당한 곳으로 적시에 스스로 모이기도 힘들다.

설사 필요한 물질들이 적당한 양으로 모두 적재적소 적시에 스스로 모였다 하더라도 필요한 특정한 수많은 종류의 부품물과 세포소기관으로 스스로 조립되기도 불가능하고 설사 모두 목적한 대로 스스로 조립되었다 하더라도 이들 생체기계들이 공동상호작용을 하여 세포의 임무를 다하여 하나의 전체적인 생명체가 육체적, 정신적, 영적인 활동을 하도록 공동상호작용을 하기에는 더더욱 불가능한 일이다. 이러한 일은 오직 영으로 만들어진 생명의 3대 로봇(광자, 단백질, DNA)들의 영적인 의사소통을 통한 상호작용을 통해서만 가능한 일이다.

세포질(세포원형질)은 세포핵과 세포막, 지방, 글리코겐 등의 함유물을 제외한 부분으로 세포액과 세포소기관으로 이루어진다. 콜로이드 상태의 세포액 속에는 수분, 단백질, 염분, 아미노산, 포도당, 지방,

효소 등이 포함되며 세포의 활성에 따라 gel(고체에 가까운 상태, 주로 세포 가장자리) 또는 sol(액체 상태, 주로 세포 내부)의 상태이다. 콜로이드는 보통의 분자나 이온보다는 큰 미립자를 말하고 이들은 액체나 기체 상태에서 고루 분산되어 있는데 이를 콜로이드 상태라고 한다. 생물체를 구성하는 대부분의 물질은 콜로이드 상태로 존재한다.

세포액은 약한 점성을 띠므로 세포핵 및 세포소기관을 둘러싸고 서로 뭉쳐 있을 수 있도록 한다. 그 외에 세포의 모양을 유지하고 세포 내의 생체항상성을 유지하며 신진대사, 생명유지 활동에 필요한 다양한 물질의 저장장소로 이용된다. 특히 세포질의 중요한 작용으로는 몸 안에 들어온 탄수화물(유기물)은 포도당으로 전환되고, 이 포도당이 세포질에서 분해되면서 에너지원인 ATP(아데노신삼인산)를 생성하는데, 이것은 모든 생물의 세포 내에 존재하면서 에너지대사에 중요한 역할을 한다.

원형질은 핵원형질과 세포원형질로 구분한다.

세포원형질(세포질)은 농도가 매우 높고, 공간과 시간적으로 변하는 점착성 물질이다. 점착성은 액체의 흐름을 저항하는 능력이다. 높은 점착성은 길고 얇은 단백질구조에 원인이 있다. 세포원형질은 질긴 상태인 sol(교질용액의 일종)상태와 단단한 교질의 gel(콜로이드 상태의 일종)상태로 구별된다.

세포원형질은 틱소트로피(흔들리면 gel에서 유동성의 sol로 변하지만, 정지하면 다시 gel로 돌아가는 성질)적인 gel이다. 즉 세포원형질은 가역적인(역반응도 가능한) sol—gel 변형 능력을 가지고 있다. sol—gel 변형 원인은 변하는 점착성과 단백질 구조의 쉽게 변하는 성질과 분자들의 생성(결합)과 분해에 기인한다. 이와 같이 세포의 원형질이 주변 물질에 따라 수시로 sol—gel의 상태로 변할 수 있는 것은 원형질이 영과 산기, 염기를 동시에 가진 만능적인 단백질로 만들어져 영적으로 행동하기 때문이다.

　세포원형질은 물과 그 속에 녹아있는 이온, 수많은 미세분자와 고분자(단백질)로 이루어져 있다. 세포질(세포원형질) 속에는 단백질, 아미노산, 뉴클레오티드 등의 생성과 분해 그리고 당 분해 등 생물의 신진대사를 위한 화학반응들이 끊임없이 일어나는 곳이다.

　세포원형질(세포질)은 액틴(Actin)—실, 중개(매개)물(intermedium)—실(끈), 미세튜블린과 같은 가는 파이프 모양의 가는 실 모양의 그물망으로 세포골격을 이루고 있고, 세포 안쪽에도 밀착되어 있어 세포벽이 없는 동물세포에서는 세포막을 안전하게 한다. 세포골격을 이루는 가는 파이프, 실 모양의 단백질 끈(실)은 미세튜블린, 미세소관(Actin-Myosin—실), 중개실(끈)의 3가지가 있다. 세포 속에서의 움직임은 대개 미세튜블린과 미세소관의 작용에 의해서 이루어진다.

　세포 속에는 단백질로 된 분자모터들이 무수히 많다. 이들은 우리의 근육 속에서 힘의 생산을 돌보고, 세포 속에서 물질의 운반을 돌보고, 세포의 파행운동을 하게 하고 박테리아를 헤엄치게 돕는다.

　생물은 창성 때부터 선상모터(물질수송이나 수축팽창)와 회전모터로 발전되어 왔다. 분자모터, 빛발전기, 박테리아의 헤엄털(편모) 등은 회전모터이고 키로써 쓰인다. 세포의 인접왕래(교통)를 위해서는 미세한 튜블린(단백질로 된 세포 내 미세한 관)이 선상모터 역할을 한다. 미세튜블린은 세포 내에서 물질분자들이 이동하는데 철로(레일)처럼 쓰이고, 세포분열 시에는 단백질모터의 도움으로 염색체를 잡아당겼다 떼어 놓았다 한다. 세포 내에서 분자들이 하는 일들은 마치 인간들이 공업단지 내에서 하는 일처럼 질서정연하게 맡은바 임무를 해낸다.

　허술하게 보이는 한 개의 세포로 된 박테리아, 허술하게 보이는 박테리아의 헤엄틸(편모) 등은 간단하게 보이나 실제로는 매우 복잡한 고차원의 과학기계술로 만들어져 있어서 인간은 지금까지 생물세포 하나 못 만들고 있는 실정이다. 흉내는 낼 수 있어도 똑같은 생물세포나 세포의 소기관을 인간이 만드는 것은 불가능하다.

인간은 동물의 다리 하나, 팔 하나도 똑같게 만들지 못한다. 이는 인간의 능력보다 비교할 수 없는 높은 영적인 능력을 가진 신이 분명히 존재함을 증거하는 것이다. 전 세계적으로 수많은 과학자들이 수많은 실험실에서 매년 수많은 돈을 낭비해 가며 생물세포를 만들려고 연구에 몰두해도 지금까지 단세포로 된 박테리아 하나도 똑같이 만들어 내지 못하고 있다.

박테리아에서부터 파리가 날아가는 등 모든 생물의 구조와 작용메커니즘은 수천억, 수조억 이상의 이온기계나 분자기계들로 만들어진 단백질분자, DNA분자가 광자(에너지+정보+영)와 서로 상호작용을 하여 혼(영, 영혼)과 세포를 만들기 때문에 생물기계들은 혼과 육이 혼합된 기계이므로 인간은 똑같이 만들 수 없는 것이다. 앞으로도 똑같이 만들 수 없도록 신이 아예 인간에게 생물을 만들 수 있는 세포제작능력을 정신감응능력처럼 주지 않은 것이다.

그 이유는 생물이 영과 물질(미세한 이온, 분자로봇)로 만들어져 있기 때문에 인간은 영과 미세한 로봇들을 만들 수 없어서 생물의 어떤 부분도 못 만드는 것이다. 이는 생물이 영적인 차원으로 만들어져 영적으로 작동되고 있음을 증거하는 것이고, 동시에 영적인 능력을 가진 신의 설계프로그램(DNA)에 의해 만들어져 작동되는 것을 나타내는 것이다. 바로 이러한 영(혼, 영혼)과 미세한 이온, 분자로봇들의 혼합상호작용은 신의 능력과 기술에 의해서만 이루어질 수 있는 것이기 때문에 이러한 영적인 생물기계와 영적인 작용은 영적인 신이 반드시 존재하고 있음을 증거하는 것이다.

만일 인간에게 생물제작 능력을 주면 인간같이 이기주의적인 동물은 곧 자기가 좋아하는 형의 여자나 남자, 자식들을 자기 취향에 맞게 만들 것이고, 정원에는 탐스럽고 맛있는 열매가 열리는 과일나무와 아름다운 꽃나무들을 직접 만들어 심고, 자기 심부름을 잘하는 심부름꾼도 직접 만들고, 몇 십 년마다 새 육체를 만들어 그 속에 자신의 영혼이 들어가 영원히 살거나 또는 노후화되지 않는 세포를 만들기 때문에 신처럼 영원히 살 수 있을 것이다. 인간이 능력 면에서 하나님과 같아지기 때문에 하나님을 필요로 하지 않고 한번도 생각도 하지 않게 되므로 하나님과 영적 교제도 끊어질 것이다.

만일 하나님에 의해 우주만물과 인간이 창조되었다면 인간에게 생물창조능력, 정신감응능력, 정신동력능력 등을 주지 않았을 것이고, 다만 하나님과 영적 교제를 하는 능력과 대자연을 즐기는 능력과 지구상의 생물을 다스리고 문명을 발전시키는 지혜, 지능, 능력만 주었을 것이다. 만일 인간이 자연에 의해 자연선택적인 진화로 만들어졌다면 생물창조능력, 정신감응능력, 정신동력 등 신과 같이 무수히 많은 능력을 가지게 될 것이다. 그리하여 인간이 능력 면에서 하나님과 같아질 것이다.

생물세포 속에 있는 수많은 단백질분자모터(분자물질)들은 공동으로 서로 상호작용을 함으로써 큰 힘을 만들어 내어 신체조직을 움직이게 한다. 이들의 공동상호작용 없이는 생명의 활동은 이루어질 수 없는 것이다. 이들이 공동상호작용을 하는 것은 이들 속에 영이 거하고 있기 때문에 영과 영 사이이므로 정신감응으로 의사소통이 잘 되어 공동관념인 삶의 목표 하에 공동으로 노력하기 때문이다. 이러한 현상은 단백질분자가 영으로, 즉 빛의 광자(에너지+정보+영)로 만들어졌음을 증거하는 것이다. 뇌가 없는 박테리아나 식물이나 모두 살기 위해서는 안간힘을 다 쓰는데 이는 이들 신체 속에 단백질 속에 거하는 영들의 작용인 것이다.

   수많은 Actin(액틴)－Myosin(미오신)－모터는 세포분열 때나 근육형성 때 등 세포의 모든 물리화학적인 형변화 때 공동으로 중앙역할을 한다. 원시박테리아는 빛에너지를 이용하는 간단한 분자기계를 발달시켰다.

   세포 밖으로 양전하입자(양이온)를 내보냄으로써 세포 안과 밖 사이에 양이온 차이로 세포막 사이에는 전압이 생긴다. 양이온이 다시 세포 속으로 들어가면 세포 내에 저장된 에너지는 자유로워진다. 댐에서 흐르는 물의 힘으로 발전소의 터빈을 돌리는 거와 마찬가지로 양이온의 차는 다른 막분자에 의해 아데노신삼인산(ATP)의 생성으로 쓰여진다. 그러므로 세포의 작용도 극성의 힘에 의해 이루어진다. ATP는 세포의 에너지이고 생명체가 생물적인 일을 하는 곳에는 어느 곳에나 있다.

   생물세포는 두 가지 초석(구성성분)으로 되어 있는데 하나는 단백질 분자이고 다른 하나는 여기에 겹쳐 있는 색소(염료)인 망막(Retina)이다. 즉 생물의 구성단위인 세포와 영적인 단백질도 빛 속의 광자로 만들어지고, 끊임없이 빛의 광자(에너지+정보+영)를 필요로 하는 것을 의미한다.

02
생명의 유전장비가 들어 있는
세포핵(nucleus)기계

세포핵은 유전물질인 DNA가 들어 있고, 세포의 모든 활동을 조절하며 세포분열과 유전에 관여하는 세포 내 기관이다. 세포핵은 원핵생물(DNA가 핵막으로 둘러싸여 있지 않고 분자 상태로 세포질에 있는 생물)인 남조류(플랑크톤)나 세균을 제외한 진핵생물로 모든 동식물에 있다.

세포핵을 보호하는 핵막은 2중의 막으로 되어 있고, 소포체(물질수송)와 연결되어 있으며 세포막처럼 구멍이 뚫려 있어 세포질과 물질을 교환할 수 있다. 핵은 분열하고 세포질은 분열하지 않아 다핵세포를 만드는 경우가 있는데 이러한 현상은 근육세포(골격근섬유)에서 많이 발견된다.

사람의 적혈구와 같은 세포는 가능한 물질을 많이 운반하기 위해서 성숙하는 동안 핵이 없어져 무핵세포가 되기도 한다. 핵질(핵내물질)은 염색사와 인 등이 있는데 염색사는 유전자를 포함하고 있고, 인은 리보핵산과 단백질을 합성하는 데 중요한 역할을 한다. 핵질은 핵의 내부를 채우고 있는 gel과 비슷한 상태이다.

세포핵은 구멍이 뚫린 2중막의 핵막으로 둘러싸여 있어 핵과 세포질 사이에 원소교환(물질교환)을 하고 핵막 안에는 유전물질(염색사)을 붙잡고 있는 가는 실(미세소관)이 있다. 세포핵 중앙에는 인(핵소체)의 작은 조직체들이 뭉쳐 엉겨 있는데 이들은 리보솜의 RNA 분자를 합성한다. 핵막과 인(세포핵의 중앙에 있음) 사이에, 즉 핵질에 염색체가 있는 것이다. 보통 간기 상태의 핵에는 유전물질인 DNA와 히스톤 단백질이 실처럼 꼬여 풀어져 있는데, 이것을 염색사(일하는 형)라고 한다.

세포분열 직전에 이르면 풀어져 있던 염색사가 꼬여서 응축된 덩어리를 형성하는데 이 응축된 염색사 덩어리를 염색체(운송형)라고 한다. 즉 염색사는 실에 해당하고 염색체는 감겨진 실패에 해당된다. 염색체의 의미는 쉽게 염색할 수 있는 물질이라는 뜻이다.

세포분열 직전에 풀어져 있던 염색사가 응축된 덩어리로 되는데 이는 세포분열 동안에 유전자를 잃어버리지 않게 하기 위한 설계자의 의도가 들어 있는 것이 분명하다. DNA 복제는 풀어져 있는 염색사 상태에서 행해진다.

염색체(염색사)는 DNA(디옥시리보핵산)와 단백질로 이루어져 있다.

세포 속에 세포핵기계도 영적인 능력을 가진 신에 의해 생물 태초에 설계되어 만들어진 기계이기 때문에 DNA분자기계에 의해 지금까지 자동으로 유전되어 내려와 변함없이 똑같은 기능으로 작동되고 있는 것이다. 만일 DNA분자기계가 생물 태초에 우연히 저절로 만들어진 기계라면 수십억 년간 똑같은 메커니즘으로 유전되어 내려오지도 못하고 설사 유전되어 내려왔더라도 지금쯤은 다른 메커니즘으로 작동될 것이다.

03

정보(신호, 자극, 흥분)의 통신과 물질의 수송을 위한 세포막기계

세포막은 세포 내부와 외부를 구분지어 주며 외계로 가는 세포의 문이다. 세포막은 물질의 수송과 정보의 통신을 떠맡는다.

세포막은 인지질과 여러 종류의 단백질분자로 구성된 얇은 지방질 2중막(2중층)으로 되어 있으며 선택적인 투과성을 지닌다. 2중막 안에는 이온도관(통로), 효소단백질, 여러 다른 종류의 단백질이 있다. 그러므로 세포막은 100개 이상의 지방질 종류와 수많은 종류의 단백질로 이루어진 합산물이다.

세포 2중막의 바깥에 있는 막에 있는 단백질분자는 신호영접자로 활동하고 정보를 세포 속으로 전달한다. 다른 단백질분자는 세포 속에 있는 분자들에게 무슨 일이 일어나고 있는지, 또는 무슨 일을 해야 하는지를 알린다.

어떻게 단백질분자가 정보를 받아서 전달할 수 있는가? 그 이유는 단백질분자가 영(하나님의 말씀=하나님의 의도=하나님의 설계=하나님의 생각=성령=하나님의 자연의 법칙=하나님의 능력)을 가지고 있는 광자(에너지+정보+영)로 만들어져 있기 때문에 영적으로 활동할 수 있기 때문이다. 수많은 분자들로 형성된 도관(통로)은 세포 내외로 물질의 운반(수송)에 쓰인다.

세포막은 10nm(n=10^9=1/10^9=나노=10억분의 1)로 1m를 10억 등분한 것으로 종이보다 10,000배 더 얇은 것이다.

세포막에서 개최되는 다양한 생화학적인 반응을 위하여 빠른 원소의 운반이 가장 중요한 전제조건이기 때문에 지방질 막은 유동적이어야만 한다. 세포막 속에서 분자의 이동은 분자의 크기에 별로 영향을 받지 않는다. 그 이유는 고분자인 단백질분자도 효소단백질에 의해 분해되어 아주 미세한 지방질 분자처럼 거의 빨리 통과할 수 있기 때문이다. 이것은 지역적인 구조형성과 효소단백질들의 공동상호작용에 의한 생화학적인 반응이 극단적으로 빠른 능률성을 보여주는 것이다.

만일 헤아릴 수 없이 수많은 종류의 효소단백질들이 물질을 생성·분해하기 위해서 우연히 자연히 스스로 신체 내에서 순간적으로 만들어지지 않는다면 모든 동물은 신진대사를 자유자재로 할 수 없어 생존하지 못할 것이다. 이들 수많은 효소단백질들이 우연히 자연히 만들어지는 것이 아니고 신에 의해 동물의 신진대사를 위해서 수많은 종류의 효소단백질 정보가 의도적으로 일일이 설계되어 DNA분자 속에 입력되어 있기 때문에 유전정보에 따라 영적인 단백질분자에 의해 자동으로 자연히 순간적으로 만들어지는 것이다. 이들의 작용은 한마디로 영이 들어 있는 영적인 작용인 것이다.

세포의 작용은 반드시 정해진 화학물리반응에 의해 자연의 법칙에 따라 자연의 질서를 지켜가면서 행해지는 것이지 우연히 자연히 때에 따라 다르게 행해지는 화학물리반응으로 행해지는 것이 아니기 때문에 의도적인 목적으로 설계되어진 생물기계인 것이다. 그 때문에 세포 수명까지 설계의도대로 정확히 작동된다.

마찬가지로 인간의 설계목적에 따라 만들어진 모든 기계들도 인간의 설계의도대로 망가질 때까지 똑같은 원리로 작동된다. 자연의 모든 우주만물도 하나님의 영―에너지―물질―설계의도대로 만들어지기 때문에 하나님의 설계의도대로 소멸될 때까지 똑같은 원리로 작동된다.

세포막은 물을 싫어하고 피하는(소수성, 비극성) 탄소사슬(유기물)과 물을 좋아하고(극성) 결합하려는 탄소사슬 사이에서의 지방질의 상대적인 극성의 물질적인 성질 때문에 두 그룹이 2중막을 형성하고 물을 차단함으로써 지방질분자들은 극단적인 결합에너지를 얻는다. 물을 싫어하는 효과는 단백질이 지방질 2중막에 스며들게 한다. 세포막 지방질 2중막 사이에서 단백질은 큰 에너지를 얻으면서 형성된다.

이 강한 결합에너지에도 불구하고 세포막은 단백질로 된 그물망으로 안정되어 있지 않다면 산산이 쪼개질 것이다. 즉 세포막은 인간과 자연의 능력을 벗어난 고차원적인 신비스러운 물리화학적인 영적인 유연성으로 안정성을 높이고 있는 것이다. 세포막은 사나운 폭풍 때의 바다표면과 같이 역학적으로 매우 험난한 표면인 것이다.

한 장의 종이보다 10,000배 더 얇은 유동적인 세포막이 찢어지지 않고 정보를 전달하고, 더구나 수많은 물질을 왕래시킬 수 있는 것은 세포막을 이루는 수많은 종류의 분자들의 합동역할과 그들 사이의 상호작용에 의한 것이다. 수많은 종류의 단백질분자 속에는 영이 들어 있으므로 영끼리이므로 의사소통이 잘되어 삶의 공동목표를 위한 공동상호작용이 잘되는 것이다.

세포막의 탄력성은 1/1,000초로 순간적으로 이루어지며 세포와 조직을 탄성체로 만든다. 수많은 물질과 정보가 이 보이지 않는 얇은 세포막 구멍을 통과함으로써 생명의 활동이 시작되고 이루어지는 것이다. 바로 이러한 세포의 구조와 기능이 영이 들어 있는 영적인 구조와 영적인 작용임을 증거하는 것이다. 아울러 영적으로 작동되는 세포 기계는 신의 영이 들어 있는 생명의 3대 로봇인 광자(에너지+정보+영)로봇, 단백질분자로봇, DNA분자로봇에 의해 돌보아지고 조절되고 이끌어지기 때문에 육체적, 정신적, 영적인 활동을 할 수 있는 것이다.

▎신호(정보, 자극, 흥분)의 전달

다세포 생명체의 기능을 위해서는 세포들이 서로 상호작용을 하기 위해서 서로 연락(통신)하고 그들의 행동을 같게 하는 것이 필수적이다. 이것은 무엇보다도 신경조직과 호르몬에 의해서 이루어진다. 이두 가지 경우는 세포막 속에 신호영접분자(신호수용분자)들을 가지고 있어야만 한다. 만일 적합한 분자가 그러한 신호영접자와 결합되면 이 신호는 세포 속에서 생화학반응을 일으킨다. 신호영접자들은 신호전달을 분명히 하는 특정 분자들한테만 반응한다.

신경조직은 시냅스(신경세포들 사이의 신호연결지)에서 서로 연결되어져 있는 신경세포들로 이루어져 있다. 신경세포들은 다른 신경세포들로부터 신호를 받아서 계속해서 신호를 전달한다. 신호를 전달하는 분자를 신경전달자(신경전달물질)라고 한다. 신경세포들은 그들의 나뭇가지 모양으로 뻗은 가지에 자주 수많은 다른 세포들과 또는 감각세포들과 연결되어 있어 한 생명체(신체) 속에서 하나의 복잡한 신경그물망을 형성하고 있다.

호르몬은 다른 물질을 조절하고 인솔하는 인솔물질이며 정보를 전달하는 정보운반(운송)물질인데, 즉 샘(선)이나 특수한 조직세포 속에서 생산되어지는 물질이다. 이들은 피 속이나 임파조직(혈청조직) 속에서 한 세포로부터 다른 세포로 이동된다. 호르몬의 신호전달을 받는 각 목적지세포에서 호르몬분자는 특정한 신호영접자와 만나서 특정한 생화학적 반응을 일으키게 한다.

  일부 호르몬은 세포막을 통과해서 세포 안에서 신호영접자와 만난다. 세포막에 있는 신호영접자는 특정한 신호전달분자에게만 반응하는데, 즉 특정한 신호전달분자는 특정한 신호영접자에게만 반응하여 신호를 전달한다.

  이들이 어떻게 서로 정확히 알아보고 정보내용을 오도 없이 정확히 전달하는가? 이러한 행동은 우연히 저절로 자연히 만들어진 물질 사이에서는 이루어질 수 없으며 반드시 이러한 작용을 하게 하고 이끄는 영이 들어 있는 단백질로 만들어진 신경세포와 호르몬분자에 의해 가능한 것이다. 왜냐하면 이들은 영을 가지고 있으므로 영과 영 사이이므로 영적으로 정신감응이 이루어지기 때문에 의사소통이 잘되어 정보를 정확히 전달할 수 있는 것이다. 신경세포와 호르몬분자가 서로 정보(신호)를 전달해서 의사소통을 하는 것은 이들 속에 영(정보)이 들어 있는 증거이고, 아울러 이들을 만드는 단백질분자 속에도 그리고 단백질을 만드는 광자(에너지+정보+영)소립자 속에도 영이 들어 있음을 증거하는 것이다.

★시스템과 메커니즘-히틀러★

　태초에 하나님이 소립자 속에 여러 가지 특성(전하, 자전력, 공전력, 냄새, 색 등)들이 생기게 했고, 물질(입자) 사이에 상호작용으로 상대적인 극성의 힘과 상호작용하려는 힘과 평형(화평, 화목, 균형, 조화)해지려는 자연의 3대 힘(신의 3대 힘)이 생기게 했다.

　물질(소립자) 사이의 상대적인 극성의 힘으로 에너지와 소립자와 물질과 물질의 특성과 자연의 질서와 자연의 법칙이 만들어지고, 동시에 시스템이 만들어지고, 동시에 시스템에 의해 메커니즘이 만들어지게 했다. 여러 가지 시스템으로부터 작동되는 여러 가지 메커니즘들의 상호작용으로 점점 더 커지는 시스템들과 이에 따른 메커니즘들이 생겨난다. 원자와 같은 작은 시스템이 늘어나(커져) 나중에는 인간생명체와 같은 생물기계시스템이나 별, 우주와 같은 거대한 시스템을 만들어 낸다. 이와 같은 일을 일선에서 직접 하는 것은 하나님의 대리자들인 소립자, 원자, 이온, 분자로봇들이 한다.

　작고 적은 수의 시스템에서 크고 많은 수의 시스템으로 늘어나는 것도 에너지와 이들 로봇들에 의해서이다. 이들 시스템이 늘어나는 과정은 마치 민주주의적인 지방자치제 방법으로 지역지역 구역구역 실정에 맞게 능력에 맞게 스스로 알아서 자율적으로 서서히 세력(힘, 에너지)과 시스템(계, 계통, 조직, 모임, 사회)들이 조화(균형, 평형)를 이루면서 민주적인 방법으로 늘어나고 증가된다.

　만일 이 늘어나는 과정에서 외부나 상부의 압력이나 무력으로 세력이나 물질이 과잉으로 투입되면 조화 없이 세력이나 시스템이 비민주적으로 늘어나게 되는데, 이는 비정상적으로 늘어나기 때문에 후에 탈(이상)이 오게 된다. 그 이유는 시스템들 사이에 상호작용을 하는 조화(균형, 평형)가 이루어지지 않아 물질적, 정신적인 균형이 안 이루어지기 때문이다. 예를 들어 성장하는 아이들이 채소와 과일은 거의 안 먹고 지방질이 많이 든 고기만 많이 섭취하면 비타민 결핍과 영양실조로 신체조직, 기관 시스템들이 비정상적으로 발달되어 신체의 이상을 가져와 육체적 심리적인 병에 걸리게 되는 거와 같다.

　시스템은 물질적인 것뿐만 아니라 정신적인 사회구조에도 적용된다. 예를 들어 제2차 세계대전의 주역인 히틀러에 대하여 알아본다.

　시스템이 주위 환경과 에너지에 의해 생성되는 거와 마찬가지로 정치 통치제도도 통치자의 세력과 주위 환경에 따라 생성되기 쉽고 어렵게 되는 영향을 받게 된다. 독일은 제1차 세계대전이 끝나고 전쟁에 진 이유로 연합국에 막대한 전쟁보상금을 해마다 엄청나게 지불해야만 했다. 전쟁 후 경제도 나빠서 돈의 가치가 떨어져 빵 한 조각을 사기 위해서 수레로 가득 돈을 실어 가야 할 정도로 화폐가치가 몰락되어 국민의 삶은 이루 말할 수 없을 정도로 극에 달해 있었다.

거기다가 공산주의가 설치고, 유대인들은 귀금속 상점이나 회사 고위층이나 의사, 학자 등 대부분 상류층에 속해 있었기 때문에 모든 것이 히틀러 눈에는 눈에 들어 있는 타나 가시같이 느껴졌다. 이들을 타도하는 방법으로 예수님을 죽인 이스라엘인을 죽이는 것은 죄가 안 되고, 동시에 다윈의 자연선택설을 내세우며 생존경쟁은 적자생존으로 환경에 잘 적응하는 강한 자만 살아남기 때문에 나라 사이도 이와 같다고 하며, 독일이 1000년 이상 대대로 잘 살기 위해서는 지하자원이 풍부한 공산주의 소련도 전쟁으로 빼앗아야 한다고 나치당은 국민을 몰아세웠다.

그 당시 국민들은 제1차 세계대전의 패망과 경제난의 구렁텅이에 빠져 있어 신음하고 있었기 때문에 비참한 구렁에서 빠져 나오기 위해 모든 권력을 히틀러가 원하는 대로 비민주적으로 몰아주었다. 히틀러는 정권과 권력을 잡은 후 군대를 대폭 증강시키고 군수 공장을 무수히 건설하여 수많은 실업자들을 군대에서, 군수공장에서 일하게 하여 거의 실업자 수를 없앴다. 그 결과로 히틀러는 국민들의 신망을 대대적으로 얻었고 권력과 세력이 막강하게 커졌다. 그 때문에 히틀러는 선한 이스라엘인들을 더욱 더 잔혹하게 학살시킬 수 있었다.

히틀러는 처음에는 오스트리아를 총 한 방 쏘지 않고 점령했다. 그 이유는 히틀러가 원래 오스트리아 출신이기 때문에 오스트리아 국민들이 히틀러 차가 오스트리아에 도착했을 때 오히려 대대적인 환호를 보냈기 때문에 구태여 총 한 방 쏘지 않아도 자연히 점령할 수 있었다. 그 당시 오스트리아의 경제도 말이 아니었다. 그 후 히틀러의 조직과 세력, 군대와 군수공장은 점점 더 확대되고 더 많아지고 수많은 군수물품과 신무기를 만들어 냈다.

만일 히틀러가 오스트리아만 점령하고 더 이상 전쟁을 하지 않았으면 세계 역사는 다르게 쓰여졌을 것이다. 그 이유는 연합국인 영국도 오스트리아만 점령하라고 2~3차례에 걸쳐 히틀러에게 사신을 보내 입장을 밝혔다. 그러나 히틀러는 듣지 않고 이어서 폴란드를 점령하고 프랑스와 영국, 소련 등 여러 나라를 상대로 전쟁을 일으켰다. 물론 영국과 프랑스는 점령할 목적으로 전쟁을 일으킨 것이 아니고, 이들 나라와 속히 무침략적인 정전휴전(불가침조약)을 빨리 끝어내고, 지하자원이 풍부한 소련과 전쟁을 하려고 계획했던 것이었다.

문제는 왜 히틀러가 오스트리아만 점령하고 미련한 바보처럼 세계전쟁을 피하지 않았는가 하는 점이다. 그 이유는 히틀러에 의해 비민주적인 독재적으로 늘어난 조직(시스템)인 군대와 군수공장과 여기에서 종사하는 수많은 노동자들 때문이다. 소련을 공격하려고 수많은 군수공장을 설치해 수많은 실업자들이 군인으로, 직업인으로, 노동자로 일을 하는데, 전쟁을 중지시키면 이들 수많은 군대와 군수공장 시설과 군수물품은 쓸모가 없고 수많은 군인들과 노동자들이 하루아침에 실업자로 변하기 때문이다. 그렇게 되면 다시 국민들의 단합과 지지 세력을 잃어가고 자신과 나치당에 대한 불만이 커지므로 히틀러 입장에서는 전쟁을 중단시킬 수 없고 지거나 이기거나 전쟁을 계속해야 했던 것이다. 즉 히틀러는 자기가 파 놓은 구렁텅이에 스스로 빠지게끔 스스로 프로그램화한 것이나 다름없는 것이다.

이와 같이 시스템들이 민주주의적인 지방자치제로 서서히 지역 능력에 맞게 조화적으로 커지지 않고 공산주의적이고 독재적인 방법으로 급진적으로 비순리적으로 시스템들이 늘어났을 경우에는 물질과 세력(힘, 에너지)과 사회의 조화(균형, 평형)를 이루지 못하기 때문에 언젠가는 자연히 파멸이 오게 된다. 즉 시스템들 사이나 시스템과 메커니즘 사이에 원활한 상호작용이 이루어지지 않으므로 그러한 시스템은 자연히 파멸이 오게 되는 것이다.

04
스스로 생물기계로 만들어지는 미세한 분자로봇기계들

(1) 스스로 생물기계로 만들어지는 미세한 분자로봇기계들의 크기

원자는 원자핵과 그 주위를 돌고 있는 전자로 이루어져 있는데 원자의 평균지름(원자핵과 전자껍질을 포함)은 10^{-8}cm(0.1nm=10^{-10}m)이고, 원자핵(양성자와 중성자)의 평균지름은 10^{-13}cm(10^{-15}m)이다. 이것은 원자 1억 개를 한 줄로 나열하면 1cm가 되므로 보통 원자 하나의 크기는 1cm를 1억 개로 나눈 상상하기 어려운 아주 미세한 크기이다.

원자핵의 크기는 원자의 크기보다 다시 10만 배 더 작으며 이는 원자핵과 전자껍질(원자껍질) 사이가 텅 비어 있는 것을 의미하고, 음성의 전하인 전자가 양성의 전하인 원자핵 주위를 빛의 속도로 이동하며 전자기적인 인력(극성의 힘)으로 서로 붙들고 있기 때문에 다른 전자기장에 의해 쉽게 일그러질 수 있는 물렁한 상태이다.

모든 물질입자(원자, 분자, 이온, 전자, 유리기, 자유라디칼)의 1몰(mol) 속에는 똑같은 수인 6.02×10^{23}개의 무한히 많은 수의 물질입자를 가지는데 이 수를 아보가드로수라고 한다. 예를 들면 수소원자(H) 1몰 속에는 수소원자가 6.02×10^{23}개로 무한히 많은 수가 들어 있고, 질량은 1.008g이다. 수소분자(H_2) 1몰 속의 수소분자 개수도 똑같이 $6.02 \times$

10^{23}개로 무한히 많은 수가 들어 있고 질량은 2.016g이다. 이와 같이 모든 물질은 상상하기 어려운 많은 수의 원자기계와 분자기계로 이루어져 있는 것이다.

분자적인 미세한 기계(분자기계)들은 신체 내에서 주로 단백질로 이루어져 있다. 여러 종류의 단백질분자기계들은 생명의 과정을 위한 모든 생체물질이나 조직, 기관으로 스스로 만들어져서 생명의 모든 필요한 임무를 돌보고 이끈다.

(2) 생명은 알파벳으로 기록된 생명의 말씀(유전정보)에 의해 이루어진다

미세한 분자기계들은 몇 가지 안 되는 구성성분의 서열(차례)로 그들의 입체적인 분자구조를 이루고, 이 입체적인 분자구조에 의해 그들의 특이한 특성을 가진다. 이들 구성성분의 서열은 공간 속에서 분자사슬(물질)이 어떻게 스스로 정렬되고 다른 분자사슬과 어떻게 반응하는지를 결정한다.

우리는 분자기계들의 필요한 구성성분을 양분으로 흡수한다. 우리 몸속의 일부 미세한 단백질분자기계(효소)들은 양분 속에 있는 복합물 분자들을 그들의 구성성분으로 분해한다(소화). 그렇게 함으로써 세포나 조직, 기관들이 성장하고, 손상된 이들을 고쳐 재생, 부활이 필요할 때 분해된 구성성분으로 새로운 분자기계나 기관, 조직기계들을 합성할 수 있다.

4가지 염기(A, C, G, T) 서열로 DNA의 종류를 만드는 것이나 20가지 종류의 아미노산 서열로 단백질의 종류를 만드는 것이나 모두 특정한 구성성분을 특정하게 배열시켜 만든다. 이들 구성성분들은 각기 알파벳으로 된 이름을 가지고 있으므로 이들에 의해 만들어지는 모든 생명물질은 결국 알파벳이 연결되어 만들어지는 것이다. 이는 곧 생명의 말씀이 쓰여져 유전정보대로 생명의 말씀대로 생명물질이 만들어지고, 생명의 말씀대로 DNA분자기계나 단백질분자기계가 만들어져 생명의 말씀(유전정보)대로 생명체를 만들어 생명의 말씀대로 종에 따라 삶의 활동이 이루어진다. 그러므로 하나님의 설계대로 하나님의 생명의 말씀대로 하나님의 유전정보대로 생물이 진화되고 안 되고 창조되고 퇴화되는 것이다.

(3) 단백질분자모터들의 작용

오늘날 우리는 미세한 생물모터기계들의 구조를 어느 정도 알고, 그들이 거의 모두 단백질로 되어 있음도 안다.

단백질 선상모터는 세포의 선로인 미세섬유(microfilament) 위에 있다. 기차가 선로를 따라 정해진 방향으로 움직이는 거와 같이 단백질 모터도 세포 안에서 단백질 실을 따라 정해진 방향으로 오고가고 한다. 짐(물질)은 단백질 모터의 꼬리에 의해 결정된다. 이들 긴 이중나선형 꼬리는 짐(RNA나 다른 세포구성물)과 결합한다. 사람이 만든 모터기계는 에너지로 전기나 기름을 사용하지만 단백질분자기계는 세포 속에 저장된 ATP에너지를 사용한다.

세포 속에는 단백질분자모터들이 수없이 무수히 많다. 그들은 우리 근육 속에서는 힘의 생산을 돌보고, 세포 속에서는 물질의 운반과 분배, 물질의 생성과 분해(신진대사)를 돌보며, 세포를 안전하게 받치고, 세포를 움직이게 하고, 박테리아가 헤엄치도록 한다. 그리고 단백질로 된 수많은 미세소관(microtubule, 미세한 단백질도관)과 미세섬유(microfilament, 미세한 단백질실)들이 세포 안에 가득 장치되어 있어 세포의 골격을 이루어 세포를 떠받치고 있어 세포를 안전하게 하고, 물질들의 운송과 분배, 세포의 수축작용 등으로 세포의 형을 잡게 하고 세포를 조절된 역학으로 움직이게 한다.

낱개의 단백질분자모터의 힘은 느낄 수 없도록 아주 미세한 힘이지만 수없이 많은 단백질분자들이 공동으로 서로 상호작용함으로써 큰 힘을 만들어낸다. 낱개의 단백질 분자모터기계는 약 1피코뉴턴(1조분의 1뉴턴=10^{-12}N)의 아주 미세한 힘을 생산한다.

(4) 화학기계공장인 세포

세포 속에서는 1초 동안에도 수많은 화학반응이 수없이 많이 일어나는데 이것은 주로 효소단백질기계에 의해 물질의 생성과 분해과정인 신진대사가 이루어진다. 단백질분자기계는 단백질분자의 종류에 따라 여러 다른 조절메커니즘을 가지고 있는데, 이것은 적절한 물질 수요공급에 의해 적절한 신진대사가 이루어지고 있는지 그리고 불필요한 물질이 중간생성물에 들어 있는지 등을 돌본다. 생물세포기계는 에너지를 얻거나 소비하거나 저장하는 곳이고 신진대사가 이루어지는 곳이다.

생각도 못하는 자연이 어떻게 무엇 때문에 보이지 않는 미세한 세포 속에 발전소, 펌프기계, 연소실, 운반기계, 모터기계 시설 등을 인간이 만든 기계보다 훨씬 더 많이 효율을 낼 수 있도록 정교하고 견고하게 목적에 맞게 설계해서 만들어서 목적에 맞는 메커니즘(기계술, 작동술)으로 작동시킬 수 있겠는가? 이러한 수많은 고차원적인 시설들이 시설되고 만들어진 시설들이 목적에 맞게 고차원적으로 작동되어지려면 생체기계 사이에 정보와 에너지와 물질이 전달 교환되어져야만 한다. 그러기 위해서는 에너지와 영과 물질을 자유자재로 다스리고 다룰 줄 아는 영적인 자라야만 영적인 기계시설을 할 수 있는 것이다.

정보를 전달시키기 위해서 자연이 나트륨펌프시설을 세포막에 설치해서 이온들이 자유자재로 자동적으로 세포 내외로 왕래하도록 해서 신경실을 통해서 자극전류로 정보를 전달시키게 고차원적으로 기막히게 설계하고 만들어서 정보를 전달시킬 수는 없는 것이다. 왜냐하면 자연에는 새로운 시스템을 고안 설계하는 설계자가 없고, 설계대로 기계를 만드는 기술자도 없고, 설계대로 물질을 구입해서 운송해 오는 구입자와 운송자도 없고, 고장이 나면 고치는 수리공도 없고, 전반적인 시스템의 가동을 돌보고 이끄는 인솔자도 없기 때문이다.

(5) 분자기계들을 돌보고 도와주는 인솔(조절, 보조, 통솔)단백질분자기계

단백질을 만드는 아미노산서열도 정보(신호)가 암호화되어 있다. 신호(정보)서열은 주소표의 기능을 가지고 있는데 그 기능은 새로 생성된 단백질을 어디로 보내야 할 것인지, 즉 그것은 세포질 속에 머무는지 또는 세포소기관 속으로 보내져야 되는지 또는 세포 밖으로 내보내져야 되는지를 결정한다.

단백질(아미노산 사슬)의 정확한 행동지침도 아미노산서열 속에 정확히 들어 있다. 그래서 단백질분자기계들은 실험실의 시험관 속에서도 다른 외부의 도움 없이 자신의 주어진 능력에 따라 정확히 처신한다. 단백질분자들 중에는 DNA 복사 때 광선이나 화학반응에 의해 생긴 실수를 정정하기도 하며 긴 DNA줄이 엉키지 않게 하고, 특정한 정보를 특정한 시각에 특정한 장소에 전달하는 것도 돌본다. 그리고 행동을 하지 않거나 잘못 행동하는 단백질분자를 도와주는 단백질기계들이 있기 때문에 수조 이상의 분자로 된 수많은 분자기계들의 작용이 공동상호작용 되도록 돌보고 이끌어 주는데 이러한 분자기계를 인솔(보조, 조절, 통솔)단백질분자라고 한다.

인솔단백질분자기계의 일례로 호르몬분자나 효소단백질분자를 들 수 있는데, 효소단백질분자기계는 신진대사를 돌보며 화학반응의 속도를 빠르게 돕는다. 마찬가지로 우리의 신체는 수많은 영을 지니고 있는 광자로 만들어지는 수많은 종류의 단백질로 만들어지는데 이 수많은 영을 돌보고 조절하고 이끄는 영이 자연히 있게 된다. 이 인솔하

고 중추적인 영을 우리는 혼(삶의 활동을 하는 영)이나 영혼(영적 활동을 하는 영)이라고 부른다. 마치 영이 들어 있는 수많은 단백질분자들 중에는 통솔(인솔)단백질분자가 있듯이 영이 신체 내에 들어 있는 곤충이나 동물이나 사람이 모여도 자연히 인솔하고 통솔하고 다스리는 우두머리나 통솔자가 있게 되고, 수많은 영들로 되어 있는 우리 몸속에도 자연히 영을 다스리고 통솔하는 혼(영, 영혼)이 있게 된다.

(6) 공격과 방어를 하는 메커니즘

모든 생물은 먹이사슬 속에 속해 있으며 인간 역시 미생물의 먹이사슬 속에 속해 있다. 살기 위해 필요한 수많은 물질로 만들어진 하나의 생명체는 수많은 다른 생명체를 먹이로 잡아먹으며 동시에 수많은 다른 생명체를 위한 먹이인 것이다. 이미 단세포생물인 미생물에서부터 잡아먹고 잡아먹히는 끊임없는 싸움이 시작된다.

의학에서 사용되는 많은 항생제는 생존경쟁에서 살아남기 위해 미생물이 분비하는 물질을 이용한 것이다. 박테리아는 바이러스에 저항하고, 고등생물은 적으로부터 방어하는 것뿐만 아니라 미생물인 박테리아, 바이러스, 기생충에 대항하여 방어하여야만 한다. 이와 같이 생물이 다른 생물로부터 방어하고자 하는 것 때문에 면역에 관한 새로운 방어메커니즘이 발달된다.

반대로 공격자는 방어자가 발달시킨 방어면역계를 넘어서는 새로운 공격메커니즘을 발달시키기 때문에 새로운 바이러스균과 수많은 박테리아 종류가 생겨난다. 이러한 면역에 관한 새로운 방어메커니즘이 발전·발달되면서 미생물 사이에서 진화가 조금씩 이루어질 수도 있는 것이다.

한 DNA와 다른 DNA가 만나면 서로 쉽게 융합하여 새로운 종류의 DNA를 만든다. DNA 자체는 인산—설탕—염기 사슬로 무생물이지만 이들이 만나면 서로 융합해서 새로운 DNA가 만들어지는데, 이러한 융합과정은 신이 이미 설계프로그램화해서 DNA 속에 유전정보(생명의 정보)로 입력했기 때문에 DNA의 융합이 자연히 행해지는 것이다. 한 바이러스와 다른 종류의 바이러스가 DNA끼리 융합하면 새로운 DNA를 가진 새로운 바이러스가 생겨난다.

바이로이드는 DNA(RNA)로만 존재하고 바이러스는 DNA가 단백질 막으로만 싸여 있으므로 이들은 서로 잘 DNA가 융합하여 새로운 종의 바이로이드나 바이러스나 박테리아를 만들어낸다. 그 때문에 전에 없던 에이즈나 새, 돼지 등 동물의 새로운 바이러스, 박테리아 등이 시대가 지나갈수록 새로 생겨나게 된다.

(7) 영이 들어 있는 분자기계들의 공동상호작용

물질분자들이 자연의 법칙에 따라 자연의 질서를 지키며 스스로 조직되어 복잡한 조직을 가진 생명체로 된다. 생명체가 스스로 자연히 저절로 만들어지는 이유는 하나님의 설계(생명의 말씀, 생명의 정보, 유전정보, 생명의 프로그램)가 들어 있는 DNA분자 속에 생명체가 만들어지게끔 생명의 정보가 프로그램화되어 있기 때문이다.

생명의 칩인 DNA분자는 프로그램대로 전령 RNA에게 특정한 유전정보를 주어(넣어) 번역 RNA와 함께 특정한 종류의 단백질분자들을 만들게 한다. 만들어진 특정한 종류의 단백질분자들은 자신이 지니고 있는 특정한 유전정보에 따라 스스로 특정한 신체물, 조직, 기관으로 만들어지면서 특정한 생명체를 만드는 공동작업에 공동으로 참여하므로 자연히 하나의 생명체는 만들어진다. 즉 생명의 설계도와 정보는 DNA분자 속에 들어 있고 DNA분자로봇기계는 특정한 단백질이 만들어지도록 한다.

특정한 생체물, 조직을 만드는 생명의 정보를 가진 특정한 종류의 단백질로 만들어진 신체조직, 기관 등은 서로 영과 영 사이이므로 서로 영적으로 의사소통이 잘되어 유전정보(하나님 설계)대로 특정한 생명체를 만드는 공동작업에 공동목표 하에 공동 참여하므로 비로소 하나의 생명체는 만들어지게 된다. 마치 거대한 빌딩이 건축가와 감독의 인솔 하에 수많은 노동자와 기계, 로봇들에 의해 공동작업으로 만들어지는 거와 같이 생물신체 속에서도 수많은 단백질분자로봇들과 DNA분자로봇들의 인솔 하에 수많은 물질분자기계들의 공동작업에 의해 하나의 생명체 건물이 만들어지는 것이다. 그리고 박테리아 무리, 새, 물고기, 개미, 동물, 미생물, 곤충, 벌레무리에서도 집단적인 조직형성, 즉 사회형성이 스스로 이루어진다.

  생명체들이 스스로 무리를 이루는 것도 공동으로 적을 방어하거나 서로 도와주거나 서로 의사소통으로 감정을 나누거나 가정을 이루거나 공동으로 먹이를 구하거나 공동으로 힘든 큰일을 해내기 위해서거나 공동으로 후손을 만들고 돌보기 위한 공동이익 관념이 일치하기 때문에, 공동목적(목표)을 이루기 위한 공동상호작용이 필요하기 때문에 스스로 무리(사회)가 형성되는 것이다. 그리고 무리(사회)의 능률과 효율을 올리기 위해서 자연히 인솔자(지도자, 통솔자, 우두머리)가 생겨나므로 단백질분자들 중에는 인솔단백질분자가 있게 되고, 동물들 중에는 왕이나 우두머리 동물이 있게 되고, 사람 중에는 장이나 대통령이 있게 되고, 영들 중에는 영을 다스리고 이끄는 혼이나 영혼이 있게 되는 것이다.

05

영적인 단백질분자기계를 만드는 아미노산

생물기계들의 구조와 작용을 세부적으로 정확히 이해하려는 것보다는 대략 총괄적인 내용 파악이 더 중요하다. 생물기계들이 대략 어떠한 원리로 만들어지고, 어떠한 메커니즘으로 작동되는지를 아는 것만으로도 우리의 신체 비밀과 창조자의 진화적인 창조기술을 충분히 이해할 수 있을 것이다.

식물은 무기질소 화합물로부터 유기질소 화합물을 합성해 내는 일을 하는데, 즉 식물은 질산염을 환원하여 암모니아로 만드는 질산환원작용과 암모니아를 유기산과 결합시켜 20종류의 아미노산을 만들어낸다. 단백질 종류는 자연에 있는 20종류의 아미노산에 의한 결합으로 만들어진 사슬들이다.

단백질은 생물세포의 다양한 거대분자(고분자)의 화합물이다. 그러므로 단백질은 효소, 호르몬, 항체, 세포 등을 만드는 신체의 기본물질이다. 단백질을 염산으로 가열시켜 가수분해하면 생산물로서 단지 20가지 종류의 아미노산만을 얻는다. 단백질의 구성성분인 아미노산들은 두 가지 기능적인 그룹을 가진다.

아미노산은 한 분자 내에 산성의 카르복실기(-COOH)와 염기성의 아미노기(-NH₂)를 가지고 있다. 그러므로 아미노산이나 단백질은 스스로 상대적인 극성의 성질을 갖는 물질을 동시에 가지고 있으므로 양쪽성 성질을 보유하고 있기 때문에 다른 생명물질을 만드는 기본 물질로 꼭 필요한 만능적인 물질인 것이다. 단백질 속에서 얻어지는 모든 아미노산은 α —아미노산이다.

카르복실기는 C—원자 끝에 붙어 있고 아미노기는 카르복실기 이웃인 C—2—원자에 붙어 있어 두 기는 소위 α —위치를 하고 있다.

가장 간단한 아미노산에는 글리신(아미노초산)이 있다. 다른 아미노산들은 글리신의 α —C—원자에 있는 수소원자가 측쇄(옆사슬) -R에 의해 바뀌어지는 것에 따라 이름이 다르게 붙여진다. 그 때문에 이들 아미노산들은 비대칭인 C*—원자를 가진다. 즉 C—2—원자에는 4개의 서로 다른 원자나 또는 원자기가 C원자 주위로 결합되어 있는 것이다.

탄소원자 주위로 비대칭을 이루기 때문에 극성물질인 것이다. 그 때문에 탄소원소로 만들어진 유기물은 대부분 극성물질이기 때문에 신체는 60% 이상의 극성물질인 물로 되어 있어 물과 잘 반응하여 신체를 만들고, 작용도 잘 하는 것이다. 글리신만 제외한 모든 α (알파)—아미노산들은 시각적(광학적)으로 활동적(활성이 있는)이다.

생명의 기본물질을 만드는 아미노산이 상대적인 극성의 힘으로 만들어지고 상대적인 기능적인 극성의 물질인 산과 염기의 양쪽성 성질을 동시에 가지고 있다. 이들에 의해 만들어지는 단백질도 극성의 힘으로 만들어지고 양쪽성 성질을 가지며 단백질에 의해 모든 생물의 신체는 만들어진다. 그러므로 모든 생물은 생대적인 극성의 힘에 의해 만들어져서 상대적인 극성의 힘으로 삶의 활동을 하는 것이다.

아미노산의 측쇄(옆사슬)는 아미노산의 화학적, 물리적인 특성에 영향을 미친다. 중성의 아미노산은 극성과 비극성의 옆사슬을 가지고 있다. 비극성의 옆사슬은 탄화수소—잔사(잔기)를 가지고 있다. 예를 들면 알라닌은 하나의 메틸기를 그리고 로이신은 하나의 가지의 부틸기를 가지고 있다. 비극성의 옆사슬은 이들 아미노산들에게 물을 싫어하는 특성을 갖도록 한다.

극성의 옆사슬을 가진 아미노산들은 물을 좋아하는 특성을 가진다. 물은 산소 쪽에 부분음성, 수소 쪽에 부분양성을 가지는 극성물질로 극성물질과 잘 반응하기 때문이다. 그래서 세린은 하나의 히드록실기를 그리고 시스테인은 하나의 줄피드릴기를 함유하고 있다. 아스파라긴산은 산성의 아미노산인데 그것의 옆사슬 속에는 두 번째의 카르복실기가 있다. 그에 비해 리신 같은 염기성 아미노산은 옆사슬 속에 아미노기를 추가로 가지고 있다. 산성 그리고 염기성의 옆사슬들은 전하를 띠고 있다. 왜냐하면 수소이온(H^+)을 주는 것이 산성이고 수소이온을 받는 것이 염기성이기 때문이다. 그 때문에 그들은 물을 매우 좋아한다.

일반적인 구조식 속에 주어진 아미노산의 비극성 형은 실제로는 존재하지 않는다. 단단한 결정 상태에서나 물속에서나 아미노산은 양쪽성 이온(양이온과 음이온이 공존하는 이온)으로 존재한다. 이 상태에서 아미노산은 산으로서 또는 염기로서 반응할 수 있으므로 아미노산은 양쪽성 물질인 것이다. 아미노산의 양쪽성 이온은 완충특성을 가지고 있다. 즉 pH값을 감소시키면 양성자가 COO^-—기에 침전(퇴적)하는데, 양쪽성 이온이 양성의 양이온으로 반응한다. 염기성의 매질 속에서는 양쪽성 이온의 NH_3^+—기는 양성자 하나를 줌으로써 음성의 아미노산—음이온으로 전이된다. 물속의 용액 속에서는 양쪽성 이온, 양이온, 음이온이 모두 존재한다.

pH값에 따라 이들은 평형반응을 통해 변화되어진다. 단백질을 만드는 아미노산이 산기, 염기를 가지고 있는 것은 상대적인 극성의 힘을 모두 가지고 있는 것이고, pH값에 따라 평형반응을 통해 변화되는 것은 평형해지려는 힘의 작용이고, 이들 힘들의 작용은 물질 사이에 상호작용하려는 힘으로 이루어지므로 생명의 기본물질들인 아미노산, 단백질(아미노산사슬), DNA 등은 결국 하나님의 3대 힘(자연의 3대 힘)으로 만들어져서 하나님의 3대 힘으로 작동되는 것이다.

이와 같이 아미노산 자체가 산기와 염기를 동시에 지니고 있어 모든 물질과 반응할 수 있다. 아미노산들의 연결사슬로 생명의 기본물질인 단백질의 여러 종류가 만들어지며 이러한 것은 모두 내부적인 극성의 힘에 의해 이루어진다. 아미노산사슬(단백질의 종류) 결합에너지 속에는 하나님의 생명의 말씀이 기록되어 있는 것이다. 그 때문에 단백질이 영적으로 스스로 거의 모든 생체물질로 만들어져서 영적으로 활동할 수 있는 것이다.

하나님은 미세한 생물기계 하나라도 자연의 법칙에 따라 자연의 질서를 철저히 지켜가며 정확한 화학물리반응을 통해 생물기계들이 자동으로 만들어져서 자연의 법칙대로 작동되도록 영―에너지―물질―설계프로그램화하신 것을 단백질을 만드는 아미노산을 통해서 우리는 보고 느낄 수 있는 것이다.

06
생명의 기본물질이고 신의 대리자인 영적인 단백질분자로봇

생명의 3대 물질이고, 3대 로봇(광자로봇, 단백질분자로봇, DNA분자로봇) 중에 하나인 단백질분자로봇에 관하여 알아본다.

단백질은 모든 생물의 신체를 구성하는 고분자유기물로 수많은 아미노산이 연결(펩티드 결합)되어 이루어진 생명의 기본물질이다. 단백질분자들은 머리털 속의 케라틴(각소)과 같이 긴 실일 수도 있고, 효소와 같이 구형일 수도 있다.

세포막 속에 있는 단백질은 이웃 세포들과 접촉을 하며 물질의 수송과 정보통신을 가능하게 한다. 다른 단백질들은 근육수축 운동에 작용하고, 신경신호 전달에 또는 호르몬으로써 신호를 기관에 전달한다. 단백질로 만들어진 호르몬이 정보(신호)를 전달할 수 있는 것은 단백질 속에 정보를 이해하고 전달할 수 있는 영이 들어 있기 때문이다.

거의 모든 생체물이나 조직, 기관 등은 영(생명의 정보를 지니고 있음)을 가진 단백질이 일부 들어가 만들어지기 때문에 생체물 사이나 조직 사이에 의사소통이 영적으로 잘되어 신체기계들 사이에 상호작용이 잘 이루어지는 것이다.

단백질(아미노산사슬)이 정보를 전하고, 의사소통을 하고, 다른 생체물질을 돌보고, 이끌고 하는 영적인 능력은 단백질이 빛의 광자(에너지+정보+영)로 만들어지기 때문에 영을 지니고 있기 때문이다. 단백질로 만들어진 신체물, 조직, 기관 사이는 영과 영 사이이므로 정신감응력으로 영적으로 의사소통이 잘 되기 때문이다. 유전자를 지닌 염색체도 핵산과 단백질로 이루어져 있다.

사람의 신체 속에는 백만 개 이상의 여러 다른 종류의 단백질들이 있다. 수많은 종류의 단백질들은 먼저 다른 단백질(아미노산사슬)과 상호작용 하에 그들의 작용을 전개하고(펼치고) 그들의 주위환경에 따라 변화(변형)된다. 세포질 속에서 단백질분자는 자주 화학적으로 변화되어지는데, 즉 그들의 분자구조는 다른 분자들에 의해 수시로 변화되어진다. 여러 가지 물질분자에 따라 단백질분자가 순간적으로 자동으로 변화될 수 있는 능력에는 하나님의 고차원의 기술이 들어 있는 것이다.

단백질의 정신감응능력으로 영적인 의사소통을 하는 능력 때문에 다른 물질분자와 상호작용이 잘 되어 DNA분자 속에 있는 유전정보(생명의 정보, 생명의 말씀, 생명의 설계, 생명의 프로그램)에 따라 스스로 생체물질, 조직, 기관으로 만들어질 수 있다. 만들어진 신체물질과 신체조직과 기관들은 특정한 단백질이 들어 있어 특정한 유정정보를 지니고 있기 때문에 특정한 유전정보대로 자신의 임무를 영적으로 충실히 해낼 수 있는 것이다. 그 때문에 수많은 부속물로 만들어진 생명체기계라도 아무 탈 없이 공동으로 상호작용을 하여 삶의 활동을 할 수 있는 것이다.

단백질분자는 펩티드사슬(펩티드결합=아미노산들의 결합)들로 이루어져 있다. 펩티드사슬은 다시 자연계에 있는 20개 종류의 서로 다른 아미노산들이 결합되어 있고, 아미노산분자는 다시 염기성인 아미노기

(-NH₂)와 산성인 카르복실기(-COOH)를 가지고 있다.

자연계에 존재하는 20개 종류의 아미노산으로 만들어지는 단백질의 종류는 계산상으로 20^{100}개로 무궁무진하기 때문에 이것으로 만들어지는 생물도 무궁무진한 다양성을 나타내게 된다. 예를 들어 20개의 알파벳으로 단어를 만들면 수없이 많은 단어를 만들 수 있는 거와 다름없다.

아미노산은 염기성, 산성의 양쪽성 성질을 가지고 있는, 즉 물질적으로 상대적인 기능적인 성질의 극성을 모두 가지고 있는 양쪽성 물질이다. 이들의 결합으로 만들어지는 단백질 자체도 물질적인 상대적인 성질의 극성을 양쪽 모두 가지고 있기 때문에 만능적인 물질로 다른 물질과 잘 결합할 수 있으므로 모든 신체물질은 단백질이 일부 들어가게 된다. 그 때문에 단백질로 만들어지는 효소는 신진대사에서 주역을 맡게 된다. 양쪽 극성의 물질인 단백질로 만들어지는 모든 생명체는 극성의 힘으로 만들어져서 극성의 힘으로 삶의 활동을 하는 것이다.

아미노산들이 결합할 때는 한쪽의 아미노산의 카르복실기와 다른 한쪽의 아미노산의 아미노기가 결합하므로 산염기반응이므로 물이 나온다. 이 방법에 의해 100개 이상의 펩티드결합을 한 화합물을 단백질이라고 하고, 10~100까지의 펩티드결합을 폴리펩티드결합이라고 한다.

생명의 기본물질인 단백질의 구조는 아미노산의 사슬 사이의 여러 비공유결합에 의한 소수성결합(물을 싫어하는 비극성결합), 수소결합(수소다리결합), 반데르발스 힘(분자 간에 힘), 정전기적 인력(쿨롱의 힘), 이황화결합 등에 의한 상대적 전자기적인 극성의 힘에 의하여 입체구조를 형성한다. 또한 이러한 극성의 힘에 의한 구조로 인하여 각각의 단백질은 생명에 관한 독특한 형질을 나타낼 수 있는 것이다.

그러나 온도가 너무 높거나 너무 낮으면 단백질의 구조를 유지하는 여러 결합들이 깨어지며, 급격한 pH의 변화는 단백질을 구성하고 있는 분자의 이온구조에 급격한 변화를 초래하여 가지고 있던 특성을 잃어버려 원래의 상태로 되돌아가지 못하는 비가역적인 현상이 일어난다.

단백질의 분자량은 5,000~수십억에 이르는 고분자이다. 단백질을 구성하는 아미노산에는 자연계에 20종이 존재한다. 단백질의 종류는 이 20종의 아미노산이 수십~수만 개가 펩티드결합에 의하여 연결될 때, 그 연결순서는 무한히 많은 종류가 있기 때문에 단백질의 종류가 무한히 많아 생물의 다양성을 만들게 된다.

생체 내에서 단백질의 합성은 세포 내의 리보솜(ribosome)에서 이루어진다. 세포핵 속에 있는 염색체 속에 DNA 한 줄에서 DNA와 똑같은 유전정보가 들어 있는 전령 RNA(mRNA)가 만들어져서 세포핵 바깥에 세포질 속에 있는 리보솜(단백질을 만드는 세포소기관)까지 전령 RNA가 간다. 거기서 번역 RNA(tRNA)에 의해 유전정보가 번역(암호를 해석)되어 유전정보에 따라 운송 RNA(tRNA)가 세포질에 있는 특정한 아미노산을 운송해와 배열 결합시켜 펩티드결합으로 수많은 펩티드사슬(아미노산사슬)을 만들어 특정한 종류의 단백질을 만든다. 이러한 단백질 합성은 수십 초에서 수십 분에 걸쳐 이루어진다. 단백질은 모든 생물의 신체(세포, 조직, 기관 등)를 만드는 기본적인 물질이며, 예를 들어 세포, 피, 호르몬, 효소, 뿔, 손톱, 살, 털, 뼈, 나무뿌리 등 모든 생물의 몸은 거의 일부 단백질이 들어가서 만들어진다.

생체 내에서는 끊임없이 수많은 화학반응이 일어나고 있는데 단백질은 촉매로서 효소단백질로 이 수많은 반응들의 속도를 조절한다. 반응에 의해 물질이 분해, 생성, 에너지의 생성, 촉진, 억제된다. 단백질은 이 모든 화학물리반응들을 조절하여 적절한 시기에 체내의 적합한 장소에서 적합한 물질끼리 반응이 이루어지도록 조절하는 역할을 한다. 이러한 작용들은 단백질로 만들어진 효소(생물의 촉매)들의 작용에 의한다.

모든 효소는 구형의 단백질이고, 이들은 생명체의 신진대사(물질교환) 때 거의 모든 과정을 검토, 조절한다. 효소는 쉽게 다른 물질과 결합해서 신체 내에서 수많은 화학반응을 촉매화한다. 단백질로 만들어진 효소가 이러한 역할을 하는 것은 단백질 속에 영이 거하고 있음을 증거하는 것이다. 그밖에 단백질은 면역을 담당하는 항체의 주된 구성성분이다.

생물은 자신의 몸을 구성하고 있는 단백질과 다른 종류의 단백질이 외부로부터 체내에 침입해 들어오면(양분을 통해서) 체내에 항체(antibody =면역글로불린)라는 단백질을 생성한다. 외부에서 들어온 다른 단백질을 항원(antigen)이라 하며 생성된 항체는 항원과 결합하여 항원을 파괴하거나 제거하는 방식으로 생물의 특이한 면역성을 유지한다. 체외로부터 들어오는 항원의 종류는 무수히 많으며 생명체는 단백질의 구조적 특성을 이용하여 각 항원에 특이적으로 작용하는 항체를 생성한다.

어떻게 단백질이 의사보다 더 잘 수많은 항원을 알아보고 스스로 항원에 대한 약 처방으로 특정한 항원에 적합한 특정한 항체를 만들어낼 수 있는가? 그 이유는 항체를 만드는 단백질은 DNA의 생명의 정보에 따라 만들어지기 때문이다.

항체를 만드는 단백질은 모든 항원에 대항할 수 있는 항체를 만드는 모든 정보를 가지고 있기 때문에 특정한 항원이 신체 내로 들어오면 즉시 알아보고 거기에 대한 항체를 만들게 된다. 단백질의 이러한 인지능력은 영의 능력으로 단백질 속에 영이 들어 있음을 보여주는 것이다. 그러므로 영이 들어 있는 단백질은 모든 생물의 신체 속에서 자신과 함께 신체물질인 항체도 직접 만들므로 항체 속에서 항체가 할 임무를 스스로 알게 되고 주어진 임무에 따라 행하게 된다.

항체를 만드는 단백질은 항체에 대한 정보만 가지고 있지 손톱 정보나 다리 정보나 다른 정보는 가지고 있지 않다. 그 이유는 특정한 종류의 단백질이 필요하면 DNA기계가 전령 RNA(mRNA)에게 특정한 종류의 단백질정보만을 주어 특정 단백질만을 만들게 하기 때문이다. 그러므로 DNA분자기계의 유전정보에 따라 만들어지는 특정한 단백질은 특정한 임무만 갖게 되고 특정한 임무만 행하게 된다.

그 때문에 사람이 만들어지려면 100만 가지 이상의 수많은 단백질 종류가 필요하다. 예를 들어 머리털을 만드는 단백질은 머리털 정보만 가지고 머리털만 만들지 손톱이나 다리뼈의 정보를 가지고 있지 않기 때문에 손톱이나 다리뼈는 만들 수 없다. 손톱을 만들려면 DNA분자기계가 특정한 손톱단백질을 만들도록 전령 RNA에게 손톱에 대한 정보를 주어야 한다. 그러므로 특정한 단백질분자들은 특정한 생체물질을 만드는 기술자들처럼 스스로 특정한 생체물질로 만들어져서 특정한 생물의 육체적 정신적인 작용도 스스로 영적으로 돌보고 이끄므로 단백질분자는 생명의 조각가이고, 생명의 로봇이고, 신의 사신이고, 신의 대리자나 마찬가지인 것이다.

소화는 면역의 변형된 형태이다.

사람이 음식물을 섭취하면 소화효소의 작용을 통해 음식물 내의 단백질을 아미노산으로 분해한 다음 자신의 DNA유전정보에 따라 새로운 단백질을 만든다. 만일 외부에서 들어온 단백질을 체내에서 소화하지 않고(분해하지 않고) 그대로 사용하면 그 단백질이 가지고 있는 형질이 그대로 나타나므로 생물은 모두 잡색 형이 되어 버릴 것이다.

그러므로 소화(물질분해)는 첫째 에너지를 얻기 위해서, 둘째 자기의 형질을 유지하기 위해서 반드시 필요한 것이다.

미생물과 식물은 자신이 필요로 하는 단백질을 스스로 합성할 수 있지만 동물은 그러한 능력이 없으므로 음식물의 형태로 단백질이나 아미노산을 섭취한다. 단백질은 생물체를 만드는 기본 구성성분으로 조절작용, 면역, 물질과 에너지의 신진대사(효소), 정보전달(호르몬, 신경조직) 등을 직접 조절하는 생명체를 이루는 가장 중요한 기본물질이다. 생물의 체내에서 합성과 분해를 통하여 단백질의 평형(조화, 균형) 상태를 유지한다.

모터단백질(반복적으로 움직이는 단백질)은 그것의 길고 가는 실(끈)들이 아데노신삼인산(ATP)에너지를 소비하면서 서로 마주보고 늘어났다 줄어들었다 한다. 예를 들면 Actin—Myosin 모터단백질은 근육수축 움직임을 한다. 미세소관(microtubuli)은 속이 빈 도관인데 이것은 세포 속에서 세포를 탄력성 있게 보호하기도 하고 물질의 운반(수송)수단으로서도 쓰인다.

한 개의 세포 속에서는 순간적으로 수많은 생명물질들의 생화학적인 반응들이 일어나고 있다. 물질들은 화학적으로 변화되고, 물질들은 운반되어지고, 세포골격들은 만들어지고, 유전물질들은 늘어나고, 물질이 생성, 분해, 촉진, 억제되고, 정보와 신호가 전달된다. 이러한 모든 생체의 작용은 영적인 단백질의 도움으로 행해지고 조절되고 이끌려진다.

요약하면 모든 생물의 생체물, 조직, 기관은 거의 대부분 영적인 단백질로 만들어지고, 모든 생물의 신체의 작용도 단백질에 의해 영적으로 조절되어진다. 단백질이 생체물을 만드는 생성능력과 만들어진 생체물, 조직 등의 조절능력과 인솔능력이 있는 것은 단백질분자 속에 영이 들어 있는 것을 증거하는 것이다. 영의 능력은 영적인 뇌컴퓨터기계나 마찬가지로 만능적이다. 영은 광자소립자 속에 들어 있으므로 부피와 질량이 없는 영적인 존재이다.

영이 들어 있는 단백질로 만들어진 신체물이나 조직, 기관 사이에서는 영과 영 사이이므로 정신감응력으로 서로 의사소통이 영적으로 잘 되므로 생물의 신체를 만들고 삶의 활동을 조절하고 이끌 수 있는 것이다.

유전물질인 DNA분자는 생명의 프로그램이 들어 있는 물질이고, 단백질분자는 생명의 프로그램에 따라 행하고 이끄는 행동자이며 기술자이며 인솔자인 것이다. 생물이 번식하고 특이한 개체성을 가지고 살아가기 위해서는 신체 내에서 수많은 물리화학반응이 일어나는데 이러한 반응들은 모두 생명의 칩(DNA) 속에 들어 있는 생명의 프로그램에 따라 영적인 단백질에 의해 행해지고 이끌어지는 것이다.

DNA분자는 간단한 물질이 아니고 수많은 물질로 이루어져 있다. 이는 세포에 침입하는 바이러스나 이질물질들로부터 보호하기 위해서 특별히 2중 핵막과 2중 세포막으로 보호되어 있는 세포핵 속에 염색체 속에 존재하고, 생명의 육체와 형질을 만드는 생명의 기본물질인 단백질을 만들 때는 DNA 자신은 직접 참여하지 않고 핵 속에 있다. 대신 전령 RNA가 DNA의 유전정보를 복제해서 세포질에 있는 리보솜(단백질을 만드는 세포소기관)으로 가서 그곳에 있는 번역 RNA가 유전정보를 번역하여, 즉 유전암호를 해석하여 유전정보대로 단백질을 만들게 한다.

이와 같이 생명의 정보(유전정보=생명의 말씀)가 들어 있는(기록되어 있는) DNA분자는 2중 세포막 속에 → 2중 세포핵막 속에 → 염색체 속에서 철저히 보안 유지되고 있는 것이다. 마치 옛날의 왕들이 여러 겹의 담으로 에워싸여 있는 궁궐 속에 머무르며 나라를 다스리는 거와 같은 현상이다. 생명의 칩인 DNA는 모든 생명의 정보를 가지고 수많은 생체물로 이루어진 한 생명체가 한평생 동안 살아가게 명령하고 이끌고 통솔하는 것(곳)으로 한 나라를 다스리고 통치하는 왕이나 다름없는 것이다. 비록 생각을 못하는 물질들의 작용이지만 생명물질인 영적인 단백질을 만들기 위해 비밀을 지키는 행동은 뇌를 가진 인간의 행동보다 더 치밀하고 더 세밀하게 더 보안을 철저히 한다.

만일 사람을 만들려면 100만 가지 이상의 단백질 종류가 필요한데 보안 유지가 안 되면 같은 단백질 종류만 만들어지므로 도저히 이 수많은 단백질 종류를 빠른 시간 안에 만들 수 없어 신진대사를 못하거나 신체기계를 만들 수 없어 삶의 활동은 이루어지지 않는 것이다.

어떻게 정확히 계산되어 신체 내에서 꼭 필요한 수많은 종류의 단백질 종류를 만들고, 어떻게 정확히 계산되어 각 단백질 종류가 필요한 정확한 수와 양으로 무한히 많이 만들어낼 수 있는가? 이러한 일이 행해지려면 이러한 과정을 돌보고 조절하는 대리자나 프로그램이 있어야 가능한 것이다. 이러한 조절 통제 메커니즘은 우연이나 저절로나 자연히 행해지는 과정이 아니고 영적으로 설계된 진행프로그램에 따라 기술자(행동자)들에 의해서 행해져야만 된다. 영적인 설계프로그램(진행프로그램)은 DNA 속에 유전정보로 기록 저장되어 있고, 이 진행프로그램에 따라 행동하는 기술자는 영적인 단백질분자들이다.

사람이 어느 정도 아름다운 미모와 상냥함과 지혜로움을 가지고 대자연을 즐기면서 하나님과 어느 정도 영적 교제를 할 수 있게 하기 위해서는 어느 정도 지능이 높고 감정이 풍부해야만 할 것이다. 그러기 위해서는 적어도 백만 가지 이상의 영적으로 작용하는 단백질분자기계 종류가 필요한 것이다.

암호보안이 유지되지 않고 공개되면 같은 종류의 단백질만이 만들어지므로 단순한 단세포인 박테리아도 만들기 힘든 것이다. 이것을 막기 위한 신의 노력과 세밀한 지성의 설계가 여기에 들어 있는 것이다.

세포 하나가 만들어지려면 정확히 세포 하나를 만드는 여러 가지 종류의 물질과 적당한 양의 에너지가 스스로 저절로 모여서 특정한 화학물리반응을 통해 수많은 필요한 특정한 생체물질과 미세한 분자기계들을 만들어 스스로 저절로 조립되어 목적한 대로 특정한 여러 종류의 세포소기관을 만들고 특정한 메커니즘으로 작동되어야 비로소 하나의 세포는 생겨날 수 있는 것이다. 만일 물질과 에너지와 온도, 압력, 농도 등이 조금이라도 더 많거나 더 적게 공급되어지면 연약한 세포는 만들어질 수 없는 것이다.

더구나 세포에 맞는 여러 세포소기관과 세포핵, 염색체, 인, DNA 분자, 세포질, 세포막 등의 설계는 누가 하고 필요한 물질을 누가 모이게 해서 이들 시설을 누가 만들고 누가 에너지를 조절하고 누가 전체적으로 세포기계가 작동되도록 통솔하겠는가? 만일 이러한 여러 가지 일을 하는 대리자나 로봇이 없거나 설계프로그램이 없으면 결코 생물세포는 만들어질 수 없는 것이다.

생물에서는 세포 속 DNA분자 속에 세포를 만드는 과정 등 모든 삶의 설계에 대한 유전정보(생명의 정보, 생명의 프로그램)가 들어 있다. 이 유전정보대로 생명프로그램에 따라 실천에 옮기는 기술자는 단백질분자로봇들이기 때문에 세포기계 안에서 스스로 자연히 삶의 활동이 영적으로 이루어지는 것이다.

현미경으로도 뚜렷하게 잘 안 보이는 세포보다 더 작은 핵 속에, 핵 속보다 더 작은 염색체 속에, 염색체보다 훨씬 더 작아 부피가 거의 0에 가까운 DNA분자는 다시 수십억 개 이상의 뉴클레오티드(인산—설탕—염기사슬)로 되어 있고, 뉴클레오티드는 다시 무한한 수의 원자와 분자들로 이루어져 있다. 세포의 구조와 세포 내 물질과 세포막의 작용은 시간과 공간과 물질의 제약을 거의 받지 않음을 보여주는 것이다.

 소립자들의 생성과 소멸, 전이는 거의 0에 가까운 시간 안에 행해지므로 시간의 제약을 거의 받지 않는다. 이와 같이 공간과 시간과 물질에 거의 제약을 받지 않는 눈에 안 보이는 미세한 세포 속에 수많은 물질과 여러 세포소기관들을 만들어 마치 공업단지처럼 작동시켜 육체적, 정신적, 영적 활동이 이루어지게 할 수 있는 자는 자연도 아니고 인간도 아닌 오직 에너지와 영과 물질을 자유자재로 다스리고 다루는 영적인 능력을 가진 신밖에 없는 것이다.

 아무도 영적인 물질을 설계해서 만든 자가 없다면 영적으로 작용하는 소립자나 원자, 분자, 이온, 생물세포 등이 우연히 자연히 만들어져서 생물기계를 만들어 생명체를 살리기 위해서 하나같이 공동으로 영적으로 변함없이 상호작용을 할 수는 없는 것이다. 만일 이러한 영적인 물질이 우연히 자연히 저절로 만들어지면 우연히 저절로 만들어지게 누군가가 의도적으로 영적으로 프로그램화했기 때문이다.

 그러나 누군가에 의하지도 않고 영적인 물질이 우연히 저절로 만들어지면 그러한 세상은 존재할 수 없는 것이다. 왜냐하면 자연의 3대 힘(신의 3대 힘)인 상호작용하려는 힘+상대적인 극성의 힘+평형(화평, 조화, 균형)해지려는 힘에 의해서 만들어지지 않는 세상은 저 세상에서나 이 세상에서나 존재할 수 없기 때문이다. 자연의 3대 힘은 신의 능력이기 때문에 자연의 3대 힘이 없으면 신도 존재하지 않으므로 아무것도 존재할 수 없기 때문이다.

07

생명의 말씀이 기록되어 있는 DNA 테이프(tape)

생명의 3대 로봇(광자, 단백질, DNA) 중에서 특히 DNA로봇은 모든 생명의 활동을 총괄적으로 다스리고 이끈다. DNA는 하나님의 말씀(하나님의 의도, 설계, 유전정보, 생명의 프로그램)이 들어 있는 생명의 칩이다. DNA는 세포핵 속에서 생기므로 핵산이며 핵산에는 RNA와 DNA가 있다. 핵산(DNA)은 뉴클레오티드라는 기본단위 물질이 백만 내지 수십억 개까지 일렬로 연결된 하나의 실 모양의 분자이다. DNA는 유전자들이 들어 있는 긴 2중 사슬분자가 꼬인 사다리 모양을 하고 있다.

각 뉴클레오티드는 설탕(오탄당), 인산, 염기가 한 분자씩 연결된 것이다. 즉 설탕—인산(H_3PO_4) 사슬에 한 분자의 염기가 설탕분자에 수직으로 매달려 있다. DNA는 2중 나선형사슬(줄)이다. 즉 사다리의 양쪽의 기둥막대와 같이 설탕—인산 줄이 세로로 반복하여 길게 늘어진 두 줄 사이에 사다리의 계단과 같이 두 줄 사이로(가로로) 염기가 한 분자씩 결합되어 염기쌍을 이룬 계단이므로 DNA는 꼬인 사다리 모양을 하고 있다.

세포분열 직전에 유전정보(DNA)가 복제(복사)되어지면 나선형계단 모양의 DNA는 효소의 도움으로 염기쌍의 반(계단 반)이 옷의 지퍼 모양으로 반으로 갈라지므로 반쪽 사다리 모양으로 갈라진다(분열된다). 두 줄로 되어 있는 한 분자의 DNA가 각각 갈라져서 4개의 낱개 줄이 되면 핵질 속에 있던 염기와 인산염, 설탕분자가 와서 붙어서 처음의 2줄의 DNA분자와 똑같은 2분자의 DNA가 만들어져서 2개의 낱개의 DNA분자로 분열된다.

뉴클레오티드가 수없이(백만 내지 수십억 개) 연결된 사슬이 DNA(디옥시리보핵산)이다. DNA를 만드는 뉴클레오티드가 산(인산)과 염기로 되어 있기 때문에 이들은 단백질과 마찬가지로 상대적인 극성의 성질을 모두 가진 물질로 이루어져 있으며 이들의 작용도 양쪽성 물질에 의한 상대적인 극성의 힘에 의하여 이루어진다.

염기는 질소원자를 가진 유기화합물인데 DNA 속에는 각각 아데닌(A), 구아닌(G), 시토신(C), 티민(T) 4가지가 있다. 이들 염기에는 질소가 있고, 질소는 자유전자쌍(비공유전자쌍)을 가지고 있기 때문에 염기로 작용한다. DNA를 만드는 구성성분은 단지 6가지 성분, 즉 인산, 설탕 4가지 염기이며, DNA 구조가 다른 것은 이들 염기의 배열순서가 다르기 때문이다.

설탕(오탄당)은 탄소원자가 5개 있는 탄수화물인데 D-리보오스와 2-디옥시-D-리보오스(디옥시리보오스)의 2가지가 있다. 설탕에 두 가지가 있기 때문에 뉴클레오티드도 두 가지가 있다. 리보오스로 된 뉴클레오티드가 길게 연결된 핵산을 리보핵산(RNA)이라 하고, 디옥시리보오스로 된 뉴클레오티드가 길게 연결된 핵산을 디옥시리보핵산(DNA)이라고 한다.

RNA의 뉴클레오티드를 만드는 염기는 아데닌(A), 구아닌(G), 시토신(C), 우라실(U) 4가지가 있고, DNA의 염기는 우라실(U) 대신 티민(T)이고, 이들 4가지의 염기배열 순서는 무수히 많기 때문에 DNA, RNA

의 종류도 무수히 많아지게 된다. 이들 염기의 배열순서는 글자의 알파벳과 비슷한데 이것이 유전정보를 담고 있다. 그래서 생명은 알파벳적이라고도 한다.

　모든 생물의 염색체들은 단백질과 DNA의 2개의 구성성분으로 되어 있다. 단백질은 하나의 미세한 생물분자기계나 마찬가지이다. 한 개의 유전자는 100 이상 수천 개의 뉴클레오티드로 된 DNA 단락이다. 그러므로 한 개의 DNA분자 속에는 백만 개 이상의 유전자가 들어 있다.

　RNA는 한 줄의 사슬 모양이지만 DNA는 2중 나선구조를 하고 있어서 4종류의 염기로 된 긴 연결체인 사슬이 두 줄로 꼬여 있어 마치 꼬인 사다리 모양 구조를 하고 있다. 이 2중 나선구조에서 한쪽 사슬의 뉴클레오티드가 A이면 그 짝이 되는 사슬의 뉴클레오티드(인산—설탕—염기)는 T를 가지게 되고, G이면 그 짝은 C를 가지게 된다. 즉 A—T, G—C로 짝짓기를 하여 염기쌍을 이룬다. 이것은 화학분자구조상으로 A와 T가 서로 만나면 그들의 입체구조로 말미암아 그 사이에 2개의 수소결합이 생겨서 두 염기를 서로 결합시키게 된다.

　유전물질인 DNA의 기능은 자신과 자신의 짝과 닮은 새 개체(자손)를 만들어 내는 것이다. 그러기 위해서는 자신과 자신의 짝과 수정으로 혼합된 DNA를 복제(복사)해야만 한다. 세포분열 직전에 새 DNA를 만들 때는 DNA의 2중 나선이 풀려서 2개의 외가닥 나선이 되고 각각의 외가닥 나선 위에 뉴클레오티드가 와서 붙는다. 이때 외가닥 나선의 A가 있는 곳에는 반드시 T가 붙고, G가 있는 곳에는 C가 붙어 짝짓기가 이루어져 본래의 하나의 2중 나선에서 2개의 새로운 2중 나선이 생긴다. 새 2중 나선의 염기배열 순서는 모체의 2중 나선에서의 염기배열 순서와 똑같게 되어 정확한 복제(복사)를 한다.

　세포가 분열할 때는 DNA의 2중 나선이 위와 같이 풀려서 각각의 외가닥 사슬이 분열된 두 세포에 하나씩 들어가서 거기서 새 2중 나선을 만들게 되므로 2개의 새 세포는 그 어버이 세포와 똑같은 유전자를 가지게 된다. 생명의 칩인 DNA가 새로 만들어지는 과정은 정확한 진행프로그램에 의해서 정확한 순서에 의해서 행해진다. 이와 같이 정해진 질서를 따라 정확한 순서로 행해지는 과정은 목적 없이 우연히 자연히 저절로 행해지는 과정이 아니고 의도적인 목적으로 만들어진 진행(설계)프로그램에 의해 행해지는 과정인 것이다.

우리는 여기서 하나님이 염기의 짝짓기로 유전정보가 쓰여져 저장되어 생명체가 만들어지고 활동하고 유전되게 하신 것을 관찰할 수 있다. 하나님은 하나님의 고도의 영적인 과학기술로 생물도 자연의 법칙에 따라 고차원의 화학물리반응을 통해서 스스로 진화 창조되게 자동프로그램화하신 것을 보고 느낄 수 있다.

유전형질은 특정한 단백질에 의해 나타난다. 단백질의 종류는 자연계에 있는 20종의 아미노산의 연결순서(배열순서)로 만들어지고, 유전물질인 DNA에 의해 아미노산이 배열되어 단백질을 만든다. 거의 모든 생물의 유전물질은 일부 미생물(RNA)을 제외하고는 DNA이다.

세포 속에 핵이 뚜렷이 있는 세포를 진핵세포라고 한다. 이런 세포에서는 DNA는 주로 핵 속에 많이 들어 있고, 극미량이 미토콘드리아와 엽록체 속에 들어 있다. 뚜렷한 핵이 없는 세포(일부 미생물의 세포)를 원핵세포라고 하는데 이런 세포에서는 DNA는 세포질 속에 흩어져 있다.

생물은 체내에서 수없이 생화학반응을 일으켜서 생명을 유지하고 증식한다. 하나하나의 형질은 이들의 생화학반응의 결과로 나타나는 것인데 이 반응의 대부분은 각각 특이적으로 작용하는 효소단백질에 의하여 촉매된다. 효소는 생화학반응이 쉽게 일어나게끔 촉매역할을 한다. 즉 물질의 생성, 물질의 분해, 촉진, 억제 등에 관여하는 중요한 물질이다. 이 때문에 자식이 어버이와 같은 효소단백질을 가지고 있으면 어버이와 같은 형질이 나타나게 된다.

유전정보는 단백질의 구조를 지시하는 처방선이며 이것이 바로 유전자 DNA이다. 모든 생물의 염색체들은 단백질과 DNA의 2개의 구성성분으로 되어 있다. 단백질은 한 종류의 기계나 마찬가지이다. 디옥시리보핵산, 간단히 DNA(DNS)는 유전장치(설비)이고 유전자들을 지니고 있다.

DNA분자는 구성성분인 뉴클레오티드가 백만 내지 수십억 개로 된 하나의 실 모양의 분자기계이다. 염색체가 있는 세포핵은 하나의 거대한 유전정보 저장소를 가지고 있는 것이다. 대개는 그것의 특정한 아주 작은 부분만 필요로 한다. 단지 이 작은 부분의 유전정보만 읽혀져 실행되어진다. 그러기 위해서는 먼저 해당 유전정보를 가지고 있는 DNA 단락이 읽혀져야 되며 이 과정을 DNA 복제(복사)라고 한다. DNA 복제를 하는 것은 전령 RNA(mRNA)가 하며 mRNA는 DNA의 한 줄과 비슷하며 DNA 줄에서 만들어진다.

RNA(리보핵산)은 DNA(디옥시리보핵산)와 다 같으나 2가지 면에서 다르다.

첫 번째는 DNA의 염기 티민(T) 대신에 RNA는 염기 우라실(U)을 가지고, 두 번째는 DNA는 2중줄(사슬)인데 RNA는 한 줄이며 DNA 줄에서 만들어진다.

전령 RNA(mRNA)는 세포핵에서 DNA 줄에서 만들어지면서 DNA의 유전정보를 복제해서, 핵막을 지나 세포질에 있는 리보솜(단백질을 만드는 세포소기관)으로 가서, 거기서 번역 RNA이면서 운반 RNA인 tRNA에 의해 유전정보(유전암호)가 읽혀져서, 유전 정보대로 운송 RNA가 세포질에 있는 아미노산을 운송해 와서 아미노산을 연결시켜 특정한 단백질(아미노산사슬)을 만든다. 즉 유전정보의 암호 내용은 생명물질인 단백질의 구성성분인 아미노산들의 배열순서이다.

이 배열순서에 의해 여러 종류의 단백질이 만들어지고, 이 여러 종류의 단백질에 의해 여러 종류의 생체물질과 생체조직이 만들어진다. 그러므로 특정한 단백질의 특정한 유전정보는 특정한 단백질을 만드는 특정한 아미노산 배열순서, 즉 특정한 아미노산사슬 속에 기록되어 있는 것이다.

특정한 생체물을 만드는 특정한 단백질을 만들기 위해서는 세포질 속에 있는 아미노산을 리보솜까지 운송해야 하는데 이 운송의 일도 tRNA가 한다. 전령 RNA가 가지고 있는 각각의 3개의 염기들은 특정한 아미노산의 생성을 위한 유전암호인데, 이 유전암호를 유전적인 코드(Code, 암호)라 하며 유전암호는 번역 RNA에 의해 번역되어 암호풀이가 된다.

DNA는 생명의 칩으로 삶의 프로그램이 들어 있고 삶의 설계도가 들어 있는 것이다.

우리는 문자를 이용하여 편지나 이메일로 하고 싶은 말을 담아(써서) 의사소통을 한다. 이 메시지(편지)를 읽은 사람은 그 메시지를 쓴 사람의 의도와 감정을 알게 된다. 문자는 철자의 모양(구조)으로 약속된 암호표시이다. 몸짓, 손짓은 몸짓, 손짓 모양이 철자의 모양처럼 의사(정보)를 전달하기 때문에 몸짓언어라고 한다. 우리가 모르는 언어는 그 언어의 암호를 모르기 때문이다. 의사소통을 하기 위한 수단인 언어, 말, 문자, 몸짓 등은 일종의 암호인 것이며 이들로 의사(정보)를 전달하기 때문에 언어인 것이다. 그러므로 몸짓으로 의사를 표현하면 몸짓언어이고, 물질로 의사를 표현하면 물질언어인 것이다.

생명체가 만들어지려면 사람인 경우 백만 가지 이상의 단백질 종류가 필요하다. 이들 단백질들은 DNA 속에 있는 유전정보(유전암호), 즉 4가지 염기(A, T, G, C) 배열순서에 의해 아미노산의 종류와 수가 결정되어지고 이들의 수많은 연결로 수많은 종류의 단백질들이 만들어진다. 이때 4가지 염기(A, T, G, C)는 알파벳이기 때문에 이들을 배열시키는 작용은 암호문을 쓰는 것이나 다름없는 것이다. 그러므로 DNA는 생명의 암호문이 들어 있는 것으로 생명체의 프로그램, 즉 생명체의 삶의 설계도가 들어 있는 것이다.

생명의 암호문인 유전정보를 4가지 염기로 DNA 속에 백과사전 글씨로 200만 페이지 이상의 분량으로 쓸 수 있는 자는 자연도 아니고 인간도 아닌 오직 신밖에 없는 것이다. 그러므로 DNA는 신(하나님)의 의도(설계)가 들어 있는 하나님의 생명의 말씀이 기록되어 있는 사다리인 것이다. 그러므로 DNA는 하나님의 생명의 말씀을 기록한 테이프(tape)나 마찬가지이다. 하나님(신)은 수많은 종류의 생물들의 삶의 활동을 하나하나 염색체수에 따라 세밀하게 관여하고 돌보고 계신 것을 우리는 염색체 수에 따라 생물 종들의 형질이 크게 달라지는 생명의 말씀(유전정보, DNA)으로 보고 느낄 수 있는 것이다.

DNA분자 속에 기록되어 있는 생명의 말씀을 읽고 번역하고 이해해서 그대로 단백질 종류를 만드는 mRNA나 tRNA는 빛의 광자(에너지+정보+영)로 만들어지기 때문에 이들은 이미 영을 소지하고 있어 영과 영 사이이므로 하나님의 영인 하나님의 말씀을 이해하고 그대로 단백질 분자를 만들어낸다. 그러므로 하나님의 영으로 만들어진 모든 만물은 모두 하나님의 의도(설계)대로 따르고 행하므로 자연의 질서가 잡혀 자연의 법칙이 만들어지는 것이다.

만일 전령 RNA나 번역 RNA가 하나님의 영 없이 자연에 의해 우연히 자연히 만들어졌다면 영이 없기 때문에 DNA 속에 있는 영적인 유전정보(유전물질)인 하나님의 말씀을 도저히 이해할 수 없기 때문에 유전정보(생명의 정보, 하나님의 말씀)를 복사(복제)하거나 번역하지 못하므로 수많은 종류의 특정한 단백질을 만들 수 없어 생명체는 만들어질 수 없는 것이다.

유전물질이 DNA이고 유전자의 본체가 DNA라는 것은 박테리오파지(박테리아를 죽이는 바이러스)나 세균의 염색체로 증명되었다.

세균에 감염되는 파지(박테리오파지)는 몸이 DNA와 그것을 둘러싸는 단백질로 된 막으로 이루어져 있는데 이것이 세균 내로 침입할 때는 피막(단백질로 된 막)을 벗어놓고 DNA만 들어간다. 세균의 체내로 들어간 박테리오파지의 DNA는 똑같은 형질을 가진 수많은 파지로 증식한 다음 박테리아의 세포막을 찢고 밖으로 나온다. 이는 세균 체내의 파지 DNA는 새로운 DNA를 만들고 단백질로 된 피막까지도 만들어서 완전한 것이 된다. 이러한 실험은 DNA가 유전물질이라는 것을 나타내 주는 것이다.

여기서 보더라도 DNA는 다른 생체 물질에 들어가는 습성이 있고, 들어갈 때는 DNA 홀로 들어가고 세포질 속에 DNA가 있으면 서로 융합하여 새로운 종류의 DNA를 만들기 때문에 새로운 종류의 박테리아나 새로운 종류의 바이러스가 생겨나게 된다.

＊ DNA와 컴퓨터 ＊

　인류 역사상 위대한 발명 중에 하나는 컴퓨터의 발명이고, 위대한 발견 중에 하나는 생명체가 유전하는 데 필요한 유전정보(DNA)를 발견한 것이라고 할 수 있을 것이다. 컴퓨터는 목적 없이 자연히 저절로 스스로 만들어진 것이 아니고 인간의 지적설계에 의해 의도적으로 만들어졌다.

　컴퓨터는 인간에 의해 만들어졌기 때문에 인간의 지적능력을 초과할 수는 없다. 컴퓨터의 내부와 모든 정보는 0과 1로써 표현된다. 컴퓨터 간의 정보교환이나 통신 수단을 타고 전달되는 모든 정보는 0과 1로써 코드화(암호화)되어 실행되고 있다. 생물체도 생명의 정보를 유전하는 데 비슷한 원리로 이루어지고 있다.

　성인 한 사람은 140조 이상의 체세포로 이루어져 있다. 각 낱개의 세포 속에는 핵이 있고, 핵 속에는 유전정보를 담고 있는 염색체가 있다. 인간의 각 체세포 속에는 염색체의 수가 23쌍(46개)이 들어 있다. 이들 속에는 DNA(유전물질, 유전정보)가 들어 있고 DNA는 4가지 염기인 A, T, C, G로 배열되어 코드화(암호화)되어 있다. 게놈 프로젝트는 핵 속에 들어 있는 이 암호를 전부 해독하여 (풀어서) 쓰는 작업이다.

　과학자들이 슈퍼컴퓨터를 사용하여 이 암호들을 aactcttggactaggtgaaatgtt처럼 모두 해독해서 유전자지도를 만들었다. 컴퓨터의 모든 것이 0과 1로써 코드화되어 운영되는 것처럼 생명체가 생명이 유지되고 유전이 되도록 하는 모든 정보들은 4개의 염기의 알파벳(문자, 기호)으로 표시되는 염기 A, T, C, G들로 코드화되어 있다. DNA분자 속에 4개의 염기의 알파벳으로 쓰여진 생명의 글은 해당 생명체가 한평생 동안 살아갈 생명의 정보(유전정보)로 하나님의 말씀인 것이다.

　인간의 각 세포 속에 들어 있는 코드(암호)의 분량은 백과사전 글씨 크기로 약 200만 페이지 이상으로 막대한 양인데 이는 1,000페이지인 백과사전이 2,000권 있는 막대한 정보의 양으로 우리의 육체가 만들어져서 한평생 동안 살아가는 데 필요한 정보의 양인 것이다. 이 엄청난 정보의 내용은 우연히 저절로 DNA 속에 기록되어 담겨져 있는 것이 아니라 생물 태초에 신에 의해 신의 말씀(설계)으로 기록되어 입력되어져서 영이 들어 있는 생명의 3대 로봇들에 의해 수정(교미)과 세포분열메커니즘을 통해서 자연히 저절로 오늘날까지 생명의 정보(하나님의 말씀) 안에서 진화되어 유전되어 오는 것이다.

만일 생물 태초에 하나님이 DNA분자 속에 생물이 한평생 동안 살아갈 수 있는 수많은 양의 생명의 정보를 4개의 염기로 기록해서 염기사슬로 만들어 넣어지게 하지 않았다면 생물의 신체는 조화적이고 영적으로 만들어질 수 없으며, 조화적이고 영적으로 삶의 활동을 할 수도 없을 것이다.

생물 태초 전에 생명이 없는 무기물로 되어 있던 자연이 스스로 생명이 있는 생물로 만들어져서 육체적, 정신적, 영적 활동을 할 수는 없는 것이다. 그러기 위해서는 DNA분자 속에 자연 스스로 한평생 동안 생물들이 살아가야 할 200만 페이지 분량의 생명의 글을 종별로 염색체별로 개체별로 써서 집어넣어야 하므로 전혀 불가능한 것이다.

생물이 생물답게 삶을 즐기면서 조화적이고 영적으로 살아가는 것은 생물의 3대 요소(광자, 단백질, DNA)가 DNA 속에 기록 저장되어 있는 생명의 말씀(정보)대로 영적으로 상호작용을 하기 때문이다. 세포 속에 DNA분자 속에 200만 페이지 분량의 삶의 정보를 만들어 집어넣을 수 있는 자는 모든 생물의 삶의 정보를 알고 있는 영적인 신밖에 없으며 이들 영적인 정보를 읽고 이해할 수 있는 자는 영적인 능력이 들어 있는 영으로 만들어진 물질분자라야만 할 것이다.

천국이나 대우주 속의 수많은 생물 혹성에는 지구보다 훨씬 더 많은 종류의 생물들이 더 오래 전부터 살아가기 때문에 생물 창조의 경험이 있으신 하나님과 천사, 제자들이 지구 생물의 DNA분자 속에 생명의 말씀(유전정보)이 염색체 수에 따라 자동으로 기록되게 하는 것은 그리 어려운 일이 아닌 것이다. 왜냐하면 140조(성인) 이상의 체세포 속마다 일일이 DNA가 자동으로 들어가게 하고 체세포들이 자동으로 연결되어 특정한 생명체를 자동으로 만들어지게 하는 영적인 능력이 있기 때문이다.

아무도 태초에 생명의 정보를 DNA 속에 만들어 집어넣지 않았다면 지금까지 DNA 속에는 생명의 정보가 우연히 저절로 기록 저장되어 있지 않아 지금까지 생물체는 지구상에서 만들어지지 않았을 것이다. 왜냐하면 정보인 말씀이나 이야기나 계획은 누군가 말하거나 이야기하거나 세우지 않는 한 자연의 법칙인 인과법칙에 의해 아무것도 없는 곳에서 스스로 저절로 자연히 만들어지거나 기록 저장되지 않기 때문이다.

08
유전자 변이(gene mutation)

유전자는 부모가 자식에게 특성을 물려주는 현상인 유전을 일으키는 단위이다. 이는 소프트웨어(software, 컴퓨터 프로그램의 문서를 총칭하는 용어 ↔ hardware, 컴퓨터 기계를 총칭하는 용어)적인 개념으로, 예를 들어 컴퓨터의 하드디스크(프로그램이나 자료를 영구 저장 보관하고 읽어내도록 만든 보조기억장치)에 들어 있는 프로그램과 같은 것이다. 이에 비해 컴퓨터의 하드디스크처럼 유전자를 구성하는 물질 자체는 DNA(유전물질, 유전정보)가 된다.

유전자들은 세포핵의 염색체 속에서 줄로 잇달아 놓여 있다. 거기서 각 유전자는 특정한 자리에 놓여 있다. 유전물질은 DNA(디옥시리보핵산)인데 그들의 분자들은 염색체의 척추(척골)를 형성한다. 즉 DNA는 염색체의 뼈대인 것이다.

각각 염색체의 DNA는 하나의 길고 얇게 매달려 있는 분자이고 그러한 분자들의 낱개의 단락을 유전자라고 한다. 컴퓨터 프로그램이 0과 1의 두 가지 숫자의 배열로 구성되어 있듯이 유전자 역시 DNA의 염기배열(A, T, C, G)에 의해 구성되어 있다.

유전자를 이루는 DNA의 구조에 변화가 생겨서 유전자의 구조 및 성질이 변한 것을 유전자변이(유전자돌연변이)라고 한다. 유전자의 DNA 중에서 한 개의 뉴클레오티드(인산—설탕—염기사슬)가 상실되든지, 다른 것과 교체되든지, 일부가 파괴되어 결손되든지, 다른 분자가 더 붙어 과량이 되든지 하여 낱개의 유전자변이 또는 전체유전자(Genome, 게놈, 총유전자)가 염색체변이를 일으켜 다른 종류의 단백질을 만들어 다른 형태와 다른 형질을 자손에게 유전시키는 것을 돌연변이라고 하며, 근본적인 다른 단백질을 만들어 내는 변화된 DNA는 다른 종의 생물을 만들어 낸다.

이러한 변이는 자연발생적, 즉 전령 RNA의 DNA 복제과정이나 번역 RNA가 리보솜에서 전령 RNA 복사 유전정보를 잘못 번역하는 데에서도 일어난다. 또는 에너지가 많이 들어 있는 방사선, 자외선, 우주선 등이나 화학물질 그리고 높은 온도에서와 같은 외부요인(환경요인)에 의해서도 발생한다. 대개 외부요인에 따르는 변이는 열성이거나 기능아가 출생된다. 자연발생적 변이는 100만 번의 DNA 복제나 번역 중에서 한 번 정도의 비율로 나타나며 방사선이나 화학물질(약품, pH 농도 등)을 처리하면 이보다 높은 비율로 나타난다.

변이에는 유전적으로 타고나는 유전변이와 개체가 성장해 가면서 환경에 영향을 받아 생기는 환경변이 두 가지가 있다. 진화론에서는 환경변이, 즉 후천적으로 획득한 형질도 유전된다는 사고방식이 라마르크(J.B. Lamark)의 용불용설과 진화론을 만든 다윈(C. Darwin)의 자연선택설 등에 의해 있었으나 현재의 진화론, 즉 신 다윈주의에서는 이러한 자연에서의 획득 형질은 유전되지 않는다고 생각한다. 환경변이로 획득한 형질이 유전이 되고 안 되고는 DNA분자구조에 변화가 있으면 유전되고 변화가 없으면 유전되지 않는 것이다.

그러면 박테리아에서 사람에 이르기까지 수많은 생물의 진화는 어떻게 이루어졌는가? 사람, 식물, 동물이 다른 것은 단백질(아미노산의 연결)의 종류가 다르기 때문이며 이는 결국 단백질을 만들게 하는 DNA 구조가 다르기 때문이다.

사람, 식물, 동물이 가지고 있는 생명의 건축돌인 생체를 만드는 원소나 분자들은 다 똑같으며 다만 DNA에서 4가지 염기(A, T, C, G)의 배열순서가 달라 아미노산들이 다르게 배열되어 다른 종류의 단백질을 만들어 다른 종류의 생체물을 만들기 때문이다. 그러므로 다른 종류의 생물은 다른 염색체수에 의해 다른 종류의 DNA분자구조를 가지고 있어 다른 종류의 단백질을 만들기 때문이다.

염색체 속에 있는 DNA들 중 겨우 3% 정도만 단백질 생성에 참여하고 나머지 약 97%의 DNA는 염색체 생성, DNA 수선(수리), 신체기능조절 등 다른 일에 참여하든가 그대로 머물러 있다. 즉 머물러 있는 DNA의 염기에 변화가 일어나든지 또는 염색체수에 변화 등이 일어나 대형변이를 가져오게 된다. 이러한 변화는 빛 속의 광자(양자)나 광자(에너지+정보+영)로 이루어진 영적인 단백질이나 보이지 않는 물질과 보이지 않는 에너지로 된 신의 영(생명)에너지로 일어날 수 있는 것이다. 보이지 않는 세포 자체의 구조와 기능이 공간과 시간을 초월한 고차원의 영의 세계이기 때문이다.

우주가 존재하는 것은 5% 이내의 보이는 물질과 에너지 그리고 95%의 보이지 않는 에너지와 물질로 된 힘과 물질의 상호작용이기 때문이다. 그러므로 생물의 생성과 종의 변화도 보이지 않는 에너지와 물질의 작용이 보이는 에너지와 물질의 작용보다 훨씬 더 클 수도 있는 것이다.

시스템(계, 계통, 권, 조직, 모임, 사회, 무리)—환경—생물

　물질 사이는 항상 서로 상호작용을 하기 때문에 생물과 주위환경도 항상 끊임없이 상호작용을 한다. 그 때문에 인간사회(시스템)도 주위환경의 지배를 많이 받기 때문에 지역적인 다른 상태계에 따라 다른 문화와 다른 문명의 발전을 이룬다. 한 나라 안에서도 지역적으로 다른 문화와 다른 지역성을 가진다. 그래서 사투리가 생겨나고 다른 풍습이 생겨나게 된다. 그리하여 전 세계적으로는 수많은 다른 언어가 생겨나고 수많은 다른 문화가 생겨나게 된다.

　대부분 열대지방에 사는 사람들은 기후가 너무 더워서 온대기후의 사람들보다 게으르게 되어 문명의 발전도(고대에는 오히려 열대지방에서 고대문명이 발달했지만) 늦은 편이다. 그 대신 신이 준 좋은 자연환경과 좋은 날씨를 마음껏 즐기면서 행복하게 살아갈 수 있다. 사시사철이 뚜렷한 온대기후에 사는 사람들은 대부분 부지런하기 때문에 온대기후에 속한 나라들로 공산주의나 독재국가를 제외한 민주국가들은 대부분 잘 사는 선진국들이다.

　그러나 세계적으로 후진국에 속하는 나라들은 대부분 열대지방에 속하는 나라들이고, 정치적으로 불안정하여 경제적으로 불안정하고 사회적으로도 불안정한 나라들이다. 그러므로 나라가 잘 되려면 최우선으로 정치시스템이 좋아야 하고, 정치시스템이 좋으면 자연히 경제시스템도 좋아지고, 이어서 사회시스템들도 좋아지므로 자연히 잘 사는 나라로 쉽게 발전하게 된다.

　한 나라의 정치시스템이 상대적 정치적인 극성관계인 여야 양당정치의 민주주의 제도(민주주의 메커니즘)로 이루어지지 않고, 한 독재자에 의해서 무력으로 이기적으로 상대적 정치적인 극성의 힘이 작용되지 않게 만들어지면 그 나라는 독재정권시스템이 형성되어 독재정치 메커니즘으로 정치를 하게 된다. 국민들의 화합적인 상호작용하려는 힘이나 여당 야당의 건전한 길항작용(상대선수 역할)을 이루게 하는 상대적 정치적인 극성의 힘이나 여야가 서로 조화를 이루어 나라의 발전을 가져오게 하는 정책결정을 하는 화평(평형, 화목, 균형, 조화) 정치를 하려는 힘이 약하거나 없으므로 좋은 정치를 할 수 없게 된다. 그러므로 정치계, 경제계, 사회계, 문화계의 후진을 가져오게 된다. 여야 양당정치에 의한 민주정치는 자연의 3대 힘의 원리인 상호작용하려는 힘+상대적인 극성의 힘+평형(화평, 조화)해지려는 힘에 의한 정치인 것이다.

　제2차 세계대전 이후 오랜 독재정치시스템으로 독재정권 하에 있던 나라들 중 오늘날 선진국으로 된 나라는 한 나라도 없다. 오늘날의 선진국들은 대부분 세계의 황금경제시대인 1955~1975년 사이에 민주주의 정치시스템에 의해 눈부신 경제기적을 이룩해 거의 모두 우리나라보다 먼저 선진국 대열에 들어가게 된 온대기후에 속하는 나라들이다. 온대기후에 속하는 오랜 민주국가로 오늘날 선진국에 속하지 않는 나라는 별로 없다.

동물들의 특성(습성, 본능)도 주위 환경계(시스템)에 따라 다르게 되는 것 같다.

동물들은 대부분 연장을 사용하지 못하나 아프리카 어떤 지역에 사는 원숭이들은 돌을 사용해서 열매를 깨서 그 속에 있는 씨앗을 먹는 본능이 있다. 그리고 어떤 지역에 사는 까마귀는 가는 나뭇가지나 잎줄기를 이용해 나무 속에 든 벌레를 꺼내 잡아먹는 특이한 본능을 가지고 있다. 다른 지역에 사는 대부분의 까마귀들에는 이러한 본능이 없다. 그리고 이스라엘 어느 지역에 사는 어떤 새(참새와 비슷함)들은 뱀이 자신의 알을 먹으러 오면 여러 새들이 달려들어 부리로 뱀의 몸이나 꼬리를 쪼아 뱀이 결국 포기하고 뒤돌아가게 한다. 뱀이 뒤돌아 가면 이 새들은 자기들의 승리를 기뻐하면서 유쾌히 함께 지저귄다.

원숭이들이나 까마귀들이나 참새들은 종별로 똑같은 염색체수를 가지고 있는데 어떻게 세계 지역에 따라 같은 종이더라도 다른 본능을 가질 수 있는가 하는 점이다. 염색체수가 같아 같은 종이더라도 염색체의 굵기, 길이에 따라 일부 유전자의 유전정보가 조금씩 달라 지능과 본능, 모양이 조금씩 다를 수 있는 것이다. 그리고 같은 염색체수를 가진 같은 종이라도 머리를 쓰면 쓸수록 뇌세포 속에 있는 영도 발달되어 머리가 더 발달되고, 운동을 많이 하면 할수록 근육세포 속의 영도 발달되어 운동을 더 잘하게 된다.

환경요인(토질, 먹이, 기후, 자외선, 방사선, 우주선, 보이지 않는 에너지, 보이지 않는 물질, 우주전자기파 등)에 의해서 DNA 염기배열순서가 소형변이(DNA 구조의 소규모변화)가 일어나, 즉 DNA분자구조에서 염기배열순서가 소규모 변화되어 유전자 일부가 변화되어 일부 단백질 종류를 변화시켜 변화된 단백질 종류로 만들어진 신경세포와 기억세포의 능력이 일부 변하거나 또는 환경요인에 의해 억제되어 있던 DNA의 유전정보가 풀려 이들의 능력이 일부

변화될 수 있다.

그리고 소형변이로 일부 호르몬을 변화시켜 부리 모양이 조금씩 달라지고 깃털의 색이 변화되고 본능이 일부 변화될 수 있다. 이는 특정한 유전자의 특정한 일부 유전정보가 변화되어 특정한 단백질을 만들고, 만들어진 특정한 단백질로 만들어지는 특정한 호르몬에 의해서 이러한 신체 일부가 변화되는 것이다. 만일 환경요인이 생명체에 큰 영향을 미쳤을 경우에는 DNA 속의 유전자들의 유전정보 내용이 많이 바뀌어 염색체수까지 변화시키는 대형변이(DNA 구조의 대규모 변화)를 일으켜 종도 바꾸어질 수 있는 것이다.

이와 같이 생명의 3대 요소이고 3대 로봇이고 3대 대리인 빛의 광자(에너지+정보+영)로봇, 단백질분자로봇, DNA분자로봇들의 공동상호작용에 의해 생물이 환경요인의 소규모적인 영향으로 DNA의 소규모 변화가 이루어지고, 환경요인의 대규모적인 영향으로 DNA의 대규모 변화가 이루어져 염색체수까지 변화시켜 다른 종을 탄생하게 할 수 있는 것이다. 또는 억제되어 있던 유전자가 환경요인에 의해 억제가 대규모적으로나 소규모적으로 풀려질 수 있는 것이다.

그러므로 DNA의 소형변이로 모양과 본능이 조금 변하거나 DNA의 대형변이로 종이 변화되어 새로운 종이 탄생하는 거나 모두 빛 속의 광자가 지닌 에너지와 정보와 영으로 이루어지기 때문에 모든 생물의 진화와 새로운 종의 출현은 하나님의 영에 의해서 이루어지는 것이다. 그러므로 자연의 진화는 결국 하나님에 의해서 이루어지는 진화적인 창조이고 창조적인 진화인 것이다.

그러므로 자연변화나 생물의 발전과정은 창조와 진화가 끊임없이 상호작용을 하면서 이루어지는 혼합적인 과정이지 진화와 창조가 따로따로 독립적으로 이루어지는 과정은 아닌 것이다. 왜냐하면 진화과정 없이는 에너지와 물질이 전달·공급되지 않으므로 창조는 이루어질 수 없으며 창조과정 없이는 발전·발달되는 진화의 결과가 이루어지지 않기 때문이다. 그러므로 우주만물의 창조는 하나님이 영과 에너지와 물질을 직접 손수 들여가면서 하나하나 일일이 창조하시는 직접적인 창조가 아니고 자연의 변화나 자연의 진화로 영과 에너지와 물질이 자연히 전달·공급되어 이루어지는 진화적인 창조인 것이다. 즉 영―에너지―물질―설계프로그램(진화프로그램=진행프로그램)에 의한 하나님의 간접적인 창조인 것이다.

09
생물을 성장시키는 체세포분열과 유전물질을 섞는 감수분열

체세포분열과 감수분열은 마치 기계적으로 정해진 진행프로그램에 따라 자동으로 분열되는데 이러한 진행프로그램은 생물 태초에 우연히 저절로 만들어질 수 있었는가?

생물은 체세포 분열을 통해 자라고(성장하고) 감수분열을 통해 어버이의 유전물질(유전정보)이 섞여서 유전되므로 어버이의 형질을 이어 받게 된다.

한 성인의 육체는 약 140조 이상의 체세포로 되어 있다. 이 수많은 체세포는 수정된 난세포의 유일한 한 개의 세포에서 세포분열을 통해 만들어진 것이다. 체세포는 오직 제한된 수명을 가지고 있다. 예를 들어 피부세포는 약 20일간 살고, 적혈구세포는 120일간 살고 죽는다. 죽은 피부세포는 보충되어져야 하는데 새로운 피부세포들은 피부 모세포에서 세포분열을 통해 생긴다.

▎체세포 분열
체세포 속에 풀어져 있던 염색사(단백질+DNA)가 굵어져 염색체(2개의 염색분체)로 되어 세포 중앙으로 이동해서 방추사에 의해 양극으로 잡아당겨져 분열되어 2개의 딸세포가 만들어지는데 이 과정을 체세포분열이라고 한다. 체세포분열 과정은 우연히 자연히 만들어진 기계의 작용이 아니고, 일부러 의도적으로 만들어진 컴퓨터프로그램이 들어있는 기계의 작용이기 때문에 생물 태초부터 지금까지 조금도 변함없이 똑같은 원리로 유전되어 오고 똑같은 원리로 작동되고 있다. 염색사(일하는 형)들은 스스로 함께 잡아당겨 매우 조밀한 덩어리형으로 되어 세포 중앙에 모였다가 반쌍씩 세포의 양극으로 분리된다.

세포분열 시 염색체수가 결정되어진다. 염색체수는 모든 생물의 종을 다르게 하나 고등생물과 하등생물을 구별하게 하지는 않는다. 단지 염색체(운반형)의 길이가 얼마나 많은 유전장비가 염색체(단백질+DNA)에 담겨 있는지를 결정한다. 예를 들면 감자는 사람보다 염색체가 2개 더 많다.

· 염색체수 : 사람 46개, 침팬지 48개, 감자 48개, 집비둘기 80개, 고사리 164개, 파 16개, 토마토 24개, 양치식물 480개

염색체 수에 의해 생물의 종이 결정되어지는 것은 우연히 저절로 되는 자연현상이 아니고 창조자의 설계프로그램에 따르는 것이다.

▌사람의 감수분열

감수분열을 통해서 유전물질들은 완전히 섞여 다시 정렬되어진다. 즉 아빠의 어느 것의, 엄마의 어느 것의 염색체(단백질+DNA)가 딸세포 속에 전달되는지는 완전히 우연적이다.

같은 종에서는 모든 세포는 똑같은 염색체 쌍(세트, 벌)을 가지고, 즉 염색체수는 같으나 염색체의 길이나 형으로 개체들의 차이를 나타

낸다. 예를 들어 사람은 똑같은 수의 염색체를 가지고 있으나 염색체의 형과 크기(길이)는 지문과 같이 사람마다 다 다르다.

대부분의 생명체의 염색체는 2중(쌍, 벌, 세트)으로 되어 있다. 사람의 체세포들은 23개의 염색체 쌍, 즉 46개의 염색체를 가지고 있다. 남자는 22쌍이 XX로 상동염색체 쌍으로 되어 있고 한 쌍이 XY로 성염색체이다. 여자는 22쌍이 XX로 상동염색체 쌍으로 되어 있고 한 쌍이 XX로 성염색체이다.

난세포에서 수정 시에 정자가 Y염색체를 가지고 있으면 생기는 태아(접합자)는 남자아이이고, 정자가 X염색체를 가지고 있으면 여자아이가 생긴다. 그러므로 태아가 남자아이인지 여자아이인지는 전적으로 아빠에 달려 있는 것이다. 여자아이 또는 남자아이가 생기는 것은 50% 확률이고, 이것은 정자의 성염색체에 전적으로 달려 있다.

우리는 정자와 난자의 수정현상을 보면서 세포의 작용도 상대적인 극성의 힘에 의한 작용으로, 양이온과 음이온 사이의 전자기적인 극성작용과 상대적인 기능적 물질적인 극성관계인 산과 염기의 작용으로 수정현상이 이루어지는 것을 본다. 그리고 이러한 화학반응을 신속하게 이루어지도록 단백질효소가 작용하고 이어서 생명의 칩인 DNA분자기계에 의해 생명의 기본물질인 여러 종류의 단백질이 만들어지는 과정을 본다.

생명의 탄생과정도 하나님의 로봇이며 대리자들인 분자로봇기계나 이온로봇기계, 단백질분자로봇기계, DNA분자로봇기계 등에 의해 상대적인 극성의 힘에 의해 이루어진다. 하나님은 생명의 3대 로봇(생명의 3대 요소=생명의 3대 물질)인 광자(에너지+정보+영)로봇, 단백질분자로봇, DNA분자로봇들의 상호작용으로 생물의 신체가 수정 후 세포분열 되면서 분화가 이루어지면서 자동으로 자연히 저절로 만들어지게 한 것이다. 정신적인 영혼(혼, 영)도 수정 후 20~40분 후에 DNA분자가 만들어지면서 동시에 만들어진다.

빛의 광자(에너지+정보+영)로 만들어진 단백질 속에는 영이 들어 있어 단백질은 영적으로 활동하므로 모든 생물은 혼(삶의 활동을 하는 영)을 가지고 영적인 삶의 활동을 하게 된다.

사람의 생명은 성으로 번식하는 동물이나 식물과 같이 난세포와 정자의 핵융합으로 접합자로 되는 수정으로부터 시작된다. 보통 사정 시에는 3~4억 개의 정자가 난자의 유혹물질에 영향을 받아 자신의 편모(꼬리털)의 도움으로 난세포까지 헤엄쳐간다. 가장 빠르고 건강한 정자가 난세포 속으로 들어간다. 그러기 위해서는 세포핵을 포함하고 있는 정자머리(정모)가 단백질효소로 된 세포막을 뚫고 꼬리는 밖에 머물고 정자 머리만 난세포 속으로 들어간다.

그러면 번갯불같이 빠르게 난세포막이 단단하게 되어지는데 이를 통해 다른 정자들이 들어오는 것을 막는다. 이렇게 함으로써 한 개의 정자만 수정에 참여하게 되고 나머지 정자들은 2~3일 뒤에 죽는다. 이러한 메커니즘은 우연히 자연히 만들어진 메커니즘이 아니고, 지성이 높은 영적인 자에 의해 의도적으로 고차원적으로 설계되어진 진행 프로그램대로 행해지는 것을 느낄 수 있다.

난세포와 정자의 염색체들은 난세포 속에서 한 개의 공동의 세포핵(접합자의 세포핵) 속에서 합류한다. 즉 난세포와 정자의 DNA가 융합하여 새로운 DNA가 만들어진다. 정자와 난세포는 분명한 차이가 있다. 정자에 비해 난세포는 움직이지 않고, 충분한 세포질을 가지고, 사람한테서는 정자보다 7만 배나 더 크다. 이 엄청난 크기의 차이에도 불구하고 남자와 여자의 생식세포의 유전설비는 똑같이 중요한 것이다.

접합자(embryo, 태아, 배, 애벌레)를 위한 유전정보의 반은 반수염색체의 난세포염색체(n)에 의해서, 다른 반은 반수염색체의 정자염색체(n)에 의해서 공급되어진다. 정자(n)와 난세포(n)는 반수염색체(n)에서 함께 배수염색체(2n)를 형성한다. 그러므로 접합자는 배수염색체(2n)이다. 접합자(2n)에서 수많은 유사분열 후 수조 또는 수백조의 세포들을 가진 하나의 성장한 생명체로 발달(성장)되어진다. 이들 수많은 세포들은 각각 똑같은 염색체 쌍을, 즉 염색체수를 갖는다.

이와 같은 감수분열메커니즘은 주어진 진행프로그램대로 생물 태초부터 지금까지 조금도 변하지 않고, 조금도 진화되지 않고 전해 내려온다. 이는 이 메커니즘프로그램을 설계한 자가 이 메커니즘프로그램이 최상이라고 생각하기 때문에 의도적으로 자유의지에 따라 일부러 바꾸지 않았기 때문에 똑같은 메커니즘으로 유전되어 오는 것이다. 인간이 처음 만든 4바퀴로 된 차체구조도 오늘날까지 조금도 변하지 않고 그대로 전해내려 오는 이유는 4바퀴 차체구조가 가장 최상적으로 안정과 조화와 미와 이동적인 효율을 준다고 인간이 생각하기 때문에 의도적으로 일부러 바꾸지 않았기 때문이다.

10
생명의 신비(달걀이 병아리로)

달걀은 바깥쪽으로부터 딱딱한 껍데기와 얇은 난막, 공기집 그리고 흰자와 노른자로 되어 있다. 노른자의 겉쪽에는 식물의 배와 같이 둥글고 하얀 싹의 배가 있는데 이것이 자라서 병아리가 된다. 암탉의 난소에서 노른자가 만들어져 난관으로 들어가는 사이에 흰자와 껍데기가 만들어진다.

수탉의 정소에서 만들어진 정자가 교미를 하면 암탉의 난관으로 들어가 꼬리를 흔들면서 올라가서 난소에서 나온 난자와 결합하고, 즉 정자가 난자 속으로 들어가는데 이것을 수정이라고 한다.

┃배가 자라나는 모습

세포가 잘게 갈라지면서 세포수가 늘어나고, 현미경으로 보면 원조(기관의 시초)가 보인다. 제일 먼저 신경이 생기기 시작하며 체절(마디)이 생기고, 뇌가 생기며, 체절의 마디도 늘어난다. 혈관과 심장이 만들어지고 심장이 뛰기 시작한다(생명의 활동이 시작된다). 눈과 귀가 만들어지고 혈관도 굵어져 노른자와 흰자로부터 양분을 운반한다.

심장은 심방 2개와 심실 2개로 갈라진다. 배가 자랄 때 운동을 가장 먼저 시작하는 기관이 심장이다. 날개와 다리가 생기기 시작하며 배를 둘러싸는 양막과 호흡에 관계하는 요막이 만들어진다. 심장의 고동이 커지면서 규칙적인 운동을 시작하는데 이것을 배의 태동이라고 한다.

혈관이 양분을 나르기 위해 노른자와 흰자로 뻗어나간다. 배(태아, 접합자, embryo)가 커지면서 여러 막이 만들어진다. 양막 속에는 양수가 들어 있어서 배를 뜨게 하며 배는 이 무렵에 물속 생활을 한다. 양수는 외부의 강한 충격이나 갑작스러운 온도변화를 약하게 해준다. 요막에는 혈관이 많이 있는데 이 혈관들은 달걀껍질을 통해서 들어오는 산소를 배로 나른다. 달걀껍질에는 아주 작은 구멍들이 있다. 뇌와 심장이 만들어지면 곧이어 눈도 만들어진다.

이와 같이 알 속에서 병아리가 만들어지는 과정이나 현상은 외부적으로 자연히 저절로 스스로 행해지는 것처럼 보이지만 내부적으로는 하얀 싹의 배 세포 속에 DNA 속에 생명의 발달프로그램이 들어 있고, 이 생명정보를 영이 들어 있는 영적인 단백질들이 이해해서 생명정보대로 다른 물질분자들을 인솔하여 스스로 생체물질을 만들기 때문이다. 즉 생명체가 만들어지고 작용되고 하는 것은 영의 능력으로 행해지는 것이며, 이는 생명의 영이 들어 있는 생명의 3대 요소인 광자(에너지+정보+영), 단백질분자, DNA분자들의 상호작용으로 행해진다.

38℃로 21일이 지나면 병아리가 깬다(알에서 나온다).

알 → 세포가 갈라져 늘어남 → 원조(기관의 시초)가 생김 → 신경과 체절이 생김 → 뇌가 생기고 체절이 늘어남 → 혈관과 심장이 생김 → 눈과 귀가 생김 → 심장이 2개의 심방과 2개의 심실로 갈라짐 → 날개와 다리가 생기기 시작함 → 양막(양수를 싸는 막)과 요막(호흡을 위한 막)이 생김 → 혈관이 노른자와 흰자에 뻗음 → 배가 커지면서 양막 등 여러 막이 생김 → 뇌와 심장이 만들어지면 이어서 눈도 만들어짐 → 뼈와 살이 만들어짐 → 깃털이 나기 시작함 → 38℃로 21일 후 병아리가 깸

한 개의 알 속에서 한 개의 생명체가 태어나는 신비스럽고 영적인 과정과 모습들이다. 즉 공간과 시간과 물질적으로 순서에 맞게 생명진행프로그램에 의해서 생명체가 발달된다. 물론 수정된 배(태아, 접합자, embryo)의 염색체 속의 DNA 속에 있는 어떤 유전자에는 배가 자라는 발달과정이 시간적 공간적 물질적으로 프로그램화된 복잡한 메커니즘(기계론)이 들어 있는 것이 분명하다. 그렇기 때문에 달걀의 배나 사람의 태아들은 시간적 공간적 물질적으로 거의 같은 속도로 조직과 기관들이 만들어지고 발달된다.

예를 들어 임신 5개월의 태아들은 거의 모두 발달프로그램이 같기 때문에 똑같은 신체발달로 거의 똑같은 모습을 하고 있다. 만일 배아발달과정이 DNA 속에 시간적 공간적 물질적으로 프로그램화되어 있지 않다면 만들어지는 아기는 제각각 매우 다른 임신기간을 필요로 할 것이다.

이러한 것은 하나님이 생물세포 속에 DNA분자 속에 생명의 정보를 프로그램화했기 때문에 모든 생물은 이 프로그램에 따라 만들어지고 활동되어지고 죽게 되는 것이다. 이러한 배아 발달프로그램을 인간이나 자연은 도저히 만들 수도 없고 DNA분자 속에 입력시킬 수도 없는 것이다. 그러나 여전히 배아발달프로그램이 작동되어 모든 생물이 태어나고 자라고 있으므로 이것을 만든 영적인 자가 반드시 존재해야만 된다. 우리 인간은 영적인 능력을 가진 그 자를 하나님(신)이라고 부를 뿐이다.

프로그램이나 계획표나 정보는 우연히 자연히 스스로는 절대로 만

들어지지 않기 때문에 반드시 처음 태초에 누군가에 의해 만들어져서 DNA분자 속에 입력되어졌어야만 한다.

노른자와 흰자로 신경, 뇌, 혈관, 눈, 발 등 신체기관과 5감각기관이 저절로 생겨나서 병아리로 된다. 더욱이 성장하면서 신체기관과 조직들이 나름대로 일정한 비율로 커지는데, 즉 일정한 비율로 공간(부피)을 넓혀 가는데 무슨 메커니즘에 의한 것인가?

물론 DNA의 생명의 프로그램에 따라 생명의 행동자인 수많은 종류의 단백질과 단백질효소들이 노른자와 흰자를 분해시켜 스스로 새로운 세포와 신체조직으로 만들어진다. 그러나 이들 수많은 분자들 사이에 어떻게 수천 조 이상의 수많은 분자들이 합심하여 서로 공동상호작용을 하여 어떻게 필요한 물질을 더도 아니고 덜도 아닌 정확한 수와 양을 만들어 내고, 좌우의 대칭적인 신체 조직이나 성장함에 따라 신체의 균형을 정확한 비율로 맞춰나갈 수 있는가? 그 이유는 생명의 3대 물질인 영적인 단백질과 생명의 칩인 DNA와 빛의 광자(에너지+정보+영)가 영으로 만들어져 있기 때문에 이들은 영과 영 사이이므로 정신감응력으로 의사소통이 영적으로 잘 이루어지기 때문에 신체도 신체설계도(유전정보)에 따라 영적으로 공동상호작용을 하여 만들어 낼 수 있는 것이다.

영의 능력은 곧 하나님의 능력으로 수학적으로나 과학적으로나 양적으로나 수적으로나 공간적으로나 시간적으로나 물질적으로나 조화(균형, 평형)적으로나 미적으로나 효율(능률)적으로나 조각적으로나 설계적으로나 기계술로나 인간과 자연의 차원을 초월한 영적인 차원인 것이다. 생물 신체 속에서 이루어지고 있는 현상은 바로 영적인 차원으로 영의 작용으로 이루어지고 있기 때문에 생물이 육체적, 정신적, 영적인 삶의 활동을 할 수 있는 것이다.

생물기계가 영적인 작용을 하면 이는 반드시 영이 들어 있어야 가능한 것이다. 그러나 영은 오직 영적인 능력을 가진 하나님한테서밖에 유래될 수 없는 것이다. 하나님은 하나님의 영이 빛의 광자(에너지+정보+영)를 통해서 만물과 모든 생물신체를 만드는 세포 속에 단백질 분자 속에 들어가도록 한 것이다. 그러므로 모든 만물 속이나 우리 몸속에는 하나님의 분신인 하나님의 영이 거하고 있는 것이다.

생명의 영이 들어 있는 생명의 3대 물질로봇들은 수학적으로나 과학적으로나 조각적으로나 한 치의 오차도 없게 DNA 속에 들어 있는 생명의 설계도에 따라 생명체를 조각하여 만들어 내고 생명체를 성장시키고 생명체를 활동시키는 하나님의 대리자요 로봇이요 행동자요 인솔자인 것이다. 그러므로 이들이 행하는 능력과 기술 수준은 인간이 행할 수 없는 정밀하고 교묘한 영의 기술이기 때문에 반드시 이들 로봇 속에는 영이 들어 있어야만 하는 것이다.

단백질 속에는 이미 빛 속의 광자(에너지+정보+영)가 들어 있고, 생명의 기본물질인 단백질을 만들게 하는 광자 속에는 이미 신의 말씀인 신의 영이 들어 있다. 생명은 단백질(생명의 물질)+DNA(생명의 칩)+광자(에너지+정보+영)의 생명의 3대 요소(3대 로봇 =3대 물질)로 만들어지고, 생명의 3대 요소의 상호작용에 의해 생명의 활동을 하는 영인 혼과 영적 활동을 하는 영인 영혼도 만들어지기 때문에 생명체기계는 삶의 활동을 할 수 있는 것이다

물고기, 새, 동물, 인간의 태아(배)는 다 똑같이 똑같은 모양을 하는 아가미-꼬리가 있는 시기를 거치는데, 이 시기에 이들의 배는 공통적으로 너무 비슷하고 똑같으므로 이들 동물들이 한 조상으로부터 진화해 온 것을 증거하고 의미하게 한다.

화석을 통해 보면 바다에서 약 35억 년 전에 처음으로 생명체(미생

물)가 생겼으며 포유류가 땅위에서 살게 된 것은 1~2억 년 전쯤이다. 오늘날의 포유류의 체액(피, 임파액, 세포액 등)의 성분이 바닷물의 성분과 비슷하고, 특히 동물세포의 나트륨이온이나 염화이온, 칼륨이온 등의 세포의 작용은 최초의 생물세포가 바닷물에서 시작된 것을 의미한다. 생명체가 성경의 창세기에 쓰여진 대로(물들은 생물로 번성케 하라, 물에서 번성하여 움직이는 모든 생물을 그 종류대로) 바다에서 처음 시작되어 진화 번성되었음을 나타낸다.

지금도 동물의 세포는 세포작용을 하기 위해 끊임없이 바다에서 생산되는 소금이나 광물염을 필요로 하고 있다. 아마도 지구 태초에는 바다가 생물의 탄생을 위한 자궁역할을 했을 가능성이 높은 것이다. 지금도 바다생물의 종의 수가 육지생물의 종의 수보다 훨씬 더 많다고 한다.

동물들의 태아(배)가 아가미-꼬리의 모습이 다 똑같은 모양을 하는 것은 염색체 속의 DNA에 있는 유전자의 배아발달프로그램이 그 시기까지 모두 다 똑같음을 의미하는 것이다. 이 시기가 지나가면 각기 다르게 동물들은 발달되어 간다. 이것은 모든 동물이 하나하나 낱개로 창조된 것을 의미하지 않고 진화에 의해 물질과 에너지가 전달·공급되어 서서히 창조되어진 것을 증거하는 것이다.

무생물인 우주만물도 하나님이 하나하나 낱개로 창조한 것이 아니고 영-에너지-물질-설계프로그램에 의해 서서히 진화되면서 창조되는 것이다. 거대한 화산이 폭발되고 용암이 분출되어 거대한 바위를 만들고 오랜 시간의 풍화작용을 거쳐 흙으로 되고 흙의 원소로 생명체가 만들어지는 현상은 하나님이 일일이 직접 관여하는 것이 아니라 하나님의 영-에너지-물질-설계프로그램에 의해 에너지와 물질이 자동으로 자연히 전달되어 창조되는 진화적인 창조인 것이다. 그러므로 모든 자연현상은 하나님에 의한 자연의 진화이고 하나님에 의한 진화적인 창조이고 하나님에 의한 창조적인 진화인 것이다.

에너지나 물질이 전달되는 진화과정 없이는 창조는 이루어질 수 없고, 새로 만들어지는 창조과정 없이는 진화도 이루어질 수 없다. 그러므로 창조와 진화는 따로따로 독립적으로 이루어지는 과정이 아니고 항상 서로 상호작용을 하면서 동시에 이루어지는 복합적인 과정인 것이다.

만일 신에 의한 진화가 아닌 자연의 진화로만 생물이 진화된다면 물고기, 새, 사람 등의 아가미-꼬리의 모양은 수억 년이 지난 오늘날에는 다르게 진화되어 있어야 할 것이다. 지금도 동물들이 아가미-꼬리의 시기에 다 똑같은 모양을 하고 다른 모양을 하고 있지 않은 이유는 이 시기까지는 동물의 발달프로그램을 창조자가 최상으로 이상적으로 생각하기 때문에 의도적으로 유전정보(DNA, 생명의 말씀, 생명의 프로그램)를 변화시키지 않았기 때문이다.

사람들이 만든 차 종류를 보면 자가용, 짐차, 트럭, 버스 등의 모터나 바퀴부분의 차체 등의 구조는 오래도록 지금까지 변함이 없다. 그 이유는 4개의 바퀴 차체구조가 이상적으로 최상이기 때문에 인간이 변화시킬 의도가 없었기 때문에 변화 없이 전달되어 왔기 때문이다.

동물들의 배(태아)의 아가미-꼬리의 모양이 똑같고 모든 배(태아)가 똑같이 수중생활(자궁 속에서)을 하고 모든 동물이 똑같은 영적인 단백질분자와 DNA분자로 만들어지고, 똑같은 에너지대사를 하고, 똑같은 세포작용을 하고, 4감각기관이 모두 머리에 있는 것은 모든·동물이 한 조상으로부터 진화된 것을 의미하는 것이다. 아울러 이 진화메커니즘을 만든 자는 한 사람(하나님)이거나 같은 연구소팀(하나님과 천사제자들)에 의한 것을 의미하는 것이다. 만일 모든 동물이나 생물을 하나님이나 제자들이 일일이 낱개로 직접 창조한다면 하나님이나 천사들이래도 신경을 너무 많이 쓰게 되기 때문에 결국 행복할 수는 없는 것이다.

★영혼과 물질의 특성★

　상대적인 극성의 힘에 의해 에너지는 생겨나서 질량—에너지등가원리에 따라 에너지는 소립자로 변화될 수 있다. 에너지에서 만들어진 소립자는 원자를 만들고, 원자는 분자와 이온을 만들고, 분자와 이온은 물질을 만들고, 물질들에 의해 자연물은 만들어진다. 입자 사이의 상대적인 극성의 힘에 의해 물질의 구조를 이루며 물질이 형성되고 입체구조 사이의 상대적인 극성의 힘에 의해 물질의 특성, 자연의 질서, 자연의 법칙도 만들어진다. 물질로 만들어진 자연물은 생각하는 시스템으로 만들어진 것이 아니라 전자(쌍)의 극성의 힘에 의해 만들어졌기 때문에 모든 자연물은 주어진 자신이 가지고 있는 전자쌍의 극성의 힘(에너지)을 초월하는 다른 특성을 가질 수 없기 때문에 모든 자연물은 주어진 특성만 갖게 된다.

　자연물이 주어진 특성만 갖고 주어진 특성대로만 행하고 변화해 가기 때문에 자연의 법칙이 만들어지고 자연의 질서가 지켜지고 유지되는 것이다. 주어진 특성만 갖고 주어진 특성에 따라 수동적으로 행해지는 자연물은 여러 가지 특성을 혼합상호작용시키는 사고의 능력은 없는 것이다. 현 우주에서 생각하는 시스템이 만들어져 작동되려면 하나님의 영으로 된 생명의 3대 요소가 있어야 하며 이들이 서로 공동상호작용을 해야만 정신적인 활동이 비로소 이루어진다.

　상대적인 전자기적인 극성의 힘인 전자(쌍)력으로 분자나 이온으로 만들어진 자연물은 입자들의 상대적인 극성의 힘의 상호작용으로 특성이 만들어지므로 자연물의 특성과 능력은 자연의 질서에 따라 정확히 국한·한정되어 있는 것이다. 이 한정된 특성만을 가진 자연물이 생명의 3대 요소를 우연히 저절로 고안·설계하여 생물을 발명하거나 진화시키는 것은 불가능한 일이다.

　우주 태초에 신(하나님)이 에너지나 소립자 속에 신의 영(신의 말씀=신의 설계=성령=신의 계획=신의 능력=신의 에너지)을 집어넣었기 때문에 모든 물질은 특성을 가지게 된다. 만일 태초에 누군가가 소립자(에너지) 속에 영을 집어넣지 않았다면 모든 물질은 다 똑같이 특성이 없었을 것이다. 그러면 전하, 자전력, 공전력 등 힘의 특성이 없어 상대적인 극성의 힘이 작용되지 않아 소립자끼리 상호작용을 할 수 없어 에너지가 만들어지지 않기 때문에 우주만물도 만들어지지 않았을 것이다.

　무생물 속에서는 생명의 기본물질인 단백질이나 DNA가 없기 때문에 광자

(에너지+정보+영) 속의 영이 상호작용을 하지 못하므로 혼(삶의 활동을 하는 영)이나 영혼(영적 활동을 하는 영)은 만들어지지 않고, 물질의 특성만 나타내는 수동적 능력밖에 없다. 그러나 생물에서는 광자 속의 영이 생명의 기본물질인 단백질과 DNA와 상호작용을 할 수 있으므로 생물의 특성인 혼이나 영혼이 만들어진다.

생명의 활동을 하려면 생명의 3대 요소(생명의 3대 로봇=생명의 3대 물질)인 광자, 단백질, DNA가 있어야 하고, 이들이 공동상호작용을 해야만 된다. 이들은 세포 속에 거하는데 이들이 활동하지 않으면 세포도 활동하지 않으므로 생명체는 활동이 멈추어 죽게 된다. 모든 생물은 같은 종이더라도 생물세포 속에 생명의 칩인 DNA가 다 다르기 때문에 생물의 혼은 자연히 다 다르게 된다. 영적 활동을 하는 인간의 영혼들도 자연히 다 다르다. 인간의 영혼도 수정과 동시에 생명의 칩인 DNA와 함께 만들어지고, 항상 DNA와 상호작용을 한다. DNA나 영혼도 신의 입장에서는 효소단백질처럼 숫자로 암호화할 수 있는 것이다.

인간의 영혼도 물질의 정신적인 특성처럼 영원한 것이기 때문에 사람이 죽은 후 천국에서 영혼기(지구영혼들의 일거일동을 자동으로 기록하고, 죽은 후에 자동으로 죄의 심판을 내리는 기계)에 영혼의 암호(DNA와 관련 있는 비밀번호)가 읽혀져(맞추어져) 자동으로 죄의 심판을 받고, 부활기(DNA 비밀번호에 따라 영혼과 육체를 합성시켜 부활시키는 기계)에 의해 영혼과 육체가 합성되어 자연히 부활하게 될 것이다. 마치 우리가 이 세상에 올 때 엄마 뱃속에서 생명의 로봇들인 단백질분자로봇, DNA분자로봇들에 의해 자연히 저절로 우리의 육체와 영혼이 만들어져 합성되어 태어나는 것과 같은 원리이다.

세포보다 훨씬 미세한 DNA분자 속에 백과사전 글씨로 200만 페이지 분량(실제로는 훨씬 더 많음)의 생명의 정보(유전정보, 하나님의 말씀)가 들어 있게 하는 하나님의 능력은 천국의 영혼컴퓨터기계 속에 우리의 일거일동이 자동으로 기록되게 하고 자동으로 심판을 내리게 하여 죄의 등급에 따라 정해지는 지구에서 부활기에 의해 자동으로 부활되게 하는 것은 하나님의 입장에서는 그리 어렵지 않은 일이다.

11
정신세계를 만들고 돌보는
신경세포(neuron)기계

아기자기한 사랑의 감정이 담긴 영적 교제를 나누기 위해서 창조자는 신체기계들을 어떠한 구조로 설계해서 어떻게 작동되게 하여 정신적인 생각, 감정, 감각 등이 생기게 했는지 알아본다. 그러기 위해서는 신경세포, 호르몬분자, 뇌컴퓨터 등을 살펴보아야 할 것이다.

신경세포(뉴런)는 자극이나 흥분으로 정보(신호)를 전달한다. 동물이 살아가기 위해서는 내부적으로는 신체조직과 기관 등이 서로 정보(자극, 흥분)를 전달해 서로 공동상호작용을 해야 한다. 이로 인해 생긴 정신적인 정보(자극, 흥분, 신호, 생각, 감정, 감각 등)는 외부로 전달해 다른 사람이나 다른 동물과 의사소통을 하므로 삶의 활동을 할 수 있게 한다. 육체적이든 정신적이든 삶의 활동은 정보(자극, 신호)의 전달로 이루어지는데 정보의 전달(의사소통)에는 신경계와 호르몬계가 서로 상호작용을 한다.

신경조직은 동물에서 서로 연결되는 신경세포들의 조직이며 그것은 전기신호(자극전류)로 전달된다. 신경세포에는 자극(흥분)을 받아 중추부로 전달하는 감각세포(감각뉴런), 중추부(뇌와 척수)에서 감각세포와 운동세포(기계세포) 사이에 자극과 흥분을 연결하는 연합뉴런(연합신경세포), 중추부로부터 자극을 반응기(근육세포와 샘)로 전달하는 운동뉴런(운동신경세포) 3가지의 신경세포가 있다.

테니스(정구)를 칠 때 눈(시각)은 항상 공을 따라다니며 끊임없이 공의 세기, 높이, 곡선, 방향, 상대방의 힘과 작전과 심리 등을 살피며 순간적으로 정보(자극, 흥분)를 감각기관인 눈에서 전기자극(흥분)으로 바꾸어 뇌로 보내면 뇌에서는 번개와 같이 빠르게 받은 정보(자극)를 전에 저장했던 기억정보와 비교 분석해서 평가하고 결정한다. 그리고 뇌는 즉시 명령을 따르는 기관인 근육과 샘(선)한테 전기자극(전류, 흥분)의 형(태)으로 보낸다.

우리의 뇌에만 약 1,000억 개 이상의 신경세포가 그물망처럼 쳐져 있고, 각 신경세포는 다시 2만 개 이상의 접촉지(시냅스, 신경세포막 사이의 신호를 전달하는 곳)에 연결되어 있다. 이들 신경줄(실)을 한 실로 나열하면 지구에서 달을 왕복하는 거리보다도 더 길다. 이렇게 무한히 긴 전화선이 꼭 필요한 배선으로 신체 속에 우연히 저절로는 설치될 수는 없는 것이다. 이 같은 세밀하고 정확성 있는 배선은 반드시 의도적으로 전화선을 아주 가늘게 길게 할 수 있는 영적인 기술을 가진 영적인 신의 영에 의해서만 가능한 것이다.

신경세포의 대부분은 뇌와 척수에 집중되어 있다. 뇌와 척수는 함께 중추신경계(신경중앙통제부)를 만든다. 전기신호(자극전류)는 신경세포들의 세포막을 통하는 이온들의 흐름으로 전달된다.

하나의 신경세포는 하나의 세포체(세포핵이 있는 곳)에서 나뭇가지 모양으로 짧게 뻗어나간 여러 개의 수상돌기(신호를 받는 곳)와 한 개로 길고 얇게 뻗어 나간 축색돌기(신호를 보내는 신경실)로 되어 있다. 축색돌기의 길이는 1.5m까지 긴 것도 있으며, 평균적으로 0.01mm로 매우 얇으며 끝부분에서는 다시 여러 가지 모양으로 뻗어 있고, 각 가지 끝은 스탬프 모양(긴 도장 모양)으로 되어 있다. 대부분의 축색돌기는 전기선처럼 전기가 통하지 않는 절연체 껍질로 싸여 있다.

축색돌기와 해당 절연물질은 함께 전기선 모양으로 하나의 신경실을 형성한다. 사람은 전기선이 합선되지 않도록 의도적으로 절연물질로 가는 철사를 싸서 전기선을 만들어 사용한다. 마찬가지로 우리 신체의 정보를 전달하는 신경실의 축색돌기도 전기선처럼 절연물질로 싸여져 있는데, 이는 처음 창조자에 의해 설계되어 오늘에까지 이른 것이 분명한 것이다.

단순한 자연에 의해 의도적으로 정보를 전달하기 위해 합선이 안되도록 절연물질이 신경실을 우연히 저절로 쌌을 리는 불가능하다. 하나님은 우리 신체기계를 신경실로 정보가 통하게 하고, 핏줄로 에너지를 얻어 작동되도록 하고, 감각기관을 통해 주위 환경으로부터 정보를 얻게 한 것이다. 이와 같이 전기선(핏줄), 전화선(신경실), 감각장치(수화기, 확성기, 카메라, 텔레비전장치 등) 등의 고차원의 시설은 동물 신체 속에서 우연히 저절로 시설되어 변함없이 주어진 임무대로 아무 탈 없이 작동될 수는 없는 것이다. 이러한 고도의 시설은 반드시 고도의 기술을 가진 자에 의해 의도적으로 만들어지거나 만들어지게 설계 프로그램화되어 있어야만 고차원으로 시설되어 고차원으로 작동될 수 있는 것이다. 이러한 설계프로그램은 DNA분자 속에 들어 있고, 이 프로그램에 따라 신체 내에서 시설하는 기술자와 노동자는 단백질 분자로봇들인 것이다.

신경은 신경줄(실)들의 묶음(단)을 말한다. 신경들은 수천 개로 평행으로 나열된 축색돌기들로 이루어져 있다. 신경세포들은 서로 연락(접촉)하고 있다. 각 신경세포들은 긴 축색돌기(신호를 보내는 신경실)의 끝에 있는 스탬프들이 다른 신경세포의 근육세포나 샘세포와 연결되어 있다.

이들 접촉지(신경세포막 사이의 신호를 전달하는 곳)를 시냅스라고 한다. 축색돌기의 스탬프(긴 도장)와 인접세포(근육세포, 샘세포)들 사이는 단단한 결합(연결)이 아니고 아주 작은 틈이 있는데 이 틈을 시냅스 틈이라고 한다. 이 시냅스 틈은 세포들이 서로 닿는 것을 막는다. 이를 통해서 축색돌기 위로 흐르는 전기적인 자극(충격전류, 자극전류)이 축색돌기 말단인 스탬프까지만 흐른다. 즉 전기적인 흥분(자극)은 이 틈을 뛰어넘어갈 수 없다.

축색돌기 말단에 스탬프 속에는 신호전달물질(신경전달자, 신경전달물질)이 든 소포(기포, 작은 구멍)가 있다. 전기적인 자극전류(충격전류, 전기신호)가 여기에 도착하자마자 신경전달자(신경전달물질)가 출현해서 시냅스 틈 사이를 다리를 놓아서 다른 세포의 수상돌기나 세포체에 자극전류가 흐르게 한다. 그리고 나서 즉시 신경전달자는 자극전류가 더 이상 뒤로 되돌아 뛰어넘지 못하게 효소단백질에 의해 분해된다.

분해된 신경전달물질은 스탬프가 다음의 전달 때 새로 뿜어낼 수 있도록 다시 빨아들인다. 이러한 과정은 1,000분의 1초에 순간적으로 행해진다. 정보를 전달하도록 자극전류를 한 방향으로만 흐르게 하는 이러한 시스템시설과 메커니즘(기계술, 작동술)은 역시 인간과 같은 사리에 맞는 생각을 하는 지성을 가진 자에 의해 설계되었음을 짐작할 수 있다.

자극전류는 자극된 인접세포들의 축색돌기(신호를 보내는 신경실) 위로 스탬프까지 퍼져나간다. 여기서 다시 신경전달물질이 뿜어져서 인접신경세포들을 자극하게 된다. 오직 축색돌기의 말단 단추인 스탬프에서만 전달물질을 가지고 있기 때문에 전기적인 자극전류(자극, 신호, 흥분)는 한 가지 방향으로만 계속해서 흐를 수 있다.

신경세포는 한 개의 세포체(세포핵이 있는 곳)와 세포체에서 짧게 여러 가지로 뻗어 있는 수상돌기(자극을 받는 신경실)와 세포체에서 한 개의 길고 얇게 뻗어 있는 축색돌기(자극을 보내는 신경실)로 이루어져 있다.

시냅스 틈은 자극전류(충격전류, 전기신호, 흥분)를 주는 신경세포의 축색돌기가 있는 세포막과 자극전류를 받는 신경세포의 수상돌기가 있는 세포막 사이, 즉 두 신경세포의 막 사이이다. 시냅스가 자극되고 안 되고는 세포막 속에 있는 신호영접자(영접물질)에 달려 있다. 신호에 따라 신경전달물질(신경전달자)이 다 다른데 각 신호(자극)에는 특정한 신경전달물질과 암호가 맞아야 한다.

시냅스 틈(신경세포막 사이) 사이는 다른 물질이 참여할 수 있어 신경계에서 신경전달물질에 의한 신호전달로 가장 약한 지역이다. 마약, 독물질(Toxin), 항생제 등이 이곳에 있으면 신경전달물질(신경전달자)의 작용을 마비시켜 효소단백질을 만들지 않아 신호(자극)를 전달할 수 없어 근육세포나 샘(선)세포에 경련이나 마비가 오게 되고 정신적으로 의식을 잃거나 환상에 빠지게 되며 정도가 심하면 심장마비 등으로 죽음에 이르기까지 한다.

신경전달물질은 열쇠-자물쇠의 원리에 따라 특정한 세포막의 신호영접자와 반응한다. 신경전달물질(신경전달자)의 종류는 신호(자극전류, 흥분)에 따라 다르기 때문에 무수히 많은데 현재까지는 몇 가지만 알려지고 대부분은 모르는 물질들이다. 며칠간 단식을 하거나 조금밖에 음식물을 섭취하지 않으면 수많은 신경전달물질이 모두 생성되기 어려워 자극(흥분)이 잘 전달되지 않아서 환상을 보게 되거나 잘못 듣게 되어 헛소리를 하게 된다.

신경계에서 신호(자극, 흥분, 정보)의 전달에는 2가지 형태가 있다.
1. 자극이 전기적인 다리로 신경세포 위로 흐른다.
2. 자극이 시냅스 틈 사이로 신경전달물질에 의한 화학적인 다리로 전달된다.

신경세포 사이에 시냅스 틈이 있으면 자극전류는 신경전달물질에 의해 전달되고, 시냅스 틈이 없고 신경세포들만 있으면 자극전류(신호, 정보, 흥분)는 신경세포 위로 그대로 전달된다. 즉 시냅스(신경세포막 사이에서 신호를 연결하는 곳)에는 신경전달물질에 의한 화학적인 시냅스와 신경전달물질이 없는 전기적인 시냅스가 있다.

전기적인 시냅스에는 아주 좁은 터널(굴) 모양의 단백질미세소관에 의해 시냅스 틈(두 세포막 사이) 사이가 다리로 연결되어 있다. 이 다리 위로 활동전위(자극전류)가 1,000분의 1초보다 더 짧은 시간 안에 다른 인접세포로 전달되어진다. 전기적인 시냅스는 신경전달물질이나 세포막 속에 신호영접자가 없기 때문에 신호(자극)전달도 영향을 받지 않는다. 전기적인 시냅스는 무엇보다도 척추동물에 있는데 이것들은 지각하거나 뇌 속에 기억내용들을 저장할 때 큰 역할을 한다.

신경신호(자극전류)는 동물에서 신체기능을 조절한다. 자극전류는 감각기관에 의해 뇌로 그리고 뇌의 신호(명령)는 기관(통일된 조직들)이나 조직으로 전달되어진다. 신경신호(자극전류)의 생성과 일처리는 세포 속에서 전류와 생화학적 과정이 참여한다. 다시 말해 이것은 이온(하전된 원자 또는 원자단)들이 신경세포막을 통해서, 즉 축색돌기(신호를 보내는 신경실)에서 다른 세포의 수상돌기(신호를 받는 신경실)로 이동함으로써 일어난다.

이와 같이 이온의 이동으로 생긴 자극전류로 신경실을 통해 정보(신호, 자극, 흥분)를 전달해서 생체물끼리 의사소통이 이루어지므로 생체조직과 기관을 만들고 만들어진 육체와 혼(영, 영혼)의 상호작용으로 육체적, 정신적, 영적 활동을 할 수 있게끔 영이 들어 있는 생명체기계를 설계할 수 있는 자는 영과 에너지와 물질을 자유자재로 다스리고 다루는 영적인 능력을 가진 신밖에 없는 것이다.

한 신경세포로부터 다른 신경세포로, 근육세포나 샘(선)세포로의 신호전달은 특정한 신경전달물질(신경전달자)과 특정한 세포막의 신호영접자에 의해 열쇠가 자물쇠 구멍에 맞듯이 열쇠-자물쇠 원리에 따라 암호(비밀번호)가 맞아야 된다. 즉 신호의 종류(자극전류)에 따라 신경전달물질의 종류도 다르고 신경전달물질의 종류에 따라 세포막 속에 있는 신호영접자의 종류도 다르게 된다.

생명의 기본물질인 단백질이 만들어지는 것이나 의사소통을 하기 위한 정보(신호)가 전달되는 것이나 생물의 육체를 만들거나 하는 생물의 삶의 활동 대부분은 열쇠-자물쇠의 메커니즘을 창조자는 이용하여 암호를 맞추도록 했다. 이러한 빈틈없는 암호적인 과정이라야만 수많은 특성과 형질을 가진 수많은 종류의 생물들이 고유한 개체성을 가지고 일일이 고유하게 만들어질 수 있기 때문이다. 그렇게 만들어진 인간이라야 신과의 영적 교제도 사람마다 다르게 소상하게 감정 깊게 할 수 있기 때문이다. 그리고 열쇠-자물쇠 메커니즘은 암호를 맞추는 메커니즘이고 이는 프로그램대로 행해지는 것을 의미하는 것이고, 프로그램은 설계에 의한 것을 의미하는 것이다.

열쇠에 맞는 자물쇠가 만들어지든가 자물쇠에 맞는 열쇠가 만들어지려면 누군가에 의하지 않고 우연히 저절로 자연히로는 아무리 시간이 지나가도 열쇠와 자물쇠가 꼭 들어맞는 경우는 없을 것이다.

세포막의 안쪽과 바깥쪽 사이에는 신경세포가 극성화되어 전압이 성하다. 이 전압은 특정한 이온들의 서로 다른 분배(농도)에 의해서 생긴다.

세포막 안쪽(세포질)에는 바깥쪽보다 양전하를 띤(양이온) 칼륨이온(K^+)들과 유기물의 음이온(단백질분자)들이 훨씬 더 많다(과잉상태이다). 세포막 바깥쪽에는 그에 비해 양전하를 띤 나트륨이온(Na^+)과 음전하를 띤 염소이온(Cl^-)들이 과잉상태로 놓여 있다. 각각 이들 이온들의 전기화학적인 위치에너지는 측정할 수 있는데 이들의 합계는 0의 위치에너지(정지전위, 신경이나 근육이 흥분하지 않은 정지 상태에서 세포에 생기는 전위차)이다. 위치에너지는 물체가 어떤 특정한 위치에서 표준 위치로 돌아갈 때까지 일을 할 수 있는 잠재적 에너지를 말하고, 크기는 물체 사이의 위치로 정하여진다.

이온들은 한편으로는 상대적인 전기를 띤 입자(이온)들에 의해 잡아당겨지고, 다른 한편으로는 삼투압력(이온농도의 차)이 적은 곳으로 가려는 성질 때문에 정지전위(0의 위치에너지)에 참여한 이온들의 불균형한 분배가 생긴다(농도의 차가 생긴다). 나트륨이온, 칼륨이온, 염소이온은 무기물이온이므로 작기 때문에 특수한 도관(세포막구멍)을 지나 확산되어질 수 있으나 유기물인 단백질분자들의 음이온들은 크기 때문에 세포막을 통과할 수 없다(예외로 특정한 효소단백질이 있을 때는 통과한다). 그밖에 이온펌프(단백질세포막)들은 칼륨이온과 나트륨이온들을 신진대사에너지(ATP)의 소비 하에 펌프질을 함으로써 세포막을 통해 이동시킨다(나트륨—칼륨—펌프).

정지전위가 생긴 후에도 이온들은 열린 도관을 통해 확산되어지나 다시 세포막의 다른 쪽으로 되돌려 펌프질되어지므로 정지전위는 같게 머물게 된다. 사람의 신경세포의 정지전위의 값은 평균적으로 (−)90밀리볼트(mV)인데, 마이너스 표시는 세포원형질(세포질)이 음전하의 과잉으로 마이너스(−)로 극성화되어 있기 때문이다.

한 자극이 신경세포에 오면 정지전위는 활동전위(세포나 조직이 활동할 때에 일어나는 전압의 변화로 흥분 부위와 정지 부위의 전위차에 의하여 활동전위가 생긴다)로 변화된다. 활동전위의 도움으로 자극은 신경신호(자극전류)로 변화되어 계속 전달되어진다. 즉 신경세포들이 흥분(자극)되어진다 라고 말한다.

자극은 특정한 상황 하에서 닫혀 있는 이온도관(세포막구멍도관)을 열거나 열려 있는 이온도관을 닫을 수 있다. 이것은 세포막의 위치에너지(세포막전위)의 변화에 따른다.

양이온들의 몰려 들어감으로 인해 세포막전위가 내려가면(소극화, 극성을 잃음) 이 경우에 음이온이 적어지므로 일정한 한계치에서 나트륨이온을 위한 도관이 순간적으로 열린다. 신경세포들은 모든 것 아니면 하나도 아닌 것—원리에 따라 한계치 안에서는 활동전위를 만들지 않는다. 그러나 한 자극이 한계치를 넘으면 새로운 활동전위가 생긴다.

전기적으로 같은 흐름으로 인해 전하들은 나트륨이온도관의 열림으로 인접한 신경세포막으로 전달되어진다. 그래서 신호(자극전류)로써 활동전위는 축색돌기 세포막을 따라 계속해서 전달되어진다. 신경신호는 오직 축색돌기(신호를 보내는 신경실)의 말단 시냅스 쪽으로만 전달되어지고, 축색돌기 뒤로, 즉 신경세포의 세포체(세포핵이 있는 곳) 쪽으로 거꾸로는 전달되지 않는다.

신경세포의 안과 밖은 서로 다른 전기를 띤 입자(이온)들로 서로 다른 농도 때문에 확산력이 생기는데, 예를 들어 칼륨이온은 세포막을 통해 안에서 밖으로 나가려 하고 나트륨이온은 세포막 밖에서 세포 안으로 들어오려고 한다. 이 때문에 양이온과 음이온의 농도차가 생기고 이로 인해 전압차가 생겨 전기신호(자극전류)를 보내게 된다. 즉 나트륨이온과 칼륨이온은 신경세포에서 펌프역할을 하는 것이다 (나트륨—칼륨—이온펌프). 이와 같이 생물세포의 작용도 이온들의 작용으로 상대적인 극성의 힘(에너지)에 의해 이루어진다. 이러한 고차원적으로 작동되어지는 세포메커니즘은 영과 에너지와 물질을 자유자재로 다스리는 하나님의 기계술일 수밖에 없는 것이다.

　미세한 세포 안에서 이러한 이온들의 작용으로 자극전류가 생겨나 흘러서 수많은 정보를 조금도 오차 없이 보낼 수 있게 신경세포들이 작용하는 것은 영과 에너지와 물질의 영적인 공동상호작용인 것이다. 이와 같이 감각한 정보를 아주 미세한 자극전류로 바꾸어 눈에 안 보이는 가는 신경실을 통해 신호를 뇌로 보내는 능력과 보내온 미세한 자극전류(신호)를 뇌에서 감지해서 올바르게 정보내용을 분석 비교 평가하여 생각하는 능력은 자연의 능력도 아니고 인간의 능력도 아닌 영의 능력인 것이다.

　이들 신경세포들도 영적인 단백질에 의해서 만들어지기 때문에 영과 영 사이이므로 정신감응력으로 정보가 영적으로 잘 전달되기 때문에 한 치의 오차도 없게 의사소통이 영적으로 잘 이루어지는 것이다. 단백질로 만들어진 신경세포들에 의해 정보가 영적으로 잘 전달되는데 이는 단백질 속에 영이 들어 있음을 증거하는 것이다.

　신경조직은 신경세포들로 이루어져 있고, 신경세포들의 자극(흥분)은 전기신호(자극전류)로 전달된다. 신경세포의 신호는 활동전위로 전달되며 이들 신호들은 신경조직(신경계)의 총괄적인 코드(Code, 암호) 속에 있다.

　하나의 자극(흥분, 신호, 자극전류, 정보)을 뇌에서 알기 위해서는 느끼는 신경세포(감각세포)의 감각정보와 뇌 속의 기억세포에 저장된 기억정보가 비교되어져야 하는데 이때 감각세포의 신호(정보)와 뇌의 기억세포의 정보(신호) 사이에 코드(암호)가 일치되어져야 한다. 신경세포가 정보(자극)를 받아서 전하고 분석하고 명령하고 하는 것은 전기적인 과정, 즉 전기적인 자극전류에 의한 것이다. 이러한 전기적인 과정은 전하(전기를 띤 입자, 이온)를 가지고 있을 때만 가능하다. 신체 내에서 정보가 전달되어 정신적인 생각이나 감정을 갖게 하는 세포의 작용도 상대적인 전자기적인 극성의 힘인 이온과 상대적인 기능적인 극성의 힘인 산염기에 의한 작용이다.

우리가 정신적으로 생각하는 것도 주위환경으로부터 감지한 정보를 자극전류에너지에 담아서 전달되어 뇌의 신경세포가 자극전류의 정보를 감지해서 기억세포에 저장된 기억정보와 비교 분석 평가함으로써 비로소 생각하게 된다. 이러한 과정은 물질적인 작용만이 아니고 이 과정 속에는 영이 스스로 생체물질 속에 들어 있어 모든 생명의 의사소통을 조절하고 돌보고 이끄는 영적인 작용인 것이다.

신경세포 속에 있는 소금물($NaCl$)은 양이온인 나트륨이온(Na^+)과 음이온인 염소이온(Cl^-)을 가지고 있으므로, 이러한 전기적인 과정이 행해진다. 그러므로 소금은 동물의 세포와 뇌의 작용을 위해서도 꼭 필요한 물질로서 생명의 원동력이다.

생명의 원소인 질소(N_2)가 공기 중에 78%를 차지하고, 생명의 원동력인 바닷물이 전체지구의 물의 97%를 차지하고, 동물의 체액이 바닷물의 성분과 비슷하고, 세포의 작용도 소금물에 의한 것은 그저 우연히 자연히 저절로 된 것이 아니라 신의 높은 지성에 의한 치밀한 설계 하에 만들어진 자연―생물―진화프로그램에 의한 것이다.

＊영-혼-영혼＊

　뇌와 척수는 중추신경계(신경중앙통제부)를 이룬다.

　감각신경들은 자극(감각, 흥분)을 감각기관에서 자극전류(전기신호)로 변화시켜 뇌로 보내고, 뇌에서는 받은 자극(정보, 신호)을 전에 저장했던 기억정보와 비교 분석 평가해서 새로운 명령을 자극전류로 운동(기계)신경에 의해 반응기관(뇌의 명령을 따르는 기관인 근육이나 샘)에 보낸다.

　세포 사이에 정보가 자극전류로 바뀌고, 자극전류가 정보로 바뀌고, 비교 분석 평가를 해서 결정을 하고, 결정된 정보를 명령으로 다시 자극전류로 바꾸어 신체말단인 근육과 샘(선)으로 전달시키는 과정은 세포와 신경계, 호르몬계, 감각기관 등이 서로 의사소통이 되어 모두 상호작용에 공동으로 참여해야만 된다. 이들 생체물질이나 조직, 기관 등이 의사소통을 할 수 있는 이유는 이들이 영이 들어 있는 단백질로 만들어졌기 때문에 영과 영 사이이므로 서로 정보의 암호를 이해할 수 있어 의사소통을 할 수 있기 때문이다. 이 영들의 능력은 영적인 차원인데 그 이유는 이들 영들이 하나님의 영으로 만들어졌기 때문에 DNA 속에 기록되어 있는 하나님의 생명의 말씀(유전정보)을 이해할 수 있기 때문이다.

　영과 영 사이는 정신감응(Telepathy)력으로 서로 의사가 소통된다. 즉 동물의 육체나 인간의 육체(물론 식물이나 미생물도)는 결국 영이 들어 있는 단백질로 만들어졌기 때문에 영적인 능력을 가지고 삶의 활동을 영적으로 할 수 있는 것이다. 그러므로 우리가 생각하고 의사소통하고 감정을 가지고 좋아하고 싫어하는 모든 행위는 바로 우리의 신경계와 호르몬계 속에 있는 영들의 작용이다. 우리의 영들을 돌보고 조절하고 이끌어 통일된 생각을 하고 통일된 행동을 하게 하는 것은 바로 우리의 우두머리(대표적, 중심적, 중추적) 영인 혼이나 영혼이 한다.

　우리가 잠을 자면 혼(삶의 활동을 하는 영)이나 영혼(영적 활동을 하는 영)도 휴식을 하므로 우리는 무의식이 된다. 다만 생명을 유지하기 위해 자율신경계 속의 영들만 맡은 임무를 끊임없이 하게 되는데, 이 경우에 우리는 의식하지 못한다. 잠에서 깨어나면 중추신경계 속의 영들도 깨어나 우리가 의식하게 된다. 우리가 의식하는 것은 모든 신경계와 호르몬계, 감각기관 등이 공동상호작용이 일어날 때 가능하다. 식물인간은 이들 조직과 기관들이 서로 상호작용이 안 되어 혼이나 영혼의 활동이 안 일어나는 현상이다. 식물인간이래도 혼이나 영혼이 깨어나 신체조직이나 기관들을 상호작용시켜 의식을 되찾는 경우가 종종 있다.

여기서 보더라도 혼(영혼)의 활동은 생명의 3대 요소(광자, 단백질, DNA)와 상호작용을 할 때에만 가능한 것이다. 즉 식물인간은 혼(영혼)이 의식 없이 단백질 속 광자(에너지+정보+영) 속에서 잠자는(머무는) 것이다.

영들의 집합체인 살아있는 동물이나 곤충이 무리를 형성하는 곳에는 무리의 공동이익관념과 안전과 질서를 위해서 거의 대부분 자연히 저절로 우두머리가 있게 되어 무리를 이끌고 돌보게 된다. 그 이유는 그 무리의 공동적인 이해관계와 효율을 올리기 위한 공동목표를 위해서 중추적인 역할을 하는 통솔자나 인솔자가 필요하기 때문에 무리 중에서 통솔자가 자연히 생겨나게 된다. 예를 들어 개미 무리에는 여왕개미, 벌 무리에는 여왕벌, 사자 무리에는 힘센 수컷 그리고 인간사회에서도 가정에는 가장, 동네에는 이장, 면에는 면장… 나라에는 수상이나 대통령이 있게 된다. 그러나 이들 인솔자나 통솔자가 죽거나 없으면 자연히 새로운 인솔자가 다시 나타나게 된다.

마찬가지로 우리 몸속에는 영이 들어 있는 수천 조 이상의 무한히 많은 단백질분자로봇들로 되어 있다. 이 수많은 영들이 통일된 행동을 하기 위해서는 이들 수많은 영들을 다스리고 통솔하는 중추적인 영이 존재해야만 우리의 신체조직, 기관 활동이 아무 탈 없이 통일된 방향으로 작동되어져서 통일된 생각이나 통일된 결정, 통일된 행동을 할 수 있게 되는 것이다. 바로 이 통솔하고 다스리는 중추적인 영이 그 사람의 영인 혼(삶의 활동을 하는 영)이고 영혼(영적 교제를 하는 영)인 것이다.

혼이나 영혼은 정해진 낱개 한 개로 우리 몸속에 거하는 것이 아니고 생명의 3대 로봇(광자로봇, 단백질로봇, DNA로봇)들과 영들의 상호작용으로 만들어지므로 우리 몸속에는 중추적인 영혼 이외에 무수히 많은 잠재적인 부차적인 영혼(영, 혼)이 거하고 있는 것이다. 중추적인 영혼이 삶의 활동을 돌보고 이끌 때는 잠재적인 부차적인 영혼은 중추적으로 활동하지 않고 잠재적으로 부차적으로 중추적인 영혼을 도울 뿐이다.

사람의 사회에서도 우두머리 장이나 대통령을 도와주는 부차적인 장이나 부대통령이나 또는 이에 상응하는 직위와 직분이 있게 된다. 생명의 칩인 DNA분자가 140조(성인) 이상의 체세포 속에 일일이 하나하나 들어 있는 거와 마찬가지로 영을 다스리고 통솔하는 잠재적인 영혼(영, 혼)은 체세포 수보다 훨씬 더 무한히 많은 물질분자 속에 광자 속에 일일이 들어 있는 것이다.

광자소립자 속에는 영이 한 개가 들어 있는 것이 아니고 개수의 개념 없이 무수히 많이 들어 있으며 그 속에는 영을 통솔하는 잠재적인 영혼(영)도 들어 있으므로 그 사람의 잠재적인 영혼은 전체 신체적으로는 DNA분자 수보다 훨씬 더 많은 것이다. 왜냐하면 영은 광자소립자보다 훨씬 더 작은 영적 존재로 머물기 때문에 공간, 시간, 물질(양과 수)의 제약을 전혀 받지 않고 영적으로 존재하고 영적으로 행동하는 것으로 낱개의 형태로 되어 있지 않으므로 수와 양과 크기의 개념이 없이 무한히 많이 존재하는 영적인 존재이다. 일례로 광자소립자나 전자소립자도 너무 미세하기 때문에 공간과 시간의 제약은 거의 없고 수의 개념 없이 영적으로 존재하고 있다.

우리가 보내는 전자메일도 전자소립자에 의해 전자메일(e-mail) 주소가 맞으면 수의 개념 없이 무수히 많은 영접자들에게 무제한으로 동시에 보낼 수 있다. 이는 무한히 많은 전자들의 작용으로 수와 양의 개념을 초월한 영의 개념에 더 가까운 것이다. 우리의 영혼도 천국의 영혼기와 같이 영혼의 비밀번호(암호)를 맞추는 기계가 있으면 수없이 많은 기계에 동시에 보내질 수 있는 것이다. 수백만 가지 이상의 종류로 된 효소도 사람이 6군으로 분류하여 숫자화하여 수로 나타내는 거와 같이 인간들의 DNA나 영혼들도 신의 입장에서는 숫자화하여 영혼비밀번호화할 수 있는 것이다.

예를 들어 DNA 속에는 특정한 단백질을 만들게 하는 유전정보가 들어 있는데 동시에 만들어진 특정한 단백질이 신체 어느 위치에서 어떤 신체물로 만들어져야 하고 어떻게 작용해야 하는지 정보내용과 함께 우편번호가 숫자화되어 있다. 그래서 수백 조 이상의 우편번호로 되어 있는 우리의 신체 구석구석에서 특정한 단백질에 의해 특정한 위치에서 특정한 신체물이 만들어지게 된다.

기억정보도 광자 속에 저장되어 기억세포 속에 저장되는데 저장된 기억정보를 아무리 수없이 많이 꺼내도 이름 같은 기억정보나 지식정보 등은 여전히 남아 있다. 그러므로 소립자로 이루어지는 정신세계에서는 수와 양의 개념보다는 무제한으로 존재하는 영적인 개념에 속하는 것이다. 영(영혼, 혼)은 광자소립자보다 훨씬 더 작은 부피와 공간이 없는 크기가 없는 영적인 존재이다. 그 때문에 생명체가 죽어 육체가 분해되어 원소로 분해되어도 광자소립자 속에 들어 있는 영과 영혼은 부피와 공간이 없으므로 화학결합에 의한 분자결합이 아니기 때문에 태워지거나 분해되지 않고 광자소립자 속에 영적으로 영원히 머물게 된다.

전자소립자에 의해 한 번 만들어진 이메일(e-mail) 내용은 컴퓨터가 박살나거나 태워지거나 해도 없어지거나 변하지 않고 다시 다른 컴퓨터나 노트북에 의해 이메일 주소, 즉 이메일 암호(비밀번호)를 맞추면 자연히 이메일 내용이 조금도 변하거나 삭제되지 않고 원본대로 그림과 함께 무제한으로 나타날 수 있다. 마찬가지로 광자소립자에 의해 하나님의 영으로 DNA분자와의 상호작용으로 한 번 만들어진(저장된) 영혼은 죽어서 육체가 썩거나 태워지거나 해도 없어지거나 하지 않고 다시 천국의 영혼기(인간들의 일거일동이 자동으로 기록되는 천국에 있는 영혼컴퓨터기계)에 의해 영혼의 비밀번호가 맞추어지면 자동으로 죄의 심판이 내려져서 부활기(DNA의 비밀번호에 의해 육체와 영혼을 합성시키는 천국에 있는 기계)에 의해 삭제되거나 변하거나 하지 않고 원본 영혼대로 자동으로 부활되는 것이다. 그러므로 하나님의 영으로 만들어진 영혼은 하나님의 분신이나 마찬가지이므로 없어지는 것이 아니고 영원히 존재하는 영적인 존재이다.

만일 하나님의 영으로 만들어진 영혼이 죽음과 함께 없어진다면 하나님의 영도 없어지므로 하나님의 능력도 없어지므로 하나님의 영으로 만들어진 현 세상도 없어지는 것이다.

12
황홀한 환상의 세계를 만드는 마약

마약의 공통적인 특징은 중추신경계에 영향을 미쳐서 육체와 성품에 영향을 미치게 하며 중독화하는 것이다. 그러므로 우리의 육체와 정신적인 활동은 절대적인 것이 아니고 주위환경의 영향을 절대적으로 받는 가냘픈 존재인 것이다.

중독습관화의 종류는 정신적·심리적인 것과 육체적·심리적인 것 2가지가 있다. 정신적·심리적인 중독은 마약의 도움으로만 세상사를 만족하므로 시간이 지날수록 되풀이하여 마약에 깊숙이 빠지게 하고, 육체적·심리적인 중독은 육체가 마약에 이미 습관화되어 음식물과 같이 매일 규칙적으로 복용토록 심리적으로 강요한다.

만일 마약 복용자가 마약을 복용하지 않으면 더 이상 정상적인 기분(감정)을 유지하지 못하고 고통이 심한 상태에 빠지게 된다. 그 때문에 점점 더 많은 양의 마약을 복용하게 되는 악마의 순환과 같은 삶을 살게 된다. 그러므로 마약 복용자는 자신의 혼의 지배를 받는 것이 아니고 마약의 지배를 받는 것이다.

대부분의 사람들은 맛있는 음식상 앞에서는 만족스러운 기분(감정)을 갖는다. 그러나 마약중독자에게는 마약이 맛있는 음식보다 훨씬 더 만족스러운 기분을 만든다. 그 이유는 우리의 신경계통 속의 뇌 속에 원인이 있다.

우리의 두뇌는 1,000억 개 이상의 신경세포들이 그물 모양으로 엉겨 있고 이 모든 세포들은 서로 연결되어 있다. 신경세포들로 되어 있는 뇌를 통해서 우리는 정신적인 생각을 하고 계획하고 상상을 하는데 바로 이러한 현상이 신경세포들의 영적인 작용이고 영이 들어 있는 영적인 활동인 것이다. 수많은 신경실(전선)을 통해 수많은 자극 전류가 흘러 정보가 전달되어 정신적인 활동이 이루어지는데 이는 뇌가 영으로 작동되는 기계로 만들어졌기 때문에 영적인 작용을 할 수 있는 것이다.

만일 뇌기계가 영이 안 들어 있고 우연히 자연히 만들어진 기계라면 이와 같은 정신적인 영적인 작용을 할 수 없다. 영이 들어 있는 영적인 단백질로 만들어진 특정한 뇌기계는 특정하게 주어진 뇌기계의 임무에 따라 임무를 수행한다.

특정한 뇌단백질의 특정한 뇌임무는 생명의 칩인 DNA의 특정한 뇌유전정보에 담겨 있다. DNA의 특정한 뇌유전정보에 따라 만들어지는 특정한 뇌단백질은 특정한 뇌아미노산 사슬이므로 뇌단백질 속에, 즉 뇌아미노산 사슬 속에 결합에너지 속에 특정한 뇌단백질의 임무정보가 기록되어 있는 것이다. 이 특정한 뇌임무정보를 가진 뇌단백질로 만들어지는 뇌세포도 뇌세포의 특정한 임무를 자연히 알게 되므로(영과 영 사이이므로) 자극전류의 정보를 자연히 이해할 수 있는 것이다.

뇌세포는 이 자극전류 정보를 기억세포에 기억정보로 저장하고 나중에 필요시 다시 기억정보를 꺼내어 쓸 수 있다. 물론 정보를 저장하고 꺼내고 하는 것은 광자(에너지+정보+영)가 하는데 뇌세포도 광자가 들어 있는 단백질로 만들어지기 때문에 뇌세포도 이러한 일을 할 수 있다.

신경세포들 사이는 끊임없이 서로 정보(신호, 자극, 흥분)를 교환하는데, 결정적인 과정은 그때 시냅스(세포막 사이의 신호 전달지)에서 행해진다. 사람의 뇌 속에는 뇌세포보다 훨씬 더 많은 시냅스들이 있으며 그들은 끊임없이 신경전달자(신경전달물질)를 내뿜고 다시 빨아들이곤 한다. 이곳 시냅스 틈, 즉 두 신경세포막 사이에 좁은 틈에서 마약이 그의 대부분의 파괴적인 작용을 할 수 있는 곳이다.

지금까지 추측하는 바로는 대략 50여 가지의 서로 다른 신경전달자(신경전달물질)들이 있으며 그 중의 하나가 도파민인데 그것은 마약에 관련되어 있다(몇 가지만 알려지고 대부분은 아직까지 알려지지 않았음). 만일 사람이 마약의 일종인 코카인을 복용하면 뇌 속의 시냅스(신호 전달지)에서 신경전달물질인 도파민을 내뿜는데 이렇게 함으로써 뇌 속의 중추신경계는 작동되어 황홀하고 행복한 감정(기분)을 느끼게 된다.

코카인을 당분간 복용 안 하더라도 도파민은 다시 축색돌기(신호를 보내는 신경실)의 말단에 있는 스탬프(긴 도장 모양)로 흡수되어진다. 즉 코카인은 스냅스 틈 속에 머물고 인접한 신경세포들에게 계속적으로 흥분(자극)을 야기시키게 된다. 그 결과로 뇌에는 거대한 양의 자극(흥분)이 흐르게 되어 보기 힘든 큰 행복한 황홀한 감정에 빠지게 된다. 그러므로 마약 복용자에게는 병적인 지나친 자신감이 생기는데 이것들은 대부분 마약에 의해 자신도 모르게 과대평가되기 때문이다.

그러나 도파민의 분비를 억제하는 신경세포들도 있다. 마약 헤로인은 그러한 세포들을 마비시킨다. 이들 세포들의 마비로 인해 뇌 속의 신경세포의 시냅스에서는 행복한 감정의 신경전달물질인 도파민을 방해 없이 내뿜게 되어 뇌가 전에 느껴보지 못한 가장 큰 황홀한 감정에 도달하게 된다. 그러므로 모든 마약은 독성물질로 작용하고 성품(개성, 성격)을 변화시킨다. 즉 마약은 뇌 속에서 현실과 거리가 먼 환상의 세계를 만드는 것이다.

그래서 육체는 마약에 습관화되고, 끊임없이 그것을 요구하게 된다. 더 오랫동안 더 자주 마약을 복용한 사람일수록 마약에서 손을 떼기가 더 어렵다. 마약에서 손을 떼면 육체는 여러 가지로 반응하는데, 예를 들어 구토, 경련, 심한 불안정한 상태, 걱정, 공포, 망상(공상) 등 육체적 정신적으로 몹시 시달리게 된다. 더욱이 마약의 정도가 지나치면 죽음으로까지 이른다.

행복한 감정(기분), 슬픈 감정, 고통스럽고 짜증스러운 감정, 성적 감정, 배고픈 감정, 미워하는 감정 등 수많은 감정 등은 뇌의 신경세포의 시냅스(자극 전달지)의 신경전달물질에 의해서도 큰 영향을 받는다. 만일 우리가 다른 나라에서 다른 환경에서 나오는 다른 종류의 음식물을 섭취하며 살아갈 때는 토질의 형질이 다르기 때문에 우리의 정신적인 생각이나 육체적인 모양이 조금은 다르게 영향을 받는 것을 의미하는 것이다. 그러므로 우리가 느끼는 감정이나 생각은 주위환경과 밀접한 관계가 있으므로 지역마다 나라마다 사람들의 문화나 성품이 조금씩 다르게 형성되기 때문에 나라마다 국민성도 달라지며 언어도 달라지고 얼굴 생김새도 조금씩은 다르게 되는 것이다.

＊ 자연의 법칙과 자연의 질서—인과법칙 ＊

자연의 법칙이 있는 것은 자연의 질서를 잡아 오래도록 자연을 유지하기 위함이다.

두 개 이상의 개체나 무리가 존재하는 곳에는 그 무리가 오래 유지되기 위해서는 질서가 있어야 하며 이 질서가 어떤 정해진 규칙을 따르면 법칙이 된다. 인간사회도 인간사회가 유지되기 위해서는 질서가 잡혀야 되는데 질서를 잡기 위한 규칙을 법으로 규정해 놓고 있다. 도시에서 교통법(규칙)이 없으면 차를 타고 다닐 수 없고, 무역하는 데 무역법이 없으면 무역을 할 수 없는 거와 같다. 은행에 관한 금융법이 허술하여 안전도가 없을 때는 세계적으로 대공황도 올 수 있는 것이다. 만일 자연의 법칙이 허술하여 자연의 질서가 잘 잡혀지지 않을 때도 역시 자연의 대혼란이 일어나 대자연이 존재할 수 없는 것이다.

수많은 물질이 모여 왕래하는 자연도 자연이 오래도록 상호작용하면서 화평하게 유지되기 위해서는 자연의 질서가 한 치의 오차도 없이 정확하게 잡혀 있어야만 된다. 자연의 질서를 잡기 위한 규칙이 자연의 법칙이므로, 모든 자연현상이나 자연의 변화는 자연의 법칙 안에서 자연의 질서를 따라야만 하므로 조금도 오차가 없는 엄한 법이어야만 한다. 만일 입자들이 자신의 전하를 1,000억분의 1정도만 변화시켜도 척력과 인력에는 막대한 차이가 나므로 힘의 균형이 깨져 대자연은 붕괴되어 파멸될 것이다.

도시의 교통법은 시골에서의 교통법과 달리 더 엄하게 다스려져야 할 것이다. 마찬가지로 대자연의 자연법(칙)은 한 치의 오차도 없이 훨씬 더 아주 엄하게 지켜져야 하고 다스려져야 한다. 그 때문에 물질세계와 정신세계의 혼합세계로 되어 있는 현 세상에서는 물질세계를 위한 자연의 법(칙)이 한 치의 오차와 한 치의 예외도 없이 다스려지는 것같이 정신세계를 위한 죄에 대한 법도 죽음 후에 죄의 심판을 한 치의 오차도 없이 한 치의 예외도 없이 아주 엄하게 다스려지는 것이다. 그래야만 물질세계와 정신세계 사이에 균형과 조화를 이루어 이 세상과 저 세상을 오래도록 유지해 나갈 수 있기 때문이다.

누가 이러한 절대적인 엄한 법을 만들 수 있으며 우주만물을 물질적인 자연의 법과 정신적인 죄의 법으로 엄하게 다스려지게 할 수 있겠는가?

만일 모든 만물이 자연에 의해 우연히 저절로 자연히 만들어진 거라면 자연의 법칙은 없을 것이고, 자연의 법칙이 없으면 자연의 질서도 존재하지 않았을 것이다. 자연의 법칙과 자연의 질서가 없으면 상대적인 극성의 힘이 수시로 변하거나 존재하지 않으므로 에너지가 생겨나지 않아 우주만물이 생겨날 수 없는 것이다. 왜냐하면 우주만물이 생겨나려면 에너지가 필요하고, 에너지는 상대적인 극성의 힘에 의해 만들어지고, 상대적인 극성의 힘에 의해 자연의 법칙과 자연의 질서도 만들어지기 때문이다.

인간사회의 질서를 잡기 위한 목적과 의도가 인간들에게 있었기 때문에 인간이 인간을 위한 법을 의도적으로 만들은 거와 마찬가지로, 자연의 질서를 잡기 위한 목적과 의도가 신에게 있었기 때문에 신(하나님)이 자연의 법인 자연의 법칙이 의도적으로 만들어지게 하고 이 세상과 저 세상의 정신적인 질서를 잡기 위한 목적으로 죄의 법과 죄의 심판이 있게 한 것이다. 그러므로 질서를 잡기 위한 목적과 의도가 있는 원인(이유)이 있었기 때문에 사회법이나 자연법칙이나 죄의 심판을 만든 결과가 있게 된 것이다.

그러므로 어떤 결과가 있는 곳에는 반드시 그에 상응하는(상대적으로 어울리는) 원인이 있고, 반대로 어떤 원인이 있는 곳에는 그에 상응하는 결과가 반드시 있게 된다. 즉 물질이 만들어져 존재하는 결과나 물질이 작용하여 생기는 결과에는 반드시 그 물질을 만들게 한 원인과 그 물질이 그렇게 작용하도록 한 원인이 반드시 존재한다는 것을 뜻하고, 이들 원인과 결과가 그저 우연히 자연히 저절로 생기는 것이 아니라 반드시 자연의 법칙에 따라 자연의 질서 안에서 만들어지고 생기게 되는 것이다(인과법칙).

만일 물질과 물질의 특성, 물질의 작용 등이 그저 우연히 저절로 만들어졌다면 이들에게는 질서가 없기 때문에 규칙이나 법이 없어 언젠가는 그저 우연히 저절로 자연히 사라지므로 자연은 존재할 수 없는 것이다. 그러므로 우주와 자연과 인간이 존재하는 것은 그저 우연히 자연히 저절로 된 것이 아니고, 신에게 분명하고 뚜렷한 목적과 의도가 있었기 때문에 신의 의도대로 만들어진 자연의 질서에 따라 자연의 법칙대로, 즉 영―에너지―물질―설계프로그램에 따라 우주만물이 만들어져서 작동되어 가는 것이다. 다만 대우주는 수축기와 팽창기를 순환하는 동적평형으로 순환만 영원히 되풀이될 뿐이다.

13
물질+정신+영의 세계를 만들고 돌보는 호르몬분자로봇

영적인 호르몬분자로봇들은 어떻게 물질, 정신, 영의 세계를 만들고 돌보는지 알아본다. 호르몬분자들은 마치 하나님의 대리자처럼 하나님을 대신하여 생물을 만들고 돌보고 이끈다.

대개 성인의 키는 1.5~1.9m로 큰데, 이는 사람마다 다르게 성장호르몬의 양을 생산하기 때문이다. 거인이나 난쟁이는 성장호르몬 생산에서 대부분 방해가 있다.

호르몬은 신체를 조절(인솔)하고, 정보를 운반(운송)하는 물질이며 그것은 신체의 조직이나 샘(선)에서 만들어져서 핏속으로 분출되어진다. 피를 통해 호르몬은 신체의 모든 부분으로 도달된다. 그러나 오직 특정한 호르몬을 위한 특정한 영접설비가 있는 곳에서만 호르몬의 특정한 작용이 일어난다.

호르몬은 매우 적은 양으로도 영향을 미친다. 호르몬의 자극(흥분)적인 작용으로부터 호르몬(그리스어로 자극, 흥분시키다)이란 단어가 유래되었다. 전 신체 속에는 다양한 여러 종류의 호르몬을 분출하는 여러 호르몬샘(선)이 설치되어 있다. 그들 모두는 특정한 신체기능을 목적으로 조절할 수 있도록 서로 공동으로 상호작용을 한다. 그 때문에 호르몬계(통)라고 한다.

정보의 전달은 라디오 방송과 비슷하다. 호르몬은 신체 곳곳에 도달되나 호르몬 영접설비가 있는 곳에서만 영접되어진다(라디오방송이 맞는 주파수의 수신기에 의해 영접되어지는 거와 같이). 즉 호르몬과 영접설비(기구) 사이에는 코드(Code, 암호)가 열쇠—자물쇠 원리에 따라 맞아야 된다.

우리들의 신체는 의사소통을 하기 위한 정보(신호, 자극, 흥분)를 전달하기 위해서 신경계와 호르몬계의 2개의 조직(계통)을 가지고 있다. 신경계통은 신체기능의 빠르고 목표가 있는 조절(조정)을 위해 담당한다. 호르몬계(통)는 그에 비해서 느리게 작용하나 그의 영향은 더 오래 머문다. 호르몬계는 오랜 시간을 요하는 과정, 예를 들어 성장, 발달, 스트레스(압박감) 등을 조절(조정)한다. 신경계는 특수한 신경실(도선)을 이용하기 때문에 빠르고, 호르몬계는 혈액의 흐름을 이용하기 때문에 느리게 작용하나 효과(작용, 영향)는 신경계보다 더 오래간다.

포도당은 우리 신체의 에너지 가계(에너지 살림)에서 가장 중요한 물질이다. 생물이 살아가는 것은 에너지를 소비하는 것이며 그 에너지는 포도당 유기물 속에 들어 있기 때문이다. 모든 생물세포는 호흡한 산소와 포도당을 결합하여 생명과정에 필요한 에너지(발동재료)를 얻는다.

건강한 사람에게는 100ml 핏속에 약 80~100mg의 포도당이 있다. 육체적 정신적인 일인 신진대사(물질교환, 원소교환)과정은 혈당 농도가 점차적으로 감소할 만큼 끊임없이 포도당을 소비한다. 혈당이 100ml 핏속에 50mg 이하이면 생명이 위험하다. 이러한 사람은 매우 불안정하고 신경이 날카로워지며 격렬하게 떨거나 식은땀을 흘리기 시작한다. 다른 한편으로 혈당이 특정한 값을 넘어서도 안 된다. 이들 위험은 식사 후 소화된 양분이 핏속으로 도착하면 생긴다.

건강한 사람한테서는 당 농도가 핏속에서 일정하게 머물도록 특정한 조절메커니즘이 작용한다. 이 조절(조정)은 췌장(이자)의 조직 속에서 생성된 2종류의 호르몬의 도움으로 이루어진다. 췌장은 십이지장 속에서 분출되어지는 소화액을 생산하고, 직접 핏속으로 도달되어지는 인슐린호르몬도 생산한다. 풍부한 식사 후에 많은 양의 포도당이 핏속으로 들어갈 때 인슐린호르몬은 혈당 농도를 낮추는 역할을 한다. 이때 인슐린은 대부분의 포도당을 동물성 전분으로 변화시켜 간이나 근육 속에 저장시키는 역할을 한다.

힘든 일을 하거나 우리가 오랫동안 아무것도 먹지 않았을 때는 발동재료인 포도당이 핏속에 점점 모자라게 된다. 그러면 두 번째 호르몬인 글루카곤(Glucagon)이 나타나서 활동을 개시한다. 이 호르몬도 췌장에서 생성되나 인슐린호르몬과 정반대의 역할을 한다. 글루카곤 호르몬은 간과 근육 속에 저장된 전분을 다시 포도당(Glucose)으로 변화시키면서 혈당 농도를 높인다.

인슐린과 글루카곤 사이의 공동상호작용은 정확히 서로 조화되어 있다. 두 종류의 호르몬은 우리가 방금 먹었거나 육체적으로 힘든 일을 하거나 정신적으로 활동하든지 간에 한결같이 핏속에 포도당 농도를 항상 같게 머물도록 공동으로 돌본다. 즉 그들은 상대적인 선수처럼 공동으로 일하기(길항작용, 상보적 작용, 상대적 기능적 극성작용, 상호작용, 평형작용) 때문에 생체는 항상성을 유지하게 된다.

표적기관에서의 호르몬 농도가 높아지면 이것을 감지하여 호르몬 방출인자를 억제하고, 호르몬 농도가 낮으면 방출인자를 자극하여 적절한 양을 유지하는 되먹임 작용(피드백, feedback mechanism)에 의해 조절된다. 단백질분자로 만들어진 호르몬분자는 정보를 전달하므로 영이 들어 있고, 생체항상성을 조절하므로 컴퓨터프로그램이 들어 있는 컴퓨터분자로봇이나 마찬가지이다.

만일 핏속에 포도당 농도가 조금 오르더라도 인슐린의 분비가 행해져서 과잉의 포도당은 전분으로 변화되어 간과 근육 속에 저장되어진다. 만일 핏속에 포도당 농도가 내려가면 즉시 인슐린 분비는 감소된다. 그러면 체장의 세포들에 의해 전분을 포도당으로 분해하는 많은 양의 글루카곤이 분비된다. 그렇게 함으로써 위험한 포도당 저농도를 저지하게 되고 항상 같은 혈당을 유지하게 된다.

이는 곧 동물의 체내 상태를 일정하게 유지하는 메커니즘인 생체항상성(homeostasis, 신체항상성)이다. 인슐린호르몬과 글루카곤호르몬이 상대적인 선수처럼 공동으로 상호작용을 하는 것은 상대적인 기능적인 극성적인 작용이고, 혈당을 항상 같게 유지하려는 것은 평형(조화, 균형, 화평)해지려는 힘의 작용이며 이들의 작용은 물질 사이에 상호작용을 통해서 이루어진다. 그러므로 생체항상성 메커니즘은 바로 자연의 3대 힘(신의 3대 힘)인 상호작용하려는 힘, 상대적인 극성의 힘, 평형해지려는 힘으로 이루어지는 것이다. 그러므로 생물기계도 하나님의 영과 하나님의 3대 힘에 의해 만들어져서 하나님의 영과 하나님의 3대 힘에 의해 작동되는 영―에너지―물질―설계프로그램에 의한 것이다.

✱생체항상성—메커니즘✱

생체항상성—메커니즘으로서 호르몬계와 자율신경계가 중요한 역할을 하고 있는데 척추동물에서는 두 가지 모두 시상하부에 중추가 있어 활동을 조절하고 있다. 예를 들면 사람의 혈당량의 유지와 체온은 하루에 1℃ 이내밖에 변동하지 않는다. 체내의 수분이나 염분의 양을 일정하게 유지하는 데도 호르몬의 역할은 크다.

뇌가 없는 호르몬이 어떻게 체내의 물질의 양이 많은지 적은지 알아서 신체 물질을 항상 같은 수준으로 유지시킬 수 있겠는가?

호르몬 역시 신의 영이 들어 있는 생명의 기본물질인 단백질로 만들어졌고 이들이 생명의 칩인 DNA와 상호작용을 하기 때문에 영적으로 생명의 활동을 할 수 있는 것이다. 신체항상성을 유지하기 위하여 혈당 농도를 낮추는 인슐린호르몬과 혈당 농도를 높이는 글루카곤호르몬이 상대선수처럼 상대적인 기능적인 극성관계로 작용하는 것은 마치 컴퓨터프로그램에 의한 것처럼 작용한다. 이러한 작용은 DNA 속에 이미 인슐린호르몬과 글루카곤호르몬의 상대적인 기능적인 상호작용메커니즘이 프로그램화되어 있기 때문에 항상 변함없이 행해질 수 있는 것이다.

DNA의 유전정보에 따라 만들어지는 이들 호르몬을 만드는 단백질(아미노산 사슬) 속의 결합에너지 속에는 특정한 인슐린호르몬의 임무가 기록되어 있으므로 이 특정한 단백질로 만들어지는 인슐린호르몬은 자연히 자신의 임무를 알게 된다. 그래서 이들 호르몬들은 주어진 특정한 임무에 따라 영적으로 행동하게 된다. 이 두 호르몬은 영이 들어 있는 단백질로 만들어졌기 때문에 영과 영 사이이므로 정신감응력으로 의사소통이 잘되어 서로 상대방의 상태와 자신의 상태를 정확히 비교 분석 평가 결정하는 능력을 가지고 있는 것이다.

✱내분비기관(계)—호르몬공장✱

곤충이 변태하거나 암탉을 장일(長日)로 두면 매일 산란하는 성 현상이나 어류, 양서류, 파충류 등의 체색변화 등 많은 신체의 작용이 호르몬에 의해 조절되고 있다. 올챙이가 변태하여 개구리가 되는 것은 갑상선에서 나오는 호르몬 작용 때문이다. 철새가 이동을 개시하거나 동물의 수컷이 암컷을 따라다니거나 연어가 산란을 위해 강을 죽을힘을 다해 거슬러 올라가는 등의 동물행동의 발현에도 호르몬이 직접 또는 간접으로 작용하고 있다.

곤충의 탈피와 변태에 관계하는 내분비선은 뇌, 전흉선, 알라타체이다. 알라타체 호르몬과 전흉선 호르몬이 동시에 작용하면 유충은 탈피하며 알라타체 호르몬이 감소하여 전흉선 호르몬만이 작용하면 변태하여 고치가 된다. 곤충의 휴면이나 생식선 성숙에도 이들 내분비기관이 관계하고 있다. 지렁이 등의 재생에는 뇌로부터 나오는 재생 호르몬이 작용하며 생식기능도 뇌의 신경분비세포가 지배하는 것으로 알려지고 있다.

식물에는 내분비기관이 없지만 동물과 비슷한 작용을 하는 물질이 있어서 호르몬이라고 부른다. 식물생장호르몬은 떡잎집의 선단(앞쪽의 끝)이나 어린 뿌리의 선단에서 산출되며 식물의 향일성(태양을 향하는 성질)이나 향지성(흙을 향하는 성질), 정아(싹눈)와 측아(가지에 있는 눈)의 생장속도 등을 조절하고 있다. 또 조직에 상처가 생기면 상처호르몬이 생성되어 상처를 완치시킨다.

신의 영(신의 의도=신의 말씀=하나님의 설계=성령=하나님의 에너지=하나님의 능력)이 들어 있는 광자(에너지+정보+영)로 만들어진 생명의 기본물질인 단백질로 만들어진 수많은 종류의 호르몬들이 신경계와 상호작용을 하면서 자신의 임무대로 신체구조를 이루게 하고 신체를 변화시키고 신체기능을 돌보고 조절하고 이끄므로 생명체가 정신적, 육체적, 영적인 삶의 활동을 할 수 있게 한다.

호르몬을 형성하는 선은 내분비선이라고 알려져 있었으나 최근에는 호르몬이 선(샘)조직뿐 아니라 몇몇 기관이나 신경조직에서도 분비된다는 사실이 밝혀져 있다. 신경조직에서 분비되는 호르몬 작용이 있는 물질을 신경분비물질이라고 한다. 특별한 샘(선)이나 조직에서 생성된 호르몬들은 작용물질에 속한다. 그들은 육체적, 정신적, 영(혼)적인 발달과정(성숙과정)들을 조절(조정)한다. 이들 임무는 오직, 핏속에 적당한 농도의 호르몬이 있을 경우에만 행할 수 있다.

만일 작용호르몬의 양이 과잉하거나 결핍될 경우에는 병이나 신체 이상을 가져오게 된다. 이것을 보더라도 생물기계는 물질로만 되어 있는 기계가 아니고 육과 혼이 혼합되어 있는 영으로 된 생물기계인 것이다.

내분비계=호르몬계
 (신을 대신하여 생체기능을 돌보는 호르몬로봇들과 호르몬로봇공장들)

내분비계는 신체의 항상성 유지와 생식, 발생에 중요한 역할을 하는 호르몬을 생산, 분비하는 선(샘)과 조직들의 모임으로 호르몬공장이다.

외분비선(소화관 내에서 분비하는 것으로 침샘, 위샘, 장샘, 이자 등)과는 달리 내분비선(샘)에서 생산되는 호르몬은 표적기관까지 도달할 수 있는 특정한 수송관을 가지고 있지 않아 직접 혈관이나 림프관을 통하여 전신의 표적기관까지 수송되며, 이 때문에 신경계 및 순환계와 긴밀한 상호작용을 항상 끊임없이 한다.

표적기관에 도달한 호르몬은 그 기관의 기능을 조절하고 돌본다. 특히 두뇌 한가운데에 있는 뇌하수체에서 많은 호르몬의 분비와 생성을 조절한다. 그러므로 신(하나님)은 신의 영이 들어 있는 호르몬분자로봇들로 하여금 신을 대신하여 생체물을 만들게 하고 생체기능을 조절하고 돌보고 이끌게 해서 생명체가 육체적, 정신적, 영적 활동을 하도록 한 것이다. 그리고 신체 곳곳에는 여러 종류의 호르몬로봇공장들이 설치되어 여러 종류의 호르몬분자로봇을 만들게 한 것이다.

① 송과선(샘) : 뇌 속에 있으며 여기서 만들어진 호르몬은 신체 내부의 시간 조절을 한다.

② 뇌하수체샘(선) : 9종류의 호르몬을 생산하고 이들과 함께 다른 호르몬샘을 조절하는 지배호르몬이다. 이와 같이 호르몬분자들 중에도 호르몬분자들을 돌보고 조절하고 이끄는 지도적인 대표적인 통솔적인 중추적인 인솔호르몬분자들이 수없이 많듯이 수많은 영들 중에서도 영들을 다스리고 돌보고 조절하고 이끄는 인솔하는 영(혼, 영혼)들이 신체 속에는 수없이 많은 것이다.

③ 갑상선 : 갑상선호르몬은 세포들의 신진대사에 영향을 미친다. 매일 갑상선 호르몬의 양이 일정하게 유지되는 것은 순환하는 일련의 반응계가 존재하기 때문이다. 반응결과 최종적으로 생성된 물질이 처음 단계로 되돌아가 작용을 미치는 것을 피드백(feedback) 제어라고 한다. 갑상선 호르몬은 시상하부와 뇌하수체에 억제적으로 작용하는 피드백 제어를 행하여

자신의 생성량을 자동적으로 조절하고 있다. 피드백 되는 갑상선 호르몬 량이 감소하면 억제가 풀려서 갑상선호르몬 분비가 일어난다.

④ 가슴샘(유선) : 가슴샘에서 만들어진 호르몬은 면역계통에 영향을 미친다.
⑤ 부신(콩팥, 신장 옆) : 부신은 챙 없는 모자 모양같이 콩팥(신장)에 씌워져 있다. 부신의 호르몬은 스트레스(압박감) 상황에서도 저장에너지를 이용할 수 있을 만큼 우리 신체의 능률을 높인다. 그러므로 부신에서 분출되는 아드레날린호르몬을 스트레스호르몬이라고도 부른다.
⑥ 췌장(이자) : 췌장에서 만들어지는 인슐린호르몬과 글루카곤호르몬은 혈당 농도를 조절(조정)하고 배고픈 감정도 조절한다.
⑦ 성선(성샘, 생식선) : 성선은 사람이 사춘기에 들어서면서 성적으로 성숙하게 작용한다. 성선은 성호르몬을 분비하는데 남성은 남성호르몬, 여성은 여성호르몬을 분비한다.

호르몬도 영이 들어 있는 영적인 단백질로 만들어지기 때문에 영적으로 신체를 돌보고 이끈다. 스스로 알아서 다른 것을 돌보고 인솔하고 이끌고 하는 작용(활동)은 물질적인 작용이 아니고 뇌를 가진 자나 또는 영의 작용인 것이다. 그 때문에 영적인 단백질로 만들어진 호르몬분자 속에는 영이 거하고 있는 것이 틀림없는 것이다.

하나님은 하나님의 영이 들어 있는 광자(에너지+정보+영)로 만들어진 단백질로 호르몬이 만들어지게 해서 생물신체를 하나님 대신 돌보고 이끌어가게 한 것이다. 그러기 위해 신체 속 여러 곳에 호르몬공장(호르몬샘)을 설치해서 호르몬로봇들이 자동으로 만들어지게 하고 뇌하수체 호르몬샘에 의해 전 호르몬공장들과 여러 종류의 호르몬로봇들을 지배 관리하게 한 것이다. 마치 인간으로 하여금 하나님 대신 지구의 생물을 다스리고 관리하도록 한 것이나 마찬가지이다. 결국 인간이나 동물의 육체는 호르몬로봇(단백질)들과 신경세포기계(생명의 3대 요소)들에 의해 조절되고 이끌어져서 육체적, 정신적, 혼적, 영적으로 활동할 수 있는 것이다.

만일 이들 호르몬공장들 중 한 공장이라도 없어 특정한 호르몬분자로봇을 못 만들면 생명체는 만들어지지 않거나 생물체물이 돌봐지지 않아 삶의 활동을 할 수 없는 것이다. 그러므로 이들 공장들이 자연에 의해 목적 없이 그냥 우연히 저절로 만들어진 것이 아닌 것이다. 생물이 살아가도록 지성이 높은 영적인 자에 의해 이들 여러 가지 호르몬공장들과 신경계 통신망이 의도적으로 영적으로 세밀하게 설계되어 영적으로 설치되고 영적으로 작동되어 가는 것이다. 그 때문에 여러 개의 호르몬공장들과 여러 종류의 호르몬분자로봇들과 복잡한 신경통신망들이 하나같이 모두 다 꼭 필요한 영적인 시스템들로 이루어져서 영적인 메커니즘으로 작동되어 가는 것이다.

만일 자연에 의해 꼭 필요한 호르몬공장들과 호르몬로봇들이 특정한 목적에 맞는 기능을 하도록 모두 빠짐없이 만들어지려면 아무리 시간이 지나가도 불가능한 것이다. 더욱이 이들 호르몬로봇들은 영으로 된 초능력을 지닌 컴퓨터 칩으로 장치되어 있고 호르몬로봇을 만드는 공장시설은 더더욱 영적인 시설이다. 인간이나 자연은 도저히 영으로 작동되어지는 호르몬로봇이나 영적인 호르몬공장의 설계능력도 없고 이들을 만드는 기술능력도 없고 이들의 작동술도 이해하지 못하는 실정이다.

이러한 영적인 기계와 영적인 공장을 인간과 자연이 만들 수 없으면 마지막으로 영을 다스리는 영적인 능력을 가진 하나님밖에 만들 자가 없는 것이다. 하나님도 만들 수 없거나 하나님이 존재하지 않는다면 영적인 호르몬로봇들과 호르몬공장들은 존재하지 말았어야 하는 것이다.

하나님의 영은 하나님의 생각이고 말씀이고 설계이고 능력인데 이는 우리의 뇌컴퓨터의 기능을 하며 영끼리 서로 의사소통도 한다. 다만 형체가 없는 무존재의 영적인 것이기 때문에 시간과 공간과 물질의 제약을 받지 않고 죽음이 없고 정신감응력(Telepathy)이나 정신력동력(Telekinesis)을 지닌 영적인 존재이다. 보이지 않는 영이지만 우리는 빛이나 생물기계 등을 통해 간접적으로 영의 작용을 읽을 수 있고 짐작할 수 있는 것이다. 마치 우리가 보이지 않는 만유인력이나 하나님의 존재를 느낄 수 있고 믿을 수 있는 거와 같은 것이다.

14
삶의 활동을 돌보는 신경계의 시설과 작용

우리의 신체는 외부환경자극을 감각해서 거기에 즉시 반응할 수 있어야만 한다. 그리고 신체 속의 내부변화를 즉시 알아차리고 각 기관의 활동이 서로 조화되어져야만 한다. 이들의 목표를 겨냥한 조절(조정)은 2개의 정보계통인 신경계통과 호르몬계(통)의 상호작용에 의해서 이루어진다. 신체의 모든 기관들은 전기적인 자극전류(충격전류)에 의해서 신경들과 함께 상호작용하여 조절되어진다.

신경계(통)는 정보의 감각(자극), 전달(중계), 일처리(자극을 분석해서 명령함), 저장(기억세포)을 떠맡는다. 신경계는 피를 통해 작용하는 호르몬이 도달하지 못하는 곳까지 신체 어느 곳이나 뻗어 있어 하나의 조밀한 신경그물망을 치고 있다. 두뇌와 척수는 일처리와 결정을 하는 최고의 신경중앙통제부(중추신경계) 역할을 한다. 호르몬계와 신경계는 공동으로 일한다(서로 상호작용한다). 신경계는 신경자극에 대하여 빠르게 반응한다. 그에 비해 호르몬의 작용은 훨씬 더 느리다.

많은 신체내부기관의 활동들은 신경자극을 통해서뿐만 아니라 호르몬을 통해서도 조절되어진다. 대부분의 신경세포들은 스스로 호르몬을 만들고, 다른 한편으로는 신경세포들의 일은 호르몬에 의해 영향을 받는다. 그러므로 두 개의 정보전달계통은 서로 연결되어 있고 공동으로 서로 상호작용을 한다.

신경계통은 그의 공간적인 구조에 따라서 중추신경계(신경중앙통제부)와 말초신경계(신경지방통제부)로 구분한다. 신경계통을 기능에 따라 구분하면 동물성 신경계통과 식물성 신경계통으로 나눈다. 우리의 신경계통은 컴퓨터로 조절되어지는 자동차공장의 중앙컴퓨터설비와 잘 비교되어진다.

모든 작업과정이 계획에 따라 정확하게 작업순서에 따라 행해지기 위해서는 공장 중앙통제부에 있는 모든 자료가 함께 작용되어져야만 한다. 공장 중앙통제부에 모든 정보는 기록되어지고, 분석·평가되어 적당한 명령이 결정되고 그리고 적당한 명령은 기계한테로 보내진다.

우리 신체의 신경계통 속에서도 감각기관, 근육, 내부기관으로부터 모든 자극 정보자료를 받는 최고의 중앙자료부이며 중앙통제부인 중추신경계(중앙신경통제부)가 있다. 그래서 이들 신호(정보, 자극)들은 저장되어지고 비교 분석, 평가되어지고 명령으로 일처리가 되어진다.

이들 임무들을 중추신경계가 행한다. 중추신경계에는 뇌와 척수기관의 반응과 조절을 하기 위한 명령신호는 신경줄(실)을 통해 자극전류로 전달되어진다. 척수는 척추도관 속에 있으며 신경덩어리의 중심지이다. 척수(척추 뼈 속에 있는 신경세포)는 뇌와 신체의 말단(나머지)부분 사이에 신호(정보)전달을 한다.

한 예로 교통사고로 목뼈가 부러져 척수가 제대로 작용하지 않으면 신호가 전달되지 않아 상체와 하체가 마비되어 감각이나 활동을 하지 못한다. 그래서 척수는 뇌와 마찬가지로 의도적으로 잘 보호하기 위해서 뼈로 보호되어 싸여져 있는데, 이러한 시설도 우연히 자연히 저절로 되는 것이 아니라 정보(신호, 자극, 흥분)를 반드시 전달시킴으로써

창조와 진화의 비밀 217

삶의 활동을 하도록 하게 하려는 창조자의 강한 의도적인 설계인 것이 틀림없다.

　우리가 자동차를 만들더라도 자동차가 의도대로 작동되도록 수많은 부속품을 만들어 적재적소에 조립시켜 의도대로 작동되도록 한다. 그래야만 자동차는 비로소 아무 탈 없이 의도대로 작동된다.

　우리의 신체구조의 신호전달 시설을 살펴보면 자극전류에 의해 신호가 뇌로 전달되고, 뇌에서 신호를 비교 분석 평가해서 명령을 하부조직이나 기관에 전달하게끔 모든 신경세포와 조직, 기관들이 적재적소에 설계의도대로 설치되어 있기 때문에 아무 탈 없이 신호가 한 치의 오차도 없이 정확하게 설계의도대로 전달된다.

　이러한 영적인 설계와 영적인 기능은 우연히 저절로 만들어진 시설에 의해서 우연히 저절로 이루어지는 시스템과 메커니즘이 아닌 것이다. 세포 속에 있는 DNA의 유전정보(생명의 설계도, 생명의 말씀)에 따라 신체설계도에 따라 영적인 단백질분자들에 의해 신체시설이 한 치의 오차도 없이 정확히 만들어져 설치되고 단백질분자로 된 신경세포나 호르몬분자들에 의해 생명의 활동이 돌봐지고 이끌려지기 때문에 신호(정보)도 정확히 전달될 수 있는 것이다.

　중추신경계(뇌와 척수)에서 신체와 주위환경의 모든 정보는 신경자극전류로 일처리 되어진다. 중추신경계에서 직접 신경을 통해서 도달되는 모든 신체부분에 대한 명령이 생긴다. 그래서 반응이 움직임, 행동, 기관활동 등의 형태로 나타내진다. 능력 면으로 보면 우리의 중추신경계는 큰 생산공장의 중앙컴퓨터기계보다 훨씬 뛰어나다.

　자동차 생산공장의 중앙통제부에 있는 컴퓨터에 들어 있는 프로그램과 정보자료에 의해 자동차가 생산되어지며 질서 있는 생산과정을 통하여 보다 편리하게 자동차를 생산하기 위한 목적과 의도가 있어서 컴퓨터를 사용한다. 이 컴퓨터는 우연히 저절로 자연히 만들어진 것이 아니고 인간이 구상·설계하여 만들었기 때문에 인간이 의도한 설계프로그램대로 작동된다.

컴퓨터 시설이 없는 자연 홀로의 진화로는 단순한 책상 하나도 만들어지지 않는다. 자연에는 책상을 설계하는 자도 없고, 책상을 만드는 기술자도 없고, 고장 나면 고치는 수리공도 없고, 책상을 만들 재료(나무, 목재, 못 등)를 구입해서 가져오는 구입자와 운송자도 없고, 책상을 만들어지게 하는 기술자도 없고, 이러한 일들을 대신 맡아하는 컴퓨터장치가 들어 있는 로봇이나 대리자도 없고, 이러한 일을 통솔하고 인솔하는 인솔자도 없기 때문에 어떠한 시스템을 의도적으로 설계해서 만들어 작동되게 하거나 더 발전·발달되게 진화시킬 수 없는 것이다. 자연은 오직 상대적인 극성의 힘에 의해 생긴 에너지와 특성으로, 자유에너지(유용한 에너지)는 감소되고(발열반응) 엔트로피(무질서도, 무용한 에너지)는 증가하는 정해진 일방통행 방향으로만 가는 수동능력밖에 없다.

설계를 해서 하나의 시스템을 만들려면 동서남북, 그 사이 사방팔방 16방향 이상과 위아래 방향으로 수많은 방향으로 생각하고 시간과 공간과 물질의 수와 양, 에너지의 양 등 모든 것을 절절한 수와 양에 맞고 순서에 맞게 설계해서 수많은 방향으로 서로 상호작용되도록 만들어야만 한다. 어떻게 한 방향으로만 정해진 일방통행식으로 가는 자연이 여러 방향으로 가는 새로운 복잡하고 다단계의 시스템을 발전·개발시켜 점점 고차원의 시스템으로 진화시킬 수 있겠는가?

신체의 말단으로부터, 예를 들어 피부나 내장으로부터 중추신경계까지의 흥분(자극)을 전달하는 모든 신경들을 말초(말단)신경계라고 한다. 뇌와 척수(중추신경계)에서 정보처리 후 중추신경계의 새로운 흥분(자극, 정보)을 다시 신체의 말단(뼈, 근육, 샘세포, 근육세포, 내부기관)까지 보내는 모든 신경들도 똑같이 말초신경계에 속한다. 사람은 주위환경과 항상 연결되어 있기 때문에 신경계(통)와 감각기관은 환경의 자극에 즉시 반응해야만 한다.

의식적인 지각, 임의로 조절된 움직임, 빠른 정보의 일처리, 특히 반사적인 것 등은 동물성 신경계의 특징이다. 우리의 기관조직은 그것의 신경계통을 통하여 외부세계의 영향뿐만 아니라 그것의 내부세계의 영향과도 조화를 이룬다. 그것의 조절(조정)은 식물성 신경계(통)가 떠맡는다.

식물성 신경계는 무엇보다도 내부기관 기능인 호흡, 혈액순환, 소화, 분비, 샘(선)활동(호르몬활동)을 통제 조절한다. 이들의 일은, 예를 들어 심장고동이 변하거나 겁에 질려 땀을 흘리는 경우에만 우리에게 느껴진다(의식되어진다). 식물성 신경계통은 계속해서 자율적(독립적, 자주적)으로 일한다. 그 때문에 식물성 신경계를 자율신경계라고도 한다. 식물성 신경계는 항상 동물성 신경계와 호르몬계와도 정보를 교환하고 함께 공동상호작용을 한다. 이러한 상호작용은 영이 들어 있는 영의 능력으로만 가능한 것이다.

중추신경계(신경중앙통제부)는 뇌와 척수를 말하고, 이 둘은 뼈로 잘 보호되어 싸여져 있으며 척수가 들어 있는 등뼈(척주)와 뇌를 중심으로 양옆으로 신체는 대칭형을 이룬다. 신경작용은 자극전류의 작용이므로 전자기장이 산 사람한테는 낮이고 밤이고 항상 신체에 형성되어 있다. 만일 신경계가 좌우 비대칭이라면 신호전달도 올바르게 할 수 없고, 균형 잡힌 움직임도 할 수 없을 것이며, 올바른 생각이나 감정을 가질 수도 없을 것이다. 그래서 원시동물인 원핵동물을 제외하고 모든 동물은 거의 대칭형을 이루고 있다.

정보를 전달하는 전화선은 전화로 의사소통을 하기 위해 인간이 의도적으로 직접 시설한 것이고, 동물 신체 내에 있는 신경줄은 의사소통이 되도록 신이 의도적으로 설계해서 생물 태초에 DNA 속에 설계도를 기록 저장되도록 했기 때문에 엄마의 자궁 속에 있는 접합자(태아, 배)는 생명의 대리자이며 조각가이며 기술자이며 인솔자인 여러 종류의 단백질로봇들에 의해 설계도에 따라 영적으로 조각되어지고 모든 신체시설들이 영적으로 시설되어지고 영적으로 관리·조절·운영되는 것이다.

아무리 시간이 지나가도 없는 전기선이나 없는 전화선이 우연히 자연히 저절로 스스로 배열 설치되어 전기에너지를 사용하거나 전화통화를 할 수는 없는 것이다. 마찬가지로 없는 핏줄이나 없는 신경실이 신체에 우연히 저절로 장치되어 세포, 조직, 기관 등이 에너지에 의해 작동되어 의사소통되거나 신체기계가 우연히 저절로 작동되어 생명의 활동을 아무 탈 없이 자연스럽게 할 수는 없는 것이다.

＊신체항상성(homeostasis, 생체항상성)-영들의 작용＊

우리가 찬물을 마신다고 해서 체온이 떨어지지 않고 뜨거운 물을 마신다고 해서 체온이 올라가지 않으며, 봄, 여름, 가을, 겨울의 날씨 변화에 관계없이 체온이 변하지 않고 항상 정상적인 체온인 36.5℃(건강한 자)를 유지한다. 추운 겨울날 체온이 정상 이하로 떨어지게 되면 체내에서는 체열을 외부로 빼앗기지 않기 위해 땀구멍을 닫아 체온을 유지한다. 반대로 여름날 체온이 정상 이상으로 상승하면 땀구멍을 열어 땀을 흘림으로써 체온을 정상 수준으로 조절한다.

이렇게 우리 몸 안에는 외부환경이나 내부환경의 변화에 대응하여 자동으로 체온뿐만 아니라 산소, 이산화탄소의 농도, 혈당량, 혈류량에 의한 혈압조절, pH값, 산과 알칼리의 균형 등이 자동조절시스템인 피드백(feedback) 작용에 의해 신체항상성이 유지되므로 생명과 건강을 유지할 수 있다. 이러한 영적으로 작용하는 자동조절 컴퓨터시설은 우연히 저절로 만들어질 수는 도저히 없다.

혈당량의 경우 혈액 속의 포도당 함량은 인슐린(혈당을 감소시키는 호르몬)과 글루카곤(혈당을 증가시키는 호르몬)에 의해 정상치인 $0.1\%(100mg/100ml)$를 유지하게 된다. 혈액 속에 혈당량이 정상치보다 올라가면 췌장에서 분비되는 인슐린호르몬의 작용에 의해 증가된 당분은 간이나 근육으로 운반되어 전분으로 저장된다.

반대로 신체의 어느 부분이 격렬한 운동을 하면 그 부분의 근육은 에너지원(연료)을 소모하기 위해 혈액 속에 함유된 포도당을 가져다 사용한다. 따라서 혈액 속의 당분은 자연히 감소하게 되어 혈당량이 떨어지는데, 그러면 즉시 글루카곤이 작용해서 간이나 근육 속에 저장돼 있는 전분을 끌어다가 당분으로 만들어 부족한 혈당량을 채워줌으로써 혈당량의 생리균형을 바로잡아 준다. 신체는 이처럼 원래 정상 상태로 되돌아가는 힘(평형해지려는 힘), 즉 신체항상성에 의해 모든 생명활동이 조화 유지되어 작동되어 간다.

신체항상성은 물질적으로만 이루어지는 것이 아니고 물질과 혼(영)의 혼합작용으로 이루어진다. 예를 들어 우리 신체의 에너지가 모자라면 우리는 정신적으로 심한 배고픔의 고통을 느끼며 강한 식욕을 가지므로 음식물을 섭취하게 된다. 배불리 먹으면 더 먹고 싶은 욕망이 없어진다. 소화가 되고 어느 정도 시간이 지나가면 다시 새로운 식욕을 느끼게 된다. 이러한 현상은 삶의 항상성(신체와 혼의 항상성)을 유지시키므로 우리가 육체적 정신적으로 아무 탈 없이 살아가게 된다. 이러한 현상은 우리의 몸이 육체와 혼(영)으로 되어 있음을 증거하는 것이다.

우리가 갖는 정신적인 욕망, 욕심, 생각, 감정, 이상, 이성 등은 모두 우리 몸속에 거하는 영들의 작용인 것이다. 영(혼)도 우리와 같이 욕심, 욕망이 있고 사랑의 감정을 느끼고 생각하고 이상을 가지고 하나님의 말씀에 따라 행하고 사랑의 감정이 담긴 의사소통을 하려고 한다. 그래서 우리가 욕망이 어느 정도 채워지면 배불리 먹은 것 같이 아무 욕망이 없다가 어느 정도 시간이 지나가면 다시 새로운 욕망이 생겨나는 것이다. 이 욕망을 채우려는 의도 때문에 사소한 죄도 짓게 되고 동시에 삶의 발전도 이루어지는 것이다.

욕망을 가지고 채우고 하는 것은 곧 상대적인 정신적인 극성관계의 작용이고 욕망을 채우려 하는 것은 평형해지려는 힘의 작용이고 이러한 과정이 이루어지는 것은 곧 상호작용에 의해 이루어진다. 그러므로 우리의 육체와 정신적인 작용이나 생체항상성은 자연의 3대 힘(신의 3대 힘=상대적인 극성의 힘, 평형해지려는 힘, 상호작용하려는 힘)의 상호작용으로 이루어지는 것이다. 우리의 신체가 상대적인 전자기적이고 기능적인 극성물질로 만들어졌기 때문에 삶의 활동도 자연히 상대적인 극성적인 힘의 작용으로 행해지는 것이다.

신체가 외부환경이나 내부 상황에 의해 기능이나 상태가 일시적으로 정상상태 범위를 벗어났다가 곧 다시 본래의 정상상태로 되돌아오는 것을 신체항상성이라 한다. 또는 신체의 동적평형이라고도 한다. 우리가 빨리 뛰면 숨이 가쁘고, 맥박이 빨라지다가 서면 금시 정상을 되찾게 된다. 우리 몸의 체온이 일정하게 유지되는 것이나 화학물질이나 체액의 양이 일정하게 유지되는 것도 모두 신체항상성에 의한 것이며 이것은 자율신경계(식물성 신경계)와 호르몬계(내분비계)의 상호작용에 의해 조절된다.

중추신경계는 뇌와 척수로 이루어져 있으며 감각기관들이 보고한 수많은 정보들을 통합 분석하여 가장 적당한 결정을 해서 이 결정을 그대로 행하도록 말초신경계에 명령을 전달한다. 말초신경계에 의해 몸은 내외적으로 어떠한 반응을 하게 된다. 말초신경계에는 우리의 뜻대로 일을 하는 체성신경계와 우리의 뜻과는 관계없이 스스로 알아서 일을 하는 자율신경계가 있다. 자율신경계가 하는 일은 생명유지와 생명활동을 위한 기능, 즉 몸의 항상성을 유지하는 일이다. 자율신경계에는 여러 조절기능을 가지고 있으며 교감신경계와 부교감신경계의 2가지가 있다.

교감신경계는 부교감신경계와 함께 식물성신경계인 자율신경계를 구성하는 말초신경으로 뇌와 척수에서 나와 내장으로 분포되어 있다. 만일 사람이 중요한 약속을 잊어버리고 있다가 약속 임박 직전에 알게 되면 호흡은 멎어지고 심장은 더 빨리 뛰고, 손은 축축해지고, 위는 뒤틀려진다. 이런 현상은 모두 우리의 의지와는 상관없이 일어난다. 우리가 안 그렇게 되려고 마음먹어도 우리는 어쩔 수 없이 그러한 상황을 겪어야만 한다. 우리의 내부기관(내장)의 작용(기능)은 식물성 신경계, 즉 자율신경계에 의해 조절(조정)되어지기 때문에 우리는 원하지 않지만 이러한 상황을 겪어야만 한다.

식물성 신경계(자율신경계)는 우리가 잠을 자더라도 그들의 일을 계속한다. 예를 들어 호흡, 혈액순환 등 살아가기 위해서 필수 불가결한 신체기관 작용을 우리도 모르게 알아서 스스로 자율적으로 행하는 영이 들어 있는 신경계이다. 동물이 살아갈 수 있도록 자율신경계가 신의 의도대로 설계되어 동물의 신체 내에 시설되어 신체기능을 낮이고 밤이고 돌보는 것이다. 만일 영이 들어 있는 자율신경계가 없다면 중추신경계가 신체의 모든 작용을 관할하고 돌봐야 하므로 우리는 밤에도 잠을 못 자고 신경을 써야 하므로 모든 동물은 지치고 미쳐버려서 곧 병들어 죽어버릴 것이다.

우리가 충분히 잠을 자고 나면 머리가 상쾌하고 집중력이 강하고 컨디션이 좋으나 잠을 충분히 자지 못하면 머리가 멍하고 아프며 어지러우면서 머리도 무겁고 컨디션도 나쁘면서 집중력도 현저히 떨어진다. 이는 우리의 육체가 물질로만 된 생물기계가 아니고 육체와 영으로 되어 있는 영적인 생물기계이기 때문에 피로를 느끼게 되고 좋고 나쁜 컨디션을 느끼게 되어 정신적인 기분, 감정, 생각에도 영향을 미치게 되어 사람의 교제나 처신에도 영향을 미치게 된다.

우리가 욕망을 가지고 어떤 것을 하고 싶고 즐기고 슬퍼하고 미워하고 좋아하고 성욕을 가지고 생각하고 피로함을 느끼는 것은 모두 신경세포나 호르몬분자 속에 들어 있는 영들의 작용이다. 영도 우리와 같이 생각을 하고 감정을 가지고 삶의 의욕을 가지기 때문에 수많은 사랑의 감정이 담긴 교제(의사소통)를 하기 원하고 피로도 느끼는 것이다. 그러므로 영은 하나님의 영의 원천에서 유래되므로 하나님의 생각과 감정을 가진 분신이나 마찬가지인 것이다. 그래서 영의 원천인 하나님은 휴식을 강조하고 안식일을 지키라고 강조하신 것이다.

안식일을 지킴으로써 하나님과 감정 깊은 영적 교제를 더 나눌 수 있고 안으로는 가정의 화목을 가져오고 밖으로는 교제를 더하게 되어 따듯한 인간사회를 이루기 때문에 삶의 근본적인 삶의 낙을 즐기게 되고 동시에 자신도 모르게 피로와 스트레스도 풀게 되는 것이다. 낮과 밤, 활동과 휴식(잠), 건강과 병, 좋고 나쁨, 화목과 불화, 교제와 불목, 육체와 영(영혼, 혼) 등은 상대적인 기능적인 극성관계의 작용이므로 낮이 있으면 밤이 있게 되고 활동을 하면 휴식을 취하게 되고 탄생이 있으면 죽음이 있게 되고 죽어서 육체와 혼이 분해되면 다시 부활(탄생)로 육체와 혼이 합성하게 되는 것이다.

이 원리는 곧 하나님의 상대적인 극성적인 힘의 작용이고 순환적인 동적평형의 힘의 작용이고 이들 작용들은 결국 만물 사이에 서로 상호작용하는 힘으로 이루어진다. 그러므로 이들 작용들은 곧 하나님의 3대 힘(상대적인 극성의 힘+평형해지려는 힘+상호작용하려는 힘)의 공동상호작용으로 일어나는 자연현상인 것이다.

자연에 의해서 우연히 자연히 동물이 밤에 잠을 잠으로써 모든 육체적 정신적 피로를 풀게끔 고차원의 자율신경계시설이 만들어질 수는 없는 것이다. 왜냐하면 자율신경계의 구조시설과 기능은 물질적인 것만 아니고 영이 들어 있는 혼합적인 컴퓨터시설이기 때문에 영을 다루고 관리하지 못하는 인간이나 자연의 능력적인 차원이 아니기 때문이다.

식물성 신경계(자율신경계)는 교감신경과 부교감신경의 두 개의 신경줄(실)로 이루어져 있다. 교감신경과 부교감신경은 상대선수처럼 상대적으로 기능적 극성관계로 작용하고, 신체 내부기관의 활동을 서로 공동으로 조절한다. 교감신경의 신경줄은 척추의 좌우에 있는 신경절의 2중 줄 중에 한 줄이다. 즉 사람인 경우 교감신경의 중추는 척수 중 가슴, 허리 신경에 있다.

교감신경은 위험하거나 위기가 예측되는 스트레스(압박감) 상황에서 몸을 긴장시켜 신체의 능률증가를 위해 어려운 상황을 즉각적으로 대처해서 극복하려고 힘쓴다. 바로 이러한 작용이 영이 들어 있는 영적인 작용임을 증거하는 것이다. 그래서 그런 상황에서는 근육과 뇌에 더 풍부한 산소와 양분이 공급되어진다. 그 때문에 교감신경을 능률신경이라고도 한다.
　교감신경계는 주로 힘을 발산하는 일을 한다. 그래서 교감신경이 흥분하면 눈동자가 커지고 심장이 활발히 움직이고 혈압이 오른다. 또 대부분의 분비기능을 촉진시키며 내장의 작은 근육들을 수축시키는 일을 한다. 상황이 여유롭지 않고 긴박한 때에는 소화기능이 억제된다. 소화기관이 정상적으로 일을 다 하려면 많은 양의 혈액이 요구되는데, 긴박한 상황일 때는 팔과 다리가 힘을 발휘해야 하므로 소화기관으로 들어갔던 혈액들은 그 속에 있는 많은 모세혈관들을 다 따라 흐르지 않고, 지름길을 통해 신속히 심장으로 되돌아갔다가 팔과 다리로 가게 된다. 급히 운동을 하거나 긴장을 했을 때나 화난 마음으로 음식을 먹으면 잘 체하는 것이 이와 같은 소화기관의 기능이 억제되어 있기 때문이다.
　부교감신경의 신경길은 특정한 뇌신경과 척수의 천골 위로 지나간다. 즉 부교감신경의 중추는 뇌와 척수에 있는 것이다. 부교감신경은 에너지 등을 저축하면서 회복하는 것을 돌본다. 즉 부교감신경은 교감신경에 의해 흥분된(자극된) 신체의 부위를 진정시키는 일을 한다.
　예를 들어 심장의 박동이 교감신경에 의해 증가되었으면 이를 진정시켜 정상상태로 되돌리는 일을 부교감신경이 한다. 그러므로 부교감신경을 회복신경이라고 부른다. 부교감신경이 활성화되면 교감신경의 흥분 때문에 닫혀 버렸던 소화기관 내의 모세혈관으로 들어가는 문이 활짝 열려 혈액의 공급이 충분하여 밥맛이 나고 소화기능이 정상으로 된다. 물론 마음이 편안한 상태가 되므로 모든 신진대사와 모든 장기의 기능이 다 정상으로 되돌아가 순조롭게 된다.
　자신의 건강을 위해서도 부교감신경을 가능한 한 최대한으로 활성화시키는 것은 매우 중요한 것이다. 식물성 신경계(자율신경계)는 항상 동물성 신경계와 연결(접촉)하고 있다. 그 때문에 외부적인 영향과 분위기가 내부기관(내장)으로 영향을 미칠 수 있다. 어려운 상황의 상상만으로도 기분이 나쁠 수 있는 것이다. 계속된 화나 스트레스는 그 때문에 빈번히 위병, 심장병, 순환병의 원인이 된다.
　심장의 활동은 교감신경의 흥분에 의해 촉진되고, 부교감신경의 흥분(자극)에 억제되듯이 서로 상대선수처럼 상보적으로 작용(길항작용, 상대적 기능적 극성작용, 상호작용, 평형작용)한다. 억제와 촉진은 신체 부위에 따라 다르다. 우리의 신체는 우리 자신도 모르게 자율신경계와 호르몬계에 의해 아무 탈 없이 신체항상성을 유지해 가면서 작동되어 간다.

어떻게 교감신경은 긴급상황에 대처하려고 신체기능을 촉진시키고, 긴급상황이 지나가면 부교감신경은 어떻게 알고 교감신경에 의해 억제된 곳은 활성화시키는데, 어떻게 뇌도 없는 이들 자율신경계들이 이러한 일을 서로 공동으로 해내고 처리할 수 있는가?

그 이유는 이들 신경세포나 호르몬 등도 영적인 생명의 기본물질인 영이 들어 있는 특정한 단백질로 만들어졌기 때문에 영과 영 사이이므로 정신감응력으로 의사소통이 잘되어 DNA분자 속에 있는 유전정보(생명의 말씀)에 따라 주어진 특정한 임무대로 영적으로 활동하기 때문이다. 그러므로 우리 신체가 우연히 자연히 만들어져서 우연히 자연히 아무 탈 없이 작동되는 것이 아니라 생물세포를 신이 처음 만들어지게 했을 때 자율신경계를 이루는 신경세포 속에 DNA 속에 자율신경계의 기능도 프로그램화해서 집어넣고, 세포분열과 수정(교미)메커니즘에 의해 자동적으로 유전·번식되어 오늘날까지 진화되어 오도록 했기 때문이다.

교감신경과 부교감신경의 길항작용(상대선수적 작용)은 결국 상대적인 기능적인 극성관계의 작용으로 상호작용을 하여 신체의 평형(화평, 화목, 조화, 균형)을 이루려는 자연의 3대 힘(신의 3대 힘)인 상호작용을 하려는 힘, 상대적인 극성의 힘, 평형(조화, 균형)해지려는 힘의 상호작용으로 이루어지는 것이다. 그러므로 자연을 만들어지게 한 창조자나 생물을 만들어지게 한 창조자나 다 똑같은 하나의 창조자이거나 다 똑같은 우주만물연구소(하나님과 제자들이나 천사들)에서 만들어지게 했음을 알 수 있는 것이다.

이와 같이 스스로 알아서 일처리 하는 자율신경계는 신체기능을 촉진시키는 교감신경계와 신체기능을 억제시키는 부교감신경이 있어 이들이 서로 상대적인 기능적인 일을 함으로써 초능력 컴퓨터프로그램대로 신체항상성을 높여서 신체가 아무 탈 없이 물질적, 정신적 활동을 하게 한다. 만일 이들이 우연히 자연히 저절로 만들어진 신경계라면 작동프로그램이 없기 때문에 프로그램에 따라 조절하여 신체항상성을 한평생 동안 차질 없이 유지시킬 수는 없는 것이다.

15
물질+정신+영의 세계를 만들고 돌보는 두뇌컴퓨터기계

우리의 신체기계를 조절 명령하고 정신적인 사고와 영적 활동을 하게 하는 영적인 두뇌컴퓨터기계는 어떠한 구조로 되어 있으며 어떠한 원리로 작동되는지 알아본다.

두뇌는 우리의 가장 민감한 기관 중의 하나이다. 분홍색—회색의 조직으로 1.3kg 질량의 두뇌는 두개골(해골) 속에서 손상되는 것에 대비해 머리뼈로 잘 보호되어 있다. 그 밖의 보호는 두뇌를 감싸고 있는 3개의 피부이다. 그들 사이에는 뇌수(뇌의 액체)가 있는데 그들은 스펀지처럼 작용해서 뇌의 충격을 감소시켜 준다.

뇌는 우리의 가장 활동적인 정신적인 기관이기 때문에 많은 산소와 양분(포도당)을 소비한다. 그 때문에 수많은 혈관들이 뇌에 집중되어 피를 공급한다(만일 인간의 지적설계로 뇌를 보호하기 위해 해골과 두뇌구조를 만든다면 이와 같이 안전하고 지능이 높고 영적으로 작동되어지는 뇌를 만들지는 못할 것이다).

전체 피의 20%가 심장으로부터 목동맥을 지나 뇌로 펌프질된다. 뇌액은 주로 물, 소금, 소량의 단백질, 칼륨, 포도당으로 되어 있다.

뇌는 산소와 에너지 저장능력이 매우 작기 때문에 피 공급이 중단되면 짧은 시간 후에 뇌손상이 따르게 된다. 그것은 1분에 약 1l의 피의 양이다. 만일 산소로 포화된 피의 공급이 단지 10초 동안만 중단된다면 우리는 의식을 잃게 된다. 이 짧은 시간 동안의 산소결핍은 심한 뇌의 손상을 가져올 수 있다. 4분 이상 피의 공급이 중단되면 죽음에 들어서게 된다.

많은 이질 물질과 미생물은 피에서 뇌조직으로 직접 갈 수 없다. 뇌실의 혈관망 속과 뇌모세망 속에서 특별히 작용하는 분자여과기와 이온여과기가 있기 때문이다. 이 장치(설비)를 피―뇌―울타리라고 부른다. 즉 피와 뇌 사이에 있는 울타리인 것이다.

대부분 생물학적으로 활동적인 물질인 고분자물질인 호르몬이나 단백질은 이 울타리를 통과할 수 없으나 이들 물질이 필요시에는 즉시 특정효소가 대기하고 있어 대개 필요한 단백질과 호르몬 등은 거의 제약을 받지 않는다. 그와 반대로 저분자물질인 마약, 알코올, 니코틴, 헤로인 등은 아무 제약 없이 이 울타리를 자유자재로 통과해서 뇌로 갈 수 있다. 다른 많은 물질들은 효소에 의해 이곳에서 분해되어진다. 그러므로 두뇌는 마약에는 보호되어 있지 않으나 핏속에 있는 해로운 물질과 병균들로부터는 매우 잘 보호되어 있다.

만일 피―뇌―울타리가 없다면 이질 물질이나 병균이 쉽게 뇌에 도달해서 연약한 뇌를 손상시켜 정신적인 활동을 방해하므로 건전하게 생각하는 동물은 거의 없고 거의 정신병 환자처럼 또는 망각증 환자처럼 활동하다가 일찍 죽어버릴 것이다. 자연이 이런 것을 다 알아서 우연히 자연히 피―뇌―울타리를 개발해서 설치해서 동물이 건전한 정신적인 활동을 하도록 할 수는 없는 것이다.

뇌는 산소와 에너지 저장능력이 매우 작기 때문에 피의 공급이 중단되면 짧은 시간 후에 뇌손상이 따른다. 그 이유는 뇌세포는 여러 가지 정신적인 생각이나 기억, 자극(신호, 정보)을 비교 분석 평가해서 명령 등의 일을 해야 하기 때문에 다른 체세포와는 달리 에너지와 산소저장능력이 매우 작은 것이다. 그래서 심장이 멈추어 피가 순환 되지 않으면 제일 먼저 뇌세포들이 에너지가 없어 활동을 못해 죽어 간다. 심장이 멈춘 후 즉시 전기 심장활성기(electroshock)로 심장을 마사지해도 한 번 심장이 멈추어 죽은 사람은 거의 살아나지 못한다(예외로 극소수가 기적적으로 살아나는 경우도 있다).

우리의 생물세포는 보이지 않을 정도로 미세하기 때문에 이 미세한 세포 안에서 양분(유기물)을 산소로 태워(연소시켜, 산화시켜) 에너지를 만들고, 소비하고, 저장하는 양은 매우 미세하다. 그 때문에 심장이 멈추면 혈액순환도 멈추어 세포 내의 에너지 저장량은 고갈되고 에너지가 없는 세포기계는 즉시 활동을 멈추기 때문에 죽어버리는 것이다.

한 번 죽어버린 세포기계가 다시 살아나려면 세포 안에서 음식물을 산소로 분해하고 에너지를 얻어야 하는데, 피가 멈추어 공급해 주지 않으므로 모든 세포 내 세포소기관(세포 내 공장들)들이 작동되지 못하므로 생체기계들이 살아날 수 없는 것이다.

만일 세포기계가 멈추게 되면 세포핵 속에 있는 생명의 칩인 DNA 기계와 광자(에너지+정보+영)로 만들어진 영적인 단백질분자기계들도 모두 멈추게 된다. 이들 기계들이 다시 에너지에 의해 작동되려면 이들 기계들과 에너지 사이에 다시 암호를 맞추어야 되는데, 암호를 맞추는 영적인 단백질분자기계와 DNA기계가 멈추어 있기 때문에 혼이나 영혼의 활동도 멈추어 있기 때문에 에너지의 암호를 못 맞춰 세포기계들이 다시 작동되어질 수 없는 것이다. 즉 세포 내에서 생명의 3대 로봇인 광자로봇, 단백질분자로봇, DNA분자로봇 사이에 단백질분자기계와 DNA분자기계가 멈추어 있기 때문에 광자(에너지+정보+

영)가 이들과 상호작용을 할 수 없어 생명의 활동이 이루어지지 않는 것이다. 그러므로 생명의 3대 요소는 광자(에너지+정보+영), 단백질분자, DNA분자이며 이들의 상호작용 없이는 생명의 활동이 이루어지지 않으며 혼과 영혼의 활동도 멈추게 되는 것이다.

지능은 대뇌피질의 주름과 굴곡에 달려 있는 것뿐만 아니라 신경세포의 수와 그들의 분배와 연결에도 달려 있다. 사람의 대뇌는 코끼리를 제외하고 다른 동물들보다 크고, 원숭이에 비해 3~5배 더 크기 때문에 인간은 유일하게 지적능력을 가져 언어와 문화의 발달, 발명의 능력 등을 가진다.

사람의 두뇌신경세포는 1,000억 개 이상으로 고양이(약 30억 개)보다 30배 이상 더 많다. 물고기, 양서류, 파충류, 새와 젖먹이동물(포유류)의 뇌는 구조와 기능 면에서 사람과 같은 뇌를 가지고 있다. 움직임과 평형을 위한 작은 골이나 소화, 배설, 호흡, 혈압 같은 식물성신경계를 조절하는 척수는 이미 물고기에서부터 사람과 거의 같은 기능을 가지고 있다. 더구나 동물과 사람의 체액인 세포액이나 임파액 등의 구성성분이 바닷물의 구성성분과 비슷하므로 사람들은 사람이 바다 물고기에서 진화되었다고 믿는다. 과학적으로 믿기 때문에 매우 타당성이 있는 것이다.

기억 내용은 신경 접촉지에서 신경세포 표면에 광자(양자, photon)에 의해 저장되어진다. 저장된 기억들은 중요한 것, 보통인 것, 중요하지 않은 것으로 구별된다. 중요하지 않은 것은 몇 초에서 1주일 안에 잊어 버려 짧은 기억으로 저장한다. 중요한 것은 몇 년 또는 일생동안 뇌 속에 장기기억으로 보관한다.

우리 환경 주위에서는 매일 너무 많은 정보가 넘쳐흐르기 때문에 그 중에서 다소 중요시되는 것은 선별되어 기억으로 저장되어진다.

만일 선별하지 않고 모두 기억으로 저장할 경우 막대한 뇌의 피로를 야기시킬 것이다. 정보기억들은 비물질, 즉 정신적인 것이기 때문에 시간과 공간의 제약을 받지 않는다.

어떤 사람의 이름은 기억세포에서 아무리 꺼내도 남아 있다. 어떤 사람의 이름은 잊어버려 기억을 되살려도 머릿속에 떠오르지 않다가 시간이 지나 다시 생각하면 머리에 떠오르는 경우가 있다. 이것은 기억세포와 생각하는 세포 사이에 암호(Code)가 맞춰지기(일치되기) 때문이다. 그러므로 생각하는 것도 자극정보(감각정보)와 기억정보 사이에 암호를 맞추는 작용이다.

어떤 사람의 이름을 기억 못하는 것은 뇌세포가 기억세포에 저장된 이름정보의 암호를 맞추지 못하는 것이지 이름정보가 기억세포에서 아주 없어져 버린 것은 아니다. 우리가 어떤 것을 쉽게 잊어버리는 경우는 기억세포 속에 광자 속에 저장된 기억정보가 사라져 없어지는 것이 아니고 광자 속의 영이 사소하고 중요하지 않은 불필요한 정보는 처음부터 오랜 기억정보로 선별하지 않아 기억세포 속에 오래도록 저장되지 않도록 하기 때문이다.

이러한 기억정보의 선택이나 기억세포에 기억정보를 저장하고 꺼내는 일을 모두 광자(에너지+정보+영)소립자가 한다. 그러므로 광자소립자에 의해 오래가는 정신적인 기억정보로 선택되어 저장된 기억정보는 뇌세포 속에 광자(에너지+정보+영)소립자 속에 오래도록 남게 된다. 모든 소립자의 정신적인 특성이 영원히 가듯이 광자 속에 저장된 정신적인 인간의 고유한 영인 영혼도 광자 자신이 영원히 가는 기억정보로 선택 저장하기 때문에 광자 속에 저장된 영혼은 영원히 가게 된다.

뇌는 대뇌 밑으로 소뇌, 간뇌, 중뇌, 종뇌로 구성되어 있다. 대뇌는 총 뇌 부피의 거의 90%를 차지한다. 대뇌는 피막(덮개)과 같이 나머지 뇌 부분을 씌우고(덮고) 있다. 특징적인 것은 수많은 주름(고랑)과 비틀림(나선형)으로 되어 있다. 그들로 인해 거의 2.5m²의 큰 표면적이 생긴다. 이곳에서 1,000억 개 이상의 신경세포를 발견한다. 그들의 세포체들의 본 질량은 대뇌피질(대뇌껍질)의 회색물질 속에 있다. 각각 이들 신경세포들은 20,000개 이상의 다른 신경세포와 연락(접촉)할 수 있다. 전체 두뇌 속에 있는 신경실(신경줄)의 길이는 40~50만km로 지구 둘레의 길이(4만km)보다 10배 이상 더 길다. 이렇게 상상하지 못하게 가는 긴 신경실이 머릿속에서 번쩍이며 자극전류의 정보를 비교 분석 평가해서 결정을 내려 명령을 내리는 것은 바로 영적인 시설이며 영적인 영들의 작용인 것이다.

대뇌 가운데로 하나의 깊고 길게 늘어진 째진 틈은 대뇌를 2개의 반쪽(대뇌 반구)으로 가른다. 그것들은 뇌량(대들보 모양) 위로 서로 연결되어 있다. 우리가 배우고 기억하고 생각하고 계획하고 시도하는 모든 의식은 대뇌피질(껍질)에서 행해지거나 그것에 의해 조절(조정)된다. 모르는 대상물을 볼 때 대뇌(큰골) 속에 있는 신경세포 속에 기억으로 저장되고, 두 번째 그 대상물을 볼 때는 저장되어 있는 기억을 불러내어 비교 분석 평가하여 그 대상물을 알게 한다.

대뇌 뒤 밑에 있는 소뇌도 대뇌처럼 심하게 주름져 있고 2개의 반쪽으로 길게 쪼개져 있다. 소뇌는 무엇보다도 우리가 신체균형을 유지할 수 있고 우리의 움직임이 차례차례로 조화를 이루게끔 돌본다.

척수로부터 뇌의 다른 부분으로 건너가는 것(건널목)은 후뇌(연수+교)인 연수(연장된 척수)와 교(다리)로 이루어져 있다. 후뇌와 그 다음에 오는 중뇌를 뇌줄기(뇌기둥)라고 한다. 즉 뇌줄기(뇌간)는 척수 다음에 오는 연수+교+중뇌이다. 이들 뇌 부분은 길게 뻗어 있고 매끄러운 표면으로 되어 있다. 뇌줄기는 호흡, 심장고동, 체온, 배고픔, 목마름,

수면, 깸 등과 같은 삶의 유지기능을 조절한다. 이들 과정들은 무의식적으로 행해진다.

간뇌는 중뇌와 연결되어 있고 2개의 대뇌반구 사이에 있다. 간뇌는 뇌줄기와 같이 무의식적으로 일하고, 대뇌와 뇌줄기 사이에 중요한 연결지(접촉지)이며 동시에 식물성 신경계(자율신경계)의 중앙본부인 것이다. 뇌하수체샘(간뇌 끝에 매달려 있음)으로 연결된 간뇌는 호르몬계의 조절기관이기도 하다.

척수 → [{연수 → 교(다리)} → 중뇌] → 간뇌 → 대뇌 … 소뇌

중추신경계(뇌와 척수)와 말초신경계에는 신체기능을 조절하는 신경세포 속에 컴퓨터프로그램이 들어 있는 것이다. 만일 이들 신경기계(신경세포핵 속에 DNA분자 속에) 속에 영으로 된 컴퓨터프로그램이 안 들어 있다면 이들 신경기계는 신체기계들과 의사소통이 영적으로 이루어지지 않으므로 신체기계들을 돌보고 이끌지 못할 것이다.

우리의 뇌의 기능은 인간이 만든 컴퓨터와 비슷하게 작동되어진다. 그 이유는 인간이 뇌의 기능을 보고 컴퓨터를 개발해 가기 때문이다.

주위환경으로부터 5감각기관을 통해 받은 자극정보는 자극전류로 바뀌어 신경실을 통해 뇌로 가서 다시 자극정보로 바뀌어 기억세포에 저장되어 있는 기억정보와 비교 분석 평가되어 결정을 해서 명령을 신경실을 통해 다시 자극전류로 근육조직이나 샘(선)조직으로 하달하게 된다. 이러한 정보(자극, 흥분, 신호)전달은 거의 우리의 무의식 하에서 자율신경계나 호르몬분자 속에 있는 영들에 의해서 행해지는 것이다. 이와 같이 영은 영 자신이 다른 신체물을 다스리고 돌보고 이끌 수 있는 영적인 존재이다.

만일 영이 단백질 속에 안 들어 있으면 자율신경은 자율적으로 자신의 임무를 할 수 없는 것이다. 그 이유는 자율신경이나 생체물질이나 조직과 기관들이 영이 들어 있는 단백질로 만들어져 있기 때문에 영과 영 사이이므로 영적으로 정신감응력으로 의사소통이 잘 되어 서로 상호작용을 영적으로 잘할 수 있기 때문이다.

아름다운 새가 지저귀는 노랫소리를 눈으로 보고 귀로 들으면 아름다운 새의 모습이 눈에서 자극전류로, 노랫소리가 귀에서 자극전류에 저장되어 뇌로 가서 다시 이들 자극전류에 저장된 정보가 환원되어 아름다운 새의 모습과 노랫소리로 재현되어 우리가 뇌를 통해서 감지하게 된다. 그러므로 우리의 눈에는 카메라장치, 귀에는 녹음장치가 되어 있고 이들 그림정보와 녹음정보를 자극전류에 담아 뇌신경으로 보내서 거기서 다시 자극전류는 텔레비전 장치에 의해서 원상태로 환원되어 우리는 아름다운 새를 볼 수 있고, 아름다운 노랫소리를 들을 수 있는 것이다.

이와 같이 우리의 신체기계는 하나의 새를 보더라도 카메라기계, 녹음기계, 텔레비전기계 기능을 한꺼번에 동시에 너무나 자연스레 익숙하게 영적으로 해내기 때문에 우리는 아름다운 새와 노랫소리를 자연스레 자연 그대로 감지할 수 있는 것이다. 이들 기계의 구조, 기능, 능률은 하나님의 고차원적인 영적인 수준이기 때문에 영적으로 작동되어지기 때문에 우리는 아무 거리낌 없이 부자연스럽지 않게 자연히 당연하게 생각하면서 감지하게 된다. 바로 이러한 기술 면에서 우리와 신과의 능력의 높은 차를 비교할 수 있는 것이다.

전화 시설이나 텔레비전 시설이나 카메라 시설은 우연히 자연히 저절로 스스로 설계될 수도 없고 만들어질 수도 없고 설치될 수도 없고 발전·발달될 수도 없으며 반드시 자연의 법칙인 인과법칙에 의해 영적인 프로그램(DNA)이나 영적인 자나 영적인 대리자를 통해서

만 만들어져서 영적으로 작동될 수 있는 것이다.

▍대뇌피질의 기능

오늘날 사람들은 약 200개의 여러 다른 대뇌피질영역(범위)과 그것들의 임무를 안다. 대뇌피질영역은 크게 감각(지각)영역, 연합영역과 기억영역, 생각영역, 운동(기계, 모터)영역의 4가지 그룹으로 나눈다.

대뇌피질의 감각영역 속으로 감각기관의 신호(정보, 자극, 흥분)가 들어간다. 감각기관의 의미가 크면 클수록 대뇌피질 속의 범위(영역)도 똑같이 넓혀진다. 대뇌피질의 연합영역과 기억영역 속에 들어간 신호는 기억내용과 비교되어진다. 뇌는 지각한 것을 이미 알려진 것과 또는 유사한 것과 비교 분석 평가 결정하기를 시도해서 한 생각을 만든다. 겨우 이제서야 우리는 우리가 지각한 것을 알게 된다. 즉 먼저 뇌가 지각 분석하여 생각을 만들어야 우리 자신은 지각하게 된다.

이마 범위(영역)에는 사람의 인격(개성)구조를 이루는 밀접한 관계의 영역이 있다. 여기서 우리는 생각하고 계획을 세우고 우리의 의지대로 실행하는 것을 돌보며 조절한다. 운동대뇌피질 영역은 뇌의 명령에 따르는 기관들과 연결(접촉)되어 있다. 여기서 계획들은 명령으로 변화되고 근육이나 샘(선)으로 계속해서 전달된다. 겨우 이제서야 우리는 말하고, 쓰거나 움직일 수 있다. 소뇌는 동시에 조절하면서 운동영역에 참여한다.

뇌기계가 한평생 동안 수많은 것을 보고 듣고 행한 것을 기록해서 필요시에 기억정보를 즉시 꺼내어 비교 분석 평가 결정하여 생각을 하게 하는 능력은 천국의 영혼기계가 지구상의 영혼들의 일거일동 행적을 자연스레 기록하여 죄의 심판을 자동으로 내리게 하는 것도 그리 어려운 일이 아님을 짐작하게 한다.

■ **2개의 대뇌 반쪽에 의한 조절**

우리의 신체는 왼쪽과 오른쪽, 반쪽으로 거울대칭형(거울에 비친 대칭형)이다. 이 대칭형은 대뇌반구(대뇌 반쪽)에서도 계속되어지는데 오른쪽 대뇌반구는 왼쪽 신체를 나타내며 조절하고, 거꾸로 왼쪽 대뇌반구는 오른쪽 신체를 조절한다. 따라서 우리의 오른쪽 손의 의도적인 움직임은 왼쪽 대뇌반구 속에 있는 운동신경중앙본부에 의해 조절되어진다.

양손의 조화된 움직임이 행해질 수 있기 위해서는 발켄(Balken, 대들보 모양으로 양쪽 대뇌의 정보를 연결시켜 주는 역할을 함) 위로 두 개의 반쪽 대뇌의 연결이 필수적이다. 이때 소뇌는 대뇌와 동시에 조절 작용하면서 참여한다. 대부분의 뇌 중앙(본부)은 양쪽의 반쪽 뇌 위로 서로 다르게 분배되어 있다. 그러므로 언어중앙부는 왼쪽 뇌반구 속에 있다. 일의 관계와 공간자극의 전체적인 인식은 오직 오른쪽 뇌반구에 의해서만 행해진다.

신체구조는 왼쪽, 오른쪽 대칭형을 이루고 뇌구조도 왼쪽 뇌반구와 오른쪽 뇌반구로 대칭형을 이루고 있는데 이는 상대적인 상태적인 극성관계이고, 발켄 위로 두 개의 반쪽 대뇌를 연결시키는 작용은 평형(균형, 조화, 화평)해지려는 작용이고, 뇌의 작용은 두 개의 반쪽 대뇌의 상호작용을 통해 이루어진다. 그러므로 뇌의 구조나 뇌의 기능도 결국 하나님의 3대 힘(자연의 3대 힘=상대적인 극성의 힘+평형해지려는 힘+상호작용하려는 힘)으로 만들어지고 작동되는 것이다. 그러므로 우리의 뇌컴퓨터기계는 뇌부품마다 다른 특정한 임무로 작동되기 때문에 고도의 지성을 가진 기술자가 의도적으로 뇌부품들을 설계해서 만들어 조립한 생물컴퓨터기계인 것이 분명하다.

★두뇌의 세계★

인간이 복잡한 사고를 할 수 있는 능력을 가진 것은 인간이 복잡한 뇌신경의 네트워크 구조를 이루고 있는 데 기인한다. 두뇌의 기능은 1,000억 개 이상의 신경세포들로 이루어진 신경그물망을 전기적인 자극전류(정보, 신호)가 흐르면서 행해진다. 그 때문에 두뇌활동의 분석방법으로 EEG(뇌전도, 뇌파를 기록한 도면)나 MEG에 의한 두뇌전류를 측정한다.

우리가 생각할 때는 항상 뇌의 여러 부분이 동시에 작용한다. 이들이 동시에 작용하는 것은 전류적으로 측정할 수 있고 표현할 수 있다. 우리가 한 친구를 생각하면 그 친구의 성격, 모습, 목소리, 좋은 점과 나쁜 점 등 여러 가지가 한꺼번에 튀어나와 생각하게 되기 때문에 뇌의 여러 부분이 동시에 작용하기 때문이다. 이와 동시에 신경세포들은 저마다 다른 박자로 소리를 내는데 어떤 것은 1초에 50번, 어떤 것은 100번 또는 더 많이 소리를 낸다. 뇌의 신경접촉지에서는 리듬적으로 번쩍이면서 마치 관현악이 연주되고 있는 것 같다.

모든 똑같은 생각에는 참여한 신경세포들이 똑같은 박자로 소리를 내는 것을 알 수 있다. 즉 똑같은 생각에는 전류방법(EEG)으로 뇌에 똑같은 주파수 견본이 생긴다는 것을 측정할 수 있다. 수많은 생각 주파수를 컴퓨터에 넣어 뇌의 주파수의 변동을 읽음으로써 상대방의 생각을 읽을 수 있다. 그러므로 우리 몸에 거하는 하나님의 영이 우리의 생각을 읽는 것은 그리 어려운 일이 아닌 것이다.

16
삶의 활동을 돌보는 신경계와 호르몬계의 상호작용

영적인 단백질로 만들어진 신경계와 호르몬계는 공동으로 생물 신체기계를 물질적, 정신적, 영적으로 돌보고, 조절하고, 이끌어 간다. 신체가 살아가는 데 어려운 상황에 부딪히면 육과 혼(영, 영혼)으로 되어 있는 우리의 신체는 물질적, 정신적, 심리적으로 어떻게 대응하여 위기를 극복해 나가는지 알아본다.

예를 들어 우리 집은 2주 후에는 이사를 가야 하고, 이사 갈 집을 경제상 나 혼자서 미리 도배해야 하고, 가구도 몇 가지 새로 장만해야 하므로 돈 걱정도 있고, 일 걱정도 있고, 직장일도 있고, 집사람은 배가 불러 한 달 후면 출산하게 되어 모든 것이 3중 4중으로 겹쳐짐으로써 육신적으로나 정신적으로나 심리적으로나 나는 스트레스(압박감)를 많이 받는 상황이 되었다.

내가 이러한 긴박하고 걱정스럽고 근심스러운 어려운 상황을 감지하면 내 육체는 내 자신도 모르게 자동적으로 긴장과 비상사태에 돌입한다. 이 경우 감각기관, 근육, 신경계, 호르몬계는 어려운 상황을 극복하기 위해서 서로 육체적 정신적으로 공동으로 상호작용을 한다.

이러한 상황에서 이들 신체조직이나 기관들이 영적으로 공동상호작용을 하는 것은 이들이 영이 들어 있는 영적인 단백질로 만들어졌기 때문에 영과 영 사이이므로 정신감응으로 서로 의사소통이 잘 되어 어려운 상황을 함께 감지하고 함께 어려운 상황을 극복해 내려고 공동으로 노력하기 때문이다. 그러므로 생물이 삶의 활동을 하는 것은 결국 수많은 영들과 우두머리 영인 혼(영혼)의 활동인 것이다.

눈의 도움으로 이 어려운 상황을 신호(정보, 자극, 흥분)로써 파악하고, 민감한 감각신경을 통해 정보가 뇌로 보내지면 뇌에서는 정보를 비교 분석 평가해서 적당한 명령을 운동신경을 통해 근육으로 보내게 된다. 두뇌는 식물성 신경계의 교감신경도 작동하게 한다. 교감신경은 부신의 액에 그의 작용을 행사한다. 거기서 아드레날린호르몬은 충격전류(자극전류)에 의해 뿜어진다. 아드레날린호르몬은 핏속으로 들어가서(뿜어져) 잠시 후에 육체의 모든 세포에 도달되어진다. 심장의 고동은 더 빨라지고, 혈압은 오르고, 호흡은 더 가빠진다. 그를 통해서 더 많은 산소가 핏속으로 도달되어진다.

간과 근육에 저장되어 있던 비축에너지인 전분이 포도당으로 전환되어진다. 에너지가 풍부한 발동물질인 포도당은 핏속에 도달해서 산소와 함께 전 신체 속으로 분배되어진다. 산소와 포도당으로 체세포들의 돌봄이 더 좋아지는 것으로 인해 그들의(체세포들의) 능률이 오르게 된다. 이것은 특히 뇌와 근육에 유용하다.

지금 나의 몸은 모든 비축에너지를 총동원할 만반의 태세가 갖추어져 있으므로 정신적으로나 육체적으로 각오가 되어 있어 곧 작업에 들어갈 수 있다. 그러나 이삿짐 꾸리는 것이나 도배하는 것이나 이삿짐 정리하는 것이나 직장일이나 모두 에너지를 필요로 하는 것이기 때문에 아드레날린 호르몬은 소화 작용을 억제시키면서 에너지 낭비를 가능한 억제시킨다. 이와 같이 몸과 신경계와 호르몬계가 서로 공동상호작용을 함으로써 모든 이사하는 일을 힘에 벅찬 줄 모르게 나는 단숨에 해치워 버렸다.

평생 도배 한번 안 해 보았지만 나 혼자서 훌륭하게 해놓고 보니 한편으로는 나의 일솜씨를 스스로 칭찬하고, 다른 한편으로는 다른 어떤 일이라도 일에 대한 두려움 없이 해낼 수 있는 자신감이 생기고 부인 보기에도 좋은 것 같았다. 이제 나는 마침내 무거운 짐을 벗어 버렸기 때문에 내 자신의 대견함으로 만족스럽게 생각하고 안도의 숨을 내쉴 수 있고 긴장을 풀 수 있다.

만일 사람이 스트레스 상태(상황)를 극복하고 나면 회복(휴양)국면(상태)으로 접어든다. 뇌는 부신(콩팥에 붙어 있는 빵모자 모양)에게 명령을 전달한다. 명령으로 인해 부신은 아드레날린호르몬을 내뿜는 것을 멈춘다. 아드레날린의 작용은 점점 사라져 버리면서 호흡과 심장고동은 다시 정상화된다. 핏속의 산소와 포도당의 함유량도 정상으로 내려간다. 식욕도 돌아와 소화도 정상으로 되어 신체는 다시 정상적인 기능을 되찾게 된다.

위기 상태를 극복해 내려고 몸과 신경계와 호르몬계가 우리 자신도 모르게 영적으로 상호작용을 하는데 이는 우리의 신체가 영이 들어 있는 자율신경계와 호르몬계에 의해 조절되어 이끌려지기 때문에 우리 자신도 모르게 행해지는 것이다.

물체가 날아오면 우리가 생각하기도 전에 몸이 반사적으로 순간적으로 피하고, 물이 부족하면 자연히 물을 찾아 마시게 되고, 식물이 사막에서 살아남으려고 안간힘을 쓰며 열매를 맺어 씨를 퍼뜨리는 것 등은 모두 영이 들어 있는 단백질로 만들어진 신경계와 호르몬계에 의해서 이루어지는 활동인 것이다. 이러한 현상은 결국 살기 위해 활동하기 위한 영들의 노력이고 혼(삶의 활동을 하는 영)들의 작용인 것이다. 왜냐하면 생명체가 죽으면 생명의 3대요소인 광자, 단백질로봇, DNA로봇도 멈추고 이 속에 들어 있는 영들의 활동이나 혼과 영혼(영적 교제를 하는 영)의 활동도 모두 멈추게 되기 때문에 영들과 혼(영혼, 우두머리 영)이 스스로 멈춤(죽음)을 피해 살려고(움직이려고) 몸부림치기 때문이다. 이렇게 함으로써 귀중한 생물의 생명을 보호하려는 신의 강한 집념이 들어 있는 것이다.

17
병을 만드는 스트레스(압박감, stress)

사람은 사회적 동물로 주위환경에 영향을 많이 받는다. 사회가 점점 복잡해지고, 고도화되고, 수시로 변화되고, 도덕성은 점점 더 문란해지고, 해야 할 일과 다루어야 할 기구의 종류도 훨씬 많아지고 이들 주위환경에 원만히 적응하려니 자연히 스트레스가 쌓이게 된다. 스트레스는 물질적, 정신적, 심리적 압박감과 긴장감을 우리 몸이 정신적, 육체적으로 이겨내지 못할 때 정신적, 육체적, 심리적인 병적 증상으로 나타나는 것을 말한다.

스트레스는 자신의 삶의 욕망을 너무 채우지 못할 때, 자기가 생각하는 것과는 너무 거리가 멀게 일이 잘 되지 않을 때, 매번 실패만 할 때 큰 실망과 함께 온다. 좌절감, 욕구불만, 불평불만, 과잉의 일 등에서 자연히 스트레스가 많이 쌓이게 된다. 예를 들어 다음과 같은 상황일 때는 누구나 스트레스를 받게 된다.

얼마나 더 오래 이대로 가야 할까?
매일 12시간 사무실 일, 집에 와서도 직장 서류 일을 해야 되고, 주말이나 공휴일에도 해야 하므로 가족에게는 거의 시간을 낼 수 없으니 자연히 가정이 행복해질 수는 없다. 거기다가 자주 상사로부터 일을 잘못했다고 책망을 들으니 이 스트레스를 이겨내기가 나에게는 너무 어렵다. 그렇다고 부인과 둘의 아이들도 있는 내가 쉽게 직장을 포기할 수도 없는 일이다.

사업이 망하거나 직장을 잃을 위험으로부터 위협을 받거나 능률 압박감으로 분주하게 날뛰거나 그리고 근심, 걱정, 고통 등으로 오래도록 시달리는 사람에게는 스트레스(압박감)가 쌓이게 된다. 이들에게는 휴양국면(휴가 등)이 필수 불가결하다. 이들 부담들은 스트레스요인으로 작용해서 장기 스트레스상태(국면)를 만든다.

스트레스는 육체적, 정신적인 긴장상태이며 건강을 해치는 요인이 된다. 스트레스를 받으면 우리 몸은 1차적으로 경고반응을 일으키며 스트레스에 대해 적극적으로 저항을 한다. 근심, 걱정, 놀램처럼 단기적인 부담일 때 뇌에서 스트레스를 인식하면 교감신경이 작동되어 부신에서 아드레날린호르몬이 분비되고, 이 호르몬에 의해 모든 비축에너지를 총동원하게 된다. 그래서 신체는 이 긴급상황에 아주 빠르게 대처(대응)할 수 있게 된다.

장기 스트레스일 때는 뇌의 시상하부는 뇌하수체에 신호를 보내어 뇌하수체로 하여금 부신피질에서 부신피질자극호르몬을 분비하게 한다. 부신피질자극호르몬은 부신에서 스트레스호르몬인 코티졸을 분비하여 온몸으로 보내어 스트레스의 장기부담에 천천히(느리게) 순응하도록 작용한다. 처음에는 체온 및 혈압이 저하되거나 저혈당, 혈액 농축 등의 쇼크가 나타나는데 이를 정상적으로 돌리기 위한 반응, 즉 혈압상승, 체온상승, 고혈당 등이 아드레날린과 코티졸 호르몬의 작용으로 나타난다.

경고반응 후에도 스트레스가 지속되면 우리 몸은 계속적으로 호르몬을 생산 분비하여 장기 스트레스에 저항을 한다. 그러다가 저항력이 점점 떨어지게 되면 각종 병적 증상이 나타나게 된다. 신체적으로는 피로를 쉽게 느끼고, 두통이나 불면증을 겪고, 목이나 어깨, 허리 등에 경직이 오는 근육통을 느낀다. 그리고 맥박이 빨라지고, 가슴이나 배에 통증을 느끼고, 심해지면 구토, 전율, 안면홍조 등이 일어나고, 면역 기능이 약해져 전염병이나 감기에 걸리는 증상이 자주 나타난다.

그리고 스트레스호르몬이 지속적으로 생성이 되면 이들 호르몬이 뇌로 가서 공격을 하기 때문에 뇌 신경세포가 죽고, 신경망이 느슨해짐으로 인해 집중력이나 기억력이 감소되고, 불안해지거나 신경이 예민해지기도 하고, 근심과 걱정이 늘고, 심해지면 우울증에 빠지기도 한다. 그래서 안절부절못하게 되고, 음식 섭취나 수면도 조절이 되지 않고, 삶의 의욕을 상실하여 자살기도까지 하는 경우가 나타난다.

그래서 지금 뇌는 뇌하수체에게 호르몬을 더 만들 것을 명령한다(자극한다). 이것은 신진대사를 자극하는 코티졸(Cortisol)호르몬의 분비를 부신 속에 자극한다. 코티졸에 의해 많은 단백질이 분해되어진다.

신체는 단백질의 구성성분인 아미노산을 포도당에서 생산한다. 지방질 분해로 인해 더 많은 지방산이 핏속에 더 많아진다. 이 경우 스트레스는 신진대사의 변화에 의해 더 오래 계속되는 부담으로 신체를 느리게 적응(순응)시킨다. 이들 스트레스가 장기적으로 부담을 줄 때 신체는 비상상태로 머물고 스트레스로 오는 건강손상을 더 이상 막을 수 없다. 왜냐하면 코티졸 같은 스트레스호르몬은 핏속에서 높은 농도일 때는 해로운 부작용을 일으키기 때문이다.

코티졸은 면역계(통)를 억제시키므로 전염병에 쉽게 걸리게 한다. 그런가 하면 수면에도 악영향을 주고, 집중력도 현저히 떨어뜨리고, 긴장으로 오는 두통도 더 자주 나타나게 한다. 장기적인 스트레스는 신체의 비축에너지 저장물을 비우게 하고 극단적인 경우에는 죽음으로까지 이끈다.

　높아진 혈압은 가장 빈번히 스트레스로 인해 건강이 나빠지는 것을 의미한다. 올라간 혈압은 콩팥(신장)손상, 중풍, 심장마비 등을 일으킬 수 있다. 위궤양, 장염증과 같은 위장 기관의 질병과 날씬해지기를 원하는 병도 스트레스로 오는 병이다. 날씬해지려는 병은 젊은 여성들 사이에서 만연한데 이것은 대개 심리적인 스트레스로 온다.

　정신적인 스트레스는 많은 피부병(그것의 증상으로는 가려움으로부터 발진, 농진까지)들을 일으키게 한다. 만일 스트레스가 해롭게 작용하면 디스트레스(Distress)로 나타낸다. 그에 비해 스트레스가 신체에게 저항력이 있게 하여 해로운 주위환경 영향에 보호할 수 있도록 하는데 이러한 스트레스를 유스트레스(Eustress)라고 한다.

　사람이 디스트레스가 더 많은지 또는 유스트레스가 더 많은지는 스트레스를 다루는 그 사람의 능력, 즉 그의 육체적 정신적인 저항능력에 달려 있는 것이다. 그러므로 사람은 마땅히 한편으로는 장기스트레스를 감소시키고 다른 한편으로는 스트레스상황을 올바르게 극복해 나가는 것을 배우는 것이 건강을 위해서 중요한 것이다.

　자연물(무생물)은 스트레스를 느끼는 물질이나 조직이 없어서 스트레스를 감지할 수 없으므로 스트레스에 의해 더 잘 망가지거나 분해되지도 않는다. 그러나 모든 생물은 자신의 세포 속에 생명의 3대 요소(생명의 3대 로봇=생명의 3대 물질)인 광자(에너지+정보+영), 단백질, DNA를 가지고 있는데 이들은 영이 들어 있으므로 정신적인 스트레스까지 감지한다.

　생명의 영이 들어 있는 생물이 스트레스를 많이 받아 이겨내지 못하면 정신적, 육체적인 해가 와서 병이 들게 된다. 그래서 생물인 미생물, 식물, 동물에는 병이 존재해서 병으로 시달리고 병으로 죽기까지 한다. 이는 생물이 주위환경으로부터 물질적 작용뿐만 아니라 정신적, 심리적 영향도 받는 영이 들어 있는 영적인 생물기계임을 나타내는 것이다. 영도 우리처럼 생각을 하고 남을 다스리고 돌보고 감정을 가지고 느끼고 마음을 아파하기도 하고 심리적인 병도 가지게 된다. 이는 우리가 영들로 되어 있고 영은 우리를 보이지 않게 축소해 놓은 것으로 우리의 행동을 돌보고 이끄는 장본인인 것이다.

그러므로 영은 좋은 마음을 가진 영들만 존재하는 것이 아니라 나쁜 마음을 가지고 심술궂거나 시기 질투가 많거나 욕심 욕망이 많거나 잔인하고 무서운 영들도 있는 것이다. 그래서 한 사람 몸속에서 좋은 영들의 세력이 나쁜 영들의 세력보다 더 셀 경우 그 사람은 착하고 어진 사람이 되는 것이다. 영도 유전되며 나쁜 영이라도 교육이나 훈련을 통해 좋은 영으로 될 수 있다.

▎스트레스를 이겨내고 건강을 유지하려면

1. 가능한 한 스트레스와 근심, 걱정을 버리고 마음을 편안하게 먹는다.
   ① 스트레스와 근심, 걱정을 이겨내는 방법을 익힌다.
   ② 가족이나 친한 사람들과 자주 대화를 나누어 가슴속에 뭉쳐 있는 근심 걱정을 함께 해소시킨다.
   ③ 가능한 불평불만, 욕구불만을 버리고 항상 웃는 습관을 들여 명랑한 분위기를 만든다. 항상 웃는 습관은 몸에 좋은 호르몬이 분비되므로 몸에 좋고 편안한 분위기를 만들므로 자신은 물론 남을 위해서도 좋은 것이다. 근심, 걱정을 하고 화를 내면 해로운 호르몬이 많이 분비되므로 건강을 해치게 된다.
   ④ 자신의 불운한 처지를 너무 비관스럽게 생각지 말고 사회는 상대적으로 작용되어 간다고 생각한다. 내가 잘 안 되고 잘살지 못하므로 상대적으로 잘 되는 사람이 있게 되고 잘사는

사람이 있게 되므로 나의 불운한 처지는 곧 인간사회에 공헌하는 것으로 너그럽게 생각하고 새로운 길을 모색한다.

2. 잠을 충분히 잔다.

밤에는 혈액순환, 호흡순환 등 삶의 활동을 위한 꼭 필요한 신체활동도 다소 감소된다. 이들 신체활동을 제외한 신경계, 호르몬계, 조직, 기관들과 영(혼)도 휴식(잠)을 하므로 잠을 충분히 자면 머리가 개운하여 집중력이 증가되고 컨디션이 좋아지기 때문에 스트레스를 많이 감소시킨다. 잠을 잘 수 없는 사람들은 가능한 한 일찍 일어나고 조깅이나 등산 같은 운동을 하는 것이 좋다.

3. 음식물을 골고루 섭취한다.

우리 몸은 여러 가지 원소로 되어 있기 때문에 음식물을 골고루 섭취해서 여러 종류의 원소와 에너지를 충당해야 건강한 것이다. 건강하면 불필요한 많은 스트레스가 감소된다.

4. 적당한 운동을 한다.

힘은 세포에서 만들어지고 세포에서 소비되므로 적당한 운동을 함으로써 세포의 기능을 건강하게 유지하게 한다. 세포가 건강하면 정신과 육체가 건강한 것이다. 조깅이나 산보, 등산, 스포츠 등은 우리의 몸을 정신적, 육체적으로 단련 수련시키므로 건전한 정신활동과 건강한 신체활동을 하게 한다. 그러므로 많은 스트레스가 자연히 해소된다.

5. 종교를 가지거나 자신의 취미를 살린다.

자기의 감정(기분)을 나타내기 위한 의사소통(정보교환)으로 하나님과 교제하거나 자신의 감정을 취미활동에 담는 것도 정신전환으로 스트레스를 감소시키고 컨디션을 좋게 하는 좋은 방법이다.

6. 화가 나면 푸는 방법을 익혀서 스트레스를 약화시킨다.

화가 머리끝까지 났을 때는 하나에서 10까지 세며 깊은 심호흡을 하며 시간을 벌든가, 매사를 너그럽게 생각하든가, 화를 참는 자는 가장 현명하고 가장 지혜롭고 가장 도량이 넓은 사람으로 가장 사람 됨됨이가 잘된 것으로 생각하든가 혹은 '선지후덕'(어머님의 교훈), 즉 착하고 선하게 살면 후에 복을 받는다 라는 격언을 생각함으로써 자신의 화를 소화시키는 것이 가족이나 주위사람을 위해서도 좋고 자신의 건강을 위해서도 좋다고 생각하고 인식하는 것이다.

"Ein fröhliches Herz tut dem Leibe wohl, aber ein betrübtes Gemüt lässt das Gebein verdorren."(Sprüche 17:22)

"마음에 즐거움은 양약이라도 심령의 근심은 뼈로 마르게 하느니라."(잠언 17:22)

독일 성경을 번역하면, "즐거운 마음은 몸에 좋으나 슬픈 마음(근심과 걱정)은 뼈를 마르게 한다"로 번역된다.

성경 내용대로 정신적인 마음의 상태는 그대로 육체에 큰 영향을 미치는 것이다. 이러한 마음의 작용은 바로 영이 들어 있는 영적인 작용이고, 이는 우리의 신체가 육과 혼(영, 영혼)으로 혼합되어 있는 영적인 생물기계로 육체와 혼이 항상 상호작용을 하고 있음을 나타내는 것이다. 그러므로 부모님에게 가장 큰 효도는 부모님의 근심, 걱정을 덜어드리고 부모님의 마음을 기쁘게 해드리는 것이다.

신은 만물 사이에 어떻게 의사소통이 이루어지도록 해서 만물이 생성되고 작동되고 변화되게 하고 동물 사이는 사랑의 교제까지 이루어지도록 했는지 알아본다.

제3장

의사소통
(communication, 정보전달, 에너지전달, 교제)

- 의사소통과 상호작용
- 생물의 신체 내외부는 의사소통을 하기 위한 신체구조로 되어 있다
- 동물과 식물의 의사소통
- 가장 값진 삶의 활동은 사랑의 감정을 나누는 교제이다
- 의사소통은 주위환경과 시간의 영향을 받는다

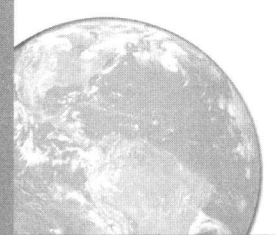

01
의사소통과 상호작용

의사소통(communication)은 정보(신호, 자극, 흥분)전달, 감정(기분)전달, 에너지전달(=물질전달) 등을 하거나 교환하는 것으로 물질적, 정신적인 상호작용을 하는 것을 말한다. 하나님은 모든 만물 사이에 만유인력이나 만유척력, 열에너지, 보이지 않는 에너지 등으로 서로 주고받는 상호작용을 통한 교제(의사소통)를 하게 하였고 동물 사이에는 소리, 몸짓, 물질 등으로 의사소통을 하게 하였다.

그 때문에 이 세상에서나 저 세상에서 물질 사이에 서로 상호작용(서로 주고받고, 서로 도와주고, 서로 영향을 미치는 작용)을 하지 않고 서로 의사소통(정보전달, 에너지전달)을 하지 않는 물질이나 생물은 하나도 없으며 존재할 수도 없는 것이다. 이는 곧 세상에 있는 모든 물질이나 생물은 상대적인 극성의 힘(주고받는 힘)으로 만들어져서 상대적인 극성의 힘이나 상대적인 극성관계로 서로 상호작용을 하는 것을 의미한다.

모든 자연변화(현상)는 에너지가 두 대상(물)을 상호작용하도록 매개하는 에너지변화이다. 에너지는 높고 많은 곳에서 낮고 적은 곳으로 흐르므로 상대적인 상태적인 극성의 힘과 평형(균형, 조화, 화평)해지려는 힘과 상호작용하려는 힘이 동시에 작용하기 때문에 모든 자연변화는 하나님의 3대 힘(자연의 3대 힘)에 의해 이루어지는 것이다.

  동물과 인간이 존재하고 살아가는 이유와 목적은 서로 의사를 소통하면서 감정을 나누는 교제를 하며 즐겁게 살아가기 위함이고 그럼으로써 추억과 인연도 생겨서 삶의 그리움과 보람을 느끼기 위함이다. 동물과 인간이 창조되어진 것도 신과의 영적인 의사소통이 이루어져서 사랑의 감정을 나누는 즐거움과 그리움과 인연으로 마음의 수많은 감정을 느끼며 동물과 인간과 신이 서로 공생·공존하기 위함인 것이다.

  의사소통은 몸짓, 소리, 표정, 언어, 문자, 예술품, 음악, 저서, 그림, 물질, 냄새 등 여러 가지 수단에 의해서 이루어진다. 동물들한테도 그들 나름대로 의사를 전달하는 간단한 언어들이 존재한다. 그것은 몸짓일 수도 있고, 소리일 수도 있고, 냄새가 나는 물질일 수도 있다. 동물들은 동료들을 찾을 때나 화가 나서 울 때나 적을 위협할 때나 몸짓, 소리, 페로몬(호르몬의 일종) 등이 있는데 이러한 신호(정보, 자극, 자세)는 의사를 상대방에게 전달하는 몸짓언어, 소리언어, 냄새언어, 물질언어 등 의사소통을 하는 수단들이다.

  집단 사회생활을 하는 동물들한테는 몸짓언어, 소리언어, 냄새언어, 물질언어 형태로 의사소통 수단이 발달되어진 것으로 알려지고 있다. 예를 들어 꿀벌들은 전방을 시찰하는 꿀벌이 집에 돌아와서 다른 꿀벌들에게 꿀이 어느 방향으로 얼마나 많은 양이 얼마나 멀리 있는가를 춤을 추어 알려준다고 한다.

  동물들 중에는 빛의 전자기파와 초음파 진동전류 등을 의사소통의 도구로 사용하기도 한다고 한다. 동물은 노래 부르는 것이나, 먹이를 찾는 것이나 집단생활을 하는 것이나 암놈을 차지하려는 것이나 상대방에게 잘 보이려고 먹이를 물어다 주거나 아름다운 깃털로 춤을 추거나 또는 위협하거나 하는 모든 삶의 활동을 본능적으로 가지고 태어나기도 하지만 커 가면서 딴 동료가 하는 것을 보고 배우고 익히게 된다. 그러므로 사람이나 동물은 태어나면서부터 살아가기 위해서 배우는데, 이는 삶의 활동을 하기 위한 상호작용을 하는 정보를 배우는 것이며 이는 결국 주위환경과 의사소통하는 것을 배우는 것이다.

인간은 여러 능력을 가진 생각하는 동물로 몸짓, 언어(소리), 표정, 웃음, 울음, 눈물 등으로 감정을 나타내어 의사를 전달하기도 한다. 그리고 자신의 감정과 의사를 보다 분명히 전달하기 위해서 언어와 글로 나타내어 전달한다. 그러므로 인간은 후세에게도 지식과 정보를 전달시킬 수 있어 후대와도 의사소통을 함으로써 눈부신 문명과 문화의 발달을 가져올 수 있는 것이다.

그리고 인간은 정신적, 육체적인 감정을 다른 동물과는 달리 얼굴에 표정으로 나타내는데, 예를 들어 기쁜 얼굴, 화난 얼굴, 평안한 얼굴, 슬픈 얼굴, 무서운 얼굴, 사랑스런 얼굴, 엄숙한 얼굴, 악의에 찬 얼굴, 근심 걱정스러운 얼굴 등을 함으로써 자신의 여러 가지 내적인 감정을 표정으로 나타내면서 전달한다. 이러한 얼굴표정으로 감정을 그때그때 순간적으로 나타내는 것이 말로 하거나 글로 써서 감정을 전달하는 의사소통 방법보다 훨씬 감정이나 상태, 분위기 등을 상황에 따라 진지하게 더 잘 나타낸다.

인간은 다른 동물과는 달리 여러 가지 얼굴표정을 지을 수 있어서 감정, 기분, 상태, 분위기 등을 즉석으로 진지하게 상대방에게 전달할 수 있기 때문에 감정이 담뿍 들은 의사소통을 할 수 있는 것이다. 이와 같이 인간에게 여러 가지 얼굴표정이 있고, 언어의 능력, 웃음, 눈물 등이 있는 것은 하나님이 인간하고 여러 가지 깊은 감정으로 진지하게 의사소통(영적 교제)을 하려고 의도적으로 이러한 능력들을 인간에게만 부여한 것이 틀림없는 사실이다. 만일 인간이 단순한 자연의 자연선택적인 진화로 만들어졌다면 다른 동물들에게도 여러 가지 얼굴표정들이 다양하게 있어야만 할 것이다.

　얼굴표정은 얼굴피부와 얼굴근육과 마음속에서 우러나오는 감정과의 공동상호작용으로 이루어진다. 감정은 심장과 신경계와 호르몬계의 공동상호작용으로 이루어진다. 그러므로 감정은 단순한 생물기계들의 작용에서 만들어지는 것이 아니라 영(신의 의도=신의 말씀 =신의 성령)과 생물기계들의 공동상호작용에서 만들어지는 신이 준 능력인 것이다. 그러므로 얼굴표정 속에는 그 사람의 상태와 감정 성품과 혼(삶의 활동을 하는 영)과 영혼(영적 활동을 하는 영)이 들어 있는 것을 모두 느낄 수 있는 것이다.

　서류나 책이나 신문이나 TV방송에서 어떤 사람을 나타내려면 그 사람의 얼굴을 나타내는데 그 이유는 얼굴 속에는 그 사람의 고유한 영혼(혼, 영)의 특성과 성품이 들어 있기 때문이다. 이 고유한 영혼의 특성과 성품을 영이 들어 있는 생명의 3대 요소(생명의 3대 로봇=생명의 3대 물질)인 광자, 단백질, DNA가 공동상호작용으로 만들어 내는 것이다.

＊하나님은 말씀으로 우주만물(천지)을 창조하셨다＊

"태초에 하나님이 천지를 창조하시니라."(창세기 1장 1절)
"태초에 말씀이 계시니라 이 말씀이 하나님과 함께 계셨으니 이 말씀은 곧 하나님이시니라 그가(말씀) 태초에 하나님과 함께 계셨고 만물이 그로 말미암아 지은바 되었으니 지은 것이 하나도 그(말씀)가 없이는 된 것이 없느니라 그 안에 생명이 있었으니 이 생명은 사람들의 빛이라."(요한복음 1:1~4)

하나님의 말씀은 하나님 자신으로 하나님의 영(성령)이고, 하나님의 의도이고, 하나님의 생각이고, 하나님의 설계이고, 하나님의 생기(에너지)이고, 하나님의 자연법칙이고, 하나님의 능력이고, 하나님의 진리인 것이다.
하나님의 말씀은 하나님의 설계인 정보와 광자에너지(빛에너지)로 되어 있다. 우리의 말도 우리의 생각정보와 음파에너지(광자에너지)로 되어 있다. 우리가 음파에너지를 이용해서 내일 오라고 말을 하면 말의 암호를 알고 있는 상대방이 들으면 이해해서 내일 오게 된다. 마찬가지로 하나님은 빛 속의 광자에너지를 이용해서 말씀을 빛에너지에 담아 생물한테 보내면 하나님의 영의 암호를 알고 있는 하나님의 대리자이며 생명의 3대 물질로봇인 광자(에너지+정보+영)로봇, 단백질분자로봇, DNA분자로봇들은 하나님의 생명의 말씀을 이해해서 신체 내에서 그대로 생명의 활동을 돌보고 조절하고 이끌게 된다.

인간이 물건을 만들려면 머리와 손이 상호작용을 해야만 된다. 원숭이의 손은 사람의 손과 거의 비슷하지만 손과 머리가 물건을 만드는 데 상호작용을 하지 못하므로, 즉 손과 머리가 의사소통이 안 되므로 물건을 만들 수 없는 것이다. 동물들은 스스로 손이나 앞발로 물건을 만든다는 것이 실감이 안 가고 믿어지지 않는다. 그 이유는 동물들은 손과 머리가 상호작용을 하는 능력이 없기 때문이다. 즉 손의 영과 머리의 영들이 서로 의사소통을 잘하지 못하므로 상호작용이 안 되는 것이다.
종에 따라 염색체수에 따라 신체 부분의 영의 능력도 정확히 엄격히 억제되어 있기 때문에 신체 내의 영들이 상호작용을 잘하고 못하고 하는 것이다. 영의 능력도 DNA 속에 유전정보로 정확히 엄격히 한정되어 있는 것이다.

마찬가지로 인간은 신이 말씀으로 우주만물을 창조한다는 것이 실감도 안 가고 믿어지지도 않는다.

인간이 손의 힘, 즉 손의 에너지를 이용하는 것처럼 하나님은 말씀 속의 힘, 즉 말씀의 에너지(광자나 보이지 않는 에너지)를 이용한다. 말씀 속의 에너지는 광자나 보이지 않는 에너지를 정신감응(telepathy)력이나 정신동력 등으로 이들 에너지의 주파수를 맞추어(암호를 맞추어) 사용하고 부릴 수 있는 것이다. 우리는 전자파나 전파(전자기파)를 이용해서 TV를 보거나 핸드폰으로 전화를 하거나 컴퓨터로 이메일을 보내거나 하는데, 이들 전자파나 전자기파는 에너지의 일종으로 우리는 에너지에 우리의 생각이나 우리의 말(음성), 사진 등의 정보를 담아 전달하고 기록하기도 한다. 즉 에너지인 소립자는 정신적인 정보를 저장해서 전달할 수 있는 것이다.

모든 에너지를 사용하려면 모든 에너지의 암호인 주파수를 맞추면 모든 에너지를 사용할 수 있는 것이다. 우리가 TV를 보려면 주파수를 맞추어 암호를 맞추어야 되는데 그것은 이미 만들어 놓은 스위치를 손으로 틀므로 주파수를 맞출 수 있어 비로소 TV를 볼 수 있다.

하나님은 에너지의 암호를 맞추는 데 손을 이용하는 것이 아니라 정신감응력(Telepathy, 멀리 있는 것을 정신력으로 보거나 의사소통하는 능력)이나 정신동력(Telekinesis, 멀리 있는 물체를 손을 대지 않고 정신력으로 손처럼 움직이게 하거나 조립하게 하거나 만들게 하는 능력)을 이용해 암호를 맞추기 때문에 보이는 에너지든 안 보이는 에너지든 수많은 여러 종류의 에너지를 자유자재로 다루고 쓸 수 있는 것이다.

그러므로 모든 자연현상은 에너지변화이므로 하나님의 말씀 속에는 하나님의 설계도 들어 있고 하나님의 에너지도 들어 있으며, 하나님의 능력도 들어 있고 하나님의 자연법칙도 들어 있고 하나님의 영도 들어 있는 것이다. 그러므로 하나님은 모든 에너지를 정신감응력으로 사용할 수 있기 때문에 하나님은 하나님의 말씀(영)으로 에너지(소립자) 속에 우주만물이 스스로 창조되고 작동되고 변화되게 영―에너지―물질―설계프로그램을 자동화할 수 있는 것이다.

집에서 기르는 개에게 물건 만드는 것을 보여 주면 이것을 본 개는 그 이후로는 아무 거리낌 없이 자연스레 인간의 손은 물건을 만드는 데도 사용된다는 것을 알게 되고 믿게 된다. 인간의 손이 물건을 만드는 데도 쓰인다는 것을 보지 않은 동물들은 모두 이 사실을 그대로 믿지 못하고 불가능하다고 생각하고, 자기네 손이나 앞발같이 인간은 절대로 물건을 만들 수 없다고 자신들을 기준으로 평가해서 믿게 된다. 마찬가지로 하나님이 만물을 만드는 것을 직접 보지 못한 인간들은 하나님이 이미 만들어 놓은 우주만물을 보고 인간들을 기준으로 평가해서 보이지 않는 하나님이 우주만물을 말씀으로 만들었다는 사실이 쉽게 믿어지지 않는 것이다.

햇빛 속에는 광자(에너지+정보+영)와 전자기파가 들어 있다. 식물은 빛을 받아 빛에너지(광자에너지)로 유기물을 만들어 생물이 삶의 활동을 하게 하는 데 빛에너지 속에는 유기물(포도당)을 만드는 정보인 광합성작용을 하는 정보와 아미노산으로 단백질을 만드는 정보 등 수많은 생명의 정보가 들어 있다. 이러한 정보들을 알아내어 식물의 광합성작용 등을 하게 이끄는 것은 영(신의 말씀=신의 의도=신의 성령=신의 자연의 법칙=신의 능력)이 들어 있고 특정한 유전정보를 갖은 특정한 단백질로 만들어진 식물호르몬이 빛에너지가 지닌 정보와 자신이 지닌 유전정보를 이해해서 광합성작용이 일어나도록 조절하고 돌보고 이끈다.

영이 들어 있는 빛의 광자(에너지+정보+영)로 모든 만물은 이루어져 있다. 왜냐하면 모든 만물은 내부에너지인 역학적에너지(위치에너지+운동에너지)를 스스로 가지고 있고 이 에너지는 빛의 광자이고, 광자는 에너지와 정보와 영을 가지고 있기 때문이다. 전자기력에 의한 인력이나 척력도 모두 광자가 매개하는 것이다. 만일 식물에게 빛을 전혀 주지 않으면(간접적인 반사 빛도) 그 식물은 삶의 활동을 제대로 못하다가 결국은 일찍 죽어버린다. 그 이유는 에너지와 정보와 영이 부족하거나 없기 때문이다.

만일 식물에게 양분과 물은 주고 빛을 전혀 안 주면 그 식물은 하얗고 노르스름하게 되면서 연약해지면서 서서히 삶의 활동이 나빠지면서 빛을 받는 식물보다 쉽게 일찍 죽어버린다. 그 이유는 에너지와 양분은 충분히 있으나 삶의 정보와 영을 가진 광자(에너지+정보+영)가 충분하지 않기 때문에 신체물 사이에 제대로 의사소통이 이루어지지 않아 에너지와 정보와 양분을 제대로 이용하지 못하기 때문이다. 이러한 현상은 빛 속의 광자 속에 에너지와 삶의 정보와 영이

들어 있음을 증거하는 것이다. 왜냐하면 정보를 전달해서 의사소통을 매개하고 중개하는 것은 광자에너지와 광자 속의 영이 하기 때문이다.

식물이 광합성작용을 하기 위해서는 빛에너지의 정보와 광합성작용을 하는 정보와 DNA 정보를 이해해서 정보대로 광합성작용을 이끄는 영이 필요한 것이다. 만일 영이 없다면 뇌도 없는 식물에서 이러한 물질 사이의 정보의 의사소통과 정보대로 광합성작용을 하게 하는 통솔을 무엇이 대신 맡아서 하겠는가? 이러한 작용을 인솔하는 영적인 영이 단백질 속에 들어 있기 때문에 단백질로 만들어진 식물호르몬이 광합성작용이나 삶의 활동을 돌보고 이끄는 것이다.

우리들의 집을 보더라도 전기선과 전화선, TV 안테나선이 있고 TV방송이 나오려면 전기선과 안테나선을 연결시켜야 된다. 그러므로 의사소통은 에너지와 정보가 있어야 이루어지며 동시에 이들을 매개시키고 중개하여 상호작용시키는 영도 있어야 한다. 우리가 하는 말도 우리의 생각정보와 음파에너지(광자에너지)로 되어 있다. 그러므로 하나님의 말씀도 하나님의 생각정보(설계, 의도)와 빛에너지(광자에너지)로 되어 있는 것이다.

우리 신체도 정보를 전달하는 정보선인 신경실과 에너지선인 핏줄이 그물망을 이루고 있다. 그러므로 동물이 살아가는 궁극목표는 결국 의사소통을 하기 위함인 것이다. 의사소통을 하기 위해서 신체는 정보선인 신경실이 필요하고 이를 유지하기 위해서 에너지선인 핏줄이 필요하고 이를 뒷받침하기 위해서 신진대사가 필요하며 신진대사가 이루어지기 위해서 심장, 호흡기관, 혈액순환기관, 소화기관 등이 필요한 것이다. 식물에서는 신경선 대신 식물호르몬이 대신하고, 식물세포는 스스로 에너지를 만들어 쓰기 때문에 핏줄이 필요 없고 노폐물은 다시 광합성작용에 쓰기 때문에 소화기관도 필요 없다.

생물이 의사소통(정보전달, 에너지전달)을 하면서 만물과 상호작용을 하며 살아가기 위해서는 에너지(양분)와 정보가 필요하고 에너지와 정보를 매개하고 중개하고 정보를 이해하기 위해서는 영이 필요한 것이다. 그러므로 생물이 살아가기 위해서는 에너지와 정보와 영을 끊임없이 공급받아야 하는데 이 3가지를 모두 갖추고 있는 것이 빛 속에 있는 광자(에너지+정보+영)이기 때문에 모든 생물은 살아가기 위해서는 끊임없이 햇빛을 직간접(양분)으로 받아야만 한다.

그런데 빛 속의 광자 속에 있는 에너지와 정보와 영은 아무것도 없는 곳에서 자연히 우연히 저절로 생겨나는 것이 아니고 자연의 법칙인 인과법칙에 의해 하나님의 영으로만 만들어질 수밖에 없는 것이다. 그러므로 빛 속에는 하나님의 영과 하나님의 정보와 하나님의 힘(에너지)이 들어 있으므로 빛은 곧 하나님의 로봇이고 하나님의 대리자이고 하나님의 분신인 것이다.

하나님의 말씀은 우리의 말과 같이 정보(생각, 설계)와 에너지로 되어 있다. 우리가 건축가에게 집을 지으라고 말을 하면 의사소통이 되어 건축가는 여러 기계와 로봇과 노동자들과 함께 새로운 집을 짓는다. 이 경우 우리도 우리의 말로 대리자를 통해 집을 만든 것이고 짓게 한 것이다.

하나님은 정신감응력(Telepathy, 정신력으로 멀리 있는 곳을 보거나 의사소통하는 능력)과 정신력동(Telekinesis, 정신격동, 멀리 있는 물체를 움직이게 하거나 조작 하는 능력)으로 하나님의 미세한 대리자들인 소립자, 원자, 이온, 분자로봇들에게 에너지의 암호를 맞추어, 즉 의사소통(정보전달, 에너지전달)이 되어 이들이 스스로 다른 생물기계들을 돌보고 조절하고 인솔하게 하거나 또는 이들이 스스로 만물로 만들어지게 영—에너지—물질—설계프로그램을 자동화하신 것이다. 그러므로 하나님은 말씀(설계, 생각)으로 우주만물(천지)을 창조하신 것이나 다름없는 것이다.

02
생물의 신체 내외부는 의사소통을 하기 위한 신체구조로 되어 있다

배아(접합자)의 발달과정에서도 의사소통을 하기 위한 정보(신호)를 전달하는 신경과 뇌가 제일 먼저 만들어지기 시작하고 그 다음에 혈관과 심장이 만들어지기 시작한다. 신체를 설계한 창조자도 의사소통을 할 수 있는 신경과 뇌를 가장 중요시 여기고 그 다음에 이들에게 에너지를 공급하는 혈관과 심장이 만들어지게 한 것을 알 수 있다. 의사소통을 하는 가장 중요한 것은 감정과 기분과 삶의 정보를 교환하여 다양하고 풍부한 감정이 담긴 삶의 활동을 하기 위함이다.

자연변화는 상대적인 극성의 힘으로 생긴 에너지가 두 상대 물질 사이를 매개함으로써 일어나는데 이는 에너지가 전달되는 현상으로 넓은 의미로는 의사소통이 되는 것이다. 그러므로 신은 무생물계에서나 생물계나 모든 자연현상이 물질적이든 정신적이든 에너지에 의해 일어나도록 했는데, 이는 곧 대자연 스스로가 서로 의사소통을 하는 것이고 서로 교제하는 것이며 서로 상호작용하는 것으로 이를 통해 특히 동물은 서로 인연을 가지고 추억을 그리며 삶을 즐기고 기뻐하면서 공생·공존하는 것이다.

동물의 가장 중요한 정신적인 삶의 활동은 의사소통(정보전달, 정보교환, 감정교환, 에너지전달=물질전달)을 함으로써 사랑의 감정을 나누는 교제를 하기 위한 것으로, 이를 위한 신체 내외 구조도 의사소통을 하기 위한 것으로 만들어져 있다. 암호를 맞추는 과정에 의해 신체구조가 만들어지고 암호를 맞추는 과정(작용)으로 의사소통을 하게 된다.

생물이 살아가는 것은 에너지 면으로는 에너지를 소비하는 것이고, 물질 면으로는 신진대사와 번식을 하는 것이고, 정신면으로는 다양한 감정으로 의사소통을 하는 교제일 것이다. 이들은 모두 만물 사이의 정보와 에너지, 감정 전달, 즉 물질과 정신적인 의사소통이 이루어짐으로써 서로 상호작용을 할 수 있기 때문에 서로 공존·공생이 가능한 것이다.

물질과 물질 사이에 의사소통을 하게 하는 매개물은 에너지이고 정보를 주고받는 것은 영들이 하게 된다. 즉 정보를 가지고 있는 영이 에너지를 통해서 정보를 주고받음으로써 의사소통을 하는 것이다. 에너지, 정보, 영을 모두 동시에 가지고 있는 것은 빛의 광자이므로 빛은 하나님과 만물과 인간 사이를 의사소통시키고 상호작용시키는 매개물이고 화목물인 것이다. 왜냐하면 빛의 광자소립자(에너지+정보+영)에 의해서 정신적으로 기억하고 생각도 할 수 있기 때문이다.

생물세포와 신체가 만들어지는 것이나 신체물질의 작용이나 신체조직기관의 작용이나 신체의 활동이나 정신적인 활동은 암호를 맞추는 과정에 의해서 만들어지고, 작용되고, 활동되어진다. 이들의 암호를 맞추는 일도 영들이 의사소통을 통하여 하게 된다.

생명의 칩인 DNA는 뉴클레오티드들의 결합이고, 뉴클레오티드결합은 인산—설탕—염기 사슬로 인산, 설탕, 염기들의 결합이고, 여기서 염기는 다시 4가지의 염기가 A—T, C—G로 짝짓기를 한다. 이들 염기배열순서에 의해 다양한 뉴클레오티드가 만들어져서 다양한 수많은 다른 생명의 유전물질인 DNA가 만들어진다. 이는 특정한 염기배열순서는 특정한 DNA를 만들게 하고, 특정한 DNA분자구조는 특정한 단백질(아미노산사슬)을 만들게 하고, 특정한 단백질은 특정한 생체물질을 만들어 특정한 세포, 조직, 기관을 만들어 특정한 생명체를 만든다. 이 과정은 암호를 맞추는 과정이고 암호를 맞추는 과정은 정보를 전달하거나 교환하므로 곧 의사소통을 하는 과정인 것이다.

생명의 기본물질인 단백질의 종류는 DNA의 유전정보를 전령 RNA(mRNA)가 복제(복사)해서 세포질에 있는 리보솜으로 가서 그곳에 있는 번역 RNA(tRNA)에 의해 유전정보(아미노산의 배열순서)를 해독해서 그 유전정보대로 운송 RNA(tRNA)가 아미노산 종류를 운송해 와 아미노산을 연결시켜 특정한 종류의 단백질을 만드는데, 이 과정도 모두 암호(비밀정보)를 맞추는 과정이다. 그러므로 단백질로 만들어지는 모든 생명체의 신체물질들은 모두 암호를 맞추는 의사소통을 통한 과정에 의해 만들어진다.

신체 내에서 신진대사를 주도하는 효소와 기질(효소의 촉매작용을 받는 물질) 사이에도 열쇠—자물쇠 원리에 따라 특정한 물질(기질)에는 특정한 효소만이 작용하는데, 이것도 암호를 맞추는 과정인 것이다. 호르몬 종류와 호르몬을 영접하는 신호영접자 사이에도 열쇠—자물쇠 원리가 적용되므로 이것도 암호(비밀정보)를 맞추는 과정이다.

신체의 신호(정보, 자극전류)전달에서 특정한 자극전류에 따라 반드시 특정한 신경전달물질(신경전달자)이 있고, 특정한 신경전달물질에 따라 반드시 세포막 속에는 특정한 신호영접자가 있는데 신호, 즉 정보를 전달하는 것도 암호가 맞아야 된다. 신체 내부에 병균(항원)이 침입해도 특정한 박테리아나 특정한 항체가 나서서 병균(항원)과 싸우는데 이것도 암호를 맞추는, 즉 정보가 전달되어 의사소통을 통한 상호작용으로 이루어지는 것이다.

　이와 같이 신체가 만들어지는 과정, 신체 내부에서 행해지는 활동 등은 암호를 맞추는 작용(과정)으로 이루어지는데 이는 곧 서로 에너지와 정보가 전달되는 의사소통을 통한 상호작용으로 이루어지는 것이다.

　화학반응도 예를 들어 수소 2원자와 산소 1원자가 만나면 물 1분자를 만드는데 이것도 암호가 맞추어져서 화학반응이 일어나는 것이다.
　물리반응도 예를 들어 높은 곳의 물이 낮은 곳으로 흐르는 것은 만유인력과 두 위치의 물이 위치에너지 면으로 서로 같아지려는 자연의 평형의 힘에 의한 것인데, 이러한 현상도 자연의 평형의 힘과 만유인력과 위치에너지 간에 물리반응이 일어나도록 암호가 맞추어져 물리반응이 자연히 일어나는 것이다. 그러므로 모든 화학물리반응(자연변화)은 자연의 법칙에 따라 행해지는데 이것은 모든 만물이 자연의 법칙에 따라 자연의 질서 안에서 암호(비밀정보)가 맞아 의사소통이 되어 상호작용이 일어나는 현상이다.
　자연변화는 에너지변화인데 에너지가 전달되고 교환되고 하는 것은 일정한 자연의 법칙에 따라 자연의 질서 안에서 이루어진다. 그러므로 모든 자연변화는 에너지변화로 이는 에너지와 정보의 암호가 맞추어지는 것이고, 의사소통이 되는 것이고, 동시에 상호작용을 하는 것이다. 그러므로 자연변화에 의해 생긴 우주만물은 물질 간에 자연의 법칙에 따라 자연의 질서를 철저히 지키면서 에너지와 정보의 암호를 맞추는 의사소통에 의한 공동상호작용으로 만들어지기 때문에 우연히 자연히 저절로 질서 없이 우주만물이 만들어지는 것이 아닌 것이다. 이는 영과 에너지와 물질을 자유자재로 다스리고 다루는 신에 의해 의도적으로 만들어진 영—에너지—물질—설계프로그램에 따라 자연의 법칙대로 자연의 질서 안에서 우주만물은 만들어지는 것이다.

식물의 신체 모습은 광합성작용을 하기 위해서 주위환경과 의사소통을 하기 위한 구조로 되어 있다. 동물의 신체 모습도 주위환경과 의사소통을 하기 위한 구조로 되어 있다.

동물의 신체에는 5가지 감각기관인 시각(눈), 청각(귀), 후각(코), 미각(혀, 입), 촉각(피부, 손, 발)이 있다. 동물의 신체는 의사소통을 하기 위한 감각기관, 신경계, 뇌가 중심이 되어 뇌와 4가지 감각기관이 모두 머리에 존재한다. 이것을 보더라도 모든 동물들은 신의 조절 하에 진화에 의하여 창조되었음을 나타낸다.

신체 내부는 이들 의사소통을 하기 위한 전화선인 신경실로 얽혀 있고, 에너지를 공급하는 전기선인 핏줄이 있고, 이들 시설을 보존 유지하기 위한 신진대사를 하는 소화기관, 호흡기관, 혈액기관, 배설기관 등이 있다. 이들을 뼈와 근육이 받치고 있고 신체 외부로 촉각의 감각기관인 피부가 감싸고 있어 내장기계들을 보호하고 있으며 여기에 이동기관인 다리와 삶의 행위를 실행하는 손(앞발)이 상체에 붙어 있는 육체와 혼(삶의 활동을 하는 영)으로 만들어진 영적인 생물기계인 것이다.

우리는 5감각기관, 소화기관, 배설기관, 호흡기관, 혈액순환기관 등을 지금처럼 효율을 내며 정교하고 견고하게 만들 수는 도저히 없다. 5감각기관이나 신체 내부의 조직과 기관들이 놓인 위치는 현재의 위치가 가장 이상적인 위치에서 가장 이상적인 구조로 가장 이상적인 메커니즘으로 영적인 차원으로 작동되는 것이다.

03
동물과 식물의 의사소통

생물이 살아가기 위해서는 신체 내부에서는 생체물질끼리 의사소통(정보전달, 에너지전달=물질전달)을 해야 하고, 신체 외부에서는 주위환경과 의사소통을 끊임없이 해야 한다.

▎동물의 의사소통

곤충이나 동물사회에서는 인간같이 언어를 사용하여 의사소통을 할 수 없기 때문에 대신 소리나 몸짓이나 신호전달물질인 일종의 호르몬인 페로몬(pheromone)을 이용하여 의사소통을 하며 살아간다. 이러한 화학물질이나 감각기관은 영이 들어 있는 생명의 기본물질인 단백질로 만들어졌기 때문에 영과 영 사이이므로 정신감응으로 의사소통이 영적으로 잘 된다.

예를 들면 메뚜기들이 서로 성숙페로몬을 많이 발산해 개체들의 성숙을 촉진하여 산란과 성숙이 빨라짐으로써 큰 메뚜기 떼를 이루게 한다. 모기나 날곤충들은 성페로몬을 발산해 모여들어 공중에서 거대한 구름 모양의 무리를 이루면서 공동결혼식을 올리며 교미를 하고는 수컷들은 죽어 땅이나 물 위에 떨어진다. 교미를 끝낸 암컷은 페로몬을 발산하여 수컷들이 덤벼들지 않게 한다. 정찰개미가 외적을 만나면 즉시 이를 알리는 경보페로몬을 발산한다. 그러면 순식간에 좀 멀리 떨어져 있던 개미들까지 바쁘게 움직이고 흩어져서 경계 활동을 한다.

우리 주변에 흔히 있는 개미, 노린재, 파리, 벌, 딱정벌레 등의 곤충들은 집합페로몬과 분산페로몬을 이용하여 의사소통이 되어 모여서 군집을 이루거나 공동결혼식을 올리거나 숲이나 들로 뿔뿔이 흩어져 각자의 삶을 살기도 한다. 개미나 벌 등의 곤충들은 다른 동료들에게 알리기 위해 길잡이 페로몬을 발산한다. 그래서 숲 속이나 길에서 가끔 이들의 행렬을 보게 된다. 여왕벌은 여왕벌페로몬을 분비해 일벌들이 항상 즐겁게 일만 하도록 조종한다고 한다.

페로몬은 이들 조그마한 곤충들 사이에 의사소통을 할 수 있는 최상의 물질언어인 것이다.

이들 페로몬들 중 특히 성페로몬에 대해 알아본다.

모든 동물들은 생식철이 되면 숲속이나 깊은 산속이나 넓은 들에서 또는 물속에서 고독한 생활을 하던 동물이나 곤충, 벌레까지도 일시적으로 공동생활을 하며 후손을 이어가는 생식생활을 하게 된다. 이들이 그 넓은 공간에서 낮이고 밤을 가리지 않고 자기의 짝을 정확히 찾아낼 수 있는 것은 참으로 놀랍고 신비스런 일인데, 이러한 일은 영이 들어 있는 영적인 단백질로 된 성페로몬에 의해서 행해진다.

모든 동물들의 암컷들은 생식철이 되면 발정을 하게 되는데 이때 이성을 유인하는 물질인 성페로몬을 공기 중에 또는 살고 있는 물속에 직접 발산하거나 또는 나무나 풀, 흙, 돌 등에 묻혀 놓는다. 그러면 바람을 타고 날아오는 성페로몬 냄새를 수컷이 맡든가 또는 그곳을 지나가던 수컷이 그곳 주위에 자기 암컷이 있음을 알게 되어 결국 서로가 만나게 된다.

　예를 들어 누에나방의 암컷은 성 유도물질인 봄비콜(bombykol)을 분비하는데, 이것은 공기 중에 낮은 농도로 희석되어 사방으로 퍼져서 멀리 떨어져 있는 수컷의 촉각에 특별히 봄비콜에 반응하도록 만들어진 약 4,000개나 되는 후각 수용기에 다다르게 된다. 이렇게 되면 수컷은 밤중에라도 수km를 날아 암컷을 찾아간다.

　성 유도물질인 봄비콜을 알아차리기 위해 수컷에 장치되어 있는 4,000개나 되는 수많은 후각 수용기는 우연히 자연히 진화로 만들어졌는가 아니면 고도의 지성을 가진 자에 의해 봄비콜에 반응하도록 의도적으로 설계되어 만들어진 것인가?

　암놈이 가진 봄비콜에 정확히 반응되도록 수놈의 후각수용기가 만들어져 있는데 이것이 우연히 자연히 만들어진 것이 아니고 암놈, 수놈의 DNA분자 속에 이미 봄비콜과 후각수용기는 서로 반응이 잘 이루어지도록 설계되어 들어 있는 것이다. 나방의 암놈, 수놈의 성기도 나방 사이에서만 작동되도록 특이하고 교묘하게 만들어져 있는데 이것 역시 우연히 자연히 만들어진 것이 아니고 이미 나방 DNA분자 속에 암놈, 수놈의 성기가 잘 작동되도록 설계된 성기설계도가 작성되어 들어 있는 것이다. 이러한 설계능력이 바로 영적인 능력이고 영적인 차원의 기술인 것이다.

　이들 설계도들이 자동으로 자연히 작성되어 자동으로 입력되게 하여 설계의도대로 생물기계가 자동으로 만들어져 자동으로 작동되게 할 자는 영과 에너지와 물질을 자유자재로 다스리고 다루는 영적인 능력을 가진 신밖에 없는 것이다. 봄비콜이나 봄비콜을 위한 후각 수용기는 누에나방에서만 있기 때문에 다른 동물한테서 자연선택적으로 진화로 이들을 넘겨받은 것도 아니다. 누에나방이 가지는 특정한 염색체수에 의해 누에나방에서만 존재하는 물질이고 시스템이기 때문이다.

염색체수에 따라 달라지는 DNA 구조에 의해 만들어지는 영적인 물질인 나방단백질 종류에 따라 이러한 독특한 물질과 독특한 시스템이 만들어진다. 이는 영적인 능력을 가진 자에 의해 설계되어 태초 누에나방 DNA분자 속에 유전정보(생명의 정보, 생명의 프로그램, 생명의 말씀)로 프로그램화되어 유전자 속에 입력되어졌기 때문이다. 연약한 누에나방이 살아갈 수 있도록 하나님이 DNA 속에 누에나방의 본능을 선물로 기록되게 하신 것이다.

똑같은 양성자, 중성자, 전자 입자로 되어 있는 모든 원소들이 입자의 수에 의해서 다른 입자구조를 함으로써 다른 특성을 가진 다른 원소로 된다. 마찬가지로 염색체수에 따라 DNA 구조(생명의 프로그램)에 변화가 생겨 다른 DNA 구조를 함으로써 다른 특성을 지닌 다른 단백질을 만들어 다른 생체물, 조직, 기관을 만들게 되어 다른 생물의 종을 만들어 다른 본능과 형질을 가지게끔 자동프로그램화되어 있는 것이다. 자연의 진화만으로는 봄비콜과 후각수용기가 누에나방에서만 우연히 자연히 기적적으로 갑자기 만들어질 수는 없는 것이다.

어느 한 종의 개체가 발산한 페로몬은 오직 같은 종의 상대방만이 감지할 수 있는데 이는 페로몬정보(신호)의 암호가 맞추어지는 현상이고 페로몬 언어가 서로 통하여 의사소통이 되는 현상이다. 암캐가 발정을 하여 페로몬을 내면 인근 동네에 있는 수캐까지 몰려드나 같은 집에 사는 소나 말 염소, 돼지 등의 수컷들은 아무 반응을 나타내지 않는다. 이는 동물들의 페로몬 언어는 같은 종끼리만 통하고 다른 동물들한테는 통하지 않는 것을 의미한다.

만일 페로몬 언어가 다른 동물들에게도 통하여 알아채게 되면 잡아먹는 힘센 동물은 잡아먹히는 약한 먹이동물들이 있는 곳을 쉽게 알아차리기 때문에 약한 동물이 몰살되어 먹이사슬은 줄어들어 동물의 멸종을 가져오게 될 것이다. 이러한 것을 다 계산하고 예측한 창조자가 이를 피하기 위해 의도적으로 페로몬언어는 같은 종끼리만 통하게 만들었음이 분명하다.

만일 페로몬이 자연에 의해 자연선택적인 진화로 만들어졌다면 고등동물은 자기보다 하등동물의 페로몬언어를 다 감지하기 때문에 먹이동물이 어디에 있는지 다 알므로 먹이동물은 멸종하게 되어 먹이사슬은 파괴될 것이다.

모든 동물은 성페로몬에 의해 짝을 찾아 특정한 시기에만 교미를 하게 되는데 이상하게도 인간만은 성페로몬에 의해 짝을 찾지 않고 교제(의사소통)에 의해 짝을 찾아 동물과는 달리 언제든지 빈번히 자유로이 성교제를 할 수 있다. 여기에서 보듯이 동물의 주된 삶은 먹이사슬의 한 구성원으로 먹고 자손을 퍼뜨리며 천적을 먹여 살리는 데 있기 때문에 의사소통도 언어의 능력 없이 단순한 몸짓, 소리(울부짖음), 페로몬 등으로 본능적으로 충분한 것이다.

먹고 살고 자손을 퍼뜨리는 이외의 영역은 동물세계에서는 필요 없기 때문에 의사소통 수단으로 언어의 능력이 주어지지 않은 것이다. 그 때문에 동물은 먹고살고 자손을 퍼뜨리는 이외의 영역인 우주만물의 생성이나 창조주에 대한 생각은 언어의 능력이 없어 할 수 없는 것이다. 이러한 생각을 하려면 언어의 능력을 가지고 있어야 자기와 자신과 스스로 의사소통을 언어로 하여 새로운 깊은 생각, 공상, 이상의 세계로 깊이 들어갈 수 있는 것이다.

만일 언어의 능력이 없을 경우에는 자기와 자신과 스스로 대화하는 의사소통을 하지 못하므로 신경세포 속에 생각이나 공상이나 이상을 문장으로 저장할 수 없기 때문에 깊은 상상의 세계나 이상의 세계가 만들어질 수 없어 생각하는 사고력이나 상상력이 없는 것이다. 그러므로 동물은 언어의 능력이 없으므로 생각을 문장으로 만들지 못하므로 깊은 사고력이나 상상력이 없는 것이다. 그러므로 언어의 능력은 사고의 능력을 만들고 사고의 능력은 발명의 능력도 만든다. 동물은 언어의 능력이 없어 사고력이 없기 때문에 이상의 세계를 만들지 못하므로 신과 신의 세계를 전혀 모르고 발명의 능력이나 연장을 사용하는 응용력도 없는 것이다.

동물은 사고력이 없기 때문에 신과 의사소통하는 영적 교제력도 없어 영혼의 활동도 할 수 없는 것이다. 언어의 능력이 없어 사고력이 없는 동물에서 우연히 저절로 진화에 의해서 갑자기 언어의 능력이 있어 사고를 할 수 있는 인간으로 변할 수는 없는 것이다. 인간의 언어의 능력과 사고의 능력은 인간이라는 46개의 염색체수에 속하는 DNA분자구조 속에 생명의 정보(하나님의 말씀)로 언어의 능력이 주어져 있는 것이다. 언어의 능력은 하나님이 인간과 깊은 영적 교제를 하기 위해서 일부러 의도적으로 인간에게만 준 하나님의 가장 귀중한 선물인 것이다.

▮식물의 의사소통
(1) 물질언어를 이용하는 식물의 의사소통

식물도 신호전달물질인 식물호르몬(휘발성물질) 등을 발산하여 의사소통을 한다고 한다. 독일의 막스 플랑크 연구소(MPI) 분자생물학과 이안 볼드윈 박사의 연구내용이 시사주간지인 슈피겔에 보도(2006.06.26)된 '식물도 말을 한다'라는 기사를 살펴보면 다음과 같다.

슈피겔은 "MPI의 과학자들은 식물이 주변의 자극을 받으면 특정 화학물질을 분비해 이를 주변에 알린다는 사실을 밝혀냈다"고 보도했다. 특정 화학물질이란 외부의 자극을 받을 때 분비하는 식물성 호르몬을 가리킨다. 이 물질들이 내는 수백 가지 냄새들이 식물들의 의사소통에 사용되는 어휘인 셈이다.

MPI 학자들은 위급한 상황 때 식물이 어떻게 의사소통을 하는지를 알아내기 위해 토마토를 대상으로 실험했다. 연구진은 한 줄기에 매달린 특정 부분의 잎사귀를 벌레가 파먹어 들어가는 식으로 기계로 파먹어 들어가게 했다. 처음에는 반응을 전혀 안 하다가 서서히 여러 시간 동안 잎사귀를 많이 파먹어 들어가자 공격받은 토마토 잎사귀는 마침내 특정한 호르몬을 분비해서 줄기를 통해 몇 분 안에 뿌리에까지 전달했다. 마치 '위험해'라고 외치듯이 비상사태를 짧은 시간 내에 효과적으로 경고한 셈이다. 연구진은 "이때 생성된 호르몬은 사람이 고통을 느낄 때 분비하는 통증호르몬과 비슷하다"고 설명했다.

콩과식물들은 외부의 공격에 토마토보다 더욱 적극적으로 반응한다고 한다. MPI 분자생물학과 이안 볼드윈 박사는 "식물은 자신이 다쳤다는 것뿐 아니라 심지어 누가 자신을 다치게 했는지도 주변에 알린다"고 밝혔다.

그의 관찰에 따르면 콩은 해충의 애벌레가 자신의 잎을 갉아먹기 시작하면 즉시 독특한 냄새를 대기로 뿜어낸다. 이 냄새는 애벌레를 잡아먹는 천적인 곤충들을 불러들인다. 이 곤충들은 냄새를 통해 어떤 애벌레가 얼마나 많이 잎사귀를 갉아먹고 있는지를 경험에 의해 알아챌 수 있다. 왜냐하면 잎사귀를 많이 다칠수록 더 많이 애벌레의 종류에 따라 애벌레가 싫어하는 화학물질을 내뿜기 때문이다. 동시에 잎에서 애벌레의 식욕을 떨어뜨리는 방어 물질을 방출한다. 그러면 근처에 있는 다른 콩과식물들은 이 냄새를 파악해 애벌레에 대한 방어태세를 갖춘다고 한다.

가뭄이나 매연, 급격한 기온의 차 등에 의해 스트레스를 받는 식물들은 아스피린과 같은 화학물질인 살리실산메틸($C_8H_8O_3$) 증기를 공기로 내뿜어 자신의 면역반응을 일으키면서 주위에 있는 식물들에게 위험이 있음을 알리는 신호(정보)를 전달함으로써, 즉 신호전달물질로 화학적인 언어로 서로 의사소통을 한다고 한다.

뇌도 없는 식물이 애벌레가 싫어하는 화학물질을 내뿜어 방어태세를 갖추는 것은 식물호르몬의 조절에 의한 것인데 이는 단백질로 만들어지는 식물호르몬 속에 영이 거하고 있음을 증거하는 것이다. 영(혼)은 생물의 삶을 유지하기 위해서, 동시에 자신의 활동을 위해서 끊임없이 안간힘을 쓰며 노력하는 것이다. 왜냐하면 생물이 죽으면 생물신체 속에 있는 영(혼)도 활동이 멈추기 때문이다. 만일 영이 식물호르몬 속에 들어 있지 않다면 생체물이나 조직 사이에는 의사소통이 안 이루어지므로 식물은 물론 동물도 살아갈 수 없는 것이다.

(2) 식물의 겨울나기—식물과 주위 환경과의 의사소통

생명체는 주위 환경과도 삶의 정보를 교환하는데 이것도 하나의 의사소통인 것이다. 식물이 빛에너지를 이용해서 광합성작용을 하는 것이나 식물이 추운 겨울을 나기 위해서 주위 환경과 정보와 에너지와 물질을 전달하거나 교환하는 것도 주위 환경과 상호작용을 하는 것이고 이는 곧 주위 환경과 의사소통을 하는 것이다.

식물들은 영하의 혹독한 겨울 날씨에도 얼지 않으려고 미리 대책을 세워 대응한다. 첫째, 식물은 당, 유기산, 아미노산, 단백질 등의 유기질을 세포에 축적하여 순수한 물의 양을 감소시켜 빙점을 낮춘다. 둘째, 휴면아를 만들어 혹독한 영하의 겨울 추위를 견디어낸다. 휴면아는 가을에 기온이 5℃ 정도 떨어지면서 형성되는데 이것은 -40℃의 혹한도 견디어낼 수 있다. 휴면아를 제외한 다른 조직들은 세포와 세포 사이가 얼어서 탈수현상을 일으키며 겨울을 이겨낸다.

이와 같이 식물이 겨울을 나기 위해서 해마다 행하는 일련의 과정들은 마치 컴퓨터프로그램에 의한 것처럼 해마다 똑같은 온도에서 휴면아를 만들고 똑같은 성분율로 유기물을 세포 속에 축적한다. 인간이 만들어 놓은 냉장고도 정해진 온도 이상으로 되면 냉장고의 모터가 자동으로 켜져 온도를 낮추고 정해진 온도 이하로 내려가면 자동으로 모터가 꺼지는데 이는 온도프로그램 칩에 의해서이다.

식물의 온도프로그램이 들어 있는 생명프로그램 칩은 이미 식물세포 속 DNA분자 속에 입력되어 있기 때문에 같은 종의 식물들은 같은 시기에 씨를 뿌리면 같은 무렵에 싹이 트고, 같은 무렵에 잎이 같은 모양으로 나고, 같은 무렵에 같은 모양의 꽃을 피우고 같은 꽃향기를 발산하고 같은 방법으로 수정을 하고, 같은 무렵에 같은 종류의 열매를 맺고 같은 서늘한 가을 온도에 같은 방법으로 잎을 떨어뜨리며 매년 같은 방법으로 겨울을 나고 봄이 오면 같은 모양의 새싹을 낸다. 이는 같은 종류의 식물들은 식물세포 속에 똑같은 염색체 수를 가지고 같은 유전정보(생명의 정보)를 가지고 있는 같은 프로그램을 가진 유전자들이 DNA분자 속에 들어 있기 때문이다.

사람의 지적 설계로 만들어진 온도프로그램 칩에 의해 냉장고는 망가질 때까지 인간의 설계의도대로 자동으로 정해진 온도로 조절된다. 식물이 죽을 때까지 자동으로 정해진 온도에 정해진 시기에 정해진 습도와 기후에 싹을 틔우고 자라서 꽃을 피우고 열매를 맺고 휴면아를 내고 하는 해마다 똑같은 일을 되풀이 하는 것은 우연히 저절로 자연히 행해지는 것이 아니라 세포 속에 들어 있는 생명의 칩인 DNA의 생명프로그램에 의해서이다.

세포 속에 DNA 칩 속에 자동으로 만들어지는 생명프로그램은 반드시 자동역학기술을 다 망라한 영과 에너지와 물질을 자유자재로 다스리고 다루는 신에 의해서만 만들어질 수밖에 없는 영―에너지―물질―진행프로그램인 것이다. 그 때문에 DNA의 구조와 기능이며 백과사전 글씨 크기로 200만 페이지 이상의 거대한 양의 생명의 정보가 부피가 거의 0인 DNA분자 속에 영적으로 저장되어 있는 것이며, 세포가 자동으로 분열하여 늘어나 생물신체가 자동으로 성장하는 것이며, 그 작은 세포 속에 수많은 물질과 세포소기관들이 시설되어 작동되어 물질적 정신적 영적인 활동이 이루어지는 것이며, 유전정보에 따라 영적인 단백질로봇들이 만들어지는 것이며, 만들어진 단백질로봇들에 의해 아름다운 생물신체가 만들어지는 것이며, 만들어진 생물기계가 육체적, 정신적, 영적으로 작동되어 웃고 울며 미워하고 사랑하면서 서로 상호작용을 함으로써 생태계를 순환 유지시켜 아름다운 대자연을 만드는 것 등은 반드시 영적인 지성과 기술을 가지고 영과 에너지와 물질을 자유자재로 다스리고 다루는 영적인 신에 의해 설계되어 만들어진 영이 들어 있는 생물기계이라야만 현실로 영적으로 작동될 수 있는 것이다.

04
가장 값진 삶의 활동은 사랑의 감정을 나누는 교제이다

의사소통(communication)은 정보전달(교환), 감정전달, 통신, 에너지(동력, 힘, 열)전달, 교제 등의 행위이다. 에너지는 소립자이고 (에너지와 소립자는 변화될 수 있음) 소립자는 넓은 의미로 물질에 속하기 때문에 의사소통은 서로 에너지적으로나 물질적으로나 정신적(광자소립자에 의해 기억하고 생각할 수 있음)으로 교환하거나 전달(주는)하는 교제 행위이다. 동물은 의사소통을 함으로써 다양한 감정(기분)과 삶의 정보를 나누면서 삶을 즐기면서 살아간다.

갓난아기는 엄마의 젖뿐만 아니라 엄마의 따듯한 사랑의 감정을 받기를 원한다.

13세기 독일의 프리드리히 2세 황제는 인간의 언어는 타고나는지, 혹은 교육을 받아야 하는지 알아내기를 원했다. 그러기 위해서 그는 12명의 갓난아기들을 유모들에 의해 돌보게 했다. 이들 유모들은 젖먹이들을 달래 가능한 한 조용하게 하고 최선의 방법으로 돌보아야만 했다. 유모들은 젖먹이와 그리고 유모들 사이에 한마디도 말을 해서는 안 되었다.

얼마 안 되어 벌써 의도하지도 않은 결과가 나타났다. 말을 사용하지 못해 의사전달을 하지 못해 사랑의 감정을 주고받지 못하자 젖먹이들은 그들의 육체와 정신적인 발달이 일반 젖먹이들보다 현저하게 뒤처져 있었다. 그리고 4년 후에는 12명의 젖먹이들이 모두 죽었다. 비참한 실험이었지만 인간에게는 의사소통을 하여 사랑의 감정을 나누는 것이 맛있고 배불리 먹어 육체를 만족시키는 것보다 훨씬 더 중요함을 나타내는 실험이었다.

신체 내에서 생명의 기본물질인 단백질이 만들어지는 것이나 DNA나 효소 등 신체구성물질이 만들어지는 것은 DNA분자에 있는 유전설계(유전정보)에 따라 이루어진다. 이는 유전정보에 따라 암호를 일치시키는 행위로 정보를 주고받음으로써 의사소통(정보교환=정보의 상호작용, 감정을 나눔=감정의 상호작용)을 하는 것이며, 이것은 정보를 주는 쪽(DNA)과 정보를 받는 쪽(mRNA, tRNA)이 서로 상호작용(서로 영향을 미치는 작용, 서로 주고받는 작용, 서로 오고가는 작용)을 함으로써 이루어진다.

그리고 신체 내에서 신진대사(물질교환)를 하는 생체물질도 물질 사이에 서로 정보가 오고가는 상호작용으로 의사소통이 이루어져야 한다. 우리가 삶의 활동을 하는 것도 물질과 정신이 정보교환을 하는 의사소통을 함으로써 이루어진다. 정보를 주고받고 하여 의사소통이 이루어지는 상호작용도 상대적인 기능적인 극성작용이고, 정보가 있는 곳에서 정보가 없는 곳으로 전달되어 정보량의 차를 감소시키려는 자연의 평형(균형, 조화, 화평)의 힘이 작용되는 것이다. 정보가 전달되어 이루어지는 의사소통도 결국 자연의 3대 힘(신의 3대 힘)인 상호작용하려는 힘+상대적인 극성의 힘+평형해지려는 힘들의 상호작용에 의해서 이루어지는 것이다.

그러므로 의사소통이 이루어지는 곳에는 동시에 상호작용이 이루어지고 상호작용이 이루어지는 곳에는 동시에 의사소통이 이루어진다. 의사소통의 암호가 맞추어지고 하는데도 매개물(접착제, 중개물)로써 항상 에너지가 작용되어져야 하므로 에너지(소립자)는 모든 만물을 의사소통시키고 상호작용시키는 화목물이나 중개물이나 매개물이나 다름없는 것이다.

만일 신이 존재하지 않는다면 의사소통이라는 영적인 메커니즘이 만들어지지 않았을 것이고 동물의 육체도 의사소통을 하기 위한 감각기관, 신경계, 호르몬계, 뇌를 주체로 만들어지지 않았을 것이고, 인간의 얼굴도 영적이고 지적이고 사랑스럽게 만들어지지도 않았을 것이고, 인간의 영혼도 구태여 존재하지 않았을 것이다.
그러나 모든 동물은 의사소통을 하도록 신체 내부, 외부구조가 만들어져 작동되므로 이들이 왜 의사소통을 하도록 만들어져서 작동되어야만 하는 이유(원인)와 목적(의도)이 자연의 법칙인 인과법칙에 의해 반드시 존재해야 된다. 이들을 모두 충족시키며 능력이 있는 자는 신(하나님)밖에 없는 것이다. 신이나 인간이나 동물한테 가장 중요한 것은 사랑의 감정이 담긴 교제이다. 신은 자신의 부족한 사랑을 메우기 위해서 인간과 우주만물이 만들어지게 한 것이다.
만물과 사랑의 감정을 주고받는 것은 의사소통을 하는 것이고 서로 상호작용을 하는 것이다. 사랑의 감정을 주는 쪽과 받는 쪽은 서로 상대적인 기능적인 극성관계이고, 사랑의 감정을 주는 것은 많은 쪽에서 적은 쪽으로 흐르는 현상이므로 조화와 평형을 이루는 작용이며 이러한 작용이 이루어지려면 서로 상호작용이 이루어져야 한다. 이는 결국 신의 3대 힘인 상호작용하려는 힘, 상대적인 극성의 힘, 평형(조화, 균형)해지려는 힘들의 상호작용으로 이루어진다.
그러므로 사랑의 감정이 담긴 교제를 원하는 하나님 자신은 스스로 하나님의 3대 힘에 의해 부족한 사랑의 감정을 메우기 위해서 우주만물과 인간을 반드시 꼭 만들어야만 했던 것이다. 왜냐하면 수많은 종류의 사랑과 감정은 수많은 만물 사이의 상호작용으로 만들어지기 때문이다. 보이지 않는 만유인력이 반드시 존재하는 것 같이 보이지 않는 신이 반드시 존재해야만 현 우주만물과 우리가 존재할 수 있는 것이다.

　신은 교제 상대자로 인간을 선택하여 만물의 영장으로 만들어지게 하고 지구와 지구의 모든 생물을 다스리게 했다. 진화로 물질과 에너지가 전달·공급되어 인간이 만들어지게 우주만물과 지구와 미생물, 식물, 동물들이 만들어지게 했고, 이들과 인간의 상호작용으로 생태계가 만들어져 순환되면서 아름다운 대자연이 만들어져 다양한 생물로 다양한 감정이 우러나오는 지구정원을 만들게 한 것이다.

　이러한 아름답고 향기로운 지구정원 분위기에서 신은 인간과 대자연의 아름다움을 함께 즐기면서 감정 깊은 사랑의 영적 교제를 할 수 있는 것이다. 그 때문에 신은 대자연이 만들어지기 전에 전하, 자전력, 공전력, 에너지 등의 힘의 특성과 아름다운 색과 향기로운 냄새 등의 특성들을 이미 소립자 속에 입력되게 하고 이들의 에너지와 소립자로 빛(소립자+전자기파)이 만들어지게 하여 빛의 광자(에너지+정보+영)에 의해 에너지와 영과 정보가 생물에게 전달되도록 한 것이다. 그리고 후에 동물이 눈으로 빛을 통해 사물을 보고 코로 냄새를 맡고 귀로 듣고 입으로 먹고 의사소통을 하며 먹이를 찾아 살아갈 수 있도록 영과 에너지와 소립자(물질)로 만물이 자동으로 만들어져서 자동으로 작동되게 설계프로그램화한 것이다. 수많은 사랑의 감정이 든 교제를 하고자 뜨거운 집념으로 하나님은 세밀하게 설계·계획했기 때문에 우주만물과 생물과 인간이 영—에너지—물질—진화프로그램대로 창조되어져야만 했고 창조되어 에너지적으로나 물질적으로나 정신적으로나 의사소통을 통하여 만물이 서로 상호작용을 함으로써 대자연을 즐기면서 서로 공생·공존하게 되는 것이다.

우리가 좋은 차를 좋아하고, 예쁜 꽃을 예쁘게 생각하고, 동물을 귀여워하고, 뱀을 징그러워하고, 보고 싶은 사람을 그리워하고, 사랑을 주고 싶은 사람에게 사랑을 주고 싶고, 사랑을 받고 싶은 사람한테서 사랑을 받고 싶고, 먹고 싶은 것을 먹고 싶고, 보고 싶은 것을 보고 싶고, 말하고 싶은 것을 말하고 싶고, 동물을 귀여워하고, 대자연의 아름다운 경치에 감탄하는 것 등은 우리가 무생물과 생물, 즉 모든 만물과 감정으로 의사소통을 하기 때문이다.

만일 우리에게 이러한 여러 종류의 감정에 의한 의사소통이 없다면 사는 낙이 없어 한평생 동안 살아가기 어려울 것이다. 마찬가지로 신도 모든 만물과 동물과 자연과 인간들과 사랑의 감정이 담뿍 담긴 교제를 하는 의사소통이 절실히 필요하기 때문에 우주만물(천지)이 반드시 만들어지도록 설계프로그램화한 것이다.

우리가 우리 고장(마을)사람들과 고장 경치만으로는 우리의 무한한 이상과 감정을 모두 채울 수 없는 것처럼 하나님도 천국사람들과 천국만으로는 하나님의 무한한 이상과 감정을 모두 채울 수 없는 것이다. 그러기에 우주는 무한히 커야 하고 생물지구들도 무한히 많아야 하고 의사소통을 하는 동물들의 종류와 수와 꽃을 피우고 과일을 여는 나무들도 수없이 많은 종류로 무한히 많아야 할 것이다.

05
의사소통은 주위환경과 시간의 영향을 받는다

일반적으로 똑같은 사람일 경우 가난할 때보다는 부유할 때 마음적으로 여유가 있고 악의도 적어지고 너그러워지고 삶의 재미도 더 보는 것 같다.

우리가 의사소통하는 대화도 부유해서 삶의 여유가 있고 경치가 아름다운 곳에서 하는 것과 가난해서 삶의 여유가 없고 경치가 삭막한 곳에서 하는 것은 똑같은 대화주제 내용이지만 대화자들의 감정이나 기분을 다르게 하여 대화내용이 전혀 다른 방향으로 흐르게 된다. 그리고 대화자들의 지식수준, 지능수준, 취미와 직업에 따라 대화내용의 질이 천차만별로 다르게 된다.

그 때문에 신은 원만한 영적 교제를 하기 위해서 인간에게 다른 동물에게는 없는 높은 지능, 무한한 사고력, 발견 발명의 능력, 언어의 능력, 감정을 나타내는 얼굴표정 능력, 아름다운 지성의 얼굴모습 등을 특별히 주어 신과 모든 감정을 털어놓고 진지하게 대화할 수 있는 능력을 주었다. 그리고 신(창조자)은 모든 생물과 인간의 출현을 위해 먼저 지구와 우주만물이 창조되게 했고 이어서 에너지와 물질이 전달 순환되는 생태계의 순환으로 아름다운 대자연이 창조되게 하여 다양한 감정이 우러나오게 함으로써 아름답고 따뜻한 지구정원 분위기로 영적 교제가 뜻 깊게 이루어지게 설계프로그램화한 것이다.

의사소통(의사전달)은 입과 귀와 눈으로만 하는 것이 아니라 전 감각기관과 신경계와 호르몬계가 주위환경과 서로 상호작용하면서 이루어진다. 의사소통을 하는 마음의 감정은 소화기관, 호흡기관, 근육 등 모든 신체조직과 신체기관에 영향을 미치므로 의사소통은 전 신체기계와 생체물질이 공동상호작용을 함으로써 이루어진다. 예를 들어 가까운 누가 사고로 갑자기 죽었다는 소식을 들으면 장이 뒤틀리고 심장이 뛰고 호흡이 가쁘며 정신이 없으며 머리가 아프게 되는데, 이는 육과 혼(영)으로 되어 있는 우리의 신체기계가 서로 상호작용을 하여 서로 의사소통이 되기 때문에 이러한 상황을 겪게 되는 것이다.

'시간이 반찬이다'라는 격언같이 똑같은 음식이라도 배가 고팠을 때 먹는 것하고 배가 불렀을 때 먹는 것하고는 음식 맛이 상당히 차이가 있게 된다. 즉 우리가 맛을 알거나 배고픔을 알거나 아름답게 느끼는 감각능력이나 좋아하는 감정 등은 절대적인 것이 아니고 시간과 주위환경과 나의 육체적 정신적 상태에 따라 상대적으로 그때그때 상황에 따라 다소 달라지게 된다.

우리가 성경을 보더라도 매번 읽을 때마다 조금씩 다른 감명을 받는 것이나 다름없다. 그러므로 우리가 생각하고 감정을 가지고 감명을 받고 하는 것 등은 절대적인 것이 아니고 주위환경과 시간의 영향을 받는 것이다. 이는 우리 몸속에 있는 영들의 작용이 환경과 시간에 따라 영향을 받는 것을 의미하는 것이다.

우리가 보는 시각도 절대적으로 정확하게 옳은 것이 아니고 주위환경에 따라 달리 지각되어진다. 예를 들어 두 개의 크기가 같은 공 A, B가 있다. A공 주위로 A공보다 큰 공 8개를 놓고, 다른 곳에 B공 주위로 B공보다 작은 공 8개를 놓았을 때 A, B 두 공은 크기가 같지만

이 경우 B공이 A공보다 훨씬 더 커 보인다. 즉 가난한 사람들 중에서 나와 부유한 자들 중에서의 나는 느끼는 감정도 다른 것이다. 사랑도 상대자에 따라 강하고 약하며 욕심, 욕망도 대상(물)에 따라 많고 적고 한다.

신(하나님)이 아름다운 대자연을 만든 것은 결국 아름다운 대자연을 함께 즐기며 여기서 우러나오는 아름다운 감정으로 인간과 영적 교제를 함으로써 더 풍부하고 다양한 사랑의 감정을 나누기 위함인 것이다.

인간은 주위환경뿐만 아니라 시대에 따라 적응하여 의사소통을 하게 된다. 음악을 듣는 것도 일종의 의사소통을 하는 행위인데 젊은층일수록 템포가 빠른 음악을 듣기 좋아하고, 노인층일수록 느린 음악을 듣기를 좋아한다. 시대가 지나갈수록 대개 모든 속도는 빨라지는데 자동차나 기계의 속도, 발명의 속도 등 모든 것이 빨라진다.

요즘 아이들은 방과 후에 할일이 너무나 많은데 피아노도 쳐야 하고, 숙제, 과외공부, 운동, 심부름, 컴퓨터도 해야 하고, 놀기도 해야 하고 이것을 천천히 하면 도저히 다 해낼 수 없기 때문에 자신도 모르게 생활습성이 매우 빨라져 있기 때문에 주위환경의 자극을 받는 감각기관도 매우 빨라서 느린 음악보다는 빠른 음악을 듣게 되고 음악 감상도 빠르게 하게 되는 것이다. 그러므로 현대 시대에서는 깊은 감정을 음미하고 표현하는 보기 드문 유명한 화가나 음악가가 중세기 때처럼 나오기 힘든 이유가 바로 여기에 있는 것이다.

예수님이 왜 이 세상에 오셔야만 했으며 영과 혼과 영혼은 무엇이고, 영혼은 과연 죽음 후에도 영원히 존재하는지 등을 알아본다.

제4장

성경의 하나님은 참 하나님인가?

- 성경과 하나님
- 영—혼—영혼
- 영혼의 순환
- 하나님의 천지창조
- 하나님은 왜 천지(우주만물)를 창조했어야만 했는가?
- 하나님은 왜 애초에 지구를 낙원으로 만들지 않았는가?
- 인간은 왜 죄를 지어야만 하는가?

01
성경과 하나님

(1) 성경은 왜 있는가?

성경이 있는 이유는 인간이 성경을 통해서 하나님을 알게 되고 죄 사함을 받는 구원을 받아서 영원한 생명을 얻고 하나님과 영적 교제를 하기 위함이다. 성경이 만들어지게 하나님은 구약시대에는 성령을 통해서 선지자들에게 하나님의 말씀을 전하게 하고, 예수님이 어떻게 와서 어떻게 살다가 어떻게 죽을 것을 미리 예언하셨고, 구약성경대로 예수님은 오셔서 하나님의 복음을 전하다가 인간의 죄를 대신하여 죽으셔서 구약성경의 예언을 성취시키시고, 신약성경을 이루게 하셨고 구원의 길을 열어 놓으셨다. 그 후로는 예수님이 다시 재림하시는 날까지 성경을 통해서 복음이 전파되어 하나님을 알게 하여 인간을 구원시키고 하나님과 영적 교제가 이루어지게 매개하는 것이다.

예수님이 죽으시고 부활되신 것은 다시 원래 하나님의 아들로 되돌아가는 것이고, 죽은 영혼도 예수님과 같이 다시 부활될 수 있음을 인간에게 보여주고 죄의 심판이 있다는 것을 확증시키기 위함이다. 만일 예수님이 이 세상에 안 오셨다면 하나님과 인간 사이는 신과 피조물의 다른 차원이기 때문에 의사소통이 제대로 이루어지지 않아 영적 교제는 이루어질 수 없어 수많은 신들이 난무하는 혼란스러운 귀신들의 세상이 되었을 것이다.

한마디로 성경이 있는 이유는 하나님이 인간하고 교제(의사소통)를 하기 위한 것이며 그 때문에 하나님은 하나님의 화목사절로 독생자인 예수님을 보내신 것이다. 즉 하나님의 영적인 신의 차원과 인간의 피조물의 차원을 중개하여 의사소통시키려고 신이면서 사람으로 예수님이 오시게 되었고, 인간의 죄를 대신해 모두 껴안고 예수님이 죽음으로써 하나님과 인간과의 불목(아담으로 하여금)에서 화목의 길이 열리고 구원의 길이 열리게 된 것이다.

(2) 성경내용은 어떠한가?

구약성경 내용은 대부분 우주만물의 창조와 이스라엘 민족의 족보와 죄와 벌, 이스라엘에 대한 예언으로 되어 있다. 하나님은 인간하고 사소한 일로도 자상하게 말씀하셨다.

하나님의 3대 특성은 우주와 같이 무한히 크게, 소립자나 에너지와 같이 무한히 작게, 하늘의 별같이 무수히 많게 하는 특성이 있으므로 하나님의 성품은 무한히 크게 하는 대담성과 무한히 작게 하는 섬세성과 무한히 많게 하는 욕망성이 대단히 많음을 알 수 있다. 그리고 신체기계나 생물세포의 구조나 기능 면에서 우리는 신의 영적인 기술솜씨(능력)와 정확성과 세밀성을 감지할 수 있다.

하나님이 이스라엘 백성을 선민으로 선택하신 이유는 적은 민족과 작은 이스라엘 나라를 통해서 인간의 능력을 넘어서 하나님의 능력으로 이스라엘을 벌주시고 지키시는 것을 통해 인간들에게 하나님이 계시다는 것을 간접적으로 나타내기 위함이다. 그 중에서도 아브라함, 이삭, 야곱의 하나님을 강조한 것은 이들 가문을 통해서 교제하고 하나님이 존재하고 있음을 보이기 위함이다.

만일 하나님의 능력 없이 인간의 능력만이라면 이들 가문이 다른 나라 땅에서 부흥해 이스라엘 민족을 이루어 이스라엘 나라를 도저히 이루지 못했을 것이다. 그리고 남의 나라 땅에 설사 세워진 조그마한 이스라엘 나라라도 쉽게 다른 이웃 아랍 큰 나라들에게 빼앗겨 버렸을 것이다.

다시 말해 인간의 능력을 초월한 하나님의 능력을 이스라엘 민족이나 이스라엘 나라를 통해서 간접적으로 나타내려 하시는 것이다. 그러므로 하나님(신)이 정말로 존재하는지는 창조물(피조물)인 자연물을 살펴보면 알 수 있고 성경의 하나님이 참 하나님인지는 성경의 이스라엘 역사를 살펴보면 알 수 있는 것이다. 이스라엘 역사의 흐름에 대한 예언은 이미 2500여 년 전에 구약성경에 기록되어 있고, 이스라엘의 역사는 성경의 예언대로 지금까지 진행해 왔으므로 성경의 하나님이 참 하나님인 것이다.

하나님은 구약성경에 쓰여 있는 이스라엘 역사의 예언과 예언의 성취를 통해서 항상 인간과 함께 하시며 인간이 찾는 참 하나님인지를 인간에게 간접적으로 항상 보여주고 계신 것이다. 그리고 하나님이 존재하시는지는, 예를 들어 피조물인 DNA의 유전정보에 따라 단백질 종류가 만들어지고 이어서 단백질 종류에 따라 신체물, 조직, 기관이 만들어지는 과정은 RNA나 단백질이 유전정보를 이해하기 때문이다.

DNA가 유전정보대로 RNA들로 하여금 단백질 종류를 만들게 하고 RNA들이 유전정보대로 단백질 종류를 만들어 내는 현상은 이들 사이에 유전정보를 이해하고 이들 사이에 서로 의사소통이 되기 때문에 가능한 것이다. 뇌도 없는 이들이 서로 이해하고 의사소통이 되어 공동으로 상호작용을 하여 생체물을 만드는 것은 영의 능력이고 영의 작용인 것이다.

이들은 영이 들어 있는 광자(에너지+정보+영)로 만들어졌기 때문에 영과 영 사이이므로 의사소통이 정신감응력으로 영적으로 잘 되기 때문에 유전정보에 따라 단백질 종류를 만들 수 있고, 만들어진 특정한 단백질은 DNA의 유전정보대로 특정한 신체조직이나 기관으로 만들어질 수 있는 것이다. 그리고 주위환경으로부터 받은 감각정보를 신경실을 통해 자극전류에 의해 정보가 뇌로 전달되어 뇌에서 감지하는 것이나 자율신경에 의해 신체가 무의식적으로 조절 작동되는 것이나 모두 영이 들어 있는 단백질로 만들어진 신체물, 조직, 기관이기 때문에 영과 영 사이이므로 정신감응력으로 영적으로 의사소통이 잘 되기 때문이다.

만일 생체물 속에 영이 안 들어 있으면 생체기계들은 유전정보를 이해하지 못하므로 도저히 단백질을 만들 수 없고 정보를 전달하는 의사소통을 할 수 없어 육체를 만들 수 없는 것이다. 그러므로 신체가 만들어지고 작동되어 육체적, 정신적, 영적 활동을 하는 것은 모두 하나님의 영의 작용이고, 영의 이끄므로 행해지므로 영의 원천인 하나님과 하나님의 대리자인 빛의 광자(에너지+정보+영)가 존재해야만 모든 만물이 영과 에너지와 정보로 의사소통(정보전달, 에너지전달)을 하면서 서로 상호작용하면서 서로 공생·공존하게 되는 것이다.

하나님이 말씀하신 내용들은 예를 들어 선악과를 따먹지 마라, 왜 숨었느냐, 왜 동생을 죽였느냐, 내가 너에게 어디 땅을 주겠노라, 내가 너에게 자식을 주겠노라, 간음하지 마라, 도둑질하지 마라 등등 하나님으로서는 너무 유치하고 시시한 말씀만 하신 것 같다.

하나님은 아브라함이나 모세나 다른 선지자들이 자신의 자식들이나 다름없기 때문에 앞으로 지구에서 살아갈 이들의 자손들을 위해서 세심하고 자상하게 교육하시며, 다른 한편으로는 그들 수준에 맞게 사랑의 감정이 담긴 교제를 하시는 것이다.

유명한 과학자나 철학가나 정치가나 사회적으로 명망이 높은 사람들도 가정에서 자기 자식들을 교육시키려면 평범한 사람들처럼 싸우지 마라, 학교에서 선생님 말씀 잘 들어라, 도둑질하지 마라, 공부를 게을리 해서는 안 된다 등등 자식들의 수준과 주위환경을 감안해서 평범하게 교육하게 된다.

수천 년 전 그 당시 과학지식이 전혀 없는 이들에게 과학적으로 우주 창조한 것을 이야기해 봤자 지식수준이 안 맞아 알아들을 수 없기 때문에 그 시대 수준에 맞게 이야기를 했어야만 했던 것이다. 지금 우리에게 시시하게 들리는 말씀도 그 시대 숫자가 적은 인간들한테는 시시한 말씀이 아니고 그들이 생기를 얻어 살아가는데 아주 중요한 말씀이었던 것이다.

하나님이 생물의 신체를 세심히 꼼꼼하게 만드신 것 같이 초창기의 지식수준이 낮고 삶의 경험도 거의 없는 이들에게 이들 수준에 맞게 세심하고 꼼꼼하게 말씀하셨기 때문이다. 성경은 지금으로부터 2000여 년 전에 여러 선지자들이 1000여 년 동안 여러 대에 걸쳐 성령을 받은 것을 기록한 것으로, 하나님이 말씀하신 내용이 거의 대부분 서로 상통되는 놀라운 성서이다.

(3) 예수님의 예언

이스라엘이 로마의 식민지로 있는 기간에 예수님이 태어나셨는데 이스라엘 민족은 계속해서 로마에 대항했다. 예수님은 AD 70년에 로마의 타이터스 장군이 저지를 예루살렘 파괴 사건을 미리 예언하셨다. 이러한 정확한 예언능력을 가진 예수님은 평범한 사람이 아닌 것을 알 수 있다.

"가까이 오사 성을 보시고 우시며 가라사대 너도 오늘날 평화에 관한 일을 알았다면 좋을 뻔하였거니와 지금 네 눈에 숨기웠도다. 날이 이를지라 네 원수들이 토성을 쌓고 너를 둘러 사면으로 가두고 또 너와 및 그 가운데 있는 네 자식들을 땅에 메어치며 돌 하나도 돌 위에 남기지 아니하리니 이는 권고 받는 날을 네가 알지 못함을 인함이니라 하시니라."(누가복음 19:41~44)

로마의 타이터스 장군은 예수님이 죽으신 지 37년 후인 AD 70년에 이스라엘 대항군을 진압하려고 예루살렘 성을 치러 왔다. 타이터스 장군이 예루살렘 성을 공격하려고 하니 문이 굳게 닫힌 돌로 된 성벽을 도저히 공격할 수가 없었다. 그래서 타이터스는 성 밖으로 흙으로 성을 쌓아 포위토록 하고 장기전을 펼쳤다. 성 밖에 있는 유대인들을 잡아서 돌멩이 대신 공성퇴에 매달아 날려 보내어 성벽에 맞아 떨어져 죽게 하면서 항복하라고 했다. 이렇게 6개월이 지나자 성 안에는 식량이 떨어져 굶어 죽는 사람들이 늘어났다. 굶주림에 못 이겨 죽은 아들딸의 고기를 먹는 비극도 생겼다.

"너희가 예루살렘이 군대들에게 에워싸이는 것을 보거든 그 멸망이 가까운 줄을 알라. 그때에 유대에 있는 자들은 산으로 도망할지며 성내에 있는 자들은 나갈지며 촌에 있는 자들은 그리로 들어가지 말지어다. 이 날들은 기록된 모든 것을 이루는 형벌의 날이니라. 그 날에는 아이 밴 자들과 젖먹이는 자들에게 화가 있으리니 이는 땅에 큰 환난과 이 백성에게 진노가 있겠음이로다. 저희가 칼날에 죽임을 당하며 모든 이방에 사로잡혀 가겠고 예루살렘은 이방인의 때가 차기까지 이방인들에게 밟히리라."
(누가복음 21:20~24)

AD 70년에 로마 군인들이 예루살렘 성을 완전히 포위했다.
예수님은 장차 이스라엘 사람들이 자기를 죽게 해 그 벌로 예루살렘 성이 함락되고 비참한 비극이 시작되어 전 세계로 사로잡혀 가는 것을 예언하셨다.

"예수께서 성전에서 나와서 가실 때에 제자들이 성전 건물들을 가리켜 보이려고 나아오니 대답하여 가라사대 너희가 이 모든 것을 보지 못하느냐 내가 진실로 너희에게 이르노니 돌 하나도 돌 위에 남지 않고 다 무너뜨리우리라 예수께서 감람산 위에 앉으셨을 때에 제자들이 종용히 와서 가로되 우리에게 이르소서 어느 때에 이런 일이 있겠사오며 또 주의 임하심과 세상 끝에는 무슨 징조가 있사오리이까." (마태복음 24:1~3)

예수님 당시 이스라엘의 수도 예루살렘에는 그때로부터 약 1,000여 년 전에 지은 웅장한 솔로몬 성전이 있었다. 그 후에 그 자리에 헤롯왕이 46년에 걸쳐 새로 거대한 성전을 지었다. 이 성전을 제자들이 보고 자랑삼아 말하자 예수님께서는 위와 같이 대답하셨다.
오늘날 그 성전의 돌은 돌 위에 하나도 남지 않고 없어져 버렸다. 로마 군인들이 성을 함락시킬 때 유대인들은 성전에 바친 금들을 돌과 돌 사이에 전부 숨겨 놓았다는 전설을 들었기 때문에 금을 가져가기 위해서 성전의 돌을 모두 빼내어 무너뜨렸기 때문이다.

(4) 이스라엘 역사의 예언의 성취
먼저 성경에 쓰여진 이스라엘의 역사를 살펴보면, 이스라엘 민족의 조상 중 아브라함이 있었는데 그는 본래 바벨론에 살던 사람이다.
수년 전에 이라크 전쟁이 일어났었는데 그 이유는 이라크의 후세인 대통령이 석유가 많은 쿠웨이트를 점령해 버렸기 때문이다. 실지로 쿠웨이트는 옛날에 이라크와 함께 바벨론에 속해 있었기 때문에 후세인 대통령 입장으로는 옛날 바벨론 땅을 도로 찾자는 의도가 있었기 때문이다.

현재 이라크의 수도인 바그다드가 옛날 바벨론의 수도였다. 아브라함은 이 쿠웨이트 근방에 살았는데 하나님이 성경의 역사가 이루어지게 가나안 땅으로 그를 불러들인 것이다. 그럼으로써 그 땅에서 이스라엘 민족이라는 선민의 역사가 이루어지도록 해서 하나님의 능력을 보임으로써 인간에게 하나님이 존재함을 나타내기 위함인 것이다. 그리고 나중에 그 민족을 통해서 예수님이 탄생되도록 하신 것이다.

그래서 창세기 1장에서 11장까지는 우주만물의 창조에 관한 이야기이고, 창세기 12장부터 끝장까지는 이스라엘 민족에 대한 역사가 대부분 기록되어 있다.

아브라함은 하나님이 첫 번째 부르셨을 때 잘 모르고 하란 지역에 가서 살다가 두 번째 부름을 받고 이스라엘 땅에 가서 살게 되었는데 이 땅은 원래 팔레스타인 땅이다. 이곳에서 이스라엘 민족의 역사가 시작되어 이루어진다. 그러나 그 당시에 그곳에는 아브라함 한 가정만 형성되어 있었다.

성경을 보면 아브라함의 하나님, 이삭의 하나님, 야곱의 하나님이라는 말이 자주 나온다. 이들이 이스라엘 민족을 이루게 하는 조상들로 아브라함이 있을 때는 아브라함과 같이, 아브라함이 죽은 후에는 이삭과 같이, 이삭이 죽은 후에는 하나님이 야곱과 같이 이스라엘 민족의 역사를 이루게 하셨기 때문에, 즉 이스라엘 민족의 역사를 통해 하나님이 일을 해 나가셨고 이스라엘 민족의 역사를 통해서 하나님을 나타내셨기 때문에 그렇게 하나님을 자주 부른 것이다. 이스라엘 역사가 하나님의 계획대로 진행되어 가듯이 인류의 역사도 하나님의 설계계획대로 펼쳐져 흐르는 것이다.

　이스라엘 민족은 애굽에서 약 400년간 노예로 살다가 모세라는 선지자가 나타나서 이스라엘 민족을 구출해 내는 역사가 시작된다. 만일 모세가 하나님의 능력을 받지 않았다면 이스라엘인들은 애굽 사람들에게는 귀중한 노예의 종들인데 수많은 이들 종들을 도로 찾아서 애굽으로부터 탈출할 수 있었겠는가?

　성경에는 모세가 이스라엘인들을 이집트의 바로왕으로부터 구출해 내기 위해서 여러 가지 기적을 행사했는데 이는 오늘날 과학적으로도 타당성이 있는 일들이다.

　개구리 떼가 궁궐과 침상 위까지 극성을 부린 것은 지진이나 화산이 일어나기 며칠 전에는 이러한 현상이 일어난다. 메뚜기 떼나 파리 떼가 극성을 부리고 우박이 내린 것은 날씨 이상변동으로 올 수 있는 현상이다. 곤충이 날뛰면 자연히 미생물 병원체인 박테리아나 바이러스도 극성을 부리게 된다. 그래서 갓 태어난 생축 등이 심한 악질인 독에 의해 죽어갈 수 있는 것이다. 죽은 생축 시체로 인해 물이 오염되면 자연히 미생물에 오염되어 해초나 플랑크톤 등도 죽어 벌겋게 되어 물색깔이 벌겋게 변하고 물고기도 죽게 된다. 그 당시 이집트사람들은 미생물이 무엇인지 전혀 몰랐기 때문에 이러한 현상은 신의 저주의 벌을 받아 일어난다고 믿었던 것이다.

　성경 내용을 살펴보면 그 당시에 천재지변이 일어나고 화산과 지진이 일어나고 해일 등이 일어났을 가능성이 많다. 화산과 지진이 일어나면 흙먼지가 하늘로 올라가 대기의 온도가 급강하하여 비 등이 우박으로 변할 수 있는 것이다. 이러한 극단적인 날씨 이상변동으로 많은 생축들이 죽어가고 물이 오염되어 물색도 불그스름하게 변하고 고기들도 죽어가고 많은 모기 파리 메뚜기 떼가 극성을 부리고 전염

병이 유행되어 면역이 약한 갓난아기들과 갓난 생축들이 죽어갔을 것이다.

예전에는 전혀 물빛이 불그스름하게 변하지 않았고, 우박이 내리지 않았고, 곤충의 떼가 극성을 부리지 않았고, 화산과 지진과 해일이 전혀 일어나지 않았던 그 당시 이집트사람들에게는 이러한 천재지변 상황은 마치 신으로부터 저주의 벌을 받는 것으로 믿었던 것이다. 더욱이 천재지변으로 먹을 식량도 모자라는 상황에 노예를 먹여 살릴 식량도 없었으므로 자연히 노예를 풀어놓게(해방하게) 되었을 것이다.

그리고 강 속이나 해변가, 바다 속에는 지금도 궁궐들이 침몰한 흔적이 고스란히 남아 있는데, 이는 그 당시에 심한 지진이 많이 일어나 땅이 내려앉아 궁궐을 침식시킨 것을 의미하고 이로 말미암아 서로 다른 쪽의 해일에 의해 강물도 양쪽으로 갈라졌을 가능성이 많은 것이다.

천재지변이 일어나 모세가 이스라엘 백성을 구출하게 되는 것도 넓게 보면 하나님의 능력으로 의도적으로 천재지변이 예외적으로 일어나게 할 수 있기 때문에 결국 하나님의 능력으로 모세가 이스라엘 민족을 해방시킨 것이나 다름없는 것이다.

성경의 출애굽기는 모세가 이집트에서 이스라엘 민족을 이끌고 현재 요르단이라는 나라를 거쳐서 이스라엘 땅으로 들어가는 역사이다.

하나님이 이스라엘 민족을 애굽에서 구출해 낸 목적은 팔레스타인 땅에 들어가 그 땅을 점령해서 이스라엘을 건설하게 하기 위해서이다. 지금도 이스라엘 민족은 팔레스타인 땅이 하나님이 주신 자기네 나라 땅이라고 하고, 팔레스타인 민족은 원래부터 자기네가 살던 자기네 나라 땅이라고 하며 4,000년 전부터 싸움을 해오고 있는데, 그 싸움은 하나님이 시켜놓은 싸움이기 때문에 쉽게 끝이 나지 않는 것이다. 여기서나 동물의 먹이사슬에서 보듯이 하나님은 항상 인자하고 사랑스런 분이 아니고, 설계목적을 이루게 하기 위해서는 냉정하고 이기적이고 잔인하고 무섭고 질투와 샘이 많고 짓궂고 복수심이 강한 하나님이시기도 한 것이다.

(5) 이스라엘 민족의 불순종과 그에 따른 벌

"그러나 너희가 내게 청종치 아니하여 이 모든 명령을 준행치 아니하며 나의 규례를 멸시하며 마음에 나의 법도를 싫어하여 나의 모든 계명을 준행치 아니하며 나의 언약을 배반할진대 내가 이같이 너희에게 행하리니 곧 내가 너희에게 놀라운 재앙을 내려 폐병과 열병으로 눈이 어둡고 생명이 쇠약하게 할 것이요 너희의 파종(곡식의 씨를 뿌림)은 헛되리니 너희의 대적이 그것을 먹을 것임이며 내가 너희를 치리니 너희가 너희 대적에게 패할 것이요 너희를 미워하는 자가 너희를 다스릴 것이며 너희는 쫓는 자가 없어도 도망하리라. …… 너희가 이같이 될지라도 내게 청종치 아니하고 내게 대항할진대 내가 진노로 너희에게 대항하되 너희 죄를 인하여 칠 배나 더 징책하리니 너희가 아들의 고기를 먹을 것이요 딸의 고기를 먹을 것이며 내가 너희의 신당을 헐며 너희의 태양 주상을 찍어 넘기며 너희 시체를 파상한 우상 위에 던지고 내 마음이 너희를 싫어할 것이며 내가 너의 성읍으로 황폐케 하고 너희 성소들로 황량케 할 것이요 너희의 향기로운 향을 흠향(신이 제물을 받아먹음)치 아니하고 그 땅을 황무케 하리니 거기 거하는 너희 대적들이 그것을 인하여 놀랄 것이며 내가 너희를 열방 중에 흩을 것이요 내가 칼을 빼어 너희를 따르게 하리니 너희의 땅이 황무하며 너희의 성읍이 황폐하리라."(레위기 26:14~33)

시나이 반도 끝에 시내산이라고 하는 산이 있는데 이스라엘 민족이 모세의 인도를 받아서 이 산 밑에 왔을 때 하나님으로부터 모세가 십계명이라는 율법을 받았다.

하나님은 율법을 주시면서 "장차 이 땅에 들어가서 살 때에 이 십계명을 잘 지키고 나의 명령을 복종하고 살아야지 만일 나의 명령에 복종하지 않고 내게 반항하고 나를 대항하게 되면 구약성경 레위기 26장에 예언해 놓은 대로 아주 무시무시한 벌을 내리시겠다"고 하셨다. 예수님의 탄생 600년 전부터 유대인들은 이 형벌을 받기 시작했다.

첫 번째 형벌로 바벨론에게 포로로 붙들려가 노예의 생활을 했다. 두 번째로 메대, 바사에게 고통을 당하고, 세 번째로 헬라에게 고통을 당하고, 네 번째로 네 가지 벌(재앙)을 받는다. 즉 네 번째 네 가지 벌은 첫째는 아들과 딸의 고기를 먹는 벌이고, 둘째는 이스라엘 민족이 살던 땅을 완전히 황무지로 만들어 버리는 벌이고, 셋째는 이스라엘 민족이 전 세계로 뿔뿔이 흩어진다는 벌이고, 넷째는 이스라엘 민족이 가는 곳마다 피나는 학살을 당한다는 벌이다.

만일 이스라엘 민족이 하나님의 말씀을 안 듣고 대항할 때에는 아주 잔인하고 소름끼치는 엄중한 벌이 따른다는 것을 이미 구약성경에서 예언한 것이다. 예수님도 AD 70년에 있을 이러한 날은 기록된 모든 것을 이루는 형벌의 날이고 구약성경 레위기 26장에 기록된 재앙이 다 이루어지는 형벌의 날이라고 말씀하셨다.

이스라엘 민족이 가나안 땅에 와서 왕국을 건설하고 살다가 여러 가지 역경을 거쳐 마침내 예수님이 탄생하게 되었다. 그러나 이스라엘 백성은 예수님이 사람의 아들이면서 하나님의 아들이라고 주장하는 것은 하나님을 모독하는 자로 마땅히 사형에 처해야 한다면서 예수님을 십자가에 못 박아 죽게 했다. 이 사건은 하나님을 청종치 아니하고 정면으로 대항하는 행위인 것이다. 그러자 37년 후 AD 70년에 로마군에 의해 예루살렘이 멸망당했다.

"내가 너희를 열방 중에 흩을 것이요."

이스라엘이 완전히 멸망하자 이스라엘 민족은 소련, 영국, 유럽, 캐나다, 미국 등 전 세계로 흩어져 버렸다.

"너희가 아들과 딸의 고기를 먹을 것이요."

로마의 타이터스 장군이 예루살렘을 쳐들어왔을 때 여섯 달 동안 예루살렘이 포위당하자 여섯 달 동안 식량공급이 안 되자 굶어죽는 사람들도 많았고, 심지어 죽은 아들딸을 구워먹는 일이 실지로 있었다고 한다.

"칼을 빼어 너희를 따르게 하리라."

중세기 때 유럽의 페스트 전염병이 나돌아 유럽 인구의 1/3이 죽어가자 유럽 사람들은 이스라엘 민족이 예수님을 죽여서 인간들이 벌을 받아 그렇다고 하며 유럽에 사는 이스라엘 사람들을 보는 대로 잡아 처참하게 살해했다. 이때 가족이 붙잡혀 처참히 학살당하는 장면을 부모나 자식들이 서로 보며 학살당했다.
그 후 2차 세계대전 당시에 이스라엘인 대부분이 사회의 요직이나 상점 등으로 상위층에 속하자 독일의 히틀러와 나치 당원들은 자신들의 세력을 넓히기 위한 방법으로 예수님을 죽인 이스라엘인을 죽이는 것은 죄가 안 된다면서 신에 대한 적대감정을 불러일으키면서 유럽 도처에서 600만 명의 이스라엘 민족을 잔인하고 비참하게 학살했다.

예수님이 십자가에 못 박히실 때에 "그 피를 우리와 우리 자손에게 돌릴지어다"(마태복음 27:25)와 같이 유대인들이 예수님의 피를 그들과 그들의 자손들이 당하겠다고 말했다.

앞으로도 석유 등 에너지자원이 고갈되고, 대체에너지가 개발이 안 되면 자연히 에너지확보로 3차대전이 일어날 수 있고, 그 다음에 아마겟돈 전쟁이 일어나 이 세상이 끝나게 성경은 기록하고 있다. 역사는 하나님이 만들어 놓은 피조물들의 행적으로 이루어지기 때문에 우연히 자연히 일어나는 것이 아니고 하나님이 설계해 놓은 거대한 계획대로, 즉 하나님의 설계프로그램 안에서 진행프로그램대로 따라 흘러가는 것이다.

"그 땅을 황무케 하리니."

이스라엘 민족이 약속의 땅 경계에 다다랐을 때에 모세가 열두 지파 중 각 지파의 한 사람씩 모두 열두 명을 선택해 가나안 땅으로 정탐을 보냈다. 정탐꾼들은 포도 한 송이를 지팡이에 끼워 가지고 두 사람이 메고 올 정도로 그 땅은 보기 드문 아주 비옥한 땅이었다고 한다. 그래서 이스라엘 민족이 그 땅에 들어갔을 때는 농사도 잘되고 과일도 풍성하게 열리는 기름진 땅이었다. 그러나 AD 70년에 예루살렘이 멸망하고 난 후 이스라엘인들이 세계 도처로 뿔뿔이 흩어지자, 그 이후로는 비가 잘 오지 않아 그 땅은 점점 황무지 사막으로 변해갔다.

(6) 이스라엘 민족의 회복

하나님은 이스라엘 백성을 벌주시어 뿔뿔이 세계 도처로 흩어지게 (구약성경 레위기 26장) 하고 다시 이스라엘 땅으로 돌아오게끔(구약성경 예레미야 30장) 하는 것을 이미 구약성서에 예언하셨다.

"여호와께로서 말씀이 예레미야에게 임하여 이르시니라 이스라엘의 하나님 여호와께서 이같이 일러 가라사대 내가 네게 이른 모든 말을 책에 기록하라 나 여호와가 말하노라 내가 내 백성 이스라엘과 유다의 포로를 돌이킬 때가 이르리니 내가 그들을 그 열조에게 준 땅으로 돌아오게 할 것이라 그들이 그것을 차지하리라 여호와의 말이니라."(예레미야 30:1~3)

지금으로부터 2500여 년 전에 예레미야 선지자를 통해서 하나님이 직접 계시를 내려 말씀하신 것이다. 여호와라는 분은 이스라엘의 하나님이라는 뜻이다. 2500년 전에 예언한 말씀대로 이스라엘 민족이 세계 도처에서 돌아왔고, 지금도 그들이 돌아오고 있는 중이다.

이스라엘 민족을 보면 세계 도처로 흩어진 지 1900년이 지났는데도 이상할 만큼 다른 민족과 혼합되지 않고 살다가 고국으로 다시 돌아오고 있는 것이다. 물론 시온으로 돌아가자라는 시오니즘 운동에 의해서 돌아오고 있지만 어떻게 1900년이라는 긴 세월 동안 다른 민족과 혼혈되지 않고 순결한 이스라엘 민족의 피로 머무를 수 있는가 하는 점이다. 이것을 보더라도 이스라엘 민족은 하나님이 선택한 선민인 것이 틀림없는 사실인 것이다.

이스라엘 민족이 1948년 5월 14일에 독립(해방)이 되니까 주변의 아랍 국가들은 이스라엘을 멸망시키기 위해서 크게 3차례나 중동전쟁을 일으켰다. 세 번째 전쟁은 아랍 진영들이 합심해서 이스라엘을 지중해로 몰아넣어 몰살시킬 작정이었는데 이상하게도 이 전쟁은 6일 만에 이스라엘의 승리로 끝나게 되었다.

우리나라의 경상남북도만 한 조그마한 이스라엘이 어떻게 연합 아랍진영을 이길 수 있었는가 하는 것은 이스라엘 민족은 하나님이 택한 민족이고, 항상 하나님이 지켜보는 민족임을 나타내는 것이다. 그 때문에 이스라엘의 역사는 하나님의 말씀대로 진행되어 가는 것이다.

"보라 내가 그들을 북편 땅에서 인도하며 땅 끝에서부터 모으리니 그들 중에는 소경과 절뚝발이와 잉태한 여인과 해산하는 여인이 함께하여 큰 무리를 이루어 이곳(이스라엘)으로 돌아오되 울며 올 것이며 그들이 나의 인도함을 입고 간구할 때에 내가 그들로 넘어지지 아니하고 하숫가의 바른 길로 행하게 하리라 나는 이스라엘의 아비요 에브라임은 나의 장자니라."(예레미야 31:8~9)

이스라엘의 북편 땅은 러시아인데 이곳에 의외로 굉장히 많은 이스라엘 사람들이 살면서 그들이 중심이 되어 공산주의 혁명, 볼셰비키 혁명도 일으켰으며 후에 스탈린이 이스라엘 사람들을 많이 학살했는데, 그 이유는 그들이 대부분 상류층이며 지주였기 때문이었다. 이스라엘인인 칼 마르크스에 의해 공산주의 이념이 만들어졌는데 결국 나중에는 이스라엘 민족을 학살하는 데 러시아에서 공산주의자들이 앞장서게 된 것이다.

이스라엘 민족 해방령 전에는 러시아에 수백만 명의 이스라엘 사람들이 살고 있었는데 그들 중에는 학자, 의사, 과학자들이 많았기 때문에 소련 정부가 이스라엘 민족을 돌려보내지 않았다. 그러다가 이상하게도 신기하게 수십 년 전에 고르바초프가 페레스트로이카 정책을 발표하자 자유 물결이 일면서 이스라엘 민족에 대한 해방령이 내려서 이스라엘 민족이 자기 나라로 돌아갈 수 있게 된 것이다.

그 후로 수많은 러시아 유대인들이 이스라엘로 이주했고 지금도 계속 이주의 물결은 끊이지 않고 있다. 만일 고르바초프 대통령이 없었다면 아직까지 러시아 유대인들은 자기 나라로 돌아가지 못했을 것이다. 고르바초프 대통령으로 말미암아 전 세계 공산주의의 멸망이 급속화된 것이다.

"저 구름같이, 비둘기가 그 보금자리로 날아오는 것 같이 날아오는 자들이 누구뇨."(이사야 60:8)

이 말씀은 2600년 전에 기록된 것인데 어떻게 이스라엘 민족이 날아서 자기 나라로 갈 것을 예언할 수 있었겠는가? 지구상에 비행기가 겨우 1917년경에 생겨났으며 그 전에는 비행기를 상상하기도 어려웠던 것이다.

만일 하나님의 말씀이 아니라면 어떻게 선지자 이사야가 2600년 전에 수많은 이스라엘 사람들이 날아서 돌아올 것을 예언할 수 있었겠는가? 이스라엘은 삼면이 모두 적국이고 한쪽이 바다여서 외국에서 이스라엘로 들어가는 길이 없기 때문에 비행기를 이용해야만 한다. 그래서 이스라엘로 돌아오는 유대인들은 대부분 거의 비행기를 이용하게 된다.

"네 눈을 들어 사면을 보라 무리가 다 모여 네게로 오느니라 네 아들들은 원방에서 오겠고 네 딸들은 안기어 올 것이라 그 때에 네가 보고 희색을 발하며 네 마음이 놀라고 또 화창하리니 이는 바다의 풍부가 네게로 돌아오며 열방의 재물이 네게로 옴이라."(이사야 60:4~5)

이사야는 2600년 전에 기록된 말씀이다. 이스라엘 땅은 바다가 둘이 있는데 하나는 서쪽으로 지중해이고, 다른 하나는 동쪽 요르단과 경계선에 사해(죽음의 바다, 염해, 소금바다)가 있다. 소금바다로 고기도 없는데 이스라엘은 현재 이것을 개발해서 큰 화학공장, 광물공장에서 마그네슘, 칼륨 등 수많은 광물을 매년 5백만 톤 이상 생산해 내어 외국에 수출하고 있다.

어떻게 2600년 전에 소금바다에서 2600년 후에 광물을 팔아 부요해질 것을 예언할 수 있었겠는가?

(7) 다시 비옥해지는 이스라엘 땅

이스라엘 땅이 본래 비옥한 땅이라서 애굽에서 들어간 이스라엘 민족은 풍성한 농사를 지었다. 그러나 AD 70년에 이스라엘이 멸망해 이스라엘 민족이 그 땅을 떠난 후로는 비가 잘 안 와서 그 땅이 완전히 황무지로 변해 버렸다. 그러다가 다시 근래에 이스라엘 민족이 돌아가자 황무지의 땅이 다시 옥토로 변하고 있는데, 이 예언도 구약성경 에스겔에 쓰여 있다.

> "인자여 너는 이스라엘 산들에게 예언하여 이르기를 이스라엘 산들아 여호와의 말씀을 들으라 주 여호와의 말씀에 대적이 네게 대하여 말하기를 하하 옛적 높은 곳이 우리의 기업이 되었도다 하였느니라 그러므로 너는 예언하여 이르기를 주 여호와의 말씀에 그들(대적)이 너희(산)를 황무케 하고 너희 사방을 삼켜서 너희로 남은 이방인의 기업이 되게 하여 사람의 말거리와 백성의 비방거리가 되게 하였도다."(에스겔 36:1~3)

이스라엘에는 산이 많은데 산들에게 말하기를 이스라엘 민족이 떠난 후에 이방 사람들이 여기서 살면서 과거에 비옥하고 곡식이 잘 되던 그 비옥한 땅이 완전히 황무지로 변해 버려 비방거리가 되고 욕지거리가 되었다는 것이다.

"그러므로 주 여호와의 말씀에 내가 맹세하였은즉 너희 사면에 있는 이방인이 자기 수욕(모욕을 당함)을 정녕 당하리라 그러나 너희 이스라엘 산들아 너희는 가지를 내고 내 백성 이스라엘을 위하여 과실을 맺으리니 그들의 올 때가 가까이 이르렀음이니라 내가 돌이켜 너희(산)와 함께하리니 사람이 너희를 갈고 심을 것이며 내가 또 사람을 너희 위에 많게 하리니 이들은 이스라엘 온 족속이라 그들로 성읍들에 거하게 하며 빈 땅에 건축하게 하리라."(에스겔 36:7~10)

이스라엘 북쪽에는 거의 해발 3,000m에 달하는 거대한 헤르몬이라는 산이 있으며 그 산 중턱에는 큰 폭포가 있는데 그 폭포의 물이 갈릴리 호수로 흘러들어 간다. 그래서 갈릴리 호수는 민물 호수이다. 이스라엘은 비가 잘 오지 않으므로 그 높은 지대에 있는 폭포에서 물을 큰 파이프로 연결해 전국적으로 스프링클러 시설 그물망을 만들었다.

산이 있어도 그 산보다 더 높은 폭포수에서 물이 내려오기 때문에 전국적으로 물을 공급할 수 있으며 스위치만 누르면 이스라엘 어느 들판이더라도 분수가 올라와서 온 들판을 적시게 된다. 그래서 비가 안 와 황무지였던 땅이 지금은 에덴동산으로 변해 버렸다. 어떻게 2500년 전에 산이 가지를 내어, 즉 물 수송파이프 시설이 그 험한 산에 설치되어 황무지 땅이 옥토로 변해서 에덴동산을 만들 것을 예언할 수 있었겠는가?

"전에는 지나가는 자의 눈에 황무하게 보이던 그 황무한 땅이 장차 기경(논밭)이 될지라 사람이 이르기를 이 땅이 황무하더니 이제는 에덴동산같이 되었고 황량하고 적막하고 무너진 성읍들에 성벽과 거민이 있다 하리니 너희 사면에 남은 이방 사람이 나 여호와가 무너진 곳을 건축하며 황무한 자리에 심은 줄 알리라 나 여호와가 말하였으니 이루리라."(에스겔 36:34~36)

지금 이스라엘 농촌은 수많은 채소와 과일과 꽃으로 장식되어 거기서 나오는 농산물과 과일과 꽃은 유럽으로 수출되기 때문에 부유해지고 아름다운 에덴동산으로 변해 버린 것이다. 그리고 황무했던 고을 곳곳에는 새로운 건축물들이 들어서고 외국에서 새로 이주해 온 많은 사람들이 들어가 살고 있다.

하나님은 성경에 하나님의 예언의 말씀이 기록되게 선지자에게 성령을 내려 계시대로 쓰여지게 하고, 그 예언의 말씀대로 역사가 흐르게 하여 인간들로부터 태초부터 하나님은 항상 인간들과 함께하시고 영적으로 교제하심을 나타내시는 것이다.

(8) 율법은 죄를 깨닫게 하고 예수님한테로 인도한다

"하나님이 이 모든 말씀으로 일러 가라사대 나는 너를 애굽 땅, 종 되었던 집에서 인도하여 낸 너희 하나님 여호와로라 너는 나 외에는 다른 신들을 네게 있게 말지니라 너를 위하여 새긴 우상을 만들지 말고 또 위로 하늘에 있는 것이나 아래로 땅에 있는 것이나 땅 아래 물 속에 있는 것의 아무 형상이든지 만들지 말며 그것들에게 절하지 말며 그것들을 섬기지 말라 나 여호와 너의 하나님은 질투하는 하나님인즉 나를 미워하는 자의 죄를 갚되 아비로부터 아들에게로 삼사 대까지 이르게 하거니와 나를 사랑하고 내 계명을 지키는 자에게는 천 대까지 은혜를 베푸느니라."(출애굽기 20:1~5)

여기에서 보듯이 하나님은 사랑의 질투가 극단적으로 심하신 분임을 알 수 있는데 이는 하나님한테 사랑이 매우 부족함을 나타내는 것으로 사랑의 감정을 나눌 교제상대자를 수없이 원하고 계심을 나타내는 것이다. 다른 한편으로는 대자연과 인간을 만든 것도 하나님인데, 참 하나님한테는 감사한 말 한 마디 없고, 다른 우상에게 감사를 표하고, 신으로 섬기는 우상숭배는 하나님을 정면으로 무시하고 반항하고 모독하는 행위로, 하나님이지만 참고 넘어갈 수 없기 때문이다. 더욱이 이러한 인간들에게 나중에 천국을 오게 할 수는 더욱더 없는 것이다.

"네 부모를 공경하라 그리하면 너희 하나님 나 여호와가 네게 준 땅에서 네 생명이 길리라 살인하지 말지니라 간음하지 말지니라 도적질하지 말지니라 네 이웃에 대하여 거짓 증거하지 말지니라 네 이웃의 집을 탐내지 말지니라 네 이웃의 아내나 그의 남종이나 그의 여종이나 그의 소나 그의 나귀나 무릇 네 이웃의 소유를 탐내지 말지니라."(출애굽기 20:12~17)

이것은 모세가 하나님으로부터 받은 십계명인데 성경에 기록된 이유는 사람들이 어떤 것이 죄에 속하는지 죄를 모르기 때문에 죄를 깨닫게 하기 위함이다.

"그러므로 율법의 행위로 그(율법)의 앞에 의롭다 하심을 얻을 육체가 없나니 율법으로는 죄를 깨달음이니라 이제는 율법 외에 하나님의 한 의가 나타났으니 율법과 선지자들에게 증거를 받은 것이라 곧 예수 그리스도를 믿음으로 말미암아 모든 믿는 자에게 미치는 하나님의 의니 차별이 없느니라 모든 사람이 죄를 범하였으매 하나님의 영광(천국)에 이르지 못하더니 그리스도 예수 안에 있는 구속(구원)으로 말미암아 하나님의 은혜로 값없이 의롭다 하심을 얻은 자 되었느니라 이 예수를 하나님이 그의 피로 인하여 믿음으로 말미암는 화목 제물로 세우셨으니 이는 하나님께서 길이 참으시는 중에 전에 지은 죄를 간과(대강 보고 넘어감)하심으로 자기의 의로우심을 나타내려 하심이니 곧 이때에 자기의 의로우심을 나타내사 자기도 의로우시며 또한 예수 믿는 자를 의롭다 하려 하심이니라."(로마서 3:20~26)

위와 같이 율법으로는 죄를 깨닫게 하기 위한 것이고 하나님의 아들인 예수님이 하나님과 인간을 화목시키기 위해 아담이 저지른 죄로 말미암아 인류와 나의 죄를 대신해서 죽으심으로 인간의 죄를 모두 사함시키셨는데, 이 사실을 내가 마음속으로 진심으로 믿음으로써 비로소 내 죄가 사함되어 구원을 받아 예수님처럼 죄가 없는 의로운 자가 되어 하나님의 영광이며 의로운 나라인 천국에 갈 수 있는 것이다.

하나님은 예수님이 인간의 죄를 대신해 죽으신 사실을 인간이 진심으로 믿고 죄의 은혜에 대해 진심으로 감사함으로써 죄의 구덩이에서 나와 죄의 죄책감에서 해방되어 기쁜 마음으로 하나님과 교제를 할 수 있도록 하신 것이다. 대자연과 우리를 창조하신 하나님이 피조물인 우리에게 자기를 잊지 말고 더 사랑스런 영적 교제를 하도록 하기 위해 자신과 예수님을 진심으로 믿을 것을 요구하는 것은 너무나 당연한 일이며, 마음에서 우러나오는 진실한 믿음이 있을 때에 비로소 진실한 영적 교제가 이루어질 수 있고, 영적 교제를 하는 보람과 기쁨도 있는 것이다.

인간이 마음에서 우러나오는 진실한 믿음 없이 어슴푸레하게 하나님과 예수님을 믿을 때 진심으로 마음을 터놓고 감정을 나누는 교제를 할 수 없는 것이다. 사람이 아무리 노력을 다해 율법을 지켜도 예수님처럼 의롭게 될 수가 없어 율법으로써는 아무도 천국에 갈 수 없는 것이다. 이 사실을 하나님이 더 잘 알기 때문에 하나님의 의인 예수님을 보내서 인간이 예수님을 믿음으로써 예수님의 의로움(죄가 없음)이 우리에게 와서 우리가 예수님처럼 의롭게 되어 죄가 사하여져서 비로소 우리가 하나님 앞에 갈 수 있게 한 것이다. 우리도 죄 많은 살인자나 강간자나 절도자나 사기꾼하고는 가깝게 감정을 나누는 교제를 조금도 하고 싶지 않고 죄 없는 선량한 사람과 교제하고 사귀고 싶은 것이나 같은 이유인 것이다.

"믿음이 오기 전에 우리가 율법 아래 매인바 되고 계시될 믿음의 때까지 갇혔느니라 이같이 율법이 우리를 그리스도에게로 인도하는 몽학 선생이 되어."(갈라디아서 3:23~24)

우리가 믿음을 가지기 전에는 율법 아래에 매여 있다는 것이다. 예수님을 믿어 구원을 받으면 죄 때문에 율법에 매여 있었는데 구원으로 말미암아 율법에서 해방이 된다는 것이다.

몽학 선생이라는 말은 계몽(가르침)하는 선생이라는 뜻인데 사람들은 죄를 지어도 죄인 줄 모르고 산다. 시기하고, 질투하고, 욕하고, 화내고, 미워하고, 흉보고, 비웃고, 업신여기고, 싸우고, 부모 말 안 듣고, 거짓말하는 등등 우리는 죄인 줄 모르고 살아간다. 이것들이 모두 죄에 속한다고 율법이 마치 계몽 선생같이 우리를 일깨워 주며 우리의 죄를 사함 받게 하기 위해서 예수 그리스도에게로 인도해 주는 것이다.

(9) 구원받는 길

구원받는 것은 하나님의 성령을 받는 것인데, 이는 하나님의 영으로 된 우리의 영(영혼)이 영적으로 죽어 있다(잠자다가)가 살아나는(깨어나는) 것을 의미한다.

우리의 영이 영적으로 살아나기 위해서는 하나님(창조자)과 그의 독생자인 예수님(죄를 대신한 자)을 진심으로 믿고 예수님이 인간의 죄와 나의 죄를 대신해서 죽으신 사실을 마음속으로 진심으로 깨달을 때 구원을 받으면서 동시에 나의 영이 영적으로 살아나서 영적인 교제를 할 수 있는 상태가 된다. 구원을 받음으로써 죽음 후에 우리의 영혼이 지옥으로 가는 것을 막고 천국으로 가게 되어 영원히 살게 됨으로 생명을 영원히 구원하는 것을 말한다.

┃구원을 받는 길은 예수님을 통해 죄사함받은 사실을 진심으로 확실하게 믿는 것이다. 그러기 위해서는 다음을 마음속으로 진심으로 확실하게 믿는 것이다.

① 예수님이 인간의 죄와 내 죄를 대신해서 십자가에서 피를 흘리시면서 돌아가셨다. 그러므로 나의 죄는 이미 예수님을 통해서 사함받았다. 나는 이 사실을 확실히 믿으며 예수님의 은혜에 대해 진심으로 감사한다(그러면 나는 이 순간부터 구원을 받은 것이다).
② 하나님이 예수님을 3일 후에 부활시키셨다.
③ 하나님이 인간과 화목하기 위해서 독생자인 예수님을 화목제물로 이 세상에 보내셨다.
④ 예수님이 나서서 복음을 전하고 십자가에서 죽으신 것은 구약성경의 예언을 성취시키고, 신약성경으로 쓰여져(완성하여) 예수님이 재림하시는 그날까지 성경을 통해 복음이 전해져 많은 인간을 구원하기 위함이고, 동시에 하나님과 인간들과 사랑의 감정

이 담긴 영적 교제가 이루어지게 하기 위함이다.
⑤ 하나님과 예수님은 사랑의 교제를 위한 구원의 길을 항상 열어 놓으시고 계시며 아무리 큰 죄인도 구원으로 용서받을 수 있다.
⑥ 일단 구원을 받으면 죄를 짓더라도 더 이상 지옥에 가는 죄를 묻지 않으므로 지옥에 가는 죄의 심판이 없어 정죄(지옥 가는 죄 정함)가 없어 영생을 얻으나 징계는 있으며 회개할 시간이 있는데, 이 기간 안에 지은 죄를 고백하고 뉘우치고 앞으로 죄를 살피면 지은 죄를 용서받는다.
⑦ 구원을 받은 자는 지옥에 가는 죄의 심판은 없으나 다른 심판이 있는데 그 심판은 예수님이 재림하시면 들림 받은 후에 있다.
⑧ 예수님이 내 죄를 대신 짊어지고 죽으심으로써, 즉 내 죄에 대한 벌을 대신 받음으로써 내 죄는 이미 2000년 전에 사함되었다. 그러므로 나는 예수님을 통해서 구원을 받았는데, 구원은 나의 선한 행위를 통해서 받은 것이 아니고 내가 그저 예수님이 내 죄를 대신 짊어지시고 돌아가신 사실을 진심으로 믿음으로써 아무 대가 없이 받은 것이다. 그 때문에 구원의 선물은 행위의 대가로 받는 것이 아니고 단지 믿음으로써 누구나 거저 받는 하나님의 공평한 사랑의 선물인 것이다.
⑨ 구원은 살아서는 하나님과 영적으로 교제할 수 있는 길이고, 죽어서는 하나님의 나라인 천국에 갈 수 있는 하나님의 영혼의 초청장이다.

①은 "육체의 생명은 피에 있음이라 내가 이 피를 너희에게 주어 단에 뿌려 너희의 생명을 위하여 속하게 하였나니 생명이 피에 있으므로 피가 죄를 속하느니라"(레위기 17:11)와 같이 피 속에는 양분, 산소, 호르몬 등 수많은 생명의 물질들이 들어 있어 물질적, 정신적 생

명의 활동을 하게 하므로 죄가 많이 든 피를 가진 사람일수록 더 많이 죄를 짓게 되는 것이다.

피는 유전되므로 죄와 악도 유전되어 아버지가 하나님께 악의 죄를 지으면 자연히 자손도 하나님께 악의 죄를 지고 있는 것이다. 그러므로 수천 년이 지난 오늘날을 보더라도 이스라엘 민족은 대부분 예수님을 하나님의 아들로 믿지 않기 때문에 다른 민족보다 성경의 죄는 크지만(그 대가로 민족이 끊임없는 고통을 겪고 있음) 율법을 지키려는 사상 때문에 악의 죄는 작아 선량하고 정의로운 민족이다. 이와 같이 성경의 죄든 악의 죄든 대대로 유전됨을 볼 수 있다.

"율법을 좇아 거의 모든 물건이 피로써 정결케 되나니 피 흘림이 없은즉 사함이 없느니라"(히브리서 9:22)와 같이 피를 흘리지 않으면 죄가 사함되지 않으며 피를 흘리는 것은 죽음을 뜻하는 것이다.

동물의 피나 죄 있는 자로는 죄가 완전히 사하여지지 않고, 예수님같이 죄가 하나도 없는 사람의 피라야만 죄가 완전히 사하여지는 것이다. 그러므로 예수님이 우리의 죄를 대신해 죽으신 이후로는 우리의 죄가 깨끗이 사함을 받았으므로 더 이상 동물의 피로 하나님께 제물로 바칠 필요가 없는 것이다.

②는 하나님이 예수님을 부활시키셨으므로 인간들에게 죄의 심판이 있고, 부활이 있고, 저 세상이 있음을 보여주는 것이다.

③은 '(8) 율법으로 죄를 깨닫게 하고 예수님한테로 인도하다'에서 로마서 3장 20~26절(p.306)에 잘 나타나 있다.

"그리스도께서도 한 번 죄를 위하여 죽으사 의인으로서 불의한 자를 대신하셨으니."(베드로전서 3:18)

"하나님이 세상을 이처럼 사랑하사 독생자를 주셨으니 이는 저(예수)를 믿는 자마다 멸망치 않고 영생을 얻게 하려 하심이니라 하나님이 그 아들을 세상에 보내신 것은 세상을 심판하려 하심이 아니요 저로 말미암아 세상이 구원을 받게 하려 하심이라."(요한복음 3:16~17)

④는 "육으로 난 것은 육이요 성령으로 난 것은 영이니 내가 네게 거듭나야 하겠다 하는 말을 기이히 여기지 말라."(요한복음 3:6)
우리가 편지를 쓰면 양쪽 사람이 똑같이 해당 글을 알고 있어야 의사소통이 되는데 양쪽 사람이 글을 알고 있는 것은 글의 암호를 맞추는 것이기 때문에 의사소통이 되고, 말을 할 때도 양쪽 사람이 그 말을 알고 있을 때, 즉 말의 암호가 맞추어져 비로소 서로가 알아들어 의사소통(교제)이 이루어진다.
마찬가지로 신인 하나님(우주만물에 거하는 영)의 영과 육신으로 되어 있는 우리가 의사소통을 하려면 우리 몸에 거하는 하나님의 영과 우리의 영 사이에 암호를 맞추어야 하는데 구원을 받으면 성령을 받으므로, 즉 나의 영이 깨어나 하나님의 영하고 통하므로 영적으로 암호가 맞추어져 교제를 할 수 있는 것이다. 이와 같이 구원을 받는 것은 영적으로 통하는 것이고 성령을 받는 것이고 죄 사함을 받는 것이고 거듭나는 것이다.

⑤는 "너희가 그 은혜를 인하여 믿음으로 말미암아 구원을 얻었나니 이것이 너희에게서 난 것이 아니요 하나님의 선물이라 행위에서 난 것이 아니니 이는 누구든지 자랑치 못하게 함이니라"(에베소서 2:8~9)와 같이 구원은 자기의 선한 행위로 받는 것이 아니고 예수님을 믿음으로써 교제의 선물로 하나님이 주시는 선물인 것이다.

"네가 만일 네 입으로 예수를 주로 시인하며 또 하나님께서 그(예수)를 죽은 자 가운데서 살리신 것을 네 마음에 믿으면 구원을 얻으리니 사람이 마음으로 믿어 의(예수님과 같이 죄가 없음)에 이르고 입으로 시인하여 구원에 이르느니라."(로마서 10:9~10)

"그러므로 이제 그리스도 예수 안에 있는 자(구원 받은 자)에게는 결코 정죄(지옥에 가는 죄)함이 없나니 이는 그리스도 예수 안에 있는 생명의 성령의 법이 죄와 사망의 법에서 너를 해방하였음이라."(로마서 8:1~2)

하나님은 항상 사랑의 구원의 문을 열어놓고 계시지만 병들거나 죽거나 하여 기회를 놓치게 되어 구원을 받지 못하면 엄한 벌이 기다리고 있고, 더 이상 하나님은 그 사람과 교제를 할 기회를 주시지 않는 것이다. 마찬가지로 자식이 부모의 신신당부의 사랑의 말씀을 끝끝내 어기고 듣지 않으면 부모는 그 자식을 더 이상 자식으로 생각지 않고 그 자식에게는 유산도 물려주지 않고 더 이상 상대하지도 않는 것이나 다름없는 것이다.

⑥은 구원을 받으면 지옥 가는 심판이 없어 영생을 얻는 것을 말한다.

"내가 진실로 진실로 너희에게 이르노니 내 말을 듣고 또 나 보내신 이를 믿는 자는 영생을 얻을 것이고 심판에 이르지 아니하나니 사망에서 생명으로 옮겼느니라."(요한복음 5:24)

구원받은 후 죄를 지으면 즉시 고백하여 죄를 뉘우치고 그럼으로써 앞으로 죄를 살피게 되어 죄를 더 적게 짓게 된다. 동시에 하나님과 의사소통을 하는 영적 교제가 이루어진다.

"이러므로 너희 중에 약한 자와 병든 자가 많고 잠자는 자도 적지(구원적으로) 아니하니 우리가 우리를 살폈으면 판단을 받지 아니하려니와 우리가 판단을 받는 것은 주께 징계를 받는 것이니 이는 우리로 세상과 함께 죄 정함을 받지(정죄) 않게 하려 하심이라"(고린도전서 11:30~32)와 같이 구원받은 자가 지옥에 가는 죄, 즉 정죄를 받지 않게끔 징계를 하나님이 한다는 것이다.

징계는 육신이 병이 들거나 약하거나 잠자게 되는데 이는 육체가 병들거나 쇠약해지거나 죽는 것을 말한다. 그러나 영혼은 구원을 받았기에 지옥에는 안 가고 천국에 가는 것이다.

⑦은 구원받은 자가 천국에 가더라도 천국사람들의 직분과 주위환경은 천층만층이기 때문에 죄의 심판에 따라 좋고 나쁜 것을 여러 등급으로 선택받게 되는 것이다. 하나의 세포나 하나의 생명체가 한 가지 똑같은 물질로는 상대적인 극성의 힘이 없기 때문에 만들어질 수도 없고, 설사 만들어졌대도 작동(작용, 기능)될 수도 없는 것이다. 그러므로 천국도 물질과 에너지가 존재하므로 상대적인 극성의 힘이 존재하게 되므로 천국의 물질이나 천국사람들의 직분은 자연히 다양하고 같은 직분이더라도 여러 가지 등급이 있게 되는 것이다.

⑧은 "내(예수님)가 곧 길이요 진리요 생명이니 나로 말미암지 않고는 아버지께로 올 자가 없느니라."(요한복음 14:6)
하나님은 천국에서는 인간의 형상을 하고 계시지만 천국을 떠난 우주만물인 지구와 자연, 인간 몸속에서는 영(광자 속에)으로 머물고 계시기 때문에 인간과는 영적으로만 통하지 육신적으로는 통하지 않기 때문에 육체를 가진 예수님을 사신으로 보내어 하나님의 뜻을 더 선명하게 알리고자 하신 것이다. 그 때문에 지구 인간들의 죄의 문제

나 영원의 구원문제나 지구의 미래의 일은 예수님을 통해서만 이루어질 수 있는 것이다.

군이나 동이나 면이나 도나 지역지역의 다스림은 그 지역을 맡은 군수나 동장이나 면장이나 도지사에 의해 다스려지고 관리되어지는 것이지 최고 통치자인 대통령이나 수상에 의하지 않는 것이나 다름없는 것이다. 그렇기 때문에 예수님의 은혜와 은공을 먼저 알고 믿고 감사한 마음으로 예수님의 가르침과 인도(사람으로서 마땅히 따라야 할 길)에 따라야 천국에 갈 수 있고, 영적 교제(의사소통)를 할 수 있다고 말씀하신 것은 당연한 것이다.

천국은 하나님과 예수님의 나라인데 그 분들과 함께 영원히 살아가려면 하나님에 대해서는 우주만물과 인간을 창조하신 고마움을 알아야 하고, 예수님에 대해서는 하나님과 인간들이 아담이 저지른 원죄 때문에 멀어진 사이를 화목시키고 우리의 원죄와 죄를 없애기 위해서 우리를 대신해 죽음으로써 벌을 한 번에 모두 껴안고 대신 받으신 것에 대하여 우리가 최소한 알고 고마움을 진실로 느낄 때 이분들과 인연이 맺어져 비로소 교제의 길이 열리게 되는 것이다. 그 때문에 구원은 예수님이 인간의 죄를 대신해서 벌을 받은 사실을 믿고 예수님에 대한 고마움을 느낄 때 동시에 자연히 죄 사함을 받게 되므로 예수님은 하나님께로 가는 길이고 기정사실인 진리이고 영생을 얻는 영원한 생명인 것이다.

"너희(구원받은 자)를 불러 그의 아들 예수 그리스도 우리 주로 더불어 교제케 하시는 하나님은 미쁘시도다."(고린도전서 1:9)

"영접하는 자 곧 그(예수) 이름을 믿는 자들에게는 하나님의 자녀가 되는 권세를 주셨으니"(요한복음 1:12)와 같이 하나님과 예수님이 인간과 얼마나 진정으로 영적 교제를 하고 싶어 하시는지를 알 수 있다. 천국에서는 영원히 살 텐데 인간의 영혼들이 어느 정도는 죄에 대한 양심의 활동을 이성적으로 다스릴 줄 알아야 할 것이다.

"한 사람(아담)의 범죄를 인하여 사망이 그 한 사람으로 말미암아 왕 노릇 하였은즉 더욱 은혜와 의의 선물을 넘치게 받는 자들이 한 분 예수 그리스도로 말미암아 생명 안에서 왕 노릇 하리로다 그런즉 한 범죄로 많은 사람이 정죄(지옥에 가는 죄)에 이른 것같이 의(예수님같이 죄가 없음)의 한 행동으로 말미암아 많은 사람이 의롭다 하심을 받아 생명에 이르렀느니라 한 사람(아담)의 순종치 아니함으로 많은 사람이 죄인 된것 같이 한 사람(예수)의 순종하심으로 많은 사람이 의인이 되리라"(로마서 5:17~19)와 같이 한 사람 아담에 의해 우리가 지옥에 가는 죄를 짓게 되었고, 한 사람 예수님에 의해 우리가 죄 사함을 받고 천국에 가는 길이 열리게 된 것이다.

⑨ 인간사회에서도 나보다 훨씬 직위가 높은 분하고 대화를 하거나 교제를 하려면 신고를 하고 그쪽의 허락이 있어야만 한다. 그러나 높은 분의 대화 상대자는 어느 정도는 정해져 있는 것이지 아무나 되는 것은 아니다.

하나님도 인간하고 교제하는데 아무나 하는 것이 아니고 하나님이 내세운 조건을 이루는 구원받은 인간하고만 기꺼이 교제하시려 하는 것이다. 그리고 우리가 높은 분의 집에 가려면 미리 신고하고 높은 분의 허락을 받거나 높은 분의 초청이 있으면 우리는 방문할 수 있는 것이다. 마찬가지로 우리가 죽어 천국의 영혼기에 신고가 되고, 우리가 하나님의 초청장인 구원을 받았으면 우리의 영혼은 자연히 천국으로 갈 수 있는 것이다. 만일 천국의 초청장이 없으면 자연히 지옥으로 가게 되는 것이다. 물론 진실로 구원을 받았는지 안 받았는지는 영혼기에 의해 자동으로 가려질 것이다.

(10) 하나님과 인간의 궁극목표는 사랑의 감정을 나누는 교제이다
사람이 살아가는 것은 모든 만물(주위환경)과 의사소통을 하는 행위이다. 사람들한테나 동물들한테나 자연한테나 하나님한테나 사람은 사랑의 감정을 주고받는다. 그 때문에 부모 자식 간이나 형제 간이나 친척 간이나 친한 사람들 간의 관계에서 가장 중요한 것은 사랑의 감정을 나누는 교제이다.

사랑의 감정이 담긴 사랑의 교제(의사소통)는 인간사회뿐만 아니라 동물사회, 그리고 하나님과의 영적 교제에서도 가장 중요하고 값진 것이다. 사랑의 감정 없이는 교제, 의사소통, 상호작용, 공생·공존 등은 존재하는 아무 의미도 없고 보람도 없고 의의도 없는 것이다. 사랑의 감정이 담기지 않은 교제는 형식적이고 무의미한 교제이다.

"그 중에 한 율법사가 예수를 시험하여 묻되 선생님이여 율법 중에 어느 계명(지켜야 할 말씀)이 크니이까 예수께서 가라사대 네 마음을 다하고 목숨을 다하고 뜻을 다하여 주 너의 하나님을 사랑하라 하셨으니 이것이 크고 첫째 되는 계명이요 둘째는 그와 같으니 네 이웃(주위에 있는 사람들)을 네 몸과 같이 사랑하라 하셨으니 이 두 계명이 온 율법과 선지자의 강령이니라."(마태복음 22:35~40)

진정으로 가장 큰 참사랑은 목숨까지도 버릴 수 있는 사랑이고 친한 주위사람들을 위하여 내 몸과 같이 사랑하는 것이며 이러한 참사랑으로 하나님과 교제하기를 예수님도 바라는 것이다. 만일 이 뜨거운 사랑을 하나님이 받으시면 하나님도 가장 행복하실 것이고, 보낸 우리도 가장 기쁘고 행복할 것이고, 아울러 축복도 받을 것이다.

예수님 말씀 중에 "네 오른쪽 눈이 죄를 짓게 하거든 그 눈을 빼어 던져 버리고, 만일 네 오른손이 죄를 짓게 하거든 그것을 잘라내어 던져라"라고 하셨는데 이것은 진짜로 그렇게 하라는 것이 아니고 그와 같은 마음가짐으로 행하라는 간접적인 말씀인 거와 마찬가지로, 네 이웃을 네 몸과 같이 사랑하라는 말씀은 그와 같은 마음가짐으로 네 주위에 있는 사람들에게 대하라는 간접적인 말씀인 것이다.

"나는 너희에게 이르노니 악한 자를 대적지 말라 누구든지 네 오른편 뺨을 치거든 왼편도 돌려대며"(마태복음 5:39)와 같이 미움으로 가득 차 악을 품고 있는 자에게 정면으로 대항하면 서로가 심한 피해를 보게 되고 두 사람 사이는 점점 원수의 강도가 높아지게 된다. 이러한 경우는 대적하지 말거나 사과를 하여 서로가 오해를 푸는 길이 최선의 방법인 것이다. 대적하지 말고 한 대 더 맞으려는 사과의 자세를 취해 오해를 풀려고 노력하여 상대방과의 위험한 고비를 넘기는 게 최선의 길이라는 비유적이고 간접적인 말씀인 것이다.

02
영-혼-영혼

영은 하나님의 영=하나님의 생각=하나님의 말씀=하나님의 의도=하나님의 설계=하나님의 성령=하나님의 진리=하나님의 자연의 법칙=하나님의 능력=하나님의 에너지이므로 이는 하나님의 모든 것을 나타내므로 하나님의 분신인 것이다.

하나님의 영은 빛 속에 광자(에너지+정보+영) 속, 즉 에너지 속에 들어 있다. 하나님의 영은 빛에너지를 통해 모든 만물 속에 들어가 존재하게 되고 무생물에서는 물질의 특성을 나타내고, 생물에서는 생물의 특성인 혼(삶의 활동을 하는 영)과 영혼(영적 활동을 하는 영)을 나타낸다. 그러므로 하나님의 영(성령)은 모든 만물 속에 들어 있어 모든 만물을 돌보고 조절하고 이끈다. 모든 만물이 특성을 가지거나 에너지적으로 서로 상호작용하는 것이나 정보가 통해 서로 의사소통하는 것이나 모두 영과 영들 사이에 의해서 이루어진다.

모든 물질은 내부에너지인 역학적에너지(위치에너지+운동에너지)를 가지고 있고, 이 역학적에너지는 빛 속의 광자에너지이므로 모든 물질은 광자로 되어 있고, 광자는 에너지 자신이며 그 속에 정보와 영을 가지고 있다. 왜냐하면 모든 만물을 만드는 원자는 전자를 원자핵에 속박시키는 인력인 전자기력으로 결합하고 있는데, 이 힘은 광자에 의해 매개되고 있기 때문이다.

무생물(무기물) 속에 들어 있는 광자(에너지+정보+영)는 생명의 기본물질인 단백질과 DNA가 없기 때문에 이들과 상호작용을 할 수 없으므로 생명의 활동을 할 수 없어 혼이나 영혼은 만들어지지 않고, 주어진 능력에 따라 행하기만 하는 수동능력밖에 없어 물질의 특성만 나타내게 된다. 생물 속에 들어 있는 광자(에너지+정보+영)는 단백질과 DNA가 있기 때문에 이들과 상호작용을 하여 혼과 영혼을 만들어 생명의 활동을 돌보고 조절하고 이끌어 갈 수 있다.

생명의 3대 요소(생명의 3대 로봇=생명의 3대 물질)인 광자, 단백질, DNA가 공동상호작용을 하여 광자 속에 하나님의 영이 그 사람의 고유한 영을 만든다. 이 영이 삶의 활동을 할 때 특히 혼이라 하고, 이 영이 하나님과 영적인 활동을 할 때 특히 영혼이라고 구별하여 부른다. 그러나 그 사람의 영이나 그 사람의 혼이나 그 사람의 영혼은 다 똑같이 하나님의 영과 DNA의 상호작용으로 만들어진 그 사람의 고유한 영이다. 그 때문에 그 사람의 영이나 혼이나 영혼은 다 같은 그 사람의 영인 것이다. 즉 육체를 만드는 생명의 3대 요소에 의해 하나님의 영으로부터 그 사람의 고유한 영이 만들어지고, 만들어진 그 사람의 고유한 영이 생명의 3대 요소와 함께 상호작용할 때 비로소 활동할 수 있어 혼이나 영혼의 활동을 할 수 있는 것이다.

우리의 영혼(영)이 하나님의 영으로 만들어지기 때문에 죽음 후에도 영혼은 사라지지 않고 영원히 광자(에너지+정보+영) 속에 존재하게 된다. 만일 영혼이 죽음과 함께 사라진다면 하나님의 영도 사라지기 때문에 하나님의 능력도 사라지는 것이나 다름없다. 하나님의 능력인 하나님의 영이 사라지면 우주만물의 힘의 균형도 깨지므로 현 세상은 존재할 수가 없는 것이다. 생명의 3대 요소는 육체를 만드는 세포 속에 있으므로 세포가 살아서 활동하면 영도 활동할 수 있고 세포가 죽어 활동하지 않으면 영은 활동할 수 없지만 광자 속에 머물게 된다.

전자소립자에 의해 한 번 만들어진 이메일 내용은 화학결합이 아니기 때문에 분해되거나 썩거나 타거나 하여 삭제되거나 축소되거나 변하거나 없어지지 않는 거와 같이 DNA와 광자소립자에 의해 한 번 만들어진 영혼(영, 혼)도 화학결합이 아니기 때문에 죽어서 육체가 썩거나 타거나 하여 원소로 분해되어도 광자소립자 속에 저장된 영혼은 분해되거나 변하거나 축소되거나 하지 않고 원래 영혼대로 영원히 머물게 된다.

우리의 혼과 영혼은 엄마 자궁 속에서 생명의 3대 로봇(요소, 물질)인 광자(에너지+정보+영), DNA분자, 단백질분자가 만들어질 때 동시에 만들어지며 생명의 3대 요소와 상호작용을 함으로써 비로소 혼과 영혼의 활동을 할 수 있다. 일단 만들어진 우리의 영이 우리들의 정신적인 기억과 같이 보이지 않는 안정한 광자소립자 속에 한 번 저장 기록되어지면 없어지지 않고 영원히 존재한다.

소립자 중에 광자나 전자는 안정하므로 이들의 에너지 속에 저장된 정보나 특성은 영원히 간다. 그래서 전자 속에 든 전자의 특성이 변하지 않고 영원히 감으로써 전자쌍의 힘으로 물질을 만들게 된다. 광자는 전자보다 훨씬 더 작은 보이지 않는 입자이다. 전자쌍의 분자력도 광자에 의하여 매개되므로 만물 속에 들어 있는 역학적에너지도 광자에너지이다. 그러므로 광자 속의 영에 의해 물질의 특성이 만들어지고 나타내지고 저장되고, 광자 속의 영에 의해 생물의 혼이나 영혼도 만들어지고 나타내지고 저장되는 것이다. 그러므로 광자에너지 속에 일단 저장된 우리의 특성인 영혼은 변하지 않고 영원히 가게 된다. 우리들의 기억정보도 광자입자에 의해 한 번 저장되어지면 수없이 기억정보를 꺼내도 여전히 존재하는 거와 같다.

기억정보의 암호가 맞으면 언제든지 기억정보를 꺼낼 수 있듯이 영혼과 육체의 암호가 맞으면 언제든지 육체 속으로 영혼이 자연히 저절로 들어간다. 안정한 전자소립자 속에 들어 있는 전자의 특성이 영원히 가듯이 안정한 광자소립자 속에 들어 있는 영혼은 영원히 가게 된다.

　영과 혼과 영혼은 우리 인간이 구태여 구별해서 부르는 것뿐이고, 영이나 혼이나 영혼은 원래 하나님의 영으로 만들어진 그 사람의 고유한 똑같은 영이다. 예를 들어 하나님 아버지, 우리 어머님이 만수무강하게 하여 주십시오 라고 기도를 한다면 기도를 하는 영은 영적이기에 영혼에 속하고, 기도의 내용을 말하는 영은 육체적인 내용이기 때문에 혼에 속하므로 결국 영혼이나 혼의 활동은 다 똑같은 그 사람의 영의 활동인 것이다.

　다만 동물에서는 하나님을 생각하는 영이 없고 인간에게는 있으므로 이것을 구별하고자 혼과 영혼이라고 구태여 구별하여 부르는 것뿐이다. 그러나 혼이나 영혼은 다 똑같이 하나님의 영으로 만들어진 그 사람의 고유한 영인 것이다. 왜냐하면 영적 활동을 하는 영혼도 넓은 의미로는 생명의 활동(삶의 활동)을 하는 혼의 활동에 속하기 때문에 엄밀히 생각하면 영혼은 혼에 속하고 혼은 그 사람의 고유한 영에 속하기 때문에 영혼과 혼과 영은 다 같은 것이다.

　교제를 하려면 양쪽의 교제의 암호가 서로 맞아야 한다. 한 사람은 영어를 알고 있고 상대방은 영어를 알지 못하면 암호가 맞지 않기 때문에 의사소통의 교제는 이루어지지 않는다. 마찬가지로 하나님은 천국에서는 육체를 가진 우리와 같은 형상을 하고 계시지만 천국 이외의 우주 허공이나 우주만물 속이나 우리 몸속에서는 영으로 머무르고 계시기 때문에 우리가 의사소통을 하려면 우리의 영과 하나님의 영의 암호를 맞추어야 되는데, 이 길이 바로 구원을 받는 길이다. 구원을 받으면 성령을 받는 것인데 이는 영적으로 죽어 있던(잠자던) 우리의 영이 깨어나서(살아나서) 하나님의 영과 통하는 것이고 비로소 교제를 할 수 있는 것이다.

사람이 죽으면 몸, 즉 육체는 분해되어 원소나 에너지로 머물고, 정신적인 영혼(영, 혼)은 눈에 보이지 않는 광자소립자 속에 저장되어 있으므로 분자결합에 의한 화학결합이 아니기 때문에 분해되지도 않고 썩지도 않으며, 이메일(e-mail, 전자우편)이나 이름, 기억 등과 같이 영원히 머물게 된다. 언젠가 때가 되어 이메일 주소나 이름이나 기억의 암호를 맞추면 다시 그 사람의 이메일 내용이나 그 사람의 이름이나 그 사람의 기억이 원래대로 되살아나는 거와 같이 죽어서 언젠가 영혼기에 의해 영혼비밀번호가 불리어지면(영혼의 암호가 맞으면) 자동으로 영혼기에 의해 죄의 심판을 받고 동시에 부활기에 의해 자동으로 육체를 돌려받아 부활하게 되는 것이다. 하찮은 우리의 뇌기계도 한평생 동안 듣고 보고 말한 것을 자동으로 기록해서 필요시 수시로 다시 꺼내어 비교 평가 판단 결정을 하게 하는데 전지전능한 하나님이 천국에 조그마한 영혼기를 설치해 놓고 인간들의 영혼의 행적을 기록하게 하고 평가해서 자동으로 판단 심판토록 하는 것은 그리 어려운 일이 아닌 것이다.

영이 들어 있는 영적인 단백질로 만들어진 정자와 난자가 수정(교미)되면, 즉 정자와 난자의 DNA분자가 융합하여 새로운 배(배아, 접합자)세포 속에 새로운 생명의 칩인 DNA 칩이 생기면서 동시에 그 사람의 영(혼, 영혼)이 만들어진다. 사람마다 생물마다 DNA 칩이 다르듯이 사람마다 영(혼, 영혼)이 다른 것이다.

생명은 육체와 혼(영, 영혼)으로 이루어져 있으며 생명의 활동(작용)

은 육체와 혼의 상호작용으로 이루어지기 때문에, 세포 속에 있는 다른 DNA 칩으로 된 세포들로 이루어진 다른 육체 속의 혼도 자연히 다르기 때문에, 사람마다 영혼도 자연히 다르며 신과의 영적 교제도 사람마다 자연히 다르게 이루어진다.

만일 사람의 영혼이 존재하지 않거나 다 똑같다면 하나님은 구태여 인간을 힘들고 성하시게 만물의 영장으로 만들지도 않았으며, 그리고 수많은 인간들을 필요로 하지도 않았을 것이다. 세포 속에 생명의 3대 요소인 광자, 단백질, DNA가 들어 있고 광자는 하나님의 영을 가지고 있고 광자로 만들어진 단백질이나 DNA는 하나님의 영이 들어 있기 때문에 이들의 상호작용으로 만들어진 그 사람의 영이나 혼이나 영혼은 다 같은 하나님의 영으로 만들어진 그 사람의 고유하고 유일한 영인 것이다.

만일 사람의 영혼이 다른 동물과 같이 존재하지 않는다면 사람은 다른 동물처럼 하나님이라는 신을 몰랐어야 하고 하나님을 찾거나 정신적으로 의지하지도 말아야만 한다. 그리고 하나님은 인간에게 구태여 다른 동물과는 하늘과 땅차이의 높은 지능과 양심과 다양한 감정과 발견, 발명, 언어의 능력, 상냥한 얼굴표정 능력 등을 특별히 예외적으로 주지 않았어야만 한다. 이러한 수많은 능력을 신이 인간에게 특별히 예외적으로 번거롭게 주신 것은 인간으로 하여금 우주만물을 창조한 신을 알게 하고 교제를 하기 위해서 최소한의 지능과 감정의 수준이 맞아 지루하지 않은 영적 교제를 원활히 할 수 있게 하기 위함인 것이다.

물질인 육체는 썩지만 질량보존의 법칙, 에너지보존의 법칙, 질량—에너지등가원리에 따라 영원히 없어지는 것이 아니라 다만 원소, 소립자, 에너지로 변할 따름이다. 즉 원소나 분자들의 화학반응에 의해 만들어진 육체는 죽은 후 화학반응에 의해 원소나 분자로 분해된다. 그러나 비물질적인 정신적인 영혼은 화학반응에 의해 원소들의 화학결합으로 만들어진 것이 아니고, 공간과 질량이 없는 광자(에너지+정보+영)소립자 속에 영적으로 저장되어 있기 때문에 죽은 후에도 화학반응에 의해 썩거나 타거나 분해될 수 없고 오직 광자소립자 속에 영원히 영적으로 머무를 따름이다. 정신적인 사람의 이름이나 말씀이 분해되지 않고 영원히 남듯이 정신적인 영혼도 이 세상에서나 저 세상에서나 영원히 남게 된다.

자연의 4대 기본 힘이 소립자들의 상호작용으로 생기고 다시 이들 힘들의 상호작용으로 수많은 종류의 힘(에너지)들이 만들어지는 거와 마찬가지로, 모든 물질의 정신적인 특성과 정보들은 소립자 속에 에너지 속에 저장되고 전달되고 교환되므로 정신세계가 이루어진다. 그러므로 소립자의 세계는 곧 에너지의 세계이고 에너지의 세계는 곧 정신적인 세계(정보세계)이고 이는 넓은 의미로는 보이지 않는 물질적인 세계인 것이다. 질량—에너지등가원리에 따라서도 에너지와 소립자는 서로 변화할 수 있는 것이다.

소립자는 어떠한 변화에도 운동량, 전하, 에너지(질량 포함)의 총량은 같으므로 광자소립자 속에 저장된 영혼도 제3자가 일부러 꺼내지 않는 한 변함없이 영원히 머물게 된다. 부피와 무게가 0이거나 0에 극도로 가까운 무존재나 다름없는 소립자 속에 전하, 스핀(자전력), 공전력, 색, 냄새, 맛 등의 수많은 특성들이 들어 있는 자체가 인간과 자연의 차원을 넘어선 신의 영적인 차원인 것이다. 수많은 소립자의 특성들이 보이지 않는 소립자 속에 들어 있어 소립자와 함께 존재하듯이 인간의 정신적인 특성인 영혼도 안정한 광자소립자 속에서 영원히 머물게 된다.

무부피, 무질량, 무존재, 비물질이나 다름없는 소립자에게 정신적인 수많은 특성을 누군가가 자동으로 집어넣어지게 하지 않았다면 소립자는 힘의 특성이 없으므로 조금도 에너지를 가지지 못하므로 상대적인 극성의 힘이 없어 에너지가 만들어지지 않아 스스로 존재하지도 못하고 다른 물질을 만들지도 못할 것이다. 이들 수많은 정신적인 특성들은 소립자 스스로 만들 수도 없고, 우연히 그저 자연히 저절로 만들어질 수도 없는 것이다.

만일 소립자의 특성이 자연의 법칙을 따르지 않고 스스로 저절로 제멋대로 만들어진다면 특성이 수시로 변하거나 스스로 저절로 없어지기 때문에 자연의 질서는 무너져 자연의 법칙은 존재하지 않아 물질이 만들어지지 않으므로 자연도 존재할 수가 없는 것이다. 그러나 우리가 알다시피 한 번 만들어진 물질의 정신적인 특성은 분해되거나 없어지거나 하지 않고, 지구에서나 화성에서나 우주 공간에서나 같은 물질인 경우 언제 어디서나 똑같은 특성을 영원히 지니고 나타내므로 자연의 질서가 잡혀져 자연의 법칙대로 우주만물이 유지되는 것이다.

자연의 습성은 자유에너지(유용한 에너지)는 감소되고(발열반응), 엔트로피(무용한 에너지, 무질서도)는 증가하는 정해진 방향으로만 가려고 한다. 이와 같이 에너지는 소비하고 무질서도는 증가해서 무질서화해지려는 자연이 영원히 변화하지 않고 질서를 철저히 지키며 머무는 물질의 특성을 그저 우연히 자연히 저절로 스스로 만들어지게 하고 영원히 변함없이 머물게 할 수는 없는 것이다. 그러므로 영과 에너지와 물질을 자유자재로 다스리고 다루는 신밖에는 소립자와 소립자의 특성을 동시에 자동으로 만들어지게 설계할 수 있는 자는 없는 것이다.

물질의 특성은 물질의 구조와 밀접한 관계가 있으므로 원자나 분자 사이의 상대적인 극성의 힘으로 만들어진다. 상대적인 극성의 힘은 소립자나 에너지의 상호작용으로 만들어지고 반대로 상대적인 극성의 힘 사이에는 힘의 장(전자기장)이 형성되어 전자기파의 에너지가 만들어지고, 질량—에너지등가원리에 따라 에너지는 소립자로 변화될 수 있다. 그래서 에너지가 있는 곳에는 소립자가 있고 소립자가 있는 곳에는 에너지가 있게 된다.

에너지나 소립자는 곧 빛의 구성성분이고 빛의 광자는 에너지와 정보와 영을 가지므로 모든 만물은 빛(소립자+전자기파=에너지+정보+영)으로 만들어지기 때문에 모든 만물은 에너지와 정보와 영을 가지고 있으며, 물질의 영과 정보와 에너지는 물질의 상대적인 극성의 힘과 물질의 특성을 만들게 되므로 물질의 특성은 변함없이 영원히 머물게 되는 것이다. 물질의 특성은 신의 의도대로 자연의 질서에 따라 상대적인 극성의 힘에 의해 만들어진다.

농가에서 닭, 토끼, 돼지, 소, 염소, 말, 개, 고양이 등 많은 가축이나 집 동물 중에서 지능이 제일 높은 개는 항상 주인 옆에서 또는 주인을 따라다니며 돼지가 돼지우리에서 밖으로 나가면 주인과 함께 돼지를 몰아 우리에 몰아넣는 데 주인을 돕기도 한다. 여러 동물들 중에서 주인이 가장 사랑하고 가장 신임하고 쉬운 말을 할 수 있는 동물은 역시 지능이 가장 높은 개인 것이다. 그러나 인간은 동물과 천지 차이로 지능의 차이가 있으므로 하나님이 특별히 인간을 창조하고 인간을 동물과는 비교도 안 되게 가장 많이 사랑하시고 가장 많이 신임하시므로 지구의 대자연도 인간으로 하여금 다스리게 하심으로써 인간과 항상 영원히 교제하고자 하는 의도가 분명하게 나타나 있는 것이다.

모든 무생물과 생물은 영(신의 의도=신의 말씀=성령)으로 되어 있기 때문에 영의 의도대로 작용, 활동하므로 신의 의도대로 자연의 법칙 안에서 자연의 질서에 따라 자연변화는 흘러간다. 육체는 땅의 어머니가 주었기 때문에 죽은 후에 땅으로 돌아가고, 영혼은 하늘의 아버지(신)가 주었기 때문에 죽은 후에 하늘나라로 돌아간다. 그러나 영혼기(인간의 일거일동이 자동으로 녹음·녹화되는 천국에 있는 영혼의 기계로, 죽은 영혼은 자동으로 죄의 심판이 내려지는 영혼의 기계)에 의해 죄의 심판을 받고, 부활기(DNA 구조에 따라 육체와 영혼을 합성해 부활시키는 기계)에 의해 영혼과 육체를 돌려받아 부활하게 될 것이다.

우리가 이 세상에 올 때 엄마의 뱃속에서 단백질로봇기계와 DNA 로봇기계에 의해 자동으로 저절로 육체와 혼(영혼)이 합성되어 태어나는 원리와 같이 우리가 이 세상을 떠나면 저 세상의 영혼기와 부활기에 의해 자동으로 저절로 부활될 것이다.

"또 내가 보니 죽은 자들이 무론 대소하고 그 보좌 앞에 섰는데 책들이 펴 있고 또 다른 책이 펴졌으니 곧 생명책이라 죽은 자들이 자기 행위를 따라 책들에 기록된 대로 심판을 받으니"(요한계시록 20:12)

위와 같이 인간은 죽어서 자기가 행한 대로 죄의 심판을 받게 된다. 세례요한이 살던 시기는 현대적인 과학기술이 거의 없어 녹음기나 비디오나 컴퓨터가 전혀 없었고 상상하지도 못했기 때문에 인간의 일거일동이 자동으로 기록되는 영혼기계를 표현할 수 없어 생명의 책으로 묘사했을 것이다. 더구나 수없이 많은 죽은 영혼들의 일거일동을 모두 기록해 놓은 생명책은 불가능한 것이다.

03
영혼의 순환

만일 인간이 죽은 후에 영혼이 완전히 없어진다면, 태어나는 사람마다 영혼을 일일이 만들어 집어넣어야 할 것이다. 만일 인간에게 혼(삶의 활동을 하는 영)이나 영혼(영적 활동을 하는 영)이 없다면 영도 없으므로 삶의 활동이나 영적 교제활동이나 정신적인 생각을 할 수 없을 것이다.

인간이 만든 기계나 로봇에는 세포가 없어 영이 단백질이나 DNA와 자유로이 상호작용을 하지 못하기 때문에 삶의 활동이나 슬퍼하거나 아파하거나 기뻐하거나 사랑하거나 그리워하거나 감정이 담긴 영적인 활동을 할 수 없다. 정신적인 생각이나 감정의 활동은 물질과 영(혼, 영혼)의 혼합작용으로 이루어지므로 영이 활동할 수 있는 세포가 없는 물질기계는 정신적인 활동을 스스로 할 수 없는 것이다.

영혼은 생명의 3대 요소의 상호작용으로 만들어지고 특히 영혼은 광자와 같은 소립자에 저장되어 있기 때문에 정신적인 영혼도 물질적인 소립자와 상호작용으로 존재하게 된다. 광자소립자는 질량과 전하와 자기력을 가지고 있지 않기 때문에 다른 물질과 화학적인 결합을 하지 않고 화학적인 반응도 하지 않기 때문에 안정하여 영원히 광자소립자로 머문다. 그러나 광자는 모든 물질 속에 영적인 결합으로 들어 있어 역학적에너지를 나타내고, 영은 이 에너지 속에 머문다. 그러므로 광자(에너지+정보+영)소립자 속에 저장된 영혼은 신체의 분해 후에도 광자소립자 에너지 속에 영적으로 영원히 머물게 된다.

 물질은 질량과 부피를 가지므로 형태(형상)가 있고 분자결합에 의한 화학결합으로 결합되어 있기 때문에 분해되면 형태도 분해된다. 그러나 영적인 영혼은 질량과 전하와 부피를 가지지 않는 광자소립자 속에 저장되어 있기 때문에 화학결합에 의한 분자결합이 아니므로 형태도 없고 구조도 없기 때문에 분해될 수도 없으므로, 영혼은 광자(에너지+정보+영) 속의 영혼으로 죄의 심판 날까지 영원히 존재하게 된다. 즉 한 번 만들어진 정신적인 대상물인 영혼은 분해가 안 되므로 공간과 시간의 제약을 받지 않고 영원히 사라지지도 않고 영원히 머무를 뿐이다.

 정신적인 기억정보도 광자 속에 저장되어 우리의 뇌세포에 영적으로 무한히 많이 저장된다. 그러므로 우리가 생각하는 비물질적인 정신적인 것도 엄밀히 살펴보면, 눈에 보이지 않는 광자(에너지+정보+영)와 같은 소립자의 작용이므로 정신세계는 곧 소립자의 세계를 의미한다. 그러므로 아무것도 없는 곳에는 소립자(에너지)도 없는 곳에는 정신적인 기억이나 정보도 존재할 수 없는 것이다.

 잃어버린 기억도 시간이 지나 기억암호가 맞추어지면 다시 기억을 할 수 있다. 기억을 하고 못하고는 기억세포의 암호를 맞추는 능력에 달려 있다. 광자 속에 오래가는 기억정보로 선택되어 저장된 정신적인 기억정보는 영원히 오래가는 것이다.

 만일 정신적인 정보인 생각이나 기억, 추억 등이 없어진다면 돌아가신 할아버지, 아버지, 헤어진 친척이나 친구, 사랑했던 사람들과의 정신적인 즐거웠던 일들, 슬펐던 일들, 인연 등은 모두 사라져버려 우리는 하나도 생각이나 기억이나 추억을 할 수 없을 것이다. 그렇게 되면 정신세계는 물질세계에 비해 매우 축소되어 매우 왜소한 정신세계를 이루기 때문에 동물세계나 인간세계의 생각하는 영역이 더 좁아져 감정이 메마르고 사랑이 없는 삭막하고 보람 없는 세상이 될 것이다.

현 우주세계는 물질세계와 정신세계(소립자 세계)가 서로 상호작용하여 균형(평형)을 이루는 혼합세계인데 만일 무한대의 물질세계와 매우 축소된 매우 왜소한 정신세계라면 균형과 조화가 제대로 이루어지지 않아 평형(조화, 균형)을 이루지 못해 올바른 생각이나 감정을 가질 수 없게 될 것이다. 그러므로 물질세계와 정신세계의 혼합세계인 현 세상은 무한한 물질세계에 상대적으로 무한한 정신세계가 조화(균형, 평형)적으로 반드시 필요한 것이다.

현 우주의 물질세계와 정신세계가 균형을 이루어 평형상태를 유지해 현 우주를 오래 유지하기 위해서도, 그리고 신과의 영원한 영적 교제를 하기 위해서도, 사망 후에 영혼이 물질세계의 물질의 순환과 같이 영혼의 순환이 이루어져야만 할 것이다. 육체의 물질과 에너지가 순환하듯이 정신적인 영혼도 부활로 순환하게 되어야 정신세계와 물질세계의 균형이 이루어져 두 세계의 조화(평형)로 현 세상이 오래도록 유지되는 것이다. 만일 인간의 영혼이 죽음과 함께 완전히 없어진다면 가장 손해를 보는 자는 신(하나님)일 것이다.

인간의 짧은 한평생, 그것도 영적 교제는 중년 이상 되어야 대부분 행해지는데 이 짧은 기간동안 그토록 진지하게 인간과 영적 교제하던 인간이 죽어 영혼이 없어진다면 신이라도 애통하고 슬플 것이다. 그리고 다시 태어나는 인간들의 영혼을 일일이 다시 만들어 집어넣어야 하고 다시 영적 교제를 시작해야 하니 번거롭고 보람도 없는 일일 것이다.

하다못해 보이지 않는 보잘것없는 소립자나 원자도 자신의 정신적인 특성을 영원히 지니게 되는데, 하물며 소위 만물의 영장인 인간이 더구나 신과 깊은 감정을 나누며 행한 영적 교제가 죽음과 함께 완전히 없어진다는 것은 전지전능한 하나님의 처사가 아닌 것이다. 인간의 영혼이 죽음과 함께 사라진다면 하나님이 인간하고 한 사랑의 영적 교제도 아무 보람 없이 무의미할 것이다. 그러면 의사소통이 되게 감각기관이나 신경계나 호르몬계 등등 힘들게 복잡하게 머리를 써가며 만들 이유도 없고, 인간을 구태여 만물의 영장으로 특이하게 예외적으로 힘들여 가며 높은 지성과 다양한 감정을 가진 생물기계로 만들 이유와 필요성도 없었을 것이다.

생명의 3대 로봇인 광자로봇, DNA분자로봇, 단백질분자로봇으로 육체와 영혼이 자연히 만들어지게 하는 신의 능력은 영혼기와 부활기에 의해 영혼의 육체가 자연히 부활되도록 하는 것도 조금도 번거롭고 힘든 일이 아닌 것이다. 왜냐하면 수정에 의해 엄마의 자궁에서 귀여운 아기가 자연히 만들어지는 거와 같이 영혼기에 의해 자동으로 죄의 심판이 내려져, 부활기에 의해 자동으로 자연히 부활되기 때문이다. 아니면 부활이 이 지구와 같이 엄마의 자궁 속에서 단백질분자로봇들과 DNA분자로봇들에 의해 새로운 탄생이 될 수도 있는 것이다.

어쨌든 영혼의 부활이 있어야만 정신적인 세계가 순환되어 평형이 이루어져 현 우주세계가 오랫동안 유지할 수 있으며, 신도 인간영혼의 부활을 통하여 계속적인 영적 교제로 마음의 균형이 이루어져 마음의 평형으로 오랫동안 영원히 살 수 있으며 사는 낙과 보람도 있는 것이다. 대학동창보다 초등학교 중학교 동창이 더 친근감이 가고, 모든 감정을 털어놓고 허물없이 이야기하는 거와 마찬가지로 새로 태어나는 인간의 영혼보다는 죽은 오래된 영혼과 교제하는 것이 하나님도 더 친근감이 있고 사랑의 감정이 더 가는 것이다.

그리고 수천 년 전의 인간과 지금의 인간은 감정도 많이 다르고 생각하는 것도 다르고 도덕성이나 사랑의 감정도 다르기 때문에 하나님으로서는 살아있는 현 세대의 영혼의 교제만으로는 마음의 충족을 모두 채울 수는 없는 것이다. 하나님 입장으로는 천 년, 수억 년이 하루와 같기 때문에 수천 년 전이나 수천 년 후나 모두 현재에 속하므로 수천 년 전 사람들의 영혼도 현재 사람처럼 교제할 수 있는 것이다.

그리고 하나님을 진심으로 믿고 세례를 주다가 헤롯왕에게 잡혀 감옥에서 머리가 잘려 죽어간 세례요한의 영혼을 생각해서라도, 그리고 헤롯왕의 복수를 위해서도 신이 존재하는 한 인간의 영혼은 죽음 후에도 존재하고 부활되어야만 할 것이다. 만일 인간의 영혼이 죽음과 함께 사라진다면 이 세상은 너무나 불공평하고 원한이 서린 세상이 될 것이다. 전쟁터에서 젊은 청춘으로 죽어가는 젊은이들, 살인자들에게 죽어가는 불쌍한 젊은 여성들, 갓난애를 두고 병으로 죽어가는 엄마들 등등 이 세상은 너무나 억울하고 불공평한 세상이 될 것이다. 이러한 원한을 풀기 위해서도 저 세상과 신이 존재해야 되고, 죄의 심판과 벌이 있어야 하고, 죽은 영혼은 다시 부활되어야만 할 것이다.

만일 죽음과 함께 영혼이 사라진다면 우리의 영은 하나님의 영으로 만들어졌기 때문에 하나님의 영도 사라지는 것이고, 이는 하나님의 능력도 사라지는 것이며, 이는 빛의 광자(에너지+정보+영)도 사라지는 것이기 때문에 물질세계도 사라지는 것이다. 물질세계가 사라지면 정신세계도 사라지고, 이어서 하나님의 신의 세계도 사라지게 되며, 하나님도 존재하기 어렵게 될 것이다. 오직 인간영혼의 부활로 동행자들이 많을 때 신도 외롭지 않고 즐겁게 오래 살 수 있고 신이 존재하는 보람과 의의도 있게 되는 것이다.

04
하나님의 천지창조

(1) 성경의 천지창조는 순서가 바꾸어져 있다

1) "태초에 하나님이 천지를 창조하시니라 땅이 혼돈하고 공허하며 흑암이 깊음 위에 있고 하나님의 신은 수면에 운행하시니라 하나님이 가라사대 빛이 있으라 하시매 빛이 있었고 그 빛이 하나님의 보시기에 좋았더라 하나님이 빛과 어두움을 나누사 빛을 낮이라 칭하시고 어두움을 밤이라 칭하시니라 저녁이 되며 아침이 되니 이는 첫째 날이니라."(창세기 1:1~5)

여기에서 보면 하나님이 천지창조를 하시고 그 다음에 빛을 만드신 것으로 나타나 있다. 그러나 빛이 없이 먼저 천지가 만들어질 수는 없는 것이다.

이 시대만 해도 소립자가 무엇이고 에너지가 무엇이고 전자기파가 무엇이고 빛이 무엇인지 잘 몰랐기 때문에 하나님의 말씀(설계)을 두서없이 묘사한 것으로 볼 수 있다. 왜냐하면 빛은 소립자(광자, 전자 등)와 전자기파로 되어 있고, 광자소립자는 다시 에너지+정보+영으로 되어 있기 때문에 빛은 만물과 생명을 만드는 원천이기 때문이다.

첫째 날에는 아직 해와 달이 창조되지 않았기 때문에 낮과 밤으로 분리될 수 없는 것이다. 빛이 있으라 하시매 빛이 있었고, 이것은 하나님이 만물의 원천인 빛이 만들어지게 의도적으로 설계하신 것을 의미한다. 빛에 의해 만물과 생명이 만들어지므로 빛을 만들어지게 한 신(하나님)이 바로 이 세상의 우주만물(천지)을 창조한 참 하나님인 것이다.

2) "하나님이 가라사대 물 가운데 궁창이 있어 물과 물로 나뉘게 하리라 하시고 하나님이 궁창을 만드사 궁창 아래의 물과 궁창 위의 물로 나뉘게 하시매 그대로 되니라 하나님이 궁창을 하늘이라 칭하시니라 저녁이 되며 아침이 되니 이는 둘째 날이니라."(창 1:6~8)

고대 히브리인들은 하늘에는 많은 궁창들이 있어 해와 달, 별들을 붙잡고 있고, 여러 층의 구름층도 떠받치고 있어 그곳에서 눈이나 비를 내린다고 믿었다. 그러나 실제로는 궁창이 존재하지 않는다. 모든 만물이 우주허공에 떠 있는 것은 보이지 않는 만유인력과 만유척력의 상대적인 기능적인 극성의 힘과 평형(화평, 조화, 균형)의 힘과 상호작용하는 힘, 즉 자연의 3대 힘(신의 3대 힘)으로 떠 있는 것이지 궁창에 의해 떠 있는 것은 아닌 것이다. 아마도 구름의 층이나 천체의 궤도를 말함일 것이다.

해와 달은 넷째 날에 만들어졌는데 셋째 날까지 저녁과 아침을 묘사한 것은 그 당시의 하루를 지금의 24시간으로 본 것이 아니고 창조역사의 큰 틀을 기준으로 해서 하루로 구분하여 본 것이기 때문에 그 당시의 하루는 수천 년, 수만 년, 수억 년이 될 수도 있는 것이다.

3) "하나님이 가라사대 천하의 물이 한곳으로 모이고 뭍이 드러나라 하시매 그대로 되니라 하나님이 뭍을 땅이라 칭하시고 모인 물을 바다라 칭하시니라 하나님의 보시기에 좋았더라 하나님이 가라사대 땅은 풀과 씨 맺는 채소와 각기 종류대로 씨 가진 열매 맺는 과목을 내라 하시매 그대로 되어 땅이 풀과 각기 종류대로 씨 맺는 채소와 각기 종류대로 씨 가진 열매 맺는 나무를 내니 하나님의 보시기에 좋았더라 저녁이 되며 아침이 되니 이는 셋째 날이니라."(창 1:9~13)

위와 같이 땅은 식물인 풀과 채소와 나무들을 각기 종류대로 내라 하고 하나님이 생각한 설계를 말씀하시니까 땅이 식물을 각기 종류대로 내니라고 쓰여 있는데, 이는 하나님이 식물의 종을 하나하나 에너지와 물질을 들여가며 일일이 직접 창조하신 것이 아니고 땅에서 에너지와 물질이 진화로 식물에게 전달되어 스스로 식물들의 종이 종류대로 자동으로 자연히 생기게 했음을 뜻하는 것이다. 즉 하나님은 생물의 태초에 생물의 종들이 탄생해서 살아가고 진화될 생명의 프로그램을 설계해서 세포 속에 생명의 칩인 DNA(유전정보, 생명의 프로그램) 속에 입력되게 했다.

실제로 생명의 설계진화프로그램대로 생물을 만들고 진화시키는 기술자들이며 인솔자들이며 하나님의 대리자들은 생명의 3대 로봇들인 광자로봇, 단백질로봇, DNA로봇들인 것이다. 이들이 모든 생물의 삶과 진화를 돌보고 인솔하고 이끄는 것이다. 그러나 성경이 쓰여지는 시대에는 세포나 광자나 DNA나 단백질분자들을 전혀 몰랐고 짐작도 못했으므로 이들의 인솔에 의해 생물이 진화되는 것도 몰랐기 때문에 하나님이 만물을 직접 창조하시는 것으로 대부분 믿고 묘사한 것이다.

하나님의 설계진화프로그램에 의해 땅의 침식작용과 지각변동으로 산이 솟아오르므로 자연히 육지가 생겨나고 물이 한곳으로 모이게 되어 바다를 형성하게 되었다. 그러나 아직 해와 달이 만들어지지 않은 상태에서 지구에서 채소와 풀과 나무가 만들어져서 씨와 열매를 맺고 번창하여 종류대로 내게 되는 것은 분명히 잘못 묘사한 것이다.

4) "하나님이 가라사대 하늘의 궁창에 광명이 있어 주야를 나뉘게 하라 또 그 광명으로 하여 징조와 사시와 일자와 연한이 이루라 또 그 광명이 하늘의 궁창에 있어 땅에 비춰라 하시고(그대로 되니라) 하나님이 두 큰 광명을 만드사 큰 광명으로 낮을 주관하게 하시고 작은 광명으로 밤을 주관하게 하시며 또 별들을 만드시고 하나님이 그것들을 하늘의 궁창에 두어 땅에 비춰게 하시며 주야를 주관하게 하시며 빛과 어두움을 나뉘게 하시니라 하나님의 보시기에 좋았더라 저녁이 되며 아침이 되니 이는 넷째 날이니라."(창 1:14~19)

드디어 넷째 날에 하나님이 해와 달을 만드셔서 낮과 밤을 주관하게 하시고 이어서 하늘의 수많은 별들을 만드신 것으로 나타나 있다. 현대과학으로 보면 별들의 역사가 우리 태양계의 역사보다 훨씬 더 오래된 것으로 보고 있다. 여기서 보더라도 창세기는 한 편집자나 저자에 의해 통일성 있게 쓰여진 것이 아니고 여러 편집자나 저자에 의해 불확실한 통일성으로 쓰여졌기 때문에 창조내용 순서가 잘 안 맞는 것이다.

5) "하나님이 가라사대 물들은 생물로 번성케 하라 땅위 하늘의 궁창에는 새가 날으라 하시고 하나님이 큰 물고기와 물에서 번

성하여 움직이는 모든 생물을 그 종류대로, 날개 있는 모든 새를 그 종류대로 창조하시니 하나님의 보시기에 좋았더라 하나님이 그들에게 복을 주어 가라사대 생육하고 번성하여 여러 바다 물에 충만하라 새들도 땅에 번성하라 하시니라 저녁이 되며 아침이 되니 이는 다섯째 날이니라."(창 1:20~23)

여기에 하나님의 놀라운 창조의 신비의 비밀이 숨겨져 있는 것이다.
하나님은 물로 생물을 번성케 하셨는데, 즉 물로 생물세포(60% 이상이 물로 되어 있음)가 만들어지고 세포로 생물이 만들어지게 하신 것이다. 그리고 "물에서 번성하여 움직이는 모든 생물(물고기와 동물, 식물)을 그 종류대로, 날개 있는 모든 새를 그 종류대로 창조하시니" 이것은 생물의 세포가 물로 만들어지고 바다에서 생물이 번성하여 진화하여 식물, 동물, 새가 종류대로 창조되었음을 뜻하는 것이다. 즉 세포 → 미생물 → 동물성 플랑크톤 → 물고기 → 동물 → 새, 세포 → 미생물 → 해초 → 식물성 플랑크톤 → 바다풀 → 식물들로 진화되어 번성하게끔 창조진화프로그램이 세포 속 DNA 속에 들어 있게 한 것이다.

물에서 번성하여 움직이는 모든 생물을 그 종류대로의 의미는 하나님이 일일이 낱개로 모든 움직이는 생물의 종을 직접 창조하신 것을 말하지 않고 진화에 의해서 스스로 물질과 에너지가 전달되어 자동으로 자연히 생물의 종이 만들어져 번성되어지는 진화적인 창조를 말하며 이는 곧 하나님의 진화프로그램(DNA)에 의한 간접적인 창조를 뜻하는 것이다.

새들과 나는 곤충들이 창조되어 생겨나는 것은 인간과 자연의 능력을 초월한 신의 능력이고 신의 영적인 기계술인 것이다. 수많은 향기로운 꽃들이 만발하고 여러 가지 새소리가 들려오는 한적한 들이며 무성한 숲으로 우거진 산이며 딸기덩굴나무와 갖가지 열매나무와 미루나무들로 우거진 물가로 먹이와 짝을 찾아 스스로 자유로이 날아다니는 아주 조그마한 비행물체들인 하루살이, 파리, 잠자리, 매미, 새 등이 날아다니는 한적한 시골의 자연 모습은 하나님의 지성과 자연을 사랑하는 뜨거운 감정의 혼합물로 만들어진 하나님의 정성어린 창조 작품들인 것이다.

6) "하나님이 가라사대 땅은 생물을 그 종류대로 내되 육축과 기는 것과 땅의 짐승을 종류대로 내라 하시고(그대로 되니라) 하나님이 땅의 짐승을 그 종류대로, 육축을 그 종류대로, 땅에 기는 모든 것을 그 종류대로 만드시니 하나님의 보시기에 좋았더라 하나님이 가라사대 우리의 형상을 따라 우리의 모양대로 우리가 사람을 만들고 그로 바다의 고기와 공중의 새와 육축과 온 땅과 땅에 기는 모든 것을 다스리게 하자 하시고 하나님이 자기 형상 곧 하나님의 형상대로 사람을 창조하시되 남자와 여자를 창조하시고 하나님이 그들에게 복을 주시며 그들에게 이르시되 생육하고 번성하여 땅에 충만하라, 땅을 정복하라, 바다의 고기와 공중의 새와 땅에 움직이는 모든 생물을 다스리라 하시니라 하나님이 가라사대 내가 온 지면의 씨 맺는 모든 채소와 씨 가진 열매 맺는 모든 나무를 너희에게 주노니 너희 식물이 되리라 또 땅의 모든 짐승과 공중의 모든 새와 생명이 있어 땅에 기는 모든 것에게는 내가 모든 푸른 풀을 식물로 주노라 하시니 그대로 되니라 하나님이 그 지으신 모든 것을 보시니 보시기에 좋았더라 저녁이 되며 아침이 되니 이는 여섯째 날이니라."(창 1:24~31)

"땅은 생물을 그 종류대로 내되"라는 표현은 하나님이 일일이 직접 생물을 창조하시는 것을 의미하지 않고 생물의 종들이 진화에 의해 자연히 만들어지도록 하는 것을 의미한다. 이미 생물의 진화프로그램은 생물세포 속에 DNA 속에 들어 있다. 만일 생물이 진화과정으로 만들어지지 않는다면 하나님이 일일이 에너지와 물질을 공급하며 생물을 만들어야 하므로 너무 번거롭고 신경이 쓰이는 일이므로 불가능한 일이다.

생물은 영을 지닌 빛의 광자(에너지+정보+영)로 만들어진 단백질에 의해서 만들어지기 때문에 진화로 생물의 종이 만들어지더라도 결국은 하나님의 영으로, 즉 하나님에 의해서 만들어지는 것이다. 그리고 진화프로그램도 하나님이 생물 태초에 만들어지게 했기 때문에 하나님에 의해 진화가 되고 안 되고 하는 것이다.

하나님은 영이 들어 있는 동물이나 사람이나 단백질분자나 영이나 호르몬분자 등에 우두머리나 지도자나 인솔자가 있도록 해서 그 무리나 사회를 다스려 유지해 나가도록 한 것이다. 예를 들어 단백질 중에는 통솔(보조)단백질, 호르몬 중에는 뇌하수체호르몬, 영들 중에는 혼이나 영혼, 동물 무리는 우두머리나 왕, 사람에게는 장이나 대통령 등으로 하여금 그 무리나 사회를 다스리고 인솔해 나가게 하신 것이다. 그 때문에 지구도 지구의 생물을 다스리는 지도자나 인솔자나 통솔자가 필요한 것이다.

지구의 생물을 다스리는 하나님의 대리자는 모양이나 형상이 하나님과 같은 사람이다. 하나님은 사람으로 하여금 모든 생물을 다스리게 하신 것이다. 하나님은 여섯째 날에 거의 모든 생물을 창조되게 하셨다. 그러나 눈에 안 보이는 미생물의 언급은 전혀 없다. 실제로는 식물, 동물 이전에 이들을 위한 삶의 터전을 닦은 미생물의 언급이 마땅히 있어야 하나 땅에 기는 벌레나 곤충의 언급밖에 없다.

그 당시 하나님이 미생물을 언급해 봤자 이해하는 사람은 한 사람도 없기 때문에 언급할 수도 없고 구태여 언급할 필요가 없었던 것이다. 그러나 실제로는 미생물의 역할은 식물, 동물들의 역할과 대등하게 매우 중요한 것이다.

7) "천지와 만물이 다 이루니라 하나님의 지으시던 일이 일곱째 날이 이를 때에 마치니 그 지으시던 일이 다하므로 일곱째 날에 안식하시니라 하나님이 일곱째 날을 복 주사 거룩하게 하셨으니 이는 하나님이 그 창조하시며 만드시던 모든 일을 마치시고 이 날에 안식하셨음이더라."(창 2:1~3)

하나님은 우주만물을 창조하시고 일곱째 날에 안식하셨는데 이는 하나님의 육체도 우리와 같은 물질과 영으로 되어 있으므로 피곤을 느끼시고 푸시고자 안식이 필요한 것이다. 우리와 같은 물질과 영으로 만들어진 가장 지능적이고 가장 아름답고 가장 조화적이고 가장 지성적인 신체의 구조와 형상은 바로 사람과 하나님의 신체구조이고 형상이기 때문에 하나님도 우리의 형상과 같은 것이다. 그래야만 신체기계들의 상호작용으로 우리와 같은 감정을 가질 수 있고 느낄 수 있기 때문이다. 그러나 하나님은 때가 되어 새로운 신체가 필요하면 자동으로 신체가 만들어지게 했으므로 신체의 바꿈으로 영원히 존재할 수 있는 것이다. 마치 우리의 체세포들이 세포의 수명에 따라 자동으로 새 세포로 바뀌는 원리와 같은 것이다.

(2) 서로 다른 두 가지의 창조 이야기
성경 창세기에는 서로 다른 두 가지의 창조이야기가 있다.
첫 번째 창조 이야기는 창세기 1:1~2:3이고, 기원전 5세기 중반에 쓰여졌고, 신의 호칭은 신(엘로힘)이고, 문서는 사제 사료층(p문서)이고,

창조의 과정순서는 ① 하늘, 땅, 빛 ② 물, 궁창 ③ 땅, 바다, 식물 ④ 해, 달, 별 ⑤ 물고기, 동물, 새 ⑥ 동물, 사람(남자와 여자)이다.

두 번째 창조 이야기는 창세기 2:4~3장이고, 기원전 8세기 중반에 쓰여졌고, 신의 호칭은 야훼(여호와) 신이고, 문서는 야훼 사료층(J문서)이고, 창조의 과정순서는 ① 남자(아담) ② 에덴동산 ③ 나무(생명나무, 선악나무, 과일나무) ④ 강 ⑤ 들짐승, 새 ⑥ 여자(하와)이다.

여기에서 보듯이 두 사료층은 창조의 내용과 과정순서가 판이하게 다르다. 두 번째 창조 이야기(창조신화)에서는 사람을 다른 식물이나 다른 동물보다 먼저 만들었다. 아담이 쓸쓸해 보이니 맛있는 열매가 열리는 과일나무와 아름다운 에덴동산을 만들어주고 동물들도 만들어 주었다. 그래도 아담이 심심하고 쓸쓸해 보이자 여자 하와를 만들어 주었다. 두 번째 창조 이야기는 첫 번째 창조 이야기를 보완하기 위해 부차적으로 쓰여져 있는 것이지 단독적인 창조과정 이야기는 아닌 것이다.

자연변화가 이루어지고 먹이사슬로 물질과 에너지가 전달되면서 진화로 생물이 창조되기 위해서는 신과 천국=신의 3대 힘+소립자(에너지+정보+영) → 힘의 장(전자기장, 만유인력과 만유척력) → 우주 대폭발(big bang) → 빛(항성) → 천체(혹성, 별, 위성) → 생명의 3대 요소(세포) → 생물(미생물, 식물, 동물) → 인간(남녀)의 순서로 창조되어질 수밖에 없는 것이다.

오랜 옛날부터 이스라엘 사람들에게 전해 내려오는 천지창조이야기가 신앙으로 바뀌어지면서 다듬어지고 한 것이 유대인들이 바빌론 유배(B.C 586~538년)로부터 돌아온 기원전 400년경에 사제들에 의해 쓰여진 것으로 학자들은 보고 있다. 유대인들은 창세기, 출애굽기, 레위기, 민수기, 신명기를 합쳐 오경(율법서, 지켜야 할 도리)이라 했다.

오경 전체 내용은 모세가 이스라엘 백성을 대표해서 하나님의 말씀과 율법을 받은 내용들이 중심을 이루기 때문에 이스라엘인들은 창세기는 모세가 직접 써서 전해 주었다고 믿어 왔다. 그러나 학자들이 오경을 살펴보니까 글투, 단어, 시대배경 등이 여러 시대에 걸쳐 여러 사람들에 의해 오랜 기간 동안 쓰여져 집대성된 두루마리 책임을 알아냈다. 그러나 저자나 편집자들이 모두 선지자 모세를 중심으로 하여 썼기 때문에 오경의 저자나 주인공을 여전히 모세로 간주하는 것이다.

성경의 창세기 내용은 현대과학으로 이루어진 우주만물의 창조원리를 다루는 것이 아니고 지금으로부터 2400여 년 전에 고대 이스라엘인들이 신앙의 눈으로 본 우주창조의 이야기이기 때문에 자연히 현대과학과는 다소 순서도 다르게 되고 빠진 부분도 있게 된다.

지금으로부터 2400여 년 전에 쓰여진 창세기로서 오늘날 현대과학으로 살펴보아도 거의 손색이 없을 정도로 창조내용이 놀랍도록 풍부하고 창조과정이 두세 군데 순서를 제외하고는 거의 정확히 맞아 들어가는 것은 비록 전해 내려오던 창조이야기를 쓴 것이라 하더라도 하나님의 성령의 힘으로 쓰여진 성서가 아니고는 불가능한 일인 것이다. 세계의 어떤 과학책이나 역사책이나 성서라도 하나님과 천지창조를 성경처럼 거의 완벽하고 풍부하고 정확하게 잘 묘사해 놓은 책은 동서고금을 통해서 한 권도 없는 것이다. 이는 성경이 하나님의 성령의 힘으로 쓰여진 것이나 다름없는 것이다.

우리 인간은 육체적으로나 정신적으로나 너무 연약하고 너무 모르기 때문에 심리적으로도 너무 약하여 걱정과 근심과 두려움을 많이 가지고 살게 된다. 이러한 삶의 연약한 부분을 메우기 위해서 종교(신에 의지하여 삶의 고뇌를 덜고 해결하고 미래의 삶을 추구해 나가는 문화체계)와 신앙(신을 믿고 떠받드는 일)을 가지게 된다.

인간은 사고하는 동물로 늘 신을 찾고 우주만물의 창조원리를 캐려고 한다. 그럼으로써 신의 존재와 능력과 신의 의도하는 목적을 더 알기 때문이다. 그러나 신이 만물과 생명의 원천인 빛을 만드는 능력이나 생물의 초석인 세포를 만드는 능력을 인간에게 조금도 주지 않았기 때문에 우주만물과 생물의 창조원리를 정확히 이해하기는 매우 어려운 일이다. 이러한 창조능력을 인간에게 주지도 않고 감지하지도 못하게 하는 신의 고도의 능력이기 때문에 인간에게 모습도 안 보이고 창조하는 과정과 기술도 안 보이는 것이다.

우리가 한평생 살아가는 동안 신에게 끊임없이 수없이 의지하게 된다. 왜냐하면 세상사가 인간의 능력으로 해결되지 않는 것이 너무도 많기 때문이다. 그러기 위해서는 신의 창조능력도 좀더 깊이 알아야하고 신이 우주만물을 만든 목적도 알아야 하고 우주만물의 작동원리도 어느 정도는 알아야만 신의 감정, 의도, 설계, 사랑 등을 헤아릴 수 있고 그럼으로써 더 깊은 교제도 할 수 있는 것이다. 그런데 인간의 과학(하나님의 기술, 자연의 법칙, 자연의 진리)의 능력은 한계가 있기 때문에 하나님의 창조기술을 모두 이해할 수 없고 하나님의 목적하는 바도 인간이 모두 다 헤아리기 어려운 것이다.

우리와 하나님 사이에 과학의 다리가 너무 짧기 때문에 어쩔 수 없이 우리가 하나님을 알기 위해서는 나머지 다리는 신앙의 다리로 연결할 수밖에 없는 것이다. 하나님은 이 세상을 하나님의 과학기술로만 만들어지게 한 것이 아니고 하나님의 감정, 설계, 목적, 사랑, 그리움 등의 정신적인 면으로도, 즉 물질계와 정신계의 혼합세계로 만들어지게 한 것이다. 그러므로 하나님을 알려면 하나님의 창조기술과 하나님의 목적, 설계, 사랑 등을 어느 정도는 알아야만 할 것이다.

그러기 위해서는 과학(하나님의 기술)과 종교가 잘 조화(균형, 평형, 화평)를 이루면서 서로 보완상호작용을 해 나갈 때 비로소 인간과 하나님 사이에는 탄탄하고 안전하고 두터운 신앙의 다리가 놓여 하나님과 깊은 사랑의 감정이 담긴 교제의 길이 열리게 되는 것이다.

(3) 성경은 일점일획도 틀리지 않는가?

"그와 같이 대제사장들도 서기관들과 장로들과 함께 희롱하여 가로되 저가 남은 구원하였으되 자기는 구원할 수 없도다 저가 이스라엘의 왕이로다 지금 십자가에서 내려올지어다 그러면 우리가 믿겠노라 저가 하나님을 신뢰하니 하나님이 저를 기뻐하시면 이제 구원하실지라 제 말이 나는 하나님의 아들이라 하였도다 하며 함께 십자가에 못 박힌 강도들도 이와 같이 욕하더라."(마태복음 27:41~44)

"그와 같이 대제사장들도 서기관들과 함께 희롱하며 서로 말하되 저가 남은 구원하였으되 자기는 구원할 수 없도다 이스라엘의 왕 그리스도가 지금 십자가에서 내려와 우리로 보고 믿게 할지어다 하며 함께 십자가에 못 박힌 자들도 예수를 욕하더라."(마가복음 15:31~32)

"백성은 서서 구경하며 관원들도 비웃어 가로되 저가 남을 구원하였으니 만일 하나님의 택하신 자 그리스도여든 자기도 구원할지어다 하고 군병들도 희롱하면서 나아와 신 포도주를 주며 가로되 네가 만일 유대인의 왕이어든 네가 너를 구원하라 하더라 그의 위에 이는 유대인의 왕이라 쓴 패가 있더라 달린 행악자 중 하나는 비방하여 가로되 네가 그리스도가 아니냐 너와 우리를 구원하라 하되 하나는 그 사람을 꾸짖어 가로되 네가 동일한 정죄를 받고서도 하나님을 두려워 아니 하느냐 우리는 우리의 행한 일에 상당한 보응을 받는 것이니 이에 당연하거니와 이 사람의 행한 것은 옳지 않은 것이 없느니라 하고 가로되 예수여 당신의 나라에 임하실 때에 나를 생각하소서 하니 예수께서 이르시되 내가 진실로 네게 이르노니 오늘 네가 나와 함께 낙원에 있으리라 하시니라."(누가복음 23:35~43)

여기서 보듯이 마태복음과 마가복음에서는 대제사장들과 서기관들과 두 강도들과 함께 예수님을 희롱하고 욕했는데, 누가복음에서는 관원들과 군병들이 예수님을 희롱하고 비방했고 두 강도 중 하나는 예수님을 위해 대변하고 예수님과 함께 낙원에 가는 것으로 쓰여져 있다. 이와 같이 성경은 일점일획도 틀리지 않는 것이 아니라 사소하게 틀리는 곳이 간혹 있다. 이렇게 사소하게 틀리는 이유는 선지자나 제자들 중에 다소 다르게 보고 듣고 관찰하고 이해했기 때문이다. 그러나 중요한 성령의 대 흐름은 모두 정확히 맞아 들어간다. 위와 같이 성경은 간혹 내용이 사소하게 다르더라도 조금도 고쳐지지 않고 2000여 년 동안 그대로 전해 내려오는 성스러운 성서인 것이다.

05

하나님은 왜 천지(우주만물)를 창조했어야만 했는가?
하나님은 왜 애초에 지구를 낙원으로 만들지 않았는가?
인간은 왜 죄를 지어야만 하는가?

이 세상(물질세계+정신세계)의 모든 물질적 정신적 자연현상이나 자연변화는 모두 하나님의 3대 힘(자연의 3대 힘)인 상호작용하려는 힘, 상대적인 극성의 힘, 평형(조화, 균형, 화평, 화목)해지려는 힘의 상호작용으로 이루어지며, 상대적인 극성의 힘에는 3종류가 있다.

■ 상대적인 3대 극성의 힘
① 상대적인 전자기적인 극성의 힘 : 양전하(+)와 음전하(-), 산화환원반응, 산염기반응 등
② 상대적인 상태적인 극성의 힘 : 높고 낮음, 많고 적음, 강하고 약함 등
③ 상대적인 정신적인 극성의 힘 : 좋고 나쁨, 선과 악, 사랑과 미움 등

자연현상은 모두 하나님의 3대 힘과 상대적인 3대 극성의 힘의 상호작용으로 자유에너지(유용한 에너지)는 감소하고(발열반응) 엔트로피(무용한 에너지, 무질서도)는 증가하는 방향으로 일어나고 변화해 가도록 신에

의해 영—에너지—물질—진화프로그램이 자동화되어 있는 것이다.

우리가 생각하는 것도 감각기관에서 받은 자극정보와 뇌세포 속에 저장된 기억정보 간에 비교 분석 평가 결정을 해서 생각을 하게 된다. 어떤 사물이 좋은지 나쁜지 많은지 적은지 딱딱한지 부드러운지 등을 모두 상대적 극성적으로 비교함으로써 생각을 하게 된다.

만일 행복만 있고 불행이 없을 경우에는 상대적인 극성적인 비교 대상물이 없기 때문에 비교하지 못해 행복한 것을 느끼지 못한다. 마찬가지로 전지전능한 하나님도 행복만 있고 좋은 것만 있고 모든 게 부족함이 없으면 제대로 비교 분석 평가를 하지 못하므로 올바르게 생각할 수 없고 올바른 감정을 가질 수 없는 것이다. 천국의 만물도 형성되려면 상대적인 극성의 힘으로 만들어진 물질이어야만 에너지의 힘으로 뭉치게 된다.

만일 상대적인 극성의 힘이 없어 힘의 장이 없으면 에너지가 만들어지지 않고 에너지가 없으면 만물을 매개하고 중개하는 매개물이 없으므로 소립자는 전하와 자전력, 에너지 등 힘의 특성이 없으므로 물질로 결합되지 못하므로 물질은 형성되지 않는다. 그리고 에너지가 없으면 천국의 물질도 하나님도 모두 움직이거나 활동을 할 수 없는 것이다. 천국의 물질이나 하나님의 육체도 상대적인 극성의 힘으로 이루어진 극성물질로 되어 있기 때문에 이들의 활동이나 작용으로 에너지가 소모되고, 소모된 열에너지와 물질 사이의 상호작용으로 힘의 장을 형성하여 만유인력이나 만유척력이 만들어지면서 공간을 형성하게 된다. 동시에 에너지와 소립자들의 상호작용으로 빛(소립자와 전자기파)이 만들어지고 만들어진 빛에 의해 원소가 만들어져 우주만물이 만들어지게 된다.

만일 천국이 상대적인 극성물질로 이루어지지 않았다면 상대적인 극성물질로 이루어진 현 세상은 절대로 만들어질 수 없는 것이다. 만물과 생명을 만드는 원천인 빛(소립자+전자기파)도 상대적인 극성물질인 소립자와 전자기파와 영으로 되어 있다. 소립자는 전하, 스핀(자전력), 공전력, 에너지 등의 여러 가지 힘의 특성과 맛, 냄새, 색 등 많은 특성을 가지고 있다. 이들 특성들은 상대적인 극성의 힘과 에너지, 냄새, 색 등으로 모두 자연의 에너지(힘)와 자연의 정보들이다.

영은 에너지에 의해 의사소통을 하므로 영의 작용도 상대적인 극성의 힘에 의해 이루어지는 것이다. 그리고 에너지는 상대적인 전자기적인 극성의 힘인 전자기장(힘의 장)에서 만들어진다. 이와 같이 이 세상을 만드는 소립자, 원자, 분자들과 이들로 만들어진 우주만물은 모두 상대적인 전자기적인 극성의 힘으로 만들어져 있다. 소립자나 에너지를 태초에 처음 만들어지게 한 천국이나 하나님도 자연히 상대적인 극성의 힘으로 이루어진 극성물질로 되어 있기 때문에 에너지를 소비함으로써 활동하고 움직이게 되는 것이다.

사람이나 하나님도 극성물질로 만들어졌기 때문에 육체적이나 정신적인 활동이 상대적인 극성관계로 작용하게 된다. 대부분이 좋은 것과 행복만이 존재하는 천국에서 하나님이 느끼는 감정은 이 세상의 만물에서 얻는 감정하고는 다른 것이다.

우리가 현재 살고 있는 고장만으로는 우리의 감정과 이상을 충분히 살리며 삶의 진가를 충분히 누릴 수 없듯이 하나님도 천국만으로는 하나님의 감정과 이상을 충분히 살리며 삶의 진가를 충분히 누릴 수 없는 것이다. 수많은 사랑과 수많은 감정이 우러나오게 하기 위해서는 수많은 만물과 의사소통(정보전달, 에너지전달=물질전달)을 통한 상호작용을 해야만 한다. 그 때문에 하나님은 하나님의 사랑의 감정을 살려 삶을 풍요롭게 하기 위해서 우주만물(천지)을 창조해야만 했던 것이다.

하나님이나 우리가 삶답게 살아가는 길은 만물과 사랑의 감정이 담긴 의사소통을 하면서 만물과 상호작용을 하면서 살아가는 것이다. 의사소통이나 상호작용은 만물 사이에 서로 정보나 에너지나 물질이 전달되거나 교환되어져야 한다. 이들은 모두 에너지(소립자)에 의해 이루어지고 에너지는 상대적인 극성의 힘 사이의 힘의 장에서 만들어 지므로 우리의 세상이나 하나님의 천국은 모두 상대적인 극성의 힘에 의해 만들어지고 상대적인 극성의 힘에 의해 만들어진 에너지로 작동 변화되어 가는 것이다.

상대적인 극성물질로 이루어진 사람의 형상을 한 육체를 가진 하나님도 상대적인 극성작용을 하는 육체와 영의 작용으로 수많은 종류의 사랑과 감정으로 교제를 나누시기를 원하시고 갈망하시는 것이다. 동물이 생각하고 활동하고 감정을 가지고 하는 것은 신경계와 호르몬계 감각기관 등 모두 세포의 작용으로 이루어지는데 결국 세포의 작용도 이온과 물질의 작용이므로 상대적인 극성물질로 만들어져서 상대적인 전자기적인 전류나 산염기반응, 산화환원반응 등 상대적인 극성의 힘으로 작동되어 삶의 활동이 이루어지는 것이다.

사랑과 행복을 느끼려면 사랑과 행복의 부족함이 있어 이를 충족할 때 비로소 느끼게 된다. 부족한 곳을 메우는 현상은 많은 곳에서 적은 곳으로, 주는 쪽과 받는 쪽, 즉 상대적인 극성적인 관계이고 같아지려는 평형의 힘이고 상대적인 극성적인 관계나 평형의 관계가 이루어지는 곳에는 항상 만물이 서로 상호작용을 해야 하므로 상호작용하려는 힘이 작용하게 된다. 그러므로 정신적으로 사랑의 감정을 주고받는 일도 하나님의 3대 힘이 서로 상호작용을 함으로써 이루어지는 것이다.

하나님의 창조물을 살펴보면 남자와 여자, 동물과 식물, 물고기와 새, 하늘과 땅(천지), 창조자와 피조물, 일과 휴식, 좋고 나쁨, 높고 낮음, 교감신경과 부교감신경, 충주신경과 말초신경, 물질과 정신, 보이는 물질과 보이지 않는 물질, 보이는 생물과 보이지 않는 생물(미생물), 낮과 밤 등 모든 우주만물을 상대적인 3대 극성관계로 창조하신 것을 느낄 수 있다.

제1권에서 하나님의 성품을 관찰해 보았지만 하나님은 극과 극인 상대적인 극성관계의 여러 가지 성품을 가지신 것을 알 수 있다. 예를 들어 매우 사랑스러우면서 매우 엄하고 잔인하기도 하고 매우 관대하면서 매우 옹졸하고 샘이 많고 질투가 많기도 하며 매우 광대하면서 매우 세밀하고 인색하기도 하고 매우 인내심이 많고 마음이 넓으면서도 매우 마음이 좁은 것 등은 하나님의 육체가 우리와 같이 상대적인 극성적인 물질로 되어 있기 때문에 우리와 같이 정신적으로 생각하거나 느끼는 감정이 상대적 극성적으로 작용하기 때문이다. 그 때문에 하나님이 구상 설계해서 창조되게 한 자연물이나 생물 신체 등도 모두 상대적인 극성물질로 만들어져 상대적인 극성관계로 작용되는 것이다.

하나님이 오래도록 존재하기 위해서는 수많은 사랑과 감정이 담긴 교제가 반드시 끊임없이 필요한 것이다. 우리가 여러 감정 예를 들어 사랑, 미움, 기쁨, 슬픔, 아름다움, 징그러움, 배부름, 배고픔 등 수많은 감정을 느끼는 것은 우리 신체구조가 상대적인 극성물질로 이루어져서 이러한 부족한 감정들을 채우고 충족시키려고 육체와 혼(영)이 상대적인 극성관계로 상호작용을 하기 때문이다.

예를 들어 육체가 에너지가 필요하면 심하게 고통스럽게 배고픈 감정을 느끼게끔 하여 음식물을 섭취하도록 강요한다. 실컷 먹으면 배고픈 감정은 없어진다. 어느 정도 시간이 지나가면 다시 배고픈 감정이 증가된다. 이와 같이 우리 신체와 정신적인 감정은 부족하면 채우고 부족하면 채우고를 반복하게 된다.

부족한 것을 채워서 충족시키는 것은 곧 상대적인 기능적인 극성적인 힘의 작용이고 동시에 조화를 이루려는 평형의 힘의 작용이며 이들이 이루어지는 과정은 상호작용을 통해서 이루어진다. 우리의 뇌세포도 항상 새로운 것을 찾아서 기억으로 저장하려고 애쓰고 새로운 것을 보면 기억정보와 비교하려 애쓰는데 이것은 뇌세포의 본 임무인 것이다. 죽을 때까지 기억세포는 무한정으로 기억정보를 만들기를 원하고 감각세포는 무한정으로 새로운 지각정보를 만들기를 원하므로 끝이 없이 스스로 자신들의 임무를 하게 된다.

인간의 욕심 욕망도 같은 원리로 죽을 때까지 욕망을 갖게 하는 뇌세포는 미래의 삶의 행복감을 위해서 욕망을 무한히 많이 갖기를 원하고 욕망을 채우려는 뇌세포는 큰 행복감을 느끼게 하기 위해서 욕망을 무한히 많이 채우려 하기 때문에 우리는 죽을 때까지 행복한 삶을 추구하기 위해서 행복을 가져오게 하는 욕망을 무한히 갖으려는 뇌세포와 욕망을 무한히 많이 채우려는 뇌세포 사이에 상대적인 선수와 같은 역할이, 즉 상대적인 기능적인 극성관계의 역할이 계속되도록 육과 혼이 끊임없이 죽을 때까지 노력 경주하게 된다. 그럼으로써 삶의 활동이 행해지고 삶을 즐기게 된다. 만일 우리의 육과 혼이 상대적인 기능적인 극성관계인 욕망을 가지게 하는 작용과 욕망을 채우게 하는 작용을 행하지 않는다면 삶의 즐거움과 삶의 보람이 없어 삶의 활동도 제대로 행해지지 않을 것이다.

하나님은 사랑의 감정을 나누는 교제 상대자로 인간을 선택했기 때문에 예외적으로 특이하게 상냥하고 지능적이고 아름답게 인간을 만들었다. 인간이 살아가기 위해서는 인간에게 에너지와 물질을 전달·공급해 주는 식물, 동물, 미생물이 필요하다. 그리고 생물권이 존재하기 위해서는 4권인 물, 공기, 흙, 해가 필요하고 동시에 지구,

태양계, 은하계, 우주가 필요하므로 자연히 천지(우주만물)를 창조하게 된 것이다.

하나님이 사랑의 감정을 주고받는 영적 교제를 하려는 이유는 천국도 우리와 같은 물질로 되어 있고 하나님의 신체도 우리와 같은 형상을 하고 있기 때문에 신체가 상대적인 극성물질로 만들어져서 상대적인 극성관계로 작동되기 때문이다. 모자라는 수많은 감정을 채우기 위해서는 천지 우주만물에서 우러나오는 수많은 다양한 감정을 의사소통(교제)으로 채워야만 하기 때문이다.

우주만물에서 우러나오는 다양한 감정이나 자유의지에서 우러나오는 상대방의 감정이나 사랑은 전지전능한 신이라도 의도적으로 만들 수 없으며 우주만물의 감정이나 상대방의 감정이나 사랑 없이는 신이라도 살아갈 수 없는 것이다. 우리도 인간들 사이나 동물들 사이나 만물 사이나 수많은 종류의 사랑과 감정 없이는 하루도 살아갈 의욕도 없고 즐거움도 없고 보람도 없는 것이다. 만일 하나님은 육체가 없는 영으로만 존재한다면 하나님은 우리와 같은 맛있는 음식 맛도 모를 것이고 황홀한 성욕도 느껴보지 못할 것이다. 설혹 느껴본대도 진미는 없을 것이다.

영은 공간과 시간과 물질의 제약을 받지 않는 무존재로 우리와 같은 뇌기능을 가지고 의사소통을 하고 정보를 처리하고 감정과 욕망을 가지는 사람과 같은 행동을 하므로 사람을 보이지 않게 축소해 놓은 것 같은 영적인 존재이다. 사람으로 이루어진 나라사회도 사람마다 직분이 다르고 하는 일도 다르고, 지능과 기술도 다르고, 지역마다 군이나 동이나 구나 도나 관청도 다 다르고, 다스리는 우두머리도 다 다른 거와 같이 우리 몸에서 활동하는 영들이 들어 있는 물질분자나 조직기관들의 직분과 임무가 다 다르고, 능력과 기술도 다 다르고, 각 부처(세포, 조직, 기관)마다 다스리는 영들도 다르고 전 신체를 다스리는 혼(영, 영혼)도 생물마다 다르게 되는 것이다.

　대통령이나 수상에 의해 한 나라가 다스려지는 거와 같이 혼(영, 영혼)에 의해서 하나의 생명체는 다스려지고 이끌려지는 것이다.

　영끼리 정보를 교환해서 의사소통을 정신감응력으로 하는 것도 정보를 주고받고 에너지가 작용되어 이루어지는 것이다. 정보나 에너지는 광자와 같은 소립자에 저장된다. 소립자는 전하, 자전력, 공전력, 반전성, 에너지 등을 가지는데, 이러한 소립자의 특성들은 상대적인 극성의 힘을 만든다.

　의사소통을 영적으로 정신감응력으로 잘하는 영도 에너지와 상호작용을 하므로 결국 상대적인 극성적인 힘에 의해 작용되는 것이다. 그 때문에 영은 광자(에너지+정보+영)와 같은 소립자 속에 에너지와 함께 머물게 된다. 영이 상대적인 극성적인 힘인 에너지와 함께 작용되므로 영의 원천인 하나님도 자연히 천국에서는 상대적인 극성물질로 된 육체를 가지고 상대적인 극성의 힘으로 생겨나는 에너지로 육체와 정신적인 활동을 할 수 있는 것이다. 만일 천국이 다 좋은 한 가지 물질로만 되어 있고 모두 좋은 것만 있고 행복만 있는 상대성이 없는, 즉 상대적인 극성관계가 없는 한쪽만 존재한다면 상대적인 극성적인 힘이 작용할 수 없어 에너지가 만들어지지 않으므로 물질도 만들어지지 않고 영의 활동이나 정신적인 활동도 이루어질 수 없는 것이다.

　우리와 같은 아기자기한 감정과 감각을 느끼려면 물질로 된 육체라야만 할 것이다. 사랑도 얼굴의 형상이 없는 영적인 사랑보다는 얼굴이 있는 사랑이 더 진하고 인연과 추억을 그리며 간직할 수 있고 보람이 있기 때문이다. 만일 하나님이나 천사제자들이 모두 육체가 없고 천국도 물질로 되어 있지 않고 영으로 되어 있다면 형상 없는 의사소통과 형상 없는 사랑을 하게 되므로 천국은 결코 행복한 낙원이라 말할 수 없는 것이다. 육체를 가진 하나님은 이 세상의 우주만물과 인간하고 사랑의 감정을 주고받는 교제를 하므로 천국에서 느껴보지 못한 수많은 사랑의 감정을 느끼고 인연과 추억을 그리며 회상할 수 있는 것이다.

그리고 아름다운 대자연을 창조한 자신의 창조기술을 수많은 관중들이 찬양·찬송해 주고 대자연을 함께 즐김으로써 함께 공존·공생하게 되고 그럼으로써 서로의 존재의 보람과 의의도 느끼게 되는 것이다. 만일 이러한 것을 신이 원하지 않았다면 구태여 생물지구가 만들어지게 하지 않았을 것이고 우주만물도 창조되게 하지 않았을 것이다. 이와 같이 하나님은 자신의 부족한 수많은 종류의 사랑과 감정을 메우고 사랑의 교제를 하려고 우주만물과 인간이 창조되게 한 것이다.

사랑의 교제는 주고받는 것으로 상대적인 기능적인 극성관계이고, 부족한 것을 메우려고 하는 것은 조화와 평형을 이루려는 힘이고 이들 힘이 작용하는 곳에는 만물 사이에 상호작용이 이루어짐으로 하나님 자신도 스스로 하나님의 3대 힘에 의해 행하시는 것이다. 즉 천국이나 하나님도 상대적인 극성적인 물질로 만들어졌기 때문에 육체적으로나 정신적으로 상대적인 극성의 힘인 에너지에 의해 활동하게 되는 것이다. 왜냐하면 신이나 천국이나 우주만물이나 움직이려면 에너지가 필요하고 에너지가 작동되려면 힘의 장이 필요한데 힘의 장은 바로 하나님의 3대 힘 중의 하나인 상대적인 극성의 힘으로 만들어지기 때문이다.

우리의 신체도 좌우 대칭형이며, 교감신경계와 부교감신경계, 중추신경계와 말초신경계, 인슐린호르몬과 글루카곤호르몬, 아드레날린호르몬과 코티졸호르몬 등 상대적 선수처럼, 즉 상대적인 기능적인 극성관계로 작동되어 가기 때문에 신체항상성을 이루어 신체기계들이 아무 탈 없이 작동되어 가는 것이다. 그리고 산염기반응, 산화환원반응, 세포의 양이온과 음이온, DNA의 인산과 염기, 단백질(아미노산 사슬)과 아미노산의 산기와 염기 등 상대적인 기능적인 극성관계로 신체물들도 작용한다. 이와 같이 상대적인 극성관계로 만들어진 신체와 여기에서 만들어져 나오는 정신적인 활동도 상대적인 기능적인 극성관계로 생각을 하게 된다.

원자는 양성의 원자핵과 음성의 전자로 만들어진 극성물질이다. 그러므로 원자로 모든 만물은 만들어지기 때문에 만물은 원래 모두 극성물질인 것이다. 물질적인 것뿐만 아니라 정신적인 것도 예를 들어 좋은지 나쁜지 상대적 극성관계로 비교해서 생각도 하게 된다.

자연변화나 생물의 활동이나 하나님의 활동이나 모두 에너지의 작용으로 이루어지는데 에너지는 원래 상대적인 극성의 힘의 장에서 만들어진다. 이와 같이 이 세상은 상대적인 극성의 힘으로 만들어진 세상이고 우리의 신체도 상대적인 극성물질로 만들어졌기 때문에 우리의 육체나 정신적인 활동도 자연히 상대적인 극성관계로 작용하게 된다.

이 세상은 하나님이 원래 상대적인 극성의 힘으로 만들어지게 했기 때문에 좋은 것만 있고 선한 것만 있고 남자만 있고 만족만 있고 광명만 있고 행복만 있는 상대성 없이 한쪽만 존재하는 낙원이 될 수 없는 것이다. 그 때문에 불행이 없는 행복한 사람은 한 사람도 없고 항상 부모 걱정, 자식 걱정, 돈 걱정, 사는 걱정을 하게 되고 아무리 삶을 충분히 채우려 해도 채울 수 없어 불만족한 삶을 사는 것이 우리의 인생인 것이다. 이는 우리의 육체나 정신적인 활동이 상대적인 극성관계로 작동되기 때문에 조금 채우면 다시 조금 채울 때가 생겨나게 되므로 인간의 욕심과 욕망은 한이 없게 되는 것이다.

욕심과 욕망을 채우려는 것 때문에 발전 발명이 있어 지루하지 않은 변화 있는 삶을 인간은 살아갈 수 있는 것이다. 만일 인간의 욕구와 욕망이 모두 그득하게 채워져 있다면 상대적인 극성의 힘이 작용되지 않으므로 우리는 감정을 느끼거나 생각을 올바로 할 수 없어 올바른 삶을 살 수 없는 것이다.

　육체와 정신의 상대적인 극성적인 상호작용에 의해 욕심과 욕망이 끊임없이 생겨나고, 이것을 채우려는 것 때문에 사소한 수많은 종류의 죄도 짓게 되고, 죄를 지으면 자신도 모르게 죄의 고백을 하게 되고 뉘우치게 되고, 그리고 나면 곧 다시 새로운 욕심 욕망이 생겨나고 이들 때문에 다시 새로운 죄를 짓게 되고 죄를 고백함으로써 상대적인 기능적인 극성관계(죄를 짓고 고백하고)로 하나님과 계속해서 교제하게 되며 동시에 죄를 점점 덜 지으려고 노력하게 된다.

　만일 인간이 예수님과 같이 죄를 안 지을 수 있다면 죄의 고백을 할 필요가 없고 죄책감이 없어 하나님한테 기도하는 것도 훨씬 줄어들어 하나님을 잊게 될 것이다. 그 때문에 하나님은 의도적으로 인간이 죄를 알고 죄를 짓도록 하고, 죄를 두려워 떨게 하고, 하나님을 찾아 기도하게 하고, 죄를 고백하게 하고, 죄를 뉘우치게 하므로 항상 끊임없이 교제를 하게끔 설계프로그램했는지도 모른다.

　예수님같이 죄가 없으려면 예수님같이 모든 욕심과 욕망을 버리고 마음을 비우고 대신 사랑으로 채우면 된다. 그리고 현 자신의 위치에 만족해하고 여유를 가지고 가능한 한 너그러운 마음을 가지고 선하고 좋게 생각하고 인내를 가지고 정의를 따르며 희망을 가지고 삶을 즐기는 마음자세를 기르는 게 바람직스러운 행복한 삶이 될 것이다.

하나님은 심장, 피, 소화기관 등의 기계들을 어떻게 설계해서 어떠한
방법으로 작동시키게 했는지 알아본다.

제5장

하나님의 영과 지성이 들어 있는 기계들

- 양심이 들어 있는 심장기계
- 생명을 나르는 피
- 음식물 분해공장인 소화기관

01
양심이 들어 있는 심장기계

만일 심장이나 피나 소화기관 등이 신에 의해 설계되어 만들어져서 작동된다면 신의 지적 설계와 기술능력과 신의 감정은 어떠한지 우리는 짐작할 수 있을 것이다.

심장(heart, 염통)은 가슴의 왼쪽에 자리 잡고 있는 근육질로 둘러싸여 있고 혈액을 들여보내고 내보내는 역할을 하는 인체기관(장기)이다. 심장은 자신의 주먹만 한 크기이다. 심장은 인체에 퍼져 있는 총 13만km(성인) 이상 되는 혈관을 통해 잠시도 쉬지 않고 한평생 동안 혈액을 순환시킴으로써 신진대사를 비롯하여 인체가 살아갈 수 있도록 모터의 역할을 하고 있다.

우리 신체는 자동차와 같은 생물기계이다. 자동차는 탄소화합물(유기물)인 휘발유를 흡입해 산소로 연소시켜 나오는 에너지로 움직이고, 연소되어 나오는 이산화탄소 가스는 배기통을 통하여 내뿜어진다. 인간생물기계도 에너지가 든 탄소화합물(유기물)인 음식물을 섭취해 분해해, 즉 산소로 연소시켜 나오는 에너지로 움직이고 연소가스인 이산화탄소는 호흡기관을 통해서 내보내지고, 다른 연소물이나 폐물은 배설기관을 통해서 밖으로 내보내진다.

자동차나 인간생물기계나 작동 면에서는 에너지가 든 탄소화물을 섭취(흡입)해 산소로 분해시켜 에너지를 얻어 움직이고, 연소가스는 방출하는 메커니즘은 똑같은 원리이다. 그리고 스스로 계속해서 움직이도록 자동차는 모터의 힘을 이용하고 동물은 심장기계를 이용한 것이다. 다만 자동차는 사람에 의해 설계된 로봇들에 의해 만들어져서 작동되지만 인간 생물기계는 신에 의해 설계된 생물의 3대 로봇들의 인솔 하에 만들어져 작동된다.

그러나 자동차나 인간생물기계가 자연의 진화에 의해 자연 홀로만의 능력으로 우연히 자연히 저절로 지적으로 설계되어 필요한 물질이나 재료가 우연히 저절로 스스로 모여서 수많은 종류의 부속품들이 우연히 저절로 만들어져서 하나의 큰 기계로 우연히 저절로 조립되어 설계목적에 맞게 순탄하게 우연히 저절로 오랫동안 작동될 수는 없는 것이다. 그 이유는 자연에게는 이상을 가지고 설계하는 설계자가 없고, 재료나 물질을 구입해 오는 자도 없고 설계대로 만드는 기술자도 없기 때문에 자연 홀로는 아무것도 진화시키거나 새로이 만드는 발명의 능력이 없는 것이다.

심장은 보통 1분에 약 60~70회를 뛰면서 매번 약 70cc 정도의 피를 펌프질(방출)한다. 1분당 약 5l의 피가 심장을 거쳐 우리 몸을 돌고 40~50초 만에 다시 되돌아온다. 하루 동안만 해도 10만 번을 박동하면서 4,000l의 피를 방출한다. 사람의 한평생을 평균 75세로 간주하면 심장은 28억 번이나 박동하면서 280만l의 피를 펌프질한다. 이렇게 심장으로부터 방출된 피는 절대로 역류하지 않도록 여러 가지 판막이 곳곳에 설치되어 있다.

피가 역류되지 않게 우연히 자연히 저절로 자연의 진화로 판막이가 만들어져 있는 것인가 아니면 설계자에 의해 의도적으로 만들어져 있는가? 주먹만 한 심장은 인간이 만든 어떤 기계보다도 비교할 수 없을 만큼 정교(정밀하고 교묘함)하고 견고하고 힘이 센 모터기계이다.

　영적인 차원에서 작동되어지는 영적인 기계는 반드시 영적인 능력을 가진 자나 영적인 능력을 가진 대리자에 의해 만들어지도록 영적으로 프로그램화되어 있어야만 할 것이다. 이 영적인 생명의 프로그램은 이미 세포 속에 DNA분자 속에 들어 있고, 이 프로그램대로 생체기계를 만드는 기술자이고 인솔자는 영적인 단백질분자로봇들이 한다.

　심장박동의 조절은 외적으로는 자율신경계와 호르몬의 조절을 받아 이루어진다. 자율신경계와 호르몬은 영이 들어 있는 단백질로 만들어지는데 영은 마치 뇌나 컴퓨터처럼 작용하고 정신감응력으로 의사소통을 잘하는 보이지 않는 영적인 존재이다. 즉 자율신경계의 교감신경은 심장박동을 증가시키고 부교감신경은 감소시키며 서로 길항적(상대선수적 작용, 상보적 작용, 상대적인 기능적 극성작용, 상호작용, 평형작용)작용으로 조절한다. 또한 심장박동은 호르몬의 조절을 받는데 부신에서 분비되는 에피네프린은 교감신경처럼 심장박동을 증가시킨다. 이외에도 심장 스스로 호르몬을 분비하여 혈압을 감지하고 조절한다.

　조절(조정)메커니즘은 상대적인 상태를 정확히 알아서 비교함으로써 작동되어질 수 있는데 상대적인 상태를 분석 비교 평가할 수 있는 물질은 이러한 임무의 정보를 담고 있는(알고 있는) 특정한 영적인 단백질로 만들어진 신경계와 호르몬계이다.

　교감신경의 심장박동의 증가작용과 부교감신경의 심장박동의 감소작용은 길항적(상대선수처럼)작용으로서 양쪽이 상대적인 기능적인 극성작용으로 양쪽의 특성(극성)의 차를 감소시키려는 평형(조절, 균형, 화평, 조화)해지려는 힘으로 대자연의 3대 힘(신의 3대 힘=상호작용하려는 힘+상대적인 극성의 힘+평형(조화, 균형)해지려는 힘]들의 상호작용인 것이다. 즉 신체항상성의 길항작용도 신(대자연)의 3대 힘들이 서로 공동상호작용함으로써 행해진다.

심장에서 스스로 분비되는 호르몬에 의해 혈압을 감지하고 조절되어지는데 이는 영적인 단백질로 만들어진 심장호르몬 속에 영이 들어 있음을 증거하는 것이다. 심장호르몬 분자가 하나님의 영이 들어 있는 컴퓨터 칩이 장치된 로봇처럼 작용하기 때문에 심장이 영적으로 작동되어지는 것이다. 바로 이러한 영적인 심장기계는 영적인 능력을 가진 신에 의해 설계되어 만들어질 수밖에 없는 것이다.

심장박동은 이러한 신경이나 호르몬과 연결되지 않아도 스스로 박동을 계속한다. 즉, 심장이 스스로 뛰는 것이다. 이것의 원리는 우심방에 있는 동방결절이라는 근육에서 약 0.8초 간격으로 전기를 발생시키면 이러한 전류가 심방을 따라 방실결절에 전달되어 심방이 완전히 수축하고, 그 다음 양쪽 두 개의 심실을 수축시켜 심장박동의 사이클을 완성한다. 이러한 신경충격은 심실의 격벽에 있는 히스근색이라는 근육을 따라 심실로 전해지고 푸르킨에 섬유로 흥분(자극, 신호, 정보)이 전달되어 심장은 계속해서 피를 펌프질할 수 있게 된다. 이와 같이 심장이 호르몬과 신경과 연결되지 않아도 스스로 박동을 계속할 수 있는 것은 심장이 쉽게 멈추는 것을 근본적으로 방지하려는 신의 강한 의도가 담겨 있는 것이다.

심장의 작용은 펌프와 비슷해서 수축하여 혈액을 동맥 속으로 밀어내고 확장(이완)하여 정맥에서 오는 혈액을 내강에 채운다. 이때 판막의 개폐가 순차적으로 이루어져서 혈액의 역류(거꾸로 흐름)를 막아 펌프 작용이 원활하게 반복된다. 이와 같은 심장의 수축과 확장의 반복을 박동이라고 한다.

심장이 수축해 있는 기간을 수축기, 확장(이완)해 있는 기간을 이완기라고 한다. 또 심근(심장의 근육)은 보통의 골격근과 달리 스스로 흥분하는 능력을 가지고 있는데 이것을 자동성이라고 한다. 따라서 심근의 어느 부분을 잘라 내어도 조건만 좋으면 자발적으로 율동성 수축을 일으킨다.

심장박동의 리듬도 동결절의 자동성에 의해 지배되고 있다. 이것은 동결절의 자동성의 리듬이 가장 빠르기 때문에 다른 부분의 자동성이 겉으로 드러나지 않기 때문이다. 그래서 동결절을 박자잡이라고 한다. 그러나 동결절의 자동성이 정지하면 다음으로 자동성이 강한 방실결절이 박자잡이가 된다. 이 경우 방실결절의 흥분은 심방, 심실 양쪽에 동시에 전달되므로 동시에 수축하게 된다. 또 방실 속의 전달이 방해를 받으면 심실의 박동이 일시적으로 정지하지만 상해부보다 말초에 있는 방실 속의 자동성이 나타나서 동결절보다 느린 리듬으로 박동하기 시작한다.

한편 심방은 동결절의 지배를 받고 있어 정상적인 리듬으로 박동하므로, 이 경우에는 박자잡이가 2개가 되어 심방과 심실은 각각 다른 리듬으로 박동하게 된다. 심장을 설계한 자는 조그마한 심장이 멈추는 것을 여러 가지 방법으로 기막힌 영적인 방법으로 막고 있는 것을 볼 수 있다. 심장박동의 메커니즘 속에는 심장이 멈추지 않게 의도적인 고차원적인 영적인 설계가 들어 있는 것이다. 이러한 영적으로 작동되어지는 조그마한 심장기계가 우연히 자연히 저절로 만들어질 수는 도저히 없는 것이다. 그 이유는 이 심장기계 속에는 영이 함께 거하고 영에 의해 조절되는 것을 보고 느낄 수 있기 때문이다.

심장은 필요에 따라 신체 각부에 보내는 혈액량을 조절해야 하는데 이 조절은 주로 자율신경에 의해서 이루어진다. 심장으로 가는 신경에는 부교감신경과 교감신경이 있다. 부교감신경의 작용은 박동수를 줄이고, 심방의 수축력을 저하시켜 박출량을 줄이며 방실 사이의 전도를 느리게 하는 것 등이다. 따라서 심장의 모든 활동을 감소시키도록 작용한다.

휴식 때에는 보통 부교감신경의 작용이 우세해진다. 즉, 몸이 쉬고 있을 때는 심장도 휴식할 수 있는 방향으로 작용한다. 반대로 교감신경은 모든 것을 촉진적으로 작용한다. 이 효과는 운동할 때 급속한 혈액순환이 요구되는 경우에 필요하다. 이들 심장신경은 연수에 있는 심장억제중추와 심장촉진중추에 의해서 통제·제어된다. 그리고 이들 양 중추는 다시 고위중추의 영향을 받는다.

예를 들면 정신적 흥분은 흔히 촉진중추에 활력을 부여하여 심박수를 증가시키지만 심한 정신적 충격을 받았을 때는 억제중추의 활동이 강해져서 심박수가 감소하며 심할 때는 심장박동이 멎는다. 연수에 있는 심장중추는 정신적인 흥분이나 정신적인 충격에 즉각적으로 반응하는 영적인 신경기계로써 우리가 정신적인 감정을 가지는 데 영향을 미치는 영이 들어 있는 영적인 기계인 것이다.

심장이 스스로 혈액량을 조절하고, 심장의 박동수를 조절하고, 정신적인 충격에 반응하고 하는 것은 자율신경계인 교감신경계와 부교감신경계와 심장이 스스로 분비하는 호르몬에 의해서 이루어진다. 하나님은 하나님 대신 하나님의 영으로 만들어진 이들로 하여금 심장의 활동이 설계의도대로 작동되도록 한 것이다. 심장, 근육, 자율신경계, 호르몬들은 DNA분자 속에 들어 있는 특정한 유전정보에 따라 만들어진 특정한 영적인 단백질로 특정한 생명의 정보를 담고 만들어지기 때문에 이들 각자는 자기가 가지고 있는 특정한 생명의 정보에 따라 특정한 임무를 영적으로 해낼 수 있는 것이다.

심장은 놀랍도록 큰 힘을 가지고 있다. 주먹만 한 심장이 하루 동안 하는 일의 양은 자동차를 20m까지 들어올릴 수 있는 힘이라고 한다. 그리고 심장이 평생 동안 하는 일은 3만kg 무게의 물체를 세계에서 가장 높은 에베레스트 산꼭대기까지 올려놓는 일이라고 한다. 심장이 이렇게 엄청난 힘을 가진 이유는 온몸에 골고루 피를 보내기 위해서이다.

이렇게 강하고 많은 힘이 아니면 무려 13만km(지구 둘레는 4만km)나 되는 무한히 긴 핏줄에 골고루 피를 보낼 수 없기 때문이다. 주먹만 한 심장이 4~6ℓ의 피를 무려 13만km나 되는 핏줄에 피를 내보내고 빨아들이고 하여 피를 순환시키면서 평생 동안 단 1분도 멈추지 않고, 단 1분도 휴식하지 않고 계속해서 일하는 것은 바로 영적인 차원으로 영적으로 심장이 일을 하는 것이다.

사람의 심장이 이와 같이 강하고 많은 힘을 발휘하지 않으면 사람은 살아갈 수 없는 것이다. 그리고 지구 둘레보다 3배 이상이나 더 긴 혈관들이 없다면 신체 구석구석에 있는 140조(성인) 이상의 미세한 세포들에게까지 영양분이 공급되지 않고 노폐물이 제거가 되지 않아 역시 사람은 살 수 없는 것이다.

그리고 평생 동안 한 번도 쉬지 않고 무려 30억 번이나 펌프질하는 주먹만 한 작은 심장생물기계는 인간이 만든 어떤 기계보다 정교하고 더 많은 힘을 발휘하고 고장이 없는 견고한 기계이다. 더구나 정신적인 양심이나 마음에까지 영향을 미치는 영적인 기계인 것이다. 이와 같이 능률 면이나 작동(기능) 면이나 정신적인 양심(마음) 면이나 인간의 차원과 자연의 차원을 훨씬 넘어선 영으로 만들어진 영적인 심장기계로 하나님의 뜨거운 감정과 집념이 들어 있는 작품인 것이다.

복잡한 구조로 만들어진 심장은 심장이 발생할 부위에서 직경이 작은 초기의 내피 심장관으로부터 만들어지며 그 과정은 혈관과 유사한 방법으로 만들어진다. 즉, 위 아래로 나란한 2개의 심장관이 임신 3주 만에 만들어져 융합하여 초기의 심장을 만든다. 그리고 나서 임신 제21일에 배아의 다른 부위에서 별도로 만들어진 혈관과 융합하여 비로소 초기의 순환계를 완성한다.

생체조직이나 기관이 엄마 뱃속에서 만들어지는 과정은 마치 요술같고 신비스럽다. 그 이유는 DNA분자 속에 들어 있는 유정정보(생명의 프로그램)대로, 즉 설계프로그램대로 미세한 특정한 단백질분자로봇들이 만들어져 유전정보대로 스스로 다른 물질과 함께 생체물, 조직, 기관으로 만들어지기 때문이다.

생체물질이나 생체기관이 만들어지는 과정은 생명의 3대 로봇(물질)인 광자(에너지+정보+영), 단백질분자로봇, DNA분자로봇이 공동으로 상호작용을 하면서 물질분자(입자)들을 인솔하여 DNA 속에 들어 있는 유전정보에 따라 특정하게 만들어진 단백질이 특정한 유전정보를 가지고 스스로 다른 물질분자들과 함께 특정한 생체물질과 조직, 기관으로 만들어지기 때문이다. 영적인 특정한 심장단백질로 만들어진 심장기계 속에는 특정한 심장단백질이 특정한 심장의 임무를 가지고 있기 때문에 심장기계는 특정한 임무대로 영적으로 작동할 수 있는 것이다.

✽심장은 양심과 감정을 가지고 생각하기도 한다✽

　심장에 연결되어 있는 식물성신경계(자율신경계)인 교감신경계와 부교감신경계는 상대적인 기능적인 극성(상대적인 성질)적인 역할을 하며 중추신경계와 연결되어 있고, 심장에서도 뇌와 비슷한 호르몬을 분비하기 때문에 감정을 가지고 생각도 할 수 있기 때문에 양심의 활동이 이루어지는 곳이다. 그러므로 심장은 혈액순환을 위한 기계적인 펌프만이 아니고, 우리의 영들의 활동인 양심의 활동이 이루어지는 곳이기도 하다. 그래서 죄를 지으면 제일 먼저 심장이 떨려 마음과 손등이 떨리고 숨이 가빠진다.

　무슨 큰 일이 일어나면 제일 먼저 가슴(심장)과 위나 장에 통증이 온다. 그리고 나서 머리도 아프다. 뇌와 심장은 뇌신경으로 연결되어 있어 거의 동시에 생각하고 여러 감정을 일으킨다. 심장은 혈액순환을 이루게 하는 중심부이므로 심장은 수시로 혈액을 통해 전 신체의 기능을 엿듣게 된다(혈액 속에는 정보를 지닌 호르몬이 들어 있기 때문이다).

　아무도 보지 않는 곳에서 죄를 지으면 제일 먼저 심장이 두근거리고 온몸이 떨린다. 그 이유는 심장이 하나님의 영이 들어 있는 영적인 단백질로 만들어지고, 여러 가지 영들이 들어 있는 뇌신경계와 자율신경계와 호르몬계와 혈관하고도 연결되어 있어 모든 정보를 즉시 감지하기 때문에 죄를 지어도 심장이 제일 먼저 감지하게 되어(피가 전신을 순환하면서 정보를 가져옴) 두근거리고 떨리는 것이다. 만일 심장기계가 자연에 의해 우연히 자연히 저절로 자연선택적으로 만들어진 기계라면 그렇게까지 두근거리고 무서워하고 떨고 할 이유가 없을 것이다.

　우리는 자주 신문에서 살인자가 살인 후 몇 년~수십 년 후에 경찰에 자수를 하는 기사를 읽는다. 이들은 살인 후 자신의 몸속에 있는 영들의 싸움인 양심의 가책으로 늘 싸워오다가 마침내 선한 영들이 악한 영들을 이겨서 양심(영들의 옳고 그름의 판단, 영들의 선과 악의 판단)이 선한 쪽으로 기울어져 자수하게 되는 것이다. 감옥에 가더라도 평안한 마음상태를 되찾게 되고, 저승에서 죄의 심판을 받기 전에 이승에서 하나님 앞에 떳떳한 죄의 자백을 하기 위한 것이다. 만일 인간의 몸속에 영이 없다면 결코 살인자는 바보처럼 죽을 때까지 감옥 생활을 하게 될 자수는 하지 않을 것이다.

"사람의 영혼은 여호와의 등불이라 사람의 깊은 속을 살피느니라"(잠언 20:27)와 같이 하나님의 영으로 만들어진 우리의 영혼의 일거일동은 자연히 하나님에게 알려지게 되는 것이다. 상점 주인이 도난을 안 당하려고 상점 안에 조그마한 카메라를 장치해서 상점에서 일어나는 모든 일을 보고 알게 된다.

하나님도 모든 우주만물 속에 우리 몸속에 하나님의 영이 들어 있는 빛의 광자(에너지+정보+영)가 들어 있게 하여 하나님의 영이 거하시면서 우리의 육체가 행하고 우리의 마음이 행하는 것을 보시고 계신 것이다. 그 때문에 아무도 보지 않는 곳에서 죄를 지어도 심장이 두근거리고 온몸이 떨리게 되는 것이다. 이는 우리 몸이 하나님의 영이 들어 있는 광자(에너지+정보+영)로 만들어진 단백질 속에 영이 거하고 있어 선과 악을 아는 양심(영들의 선과 악의 판단)을 가지고 죄의 심판을 두려워하기 때문이다. 왜냐하면 우리 몸속에 있는 우리의 영혼(혼, 영)이 지옥으로 가게 되는 것을 미리 겁먹고 두려워하기 때문이다.

02
생명을 나르는 피

피 한 방울은 아무것도 아닌 것처럼 보이나 그 한 방울의 핏속에는 수많은 생명의 물질들이 들어 있다. 피가 하는 일도 여러 가지이며 사람 이상으로 자신의 임무를 영적으로 잘 처리한다. 이 작은 피 한 방울 속에 생명이 살아서 움직이게 하기 위해서 하나님은 어떻게 피를 설계하시고 어떻게 피가 작동되도록 했는지 알아본다.

"육체의 생명은 피에 있음이라"와 같이 생명은 피에만 들어 있는 것이 아니고 실제로는 단백질, 효소, 호르몬, 세포, 이온, 심장, 허파, 소화기관 등 수많은 생체물질과 생체조직과 기관들의 혼합상호작용으로 비로소 생명은 이루어진다. 그러나 모든 양분과 생체물질과 산소 등 생명에 필요한 물질을 모두 포함하고 있는 것이 피이기 때문에 특히 생명은 피에 있다고 말할 수 있는 것이다.

피는 생체 내에서 모든 물질을 운반하는 차량이나 마찬가지이다. 피는 심장의 펌프질에 의한 혈압으로 혈관을 따라 이동한다.

우리 인간도 교통수단으로써 피와 심장의 압력원리를 이용하면 에너지 면으로는 매우 절약하게 되고 공해 면으로도 최상이고 속도 면에서는 매우 급속화될 것이다. 즉 피는 혈관을 결코 이탈하지 않고 항상 혈관과 심장과 허파를 순환한다. 즉 피는 철로나 도로 대신 압력터널(압력굴)을 통하는 것이다.

사람 신체 안에 지구 둘레(4만km)보다 3배 이상 더 길게 13만km나 되는 무한히 긴 핏줄을 설치하고 주먹만한 심장기계에 의해 4~6 l의 피가 한평생 동안 끊임없이 순환하는 시스템과 메커니즘은 우연히 자연히 만들어질 수 있는 시설도 아니고, 우연히 저절로 작동되는 기계술도 아니고, 반드시 영적인 자에 의해 영적인 차원으로 설계되어 만들어져야만 영적인 차원으로 작동될 수 있는 것이다.

(1) **혈액**(blood)

혈액은 크게 혈구(약 45%)와 혈장(약 55%)으로 이루어진다. 혈구는 적혈구, 백혈구 및 혈소판으로 이루어져 있고, 혈장은 주로 수분으로 이루어져 있으며 여기에 생명유지에 필수적인 혈액응고인자, 전해질 등이 포함된다.

피의 주된 역할은 각종 물질의 운반으로, 폐에서 섭취한 산소나 소화관에서 흡수한 영양소 등을 전신으로 보내고 세포에서 만들어진 탄산가스나 노폐물을 운반해서 폐·신장·피부 등을 통해 몸 밖으로 배설하게 한다. 그리고 피는 pH(수소이온농도)를 조절하고 세포 내의 수분도 조절한다. 또 골격근이나 간과 같이 열 생산이 왕성한 곳에서 다른 부분으로 열을 옮겨서 체열의 분포를 균등하게 하여 체온을 유지하는 역할을 한다. 림프와 함께 체내의 면역체계에도 관여하고 있다. 이와 같이 피가 하는 일은 많은데 이 중 한 가지라도 피가 자신의 임무를 하지 않으면 동물은 살아갈 수 없는 것이다.

동물이 살아가도록 우연히 자연히 저절로 피의 임무가 생겨났는가? 아니면 동물이 살아가도록 피의 임무가 의도적으로 설계되어 만들어졌는가? 만일 피의 여러 가지 임무(특성)가 진화로 오랜 시간을 두고 서서히 하나하나 만들어졌다면 피가 여러 가지 특성을 모두 다 가질 때까지는 오랜 시간이 흘러가야 하므로 그동안에 피는 제 구실을 하지 못하므로 어떤 동물도 살아남을 수 없었을 것이다. 수많은 피의 특성들이 우연히 저절로 동시에 만들어질 수는 없는 것이다. 피의 임무는 곧 피의 특성이므로 피가 만들어질 때 동시에 만들어진 것이다. 그러므로 진화와 창조는 독립적으로 따로따로 이루어지지 않고 항상 상호작용하면서 동시에 이루어지는 것이다.

여러 임무가 들어 있는 피의 여러 특성을 동시에 만들어지게 하는 것은 상대적인 극성의 힘의 상호작용으로 만들어지는 무생물의 특성과는 달리 생물의 특성은 이미 DNA분자 속에 생명의 정보(유전정보, 생명프로그램)로 기록되어 있기 때문에 피도 생명의 정보에 따라 피의 특성을 지니게 되고 피의 특성대로 임무를 행하게 된다. 왜냐하면 피도 영이 들어 있는 광자로 만들어진 단백질로 만들어졌기 때문에 영과 영 사이이므로 생명의 정보를 이해할 수 있어 서로 영적으로 의사소통이 잘 되므로 영적으로 임무를 수행할 수 있는 것이다.

신체 내에서 유전정보를 이해해서 유전정보대로 신체물, 조직, 기관을 만들고 만들어진 신체물, 조직, 기관의 작용을 돌보고 이끄는 것은 여러 종류의 영적인 단백질분자들이 하는데, 이는 결국 특정한 단백질분자 속에 들어 있는 특정한 영들이 하는 것이다.

인간의 전체 혈액량은 성인인 경우 약 4~6 l 정도이며 체중의 약 8%를 차지하고 있다. 물을 마시거나 적은 양의 출혈이 있을 때도 혈관 속을 순환하는 혈액량은 자율적으로 조절되어 전체 혈액량은 항상 일정하게 유지된다. 다량의 물을 마셨을 때 수분은 곧 혈액에서 조직으로 나가거나 신장으로부터 배설된다. 즉 우리의 신체기계는 컴퓨터

프로그램 칩이 세포 속에 DNA분자 속에 들어 있기 때문에 우리의 모든 삶의 활동은 이 프로그램에 의해 자동으로 조절되어 행해지는 것이다. 그러므로 우리는 신의 영—에너지—물질—진화프로그램에 의해 자동으로 만들어진 영이 들어 있는 영적인 생물기계인 것이다.

혈액의 pH는 약 7.4로 약한 알칼리성이다. 생체 내에서는 끊임없이 신진대사가 진행되고 있으며 탄산가스나 인산 등이 대사산물로 생성되고 있음에도 불구하고 혈액의 완충작용에 의하여 pH는 항시 일정치를 유지하고 있다.

만약 pH값이 항상 일정하게 머물지 않고 수시로 변하면 수시로 수많은 생화학반응이 일어나 정작 필요한 생화학반응을 일으킬 수 없어 생체조직은 제 기능을 할 수 없어 생명체는 존재할 수 없는 것이다. 혈액의 완충작용에 의하여 pH값이 항상 일정하게 머물러 필요한 화학반응이 일어날 수 있는 것은 우연적인 일이 아니고 높은 지성에 의한 세밀한 설계기술에 의한 것이 분명한 것이다.

적혈구는 매우 작은 혈구의 하나로서 그 모양은 양면이 오목하고 (오목렌즈) 핵이 없는 원반 모양이다. 적혈구는 핵이 없기 때문에 납작 오목하고 무엇보다도 산소를 훨씬 덜 소비한다. 그 때문에 적혈구가 바로 산소운반을 하기에 가장 적합한 것이다. 또 이 모양 자체가 최소의 부피로 최대의 기체나 액체물질을 흡수(저장)할 수 있는 구조인 것이다. 즉 같은 용적의 구형의 것보다 표면적이 크므로 산소출입의 효율도 좋은 것이다. 지름이 약 $8\mu m$(천분의 8mm), 두께는 약 $2\mu m$이지만 탄력성이 좋아 좁은 모세혈관에서도 형태를 바꾸어 통과할 수 있다.

적혈구 수는 혈액 $1mm^3$ 속에 남자는 550만, 여자는 500만 개의 적혈구를 함유한다. 피 한 방울(50㎕=0.05cc) 속에 적혈구의 수는 무려

2억 5,000만 개나 되어, 약 5 l 정도의 우리 몸의 피에는 약 25조 개의 적혈구가 들어 있어 이들이 쉴 새 없이 온몸의 구석구석을 돌며 산소를 운반한다. 따라서 몸 전체에 있는 모든 적혈구의 총 표면적은 약 3,500m²가 된다. 그러므로 우리의 신체기계는 우연히 자연히 만들어진 기계가 아니고 자연의 법칙에 따라 고도의 과학기술로 만들어진 영적인 기계이다.

현미경 속에서 적혈구는 담홍색(약간 빨간색)을 띤다. 이 색은 헤모글로빈인 철 성분을 포함한 색소단백질에 의해 생긴다. 헤모글로빈은 산소를 운반한다. 하나의 작은 적혈구에는 무려 2억 7천만 개의 헤모글로빈 분자들이 들어 있다. 산소를 운반하는 색소단백질(혈색소)인 헤모글로빈으로 적혈구의 내부를 가득(약 33%) 채우고 있다. 그리고 헤모글로빈 한 분자는 574개의 아미노산으로 구성되어 있다.

이러한 모든 아미노산들은 이들 분자 속에서 질서정연하게 배열되어 있으며 하나의 아미노산이라도 잘못 배열되어 다른 단백질성분을 만들 때는 헤모글로빈분자로서 기능을 할 수 없다. 따라서 적혈구 하나에는 1,000억 개 이상의 아미노산(20가지 종류)들이 한 치의 오차도 없이(한 개라도 실수 없이) 정해진 질서에 따라 정확히 올바르게 배열되어 있다. 이들 아미노산들의 서열결합사슬에 의해 특정한 단백질이 만들어지고, 이 서열사슬에 의해 특정한 단백질로 만들어진 적혈구가 자기의 임무를 충실히 해내므로 이들 아미노산 서열결합 속에, 즉 특정한 단백질 속에 적혈구의 임무가 기록되어 있는 것이다.

적혈구의 임무가 들어 있는 특정한 단백질로 만들어진 적혈구는 그 때문에 적혈구의 임무를 충실히 하게 된다. 그러므로 특정한 아미노산 서열로 만들어진, 즉 특정한 단백질로 만들어진 모든 생체물질은 주어진 특정한 임무를 해내기 때문에 생명체가 만들어져서 생명의 활동을 할 수 있는 것이다. 적혈구의 주요 기능은 산소운반으로, 적혈구 세포질 내부의 헤모글로빈이 산소와 결합하여 체내의 다른 조직으로 산소를 운반하게 된다. 적혈구에서 실제로 산소를 운반하는 물질은 철이온을 가진 헤모글로빈이다.

순환적혈구는 골수의 적마세포에서 만들어지는데 생성의 초기에는 핵이 있으나 말초혈관으로 나오기 직전에 즉 적혈구가 완성될 끝 무렵에 핵이 밖으로 밀쳐진다(없어진다). 적혈구는 산소를 운반하는데 핵이 있다면 핵이 차지한 공간만큼 산소를 운반할 수 없기 때문에 산소의 운반량을 최대한으로 하기 위해서 핵이 없어진다.

유전정보가 들어 있는 DNA분자기계에 의해 특정한 단백질이 만들어지고, 특정한 단백질 속에(특정한 아미노산서열결합 속에) 단백질의 임무가 기록되어 있고, 이 특정한 임무가 들어 있는 단백질로 만들어지는 적혈구는 자연히 자신의 임무를 알기 때문에 주어진 임무대로 활동할 수 있다. 그 때문에 DNA가 들어 있는 핵이 없어지더라도 적혈구는 자신의 임무를 충실히 할 수 있는 것이다. 그러므로 생체 내에서 유전정보에 따라 삶의 과정을 실제로 행동으로 실천하는 것은 생명의 로봇이며 생명의 기술자이며 생명의 기본물질인 영적인 단백질분자로봇들이다. 그러기에 모든 생체물질이나 조직, 기관은 거의 영적인 단백질분자로봇으로 만들어진다.

동물의 혈액은 스스로 알아서 응고하고 용해된다. 혈액은 평상시에는 항응고제(anticoagulant)의 작용이 응고촉진제(procoagulant)의 작용보다 우세하여 혈액이 굳지 않은 상태에서 모세혈관까지 잘 흐르도록 유동성을 가지지만 사고로 인하여 혈관이 파손되면 응고촉진제의 작용이 항응고제의 작용을 억제하여 전체 혈액이 응고되는 것이 아니라 상처 부위에서만 혈액이 응고되도록 하고 있다. 이들의 작용도 상대 선수처럼 행하는데 이는 결국 상대적인 기능적인 극성관계로 작용하는 것이다.

어떻게 상처가 나면 혈액이 상처 부위에서만 응고되고 가는 모세혈관을 통째로 막히지 않게 응고시킬 수 있는가? 항응고제나 응고촉진제도 영적인 단백질로 만들어졌기 때문에 영적으로 작용할 수 있기 때문이다. 이들 속에 들어 있는 단백질은 오직 이들 임무의 정보만을 가지고 있다. 이들이 해내는 일은 우리 인간도 할 수 없는 고차원의 영적인 능력이다. 그것은 곧 이들이 영을 가지고 있는 로봇임을 나타내는 증거이다.

평상시에는 프로스타시클린(prostacycline)이 나와서 혈소판의 응집을 방지하여 혈액이 응고되는 것을 적극적으로 막아 미세한 혈관에도 혈액이 잘 흐르도록 도와준다. 그러다가 혈관의 어느 부분이 손상되면 트롬복산(thromboxane A2)이라는 물질이 나와서 혈소판을 불러 모아 응집시키면서 혈관의 손상 부위를 수축시키며 손상된 혈관을 수리한다.

만일 손상된 모세혈관 등이 제때에 수리 복구가 안 되어 혈관이 막히거나 터지면 치명적일 것이다. 그래서 우리 혈액 속에는 불시에 생길 수 있는 혈전을 그때그때 녹여 버릴 수 있는 혈전 용해제들이 항상 대기하고 있다. 대표적인 것은 플라스민, 피브리노라이신, 헤파린, 디큐마롤 등이 있다.

생명에 지장이 없도록 혈액을 응고시키고 용해시키기 위해서 이러한 물질들이 우연히 자연히 저절로 자연의 진화로 오랜 시간 간격으로 만들어져 생기게 되었는가? 아니면 처음 태초에 피가 만들어질 때 동시에 이러한 물질들도 동시에 만들어졌는가? 피의 응고제나 항응고제는 동물의 피가 만들어질 때 동시에 만들어진 물질이지 시간이 많이 지나가서 따로따로 진화로 만들어진 산물이 아닌 것이다. 만일 이들 물질이 진화로 따로따로 다른 시기에 만들어졌다면 피가 제 기능을 하지 못함으로써 동물은 오래 가지 못하여 혈관들이 막혀 모두 전멸되어 버렸을 것이다.

동물은 암컷의 자궁 속에서 모든 신체조직과 기관이 영적으로 시간과 공간과 물질의 특정한 순서에 따라 거의 동시에 만들어지기 시작해서 한 생명체가 완성되어 탄생된다.

태아의 신체조직과 기관을 동시에 만들어지게 하고 상호작용하도록 돌보고 조절하고 이끌어 귀여운 영적인 아기가 만들어지게 하는 것은 하나님의 영이 들어 있는 생명의 3대 물질이고 생명의 3대 로봇이고 생명의 3대 대리자인 빛의 광자(에너지+정보+영)로봇, 단백질분자로봇, DNA분자로봇이며, 이들의 상호작용으로 다른 물질분자들을 인솔하여 비로소 완전한 생명체는 만들어지고 만들어진 생명체기계는 이들의 돌봄으로 영적으로 생명의 활동을 할 수 있는 것이다.

(2) 피는 세포, 조직, 기관들과 항상 상호작용을 해야 한다

장벽 속의 모세혈관에서 섭취된 영양소와 허파 속에서 섭취된 산소들은 혈액 속에 저장되어지고 혈액은 이들을 필요로 하는 세포들에게 운반하고 거기서 나오는 폐물원소인 이산화탄소는 피가 저장해서 허파까지 운반하고, 다른 노폐물은 피가 저장해서 분비(배설)기관(콩팥과 땀샘)으로 운반하고, 분비기관에 의해 피 속에 있는 노폐물들이 걸러지게 된다.

뇌가 없는 피가 어떻게 알아서 필요한 영양분과 산소를 필요로 하는 특정한 세포까지 차질 없게 적시에 적당한 양으로 배달하고, 노폐물은 배설기관까지 운반하고, 병균이 신체 내로 들어오면 특정한 항체를 만들어 해당 신체 부위까지 운반하고, 혈관이 터지면 피딱지를 만들어 혈관을 봉한다. 이때 피의 흐름을 방해하지 않게 상처 부위만 봉하고 혈관 전체는 봉하지 않는다. 이와 같이 피가 하는 일은 사람

이상으로 정밀하고 실수 없게 행한다. 피 역시 DNA분자로봇의 생명정보(유전정보)에 따라 만들어진 특정한 피단백질로 만들어지기 때문에 피 속의 피단백질 속에 있는 피의 영은 피가 행할 모든 정보를 가지고 있기 때문에 피가 자신의 임무대로 행할 수 있는 것이다. 즉 피 속의 피의 영이 피의 임무를 알고 임무대로 행하는 것이다.

피가 순환하는 도중 양분을 나르기 위해 소화기관과 모든 세포와 반드시 상호작용을 해야 하고, 산소를 운반하기 위해 호흡기관과 모든 세포와 반드시 상호작용을 해야 하고, 폐물원소를 나르기 위해 모든 세포와 호흡기관과 배설기관과 반드시 상호작용을 해야 하고, 피는 신체 구석구석 모든 세포, 조직, 기관과 밀접하게 반드시 상호작용을 해야만 한다. 이와 같이 하나의 생명체의 세포들은 다른 세포들과 조직 기관과 끊임없이 정보를 교환하고 신진대사와 정신활동을 위한 여러 복합 상호작용을 끊임없이 항상 반드시 해야만 하는 생물기계인 것이다.

이들 생물기계들은 영이 들어 있는 여러 종류의 단백질기계들로 만들어졌기 때문에 이들 사이는 영과 영 사이이므로 영적으로 의사소통이 잘되기 때문에 영적으로 신체기계도 만들 수 있고 영적으로 신체기계의 활동도 돌보고 조절하고 이끌 수 있는 것이다.

(3) 피 한 방울

피 한 방울 속에는 혈장과 혈구로 되어 있고, 혈장 속에는 물, 단백질, 지방질, 당, 무기물인 나트륨, 염소, 칼륨, 마그네슘, 이산화탄소, 탄산염, 인산염, 철 등이 무수히 많은 분자수로 들어 있고, 혈구는 적혈구, 백혈구, 혈소판으로 되어 있고 이들은 다시 수많은 물질분자로 되어 있다.

생명은 피에 있는데 이와 같이 피 한 방울이 만들어지려면 수많은 물질이 적재적소 적시에 적량으로 서로 상호작용을 해서 만들어져야만 한다. 만일 피 한 방울 속에 필요한 수많은 종류의 물질분자 중 몇 가지라도 없으면 동물은 신진대사가 제대로 이루어지지 않아 병이 나서 죽게 된다. 그러므로 피 한 방울 속에 생명에 필요한 모든 물질 분자들이 적재적소 적시에 적량으로 모두 만들어져 들어 있는 것은 목적 없이 우연히 자연히 저절로 이루어지는 과정이 아니고 정확하고 세밀한 생명의 컴퓨터프로그램에 의해서만 물질들의 정확한 혼합비율로 피가 만들어질 수 있는 과정인 것이다.

이러한 피 한 방울이 만들어지는 과정이 처음 동물태초에 우연히 자연히 저절로 이루어지기란 불가능하고, 더구나 진화에 의해 이 수많은 물질들이 모두 만들어지려면 상당히 다른 시간 간격으로 만들어지기 때문에 도저히 완전한 기능을 갖춘 한 방울의 피는 만들어질 수 없는 것이다.

하나의 동물 육체가 만들어지려면 피 한 방울뿐만 아니라 살 한 점, 뼈 한 점, 신경실, 머리, 팔, 다리 수많은 신체물질과 세포와 조직, 기관이 일정한 시간과 공간의 순서로 거의 동시에 만들어지기 시작해야 된다. 그리고 피 한 방울이 만들어지려면, 심장기계, 허파, 소화기관, 호르몬, 뼈조직, 여러 종류의 혈관, 단백질, DNA, 배설기관 등 수많은 신체기계들이 적재적소 적시에 만들어져서 제때에 공동상호작용을 해야만 한다.

시간의 쫓김이 없이 무질서화해지려 하고 자유로워지려 하고 에너지를 소비만 하기 좋아하는 자연이 제때에 필요한 수많은 물질들을 구입, 운송해 와 서로 공동상호작용이 이루어지도록 독촉하고 통솔해서 목적대로 수많은 물질을 필요한 성분율로 정확히 혼합하여 피로 만들 수는 없는 것이다. 자연(무생물)에는 설계자와 물질을 구입해서 운반해 오는 구입자와 운송자와 만드는 기술자와 일을 진행시키고 통솔하는 인솔자가 하나도 없다. 그러나 생물 속에는 영이 들어 있는 생명의 3대 대리자이고 3대 로봇인 광자로봇, 단백질로봇, DNA로봇 등 셀 수 없도록 무한히 많은 생명로봇들이 물질분자들을 인솔해서 DNA분자 속에 있는 아기의 설계도대로 엄마의 자궁 속에서 스스로 귀여운 아기의 세포가 되면서 귀엽고 영적인 아기로 조각되어지는 것이다. 그러므로 이는 자연의 진화가 아니고 신에 의한 자연의 진화이고 신에 의한 진화적인 창조인 것이다. 왜냐하면 생명의 3대 로봇들은 하나님의 영이 들어 있는 광자(에너지+정보+영)로 만들어지기 때문에 하나님의 능력을 지닌 하나님의 영이 들어 있기 때문이다.

＊피는 어머니와 같은 역할로 우리를 돌본다＊

    피는 신체 구석구석에 있는 세포들에게 먹을 영양분과 산소를 날라다 주고, 필요 없는 노폐물과 이산화탄소는 가져가고, 세포들에게 해로운 병균을 대신해서 막아주고, 상처가 나면 아물게 하고 항상 따듯한 체온으로 돌보는 어머니와 같은 존재이다.

    이러한 어머니의 역할을 대신하는 피는 뼈 속에서 생명의 3대 요소(광자, 단백질, DNA)의 상호작용에 의해 만들어져서, 즉 DNA 속에 있는 유전정보에 따라 특정한 피단백질(특정한 배열의 아미노산사슬)이 만들어지고, 이어서 이 특정한 피단백질로 만들어진 피(혈액)는 피의 역할을 알고 피의 능력을 지녔기 때문에 어머니와 같은 임무를 충실히 해내는 것이다. 피가 피의 임무를 알고 그대로 행하는 것은 바로 피 속에 영이 들어 있다는 증거이다. 단백질의 능력은 단백질의 특성과 마찬가지로 20가지 종류의 아미노산들이 배열하는 방법과 아미노산사슬의 길이, 아미노산 자신의 결합양식(산성, 중성, 염기성), 아미노산을 이루는 원자, 분자, 이온들 모두의 상호작용으로 만들어진다.

    자연계의 20가지 아미노산들로 특정하게 연결된 아미노산 사슬들이 바로 특정한 종류의 단백질들인데, 이 아미노산들의 서열순서와 사슬의 길이에 따라 단백질의 종류는 달라지고 특성도 달라져서 다른 형질의 생체를 만들게 된다. 그러므로 아미노산의 서열순서는 곧 단백질의 종류이므로 단백질의 임무와 특성을 기록해 놓은, 즉 단백질의 활동 정보를 기록해 놓은 것이다. 바로 이러한 메커니즘이 우연히 자연히 만들어지는 메커니즘이 아니고 의도적으로 고차원적으로 설계된 프로그램에 의한 메커니즘으로 이는 영적인 능력을 가진 자에 의해 만들어져야만 이러한 영적인 메커니즘으로 작동될 수 있는 것이다.

    자연계에 존재하는 20가지의 아미노산들은 물질문자로 생명의 유전정보인 생체를 만드는 정보, 생체가 작동하는 정보, 육신적 정신적인 삶의 활동을 하는 정보 등이 DNA 속에 유전정보대로 단백질(아미노산사슬)분자 속에 기록되게 된다. 이들 특정한 단백질로봇으로 만들어진 생체의 물질이나 생체의 조직, 기관은 자연히 스스로 자신의 특정한 임무를 알게 되고 자신의 임무에 따라 자연히 스스로 행하게 된다(물론 아미노산 속에 이미 광자(에너지+정보+영)는 들어 있다). 그런데 중요한 것은 어떻게 아미노산 서열사슬인 단백질이 삶의 정보를 지니고 스스로 생체물질로 만들어지는가 하는 점이다.

우리가 말하는 것이나 편지로 쓰는 것이나 핸드폰으로 전화하든가 상대방에게 내일 오라고 하면 정보가 통하고 의사소통이 되어 상대방이 알아듣거나 이해해서 내일 오게 된다. 이때 두 사람 사이에는 의사소통을 하는 언어나 소리나 글이나 암호를 서로 알고 있어서 암호가 맞추어져 비로소 의사가 통해서 정보내용대로 상대방이 알아듣고 이해해서 내일 오게 된다.

마찬가지로 단백질을 만드는 아미노산들은 물질언어인 물질문자나 다름없고 20가지의 아미노산은 20가지 알파벳으로 되어 있어 아미노산이 연결되는 것은 20가지 알파벳으로 쓰여지는 글과 같은 것이다. 즉 20가지 아미노산들이 연결되는 순서와 길이는 무한히 많은 생명의 정보를 담은 글을 쓸 수 있는 것이다. 그리고 DNA분자로봇과 단백질(아미노산사슬)로봇 자신은 영이 들어 있는 광자(에너지+정보+영)로 만들어진 생명의 3대 로봇들이기 때문에 이미 이들의 언어 암호를 서로 알고 있어 아미노산으로 쓰여지는 글, 즉 단백질의 종류와 임무를 자연히 이해하게 되는 것이다. 더욱이 광자, 단백질, DNA는 생명의 3대 로봇들로 같은 세포 속에서 영과 영끼리이므로 정신감응력(Telepathy)으로 항상 의사소통을 하며 함께 활동하고 있기 때문이다.

유전정보가 담긴 아미노산서열사슬이 바로 단백질 자신이기 때문에 특정한 단백질은 스스로 특정한 생명의 유전정보를 가지고 있는 것이다. 생물의 모든 생체물질은 각각 특정한 단백질이 반드시 일부 들어가서 만들어진다. 이때 이 일부 단백질 속에 그 생체물질이 행할 정보와 위치(우편번호)가 들어 있기 때문에 특정하게 단백질로 만들어진 특정한 생체물질이나 생체기관은 특정한 위치에서 특정하게 주어진 임무대로 행하게 된다.

예를 들어 손톱 속에는 일부 손톱단백질이 들어 있는데 이 일부 손톱단백질 속에 손톱의 세분화된 위치(우편번호)와 손톱을 만들고 손톱이 자라고 손톱의 기능 등의 손톱에 대한 유전정보가 모두 들어 있어서 손톱의 유전정보대로 손톱이 임무를 다한다. 그러나 손톱 속의 단백질은 특정한 손톱단백질이기 때문에 손톱정보만 가지고 있지 다른 다리정보나 손의 정보는 전혀 가지고 있지 않다. 그래서 사람을 만들려면 100만 가지 이상의 무한히 많은 종류의 단백질이 필요하다. 이는 생물의 신체는 직분과 임무가 다른 수없이 많은 종류의 영들로 만들어지는 것을 의미한다.

만일 특정한 단백질이 국한되거나 제한되어 있는 특정한 정보 이외의 모든 유전정보를 가지고 있다면 이 특정한 단백질은 만능정보를 가지고 있으므로 만능생물신체를 만들려 하고 만능형질을 나타내려 하기 때문에 정작 필요한 신체조직이나 기관을 집중해서 만들지 못하므로 생명체는 만들어질 수 없는 것이다. 그러므로 단백질분자는 반드시 특정한 정보만 가지고 있어야만 필요한 신체물질을 만들게 되는 것이다. 그러므로 이와 같은 메커니즘은 우연히 자연히 만들어질 수 있는 것이 아니고 영적인 능력을 가진 자에 의해 치밀한 계산 하에 영적으로 설계되어 만들어질 수밖에 없는 메커니즘인 것이다.

뇌를 가지고 있지 않은 DNA분자나 단백질이 아미노산서열사슬(단백질)의 암호를 알고 있는 것은 이들이 빛 속의 광자(에너지+정보+영)로 만들어지기 때문에 영을 지니고 있기 때문이다. 광자가 가지고 있는 정보는 신의 정보로 신의 말씀이고 신의 설계이고 생명의 정보이기 때문이다. 광자가 가지고 있는 영은 신의 영으로 신의 모든 것을 대신하는 성령을 말하고, 광자가 가지고 있는 에너지는 하나님의 생기로 하나님의 힘인 것이다. 왜냐하면 광자가 가진 에너지와 정보와 영은 자연의 법칙인 인과법칙에 의해 아무것도 없는 곳에서 자연히 우연히 생겨날 수 없기 때문이다.

만일 DNA분자나 단백질 속에 영(하나님의 영)이 안 들어 있다면 이들은 유전정보(생명의 정보)나 아미노산서열사슬의 생명의 정보를 이해하지 못하므로 특정한 단백질을 만들어 내지 못해 생명체를 만들어 내지 못하게 된다. 이들이 아미노산 서열사슬인 생명의 정보인 생명의 말씀을 이해하고 그대로 생체물질을 만들어내는 것은 이들이 영을 지니고 있기 때문에 영과 영 사이이므로 정신감응력으로 의사소통이 잘 되어 영적으로 행할 수 있기 때문이다.

이와 같이 생명의 정보인 유전정보와 아미노산서열(단백질)의 암호를 알고 이해하는 것은 단순한 물질적이고 뇌적인 작용이 아니고 바로 영적인 작용이므로 생명의 정보의 암호를 알기 위해서는 신의 영을 가지고 있어야만 한다. 신의 영이 생명의 정보의 암호를 맞추는 작용에 스스로 참여해야 하는데 신의 영이 참여하고 안 하고는 신체물질에 따라 생명체에 따라 생명체의 종에 따라 염색체 수에 따라, 즉 단백질의 종류에 따라 다른 것이다.

같은 생물이나 다른 생물을 만드는 것은 염색체 수에 따르며, 같은 종에서도 조금씩 다른 형질이 있는 것은 염색체의 길이와 굵기, 그리고 유전자의 유전정보내용이 조금씩 다르기 때문이다.

예를 들어 침팬지나 인간의 유전물질(DNA)은 거의 98%가 같으나 침팬지의 지능이나 삶의 활동은 인간과 비교하지 못할 정도로 큰 차이가 있다. 그 이유는 침팬지의 육체 속이나 뇌세포 속에 들어 있는 광자가 지닌 영의 능력이나 활동이 침팬지의 염색체 수에 의해 억제되어 있어 영들이 제대로 상호작용을 할 수 없기 때문이다. 즉 감각세포에 있는 신경세포와 뇌 속의 신경세포의 기억세포가 서로 상호작용을 잘하지 못하게 침팬지의 염색체 수에 따라 영이 들어 있는 뇌세포의 기능이 억제되어 있어 영끼리 상호작용을 못하기 때문이다. 같은 한 형제 중에서도 지능이 좋아 머리가 좋은 사람과 지능이 나빠 머리가 나쁜 사람이 있는 형제가 있는데, 이러한 현상은 같은 염색체 수를 가지고 있더라도 영이 들어 있는 뇌세포의 발달이 잘 되어 세포에 있는 영끼리 상호작용이 잘되고 안 되고 하는 차이점인 것이다.

동물은 본능적으로, 예를 들어 거미는 거미줄을 특출하게 잘 치는데 이는 본능적으로 뇌세포 속에 있는 영의 일부가 이 영역에 특출하게 잘 작용되도록 DNA 유전정보가 종에 따라, 즉 염색체 수에 따라 특이하게 프로그램화되어 있거나 염색체 수에 따라 일정하게 유전자의 억제가 풀리게끔 프로그램화되어 있기 때문이다. 그리고 어떤 사람은 운동은 잘하나 공부는 잘 못하는 사람이 있는데 이는 운동신경에 있는 영은 발달되어 운동신경과 뇌신경이 상호작용을 잘 하는 것이고, 지능적인 뇌세포에 있는 영은 덜 발달되어 감각세포와 기억세포 사이에 있는 영들의 상호작용이 잘 안되기 때문이다. 뇌세포나 신경세포도 영이 들어 있는 영적인 물질인 단백질분자로봇으로 만들어진다. 세포 사이의 상호작용도 결국 영들 사이의 의사소통에 의한 상호작용인 것이다.

영도 사람과 같이 많이 연습하고 사용할수록 능력이 점점 더 발달되고, 연습 안 하고 사용하지 않으면 세포끼리(세포 속의 영끼리) 상호작용하는 능력이 점점 더 둔화되는 것이다. 그러므로 진화가 되고 퇴화되고 하는 것도 단백질 속에 들어 있는 영들의 작용인 것이다.

식물이 식물의 본능인 탄소동화작용을 하는 것이나 향지성, 향일성 등을 갖는 것은 모두 세포 속 단백질 속에 있는 영(식물호르몬 속에 있는 영)들 사이에 염색체수에 따른 유전정보 안에서 의사소통이 이루어지기 때문이다.

03
음식물 분해공장인 소화기관

음식물을 분해해서 에너지를 얻게 하는 소화기관 시설과 노폐물을 배설하는 배설기관 시설은 자연에 의해 우연히 저절로 만들어질 수 있는 시설인지 알아본다.

(1) 소화기관

소화기관은 마치 공장에서 연속적으로 운반되는 피대운반장치(벨트 컨베이어)와 여기에서 일하는 직공들의 작업과 유사하다. 이러한 피대운반장치는 목적을 갖고 누군가에 의해 일부러 의도적으로 만들어졌기 때문에 오랜 시간동안 똑같은 일을 되풀이할 수 있는 것이다. 만일 피대운반장치가 우연히 자연히 만들어져서 작동된다면 오래지 않아 우연히 자연히 고장이 날 것이고, 일단 고장이 나면 고치거나 수리하는 자가 없기 때문에 영원히 작동되지 않을 것이다.

생물이 일시적으로 병이 나면 생명의 3대 로봇(물질)의 상호작용으로 거의 완치가 되는데 이것은 세포를 수리하는 단백질분자로봇들이 있기 때문이다. 이는 생물이 자연에 의해 우연히 자연히 저절로 만들어지지 않고 누군가의 영적인 자에 의해 영적인 단백질분자로봇들이 일부러 의도적으로 설계되어 만들어져서 병이 나면 즉시 수리하고 고쳐서 삶의 활동이 목적대로 이루어지도록 돌보게 한 것이다.

만일 공장의 피대운반장치가 고장이 나면 즉시 수리공에 의해 수리되어 고쳐져 다시 정상으로 작동되어진다. 그 이유는 이 공장이 자연에 의해 목적 없이 우연히 자연히 저절로 만들어지지 않고 인간에 의해 물건을 생산해 내기 위한 목적으로 일부러 의도적으로 만들어졌기 때문에 수리공이 있는 것이다. 그래서 고장이 나면 즉시 고치는 수리공(기술자)이 현장으로 가서 수리하게 된다. 그 때문에 공장은 항상 주어진 목적에 따라 특정한 생산품을 만들게 된다.

만일 공장의 피대운반장치가 목적 없이 자연에 의해 우연히 자연히 만들어졌다면 수리공이나 기술자가 없어 수리가 안 되어 고장난 상태로 영원히 머물게 된다. 만일 자연에 수리공이나 기술자가 있다면 항상 자유에너지(유용한 에너지)는 감소되고(발열반응) 엔트로피(무용한 에너지, 무질서도)는 증가되는 정해진 일방통행식의 방향으로만 가지는 않을 것이다. 왜냐하면 수리를 하는 일은 에너지를 필요로 하는 흡열반응이고 목적을 가지고 여러 방향으로 생각을 해서 목적을 달성하고자 노력해야 하며 동시에 노동, 일의 순서와 작업의 질서를 요하는 행동이기 때문이다. 그러므로 우연히 저절로 행해지는 일은 목적이 없는 일이기 때문에 자연변화의 법칙인 자유에너지(유용한 에너지)는 감소하고(발열반응) 엔트로피(무용한 에너지, 무질서도)는 증가하는 정해진 일방통행식의 방향으로만 가고 다른 방향으로는 갈 수 없는 것이다.

이러한 자연변화 과정에는 일을 설계하는 설계자, 일을 행하는 기술자, 노동자, 물질재료를 구입해서 운송해 오는 구입자와 운송자, 일을 통솔하고 인솔하는 인솔자, 일을 대신하는 대리자 등이 없기 때문에 목적에 맞게 여러 방향으로 발전·발달되는 진화나 새로운 것을 발명하는 일이 이루어질 수 없는 것이다. 우연히 저절로 만들어진 피대운반장치라면 목적 없이 우연히 저절로 돌다가 우연히 저절로 멈추게 된다. 그러나 우리의 소화기관이나 배설기관은 소화, 배설을 하기 위한 분명한 목적으로 의도적으로 만들어졌기 때문에 소화 배설 작용으로 변함없이 한평생 동안 목적에 맞게 작동되는 것이다.

이들 소화배설기관은 목적을 충족시키기 위해 일부러 의도적으로 만들어진 생물기계이기 때문에 고장이 나고 병이 나더라도 계속해서 목적을 충족시키도록 단백질분자로봇들에 의해 곧 고쳐져 정상으로 작동되어진다. 그러므로 이들 기관은 고도의 지성과 영적인 능력을 가진 창조자에 의해 일부러 의도적으로 소화, 배설을 위한 목적을 가진 기관으로 만들어지게끔 세포 속에 DNA분자 속에 이미 생명프로그램이 들어 있는 것이다.

우리 몸에 병균(항원)이 들어오면 병이 나서 몸이 아프고, 몸이 제대로 말을 듣지 않아 우리가 활동을 할 수 없는데 이는 우리 몸이 일시적으로 고장이 난 것이나 다름없다. 그러면 우리 몸의 특정한 단백질 분자로봇들은 특정한 항원에 대한 처방제인 특정한 항체를 만들어 항원과 싸우게 하여 이기면 병이 완치되어 건강하게 되는데 이는 우리 몸이 다시 수리된 것이나 다름없는 것이다.

이와 같이 우리 몸에는 병이 나면 진단하고 처방하는 의사인 수리공도 있는 것이다. 그러므로 우리 육체는 자연에 의해서 목적 없이 우연히 저절로 자연히 만들어진 생물기계가 아니고, 사랑의 교제를 나누며 살아갈 수 있도록 지성이 무한히 높은 자에 의해 다목적으로 의도적으로 설계되어 만들어진 기계이므로 육체와 정신이 혼합상호 작용하는 영적인 생물기계인 것이다.

사람의 지적 설계에 의해 만들어진 자동차기계는 탄소화물(유기물)인 휘발유를 섭취(흡입)해 산소로 산화시켜(연소시켜) 에너지를 얻고 폐기가스인 이산화탄소는 배기통을 통하여 밖으로 내보내진다. 마찬가지로 하나님의 지성(지적 능력)에 의해 설계되어 만들어진 동물기계도 탄소화물(유기물)인 음식물을 섭취해 산소로 산화시켜 에너지를 얻고 폐기가스인 이산화탄소는 호흡기관을 통하여 밖으로 내보내지므로 동물기계도 하나님의 설계에 의해 만들어진 영적인 생물기계인 것이 틀림없는 것이다.

그 때문에 자동차기계가 자연의 지적 능력으로 우연히 자연히 저절로 만들어질 수 없는 거와 같이 동물기계도 자연의 지적 능력으로 우연히 자연히 저절로 만들어질 수 없는 것이다. 자동차는 사람이 목적을 가지고 의도적으로 설계해서 만들었기 때문에 자동차는 삭아 망가질 때까지 사람의 설계의도대로 작동된다. 사람의 신체도 신이 의도적으로 설계해서 만들었기 때문에 신의 설계의도대로 죽을 때까지 작동된다.

음식물 → 입 → 식도 → 위 → 십이지장 → 소장(작은창자) → 맹장 → 대장(큰창자) → 항문

사람의 소화기관은 입에서부터 항문까지의 긴 튜브(속이 빈 관)를 말하며 성인인 경우 한 줄로 펴 보면 약 8~9m의 길이이다. 소화기관의 역할은 음식물을 분해시켜 보다 원활하게 영양분을 체세포까지 전달시켜 에너지를 얻는 데 목적이 있다.

음식물을 소화시키기 위해서는 입, 이, 혀, 인두, 식도, 위, 십이지장, 소장, 맹장, 대장, 항문 등의 조직과 침샘, 위샘, 중장선 등의 소화선(샘)과 수많은 소화효소와 이자, 간, 쓸개 등의 장기와 콩팥 등의 배설기관과 음식물을 소화시키기 위해서는 산소가 필요하고, 불필요한 이산화탄소는 내보내는 호흡순환기관, 영양분을 나르기 위해 혈액순환기관, 혈액순환을 위한 힘을 공급하는 심장계, 불필요한 생체찌

꺼기를 내보내기 위한 배설기관, 이러한 모든 신체의 작용을 육체적 정신적으로 돌보고 이끄는 신경계와 호르몬계 등이 반드시 모두 100%가 설치되어 서로 공동으로 상호작용을 해야만 한다. 이렇게 수많은 생체물, 조직, 기관들이 목적 없이 만드는 기술자 없이 우연히 저절로 만들어져서 목적에 맞게 맡은바 임무들을 하며 모두 하나같이 공동으로 상호작용을 하면서 삶의 활동이 이루어지게 할 수는 없는 것이다.

음식물과 먹이를 구하려는 감각기관과 뇌의 상호작용, 생각한 것을 실천에 옮기는 팔과 다리, 음식물이나 먹이가 이상 없는지 냄새를 맡는 코, 맛이 있는지 맛을 보는 혀 등이 자연에 의해 우연히 자연히 저절로 만들어져서 수많은 세포, 조직, 기관들이 소화라는 공동목표 아래 서로 일사불란하게 공동으로 상호작용을 하여 음식물을 구입하여 음식물을 요리하여 섭취해서 음식물을 소화시켜 에너지를 얻어 동물이 살아가게끔 목적에 맞게 우연히 저절로 만들어질 수는 없는 것이다.

이들 수많은 신체물, 신체조직, 기관 등은 쓸모없는 것이 하나도 없고 반드시 모두 다 꼭 필요한 것들이기 때문에 이들이 우연히 자연히 만들어진 것들이 아니고 영적인 자의 설계목적에 따라 의도적으로 생명의 활동을 하게끔 만들어지는 생물기계의 부품들이기 때문에 모두 하나같이 반드시 꼭 필요한 부품들로 되어 있는 것이다. 심장기계, 콩팥기계, 소화기관, 호흡기관 등 하나하나 낱개의 장기들이나 조직, 기관 들은 인간이 도저히 만들 수 없는 정교하고 효율을 훨씬 많이 내는 견고한 기계들이다. 이들의 상호작용으로 정신적인 생각, 마음, 감정의 작용까지 생겨나는 것은 영과 에너지와 물질을 자유자재로 다스리고 다루는 영적인 능력을 가진 영적인 기술을 가진 신의 작품일 수밖에 없는 것이다.

　만일 이들 신체부품들이 자연의 진화로 오랜 시간 간격을 두고 하나하나 만들어졌으면 소화가 잘 되지 않으므로 동물은 하나도 살아남지 못했을 것이다. 그리고 이들 수많은 부분물들이 스스로 적재적소 적시에 적량으로 모두 적절하게 만들어지는 것은 불가능한 것이다.

　이러한 소화시설과 소화액, 소화효소 등을 만드는 모든 생명의 정보(유전정보)가 생물 태초에 거의 동시에 설계자에 의해 만들어져서 세포 속에 DNA분자 속에 유전정보로 자동프로그램화되어 기록 저장되어졌어야만 필요한 수많은 생체물이 동시에 자동으로 만들어질 수 있고 오늘날까지 자동으로 유전되어 내려올 수 있는 것이다. 유전되어 오는 동안에 설계자의 대리자인 생명의 3대 로봇(광자, 단백질, DNA)들 속에 있는 영들에 의해 생물의 종에 따라(염색체수에 따라) 생명의 말씀 안에서 소화시설구조와 소화기능 등이 조금씩 발달·진화되어 온 것이다.

　인간이 만드는 모든 종류의 기계도 시간이 지나갈수록 더 발전되고 발달된 기계로 진화되어 간다. 만일 인간이 단백질분자로봇기계처럼 미세하여 인간의 활동을 볼 수 없다면 이들 기계들의 발달·진화는 우연히 자연히 저절로 스스로 발달·진화되는 것처럼 보일 것이다. 그러나 이들 기계는 우연히 자연히 발달·진화되지 않는 것이고 반드시 인간의 지적 능력으로 인간에 의해 분명히 발달·진화되는 것이다. 만일 인간이 이들 기계에 관여하지 않는다면 아무리 시간이 지나가도 이들 기계들은 자연히 저절로는 발달·진화되지 않을 것이다.

　마찬가지로 하등생물에서 고등생물로 생물기계가 발달·진화되는 것은 미세한 생명의 3대 로봇(요소, 물질)인 광자로봇, 단백질분자로봇, DNA분자로봇들 속에 있는 영들의 공동상호작용으로 이루어지는 것이다. 이들 로봇들과 영들이 인간이 감지할 수 없도록 너무나 미세하여 활동하는 것도 우리가 감지할 수 없으므로 우리는 자연의 진화라고 단정해버리고 그렇게 믿는 것이다.

소화기관 중에 어느 한 신체조직이나 필요한 생체물질이 한 가지라도 없거나 제대로 자신의 임무를 다 행하지 않을 때는 동물은 에너지를 얻을 수 없거나 감정을 나타낼 수 없거나 신진대사를 할 수 없으므로 살아갈 수 없는 것이다. 이들 신체물이나 조직들이 하나도 자신의 임무를 게을리 하지 않고 모두 자신의 임무에 전력하는 이유는 이들이 영이 들어 있는 단백질로 만들어졌기 때문이다. 왜냐하면 영도 인간과 같이 양심과 감정을 가지고 하나님의 말씀을 따르려는 의도가 있기 때문이다.

그러므로 이러한 공동상호작용을 하는 생물기계는 도저히 우연히 저절로 만들어질 수 없고 반드시 세포 속에 DNA분자 속의 생명프로그램(유전정보)에 따라 만들어져야만 하는 것이다. 생물세포 속에 단백질분자와 DNA분자와 생명의 프로그램을 만들 수 있는 자는 자연도 아니고 인간도 아니고 오직 영의 능력을 가진 신밖에 없는 것이다. 신이 없다면 단백질분자나 DNA분자나 생물세포 같은 영적으로 작동되는 생물기계가 존재하지 말아야만 자연의 법칙인 인과법칙에 맞는 것이다.

✷ 프로그램(Program) ✷

　신장(콩팥)의 기능은 컴퓨터프로그램이 들어 있는 것같이 혈액 속의 물질의 농도, 중화반응, pH, 혈압, 노폐물 제거, 과잉물질 제거, 해독작용, 삼투압 등을 정확히 조절한다. 만일 이러한 조절메커니즘이 프로그램화되어 있지 않다면 한시도 이들 기능들은 주어진 대로 행해지기 어렵기 때문에 생명체는 살아갈 수 없는 것이다.

　한 생명체가 살아가기 위해서는, 예를 들어 신체의 한 기구인 신장(콩팥)이 이렇게 많은 기능을 한 치의 오차도 없이 적재적소에서 적시에 주어진 임무대로 변함없이 실수 없이 행해야만 한다. 이러한 영적인 기능을 발휘하기 위해서는 이러한 영적인 기능의 설계를 할 수 있는 영적인 능력을 가진 자나 영적인 능력을 가진 대리자나 영적인 프로그램에 의해서 만들어진 영적인 기계라야만 영적인 메커니즘으로 작동되어 영적인 생명의 활동이 이루어지게 할 수 있는 것이다.

　수많은 세포로 이루어진 신장 속에는 세포마다 유전정보를 가진 DNA분자기계가 일일이 들어 있고, 이 분자기계 속에는 분자기계가 신체 어느 기관, 조직, 세포에 속하고(우편번호), 어떤 기능을 해야 되는지, 즉 주소(우편번호)와 임무(기능) 내용이 함께 들어 있다. 이러한 DNA의 고차원적인 생명활동의 프로그램은 고도의 지성을 가진 영적인 능력을 지닌 자에 의해서 만들어져서 유전자 속에 입력되어지게 된 것이 틀림없는 일이다. 왜냐하면 이러한 영적인 작용을 할 수 있는 조절프로그램이 태초에 우연히, 저절로, 자연히 만들어질 수도 없고, 저절로 유전자 속에 입력될 수도 없기 때문이다. 왜냐하면 정보를 만들거나 정보를 입력하는 것은 자연히 스스로 저절로 우연히 만들어지고 입력되는 것이 아니고 반드시 누군가에 의해서 의도적으로 행해져야만 되기 때문이다.

　프로그램[program, 진행순서, 차례, 계획(표), 예정(표)]은 진행순서나 계획(표)을 나타내는 것으로, 생각할 수 있는 누군가에 의해 의도적으로 구상·설계되어 만들어질 수 있는 것이지 생각도 못하는 자연에 의해 생체물질과 생명체가 한평생 동안 행해야 될 생명활동의 계획표와 생명의 정보가 백과사전 글씨 크기로 200만 페이지의 막대한 분량으로 만들어져 우연히 자연히 저절로 DNA분자 속에 더구나 영적으로 저장될 수는 없는 것이다. 처음 생물 태초에 반드시 누군가에 의해 생명의 3대 로봇(요소, 물질)인 DNA분자기계, 단백질분자기계, 광자(에너지+정보+영)기계가 세포 속에 만들어지고, 동시에 생명프로그램(유전정보)이 의도적으로 설계되어 세포 속에 DNA분자 속에 생명의 정보(생명의 말씀)로써 입력되어졌어야만 한다. 그래야만 세포분열과 교미(수정)메커니즘에 의해 자동적으로 유전시설이 후손에게 전달되어(유전되어) 생물의 다양성과 생물의 번창을 가져오게 되는 것이다.

영적인 특정한 단백질(아미노산사슬)분자를 만들기 위해서는 ① DNA분자 속에 특정한 단백질을 만드는 정보가 들어 있어야 하고, ② 전령RNA가 유전정보를 복제해서, ③ 핵막을 지나 세포질에 있는 단백질을 만드는 리보솜세포소기관으로 가서, ④ 거기에 있는 번역RNA에 의해 유전정보(단백질을 만드는 정보)가 해독되어(암호를 풀어), ⑤ 운송RNA가 유전정보대로 세포질에 있는 특정한 아미노산(20가지 아미노산 종류 중에서)을 운송해 와, ⑥ 리보솜에서 특정한 아미노산을 연결시켜 비로소 특정한 단백질을 만들게 된다.

이와 같이 한 가지 종류의 특정한 단백질분자를 만들려면 최소한 6단계를 거쳐야 하고 이 6단계가 여러 RNA들에 의해 차례대로 시간과 공간과 물질의 종류와 양을 맞춰 일이 순서대로 행해져야만 한다. 이중에 한 가지 RNA가 없어도 안 되고, 특정한 유전정보가 없어도 안 되며, 특정한 아미노산이 공급이 안 되어도 안 되고, 일의 순서가 바뀌어도 안 되며, 세포막 구멍과 핵막 구멍이 막혀도 안 되고, 단백질공장인 리보솜 시설이 없어도 특정한 단백질을 만들어낼 수 없는 것이다. 이와 같이 6단계를 차례로 순서를 지키며 행해지는 과정은 목적 없이 우연히 자연히 행해지는 과정이 아니고 목적에 맞는 프로그램(차례, 순서, 계획표)에 의해 행해지는 과정인 것이다. 프로그램에 의해 행해지기 때문에 한평생 동안 똑같은 메커니즘으로 단백질을 만들게 되는 것이다.

만일 DNA분자 속에 단백질을 만들고 생체를 만들고 생명의 활동을 하는 정보가 프로그램화되어 있지 않다면 여러 단계의 순서를 정확히 맞추면서 100만 가지 이상의 특정한 단백질 종류를 도저히 만들어 낼 수 없는 것이다. 그러므로 DNA분자 속에 4개의 염기배열순서의 결합에너지 속에 생명의 정보, 즉 하나님의 생명의 말씀이 기록되어 프로그램화되고 입력되어 유전되기 때문에 모든 생물이 저절로 자연히 유전되어 만들어져 성장할 수 있는 것이다.

수많은 생체물질과 세포, 조직, 기관이 엄마 뱃속에서 엄마로부터 양분을 받아가면서 영적인 100만 가지 이상의 종류로 된 단백질분자로봇들에 의해 영적으로 조각되어 귀여운 아기가 태어나는 과정은 바로 세포 속에 핵 속에 염색체 속에 DNA분자 속에 백과사전 200만 페이지 이상의 분량의 생명의 정보(유전정보, 생명의 말씀)가 시간과 공간과 물질의 양과 수의 순서에 따라 정확히 프로그램화되어 있기 때문에 가능한 것이다. 보이지 않는 아주 미세한 DNA분자 속에 4개의 염기 알파벳(A, T, C, G)으로 이렇게 거대한 양의 생명의 정보를 입력시킬 수 있는 자는 반드시 영과 에너지를 자유자재로 다스리는 영적인 능력을 가진 신이라야만 가능한 것이다.

만일 처음 생물 태초에 누군가가 생명 프로그램을 안 만들어 유전자 속에 입력시키지 않았으면 생물은 지금까지 존재할 수 없었을 것이다. 모든 물질(입자)은 상대적인 극성의 힘에 의해 생기는 에너지와 소립자로 원자기계, 분자기계, 이온기계들이 만들어지고 이들의 상호작용으로 큰 물질이나 큰 천체와 우주까지 만들어져 간다. 이 과정 속에는 힘(에너지)과 물질의 질서뿐만 아니라 시간과 공간의 질서도 철저히 지켜져야 한다.

이와 같이 자연의 질서와 자연의 법칙을 지키면서 이루어지는 모든 자연현상이나 자연변화는 신의 3대 힘의 원리인 자연의 3대 힘(상호작용하려는 힘+상대적인 극성의 힘+평형해지려는 힘)의 원리를 따르면서 자유에너지(유용한 에너지)는 감소하고(발열반응) 엔트로피(무용한 에너지, 무질서도)는 증가하는 정해진 일정한 방향에 따라 변함없이 수백억 년 동안 작동되어 오는 것이다. 바로 이러한 과정이 우연히 저절로 만들어진 메커니즘에 의한 것이 아니고, 영적인 능력을 가진 높은 지성을 지닌 하나님에 의해 설계프로그램화되었기 때문에 자연변화도 하나님의 영—에너지—물질—진행프로그램에 따라 변해가는 것이다.

양성자와 중성자와 전자 수에 의한 특정한 구조로 특정한 원자와 원자의 특성이 만들어지고, 염색체 수에 의한 특정한 DNA 구조로 특정한 생물의 종과 생물의 특성인 혼과 영(영혼)이 만들어지고 하는 것은 태초에 자연의 법칙 없이 우연히 저절로 자연히 스스로 생겨난 것들이 아닌 것이다. 이는 반드시 고도의 지성을 가진 자에 의해 자연의 법칙에 따라 자연의 질서에 의해 자동으로 만들어지게끔 만들어진 영—에너지—물질—자동진화프로그램에 의한 것이다.

제6장

텔레파시
(Telepathy, 정신감응)

- 텔레파시는 무엇인가?
- 동물의 텔레파시
- 인간의 텔레파시
- 텔레파시와 광재(에너지+정보+영)

01
텔레파시(Telepathy, 정신감응)는 무엇인가?

텔레파시(Telepathy, 정신감응)는 영(영혼)과 영적 교제와 밀접한 관계가 있으므로 이 영역을 한번 살펴보는 것은 매우 중요한 일이다. 텔레파시는 정신감응능력으로 멀리 떨어진 사람의 생각과 감정을 알거나 정보(생각)를 전달하거나 의사소통을 하거나 또는 멀리 떨어진 곳의 장면을 보는 능력이다.

텔레파시는 심령학(Parapsychologie)의 한 현상으로 보기 드물게 일어나는 현상이다. 그래서 세계 여러 대학에서는 텔레파시를 심령학과 같이 연구하고 있다. 일부 학자들은 텔레파시를 여섯 번째 감각으로 규정하기도 한다. 정신동력(Telekinesis, 정신격동)은 정신력으로 멀리 떨어져 있는 물체를 건드리지 않고 물체를 마음대로 움직이거나 작용되도록 하는 능력이다.

텔레파시(정신감응)는 생각(정보)을 전달하는 통신(연락)이기도 하다. 사람은 누구나 통신(연락)을 하기 위해 텔레파시 능력을 가지고 있다. 다만 사람은 텔레파시 능력을 희미하게 가지고 있을 뿐이며 드물게는 이 능력을 다소 강하게 가진 사람도 있다. 텔레파시 암호가 우연히 맞아 살인사건 장면을 보아 살인자가 체포되는 예가 종종 있다.

모든 물질은 원자로 되어 있기 때문에 원자 속에서는 전자기파를 발생한다. 서로 통신하기 위해서는 뇌파의 전자기파(전기파와 자기파)의 주파수를 서로 일치시켜야 하며 이는 곧 주파수의 암호를 맞히는 과정이다.

우리는 서로 멀리 떨어진 사람들에게 정신감응을 위한 뇌파를 서로 보내지만 우리에게는 이 주파수를 감지하는 능력이 거의 없기 때문에 정신감응이 잘 이루어지지 않는 것이다. 아주 미세한 뇌세포의 소리 전파(뇌파)는 지구뿐만 아니라 전 우주로 퍼져나간다. 인간은 이러한 미세한 뇌파를 영접하여 암호를 맞추어 이해해서 의사소통하는 능력은 아직 없다.

뇌세포 속에 세포핵 속에 염색체 속에 물질적 정신적인 Code(암호)가 DNA 속의 유전자 속에 광자 속에 저장되어 있다. 우리 자신은 모르지만 기억세포 자신은 물질적 정신적인 Code를 알고 있기 때문에 정보를 자유자재로 저장하고 꺼내고 한다. 물론 정보(생각)를 꺼내고 저장하고 하는 일은 광자(에너지+정보+영)에 의해서 이루어지며 기억세포도 광자가 들어 있는 영적인 단백질로 만들어지기 때문에 영적으로 임무를 행한다. 즉 우리 자신은 뇌세포 속에 있는 DNA Code를 모르지만 신경세포나 그 속에 있는 단백질분자나 광자들은 알고 있다.

영이 들어 있는 단백질로 만들어진 신경세포들은 영과 영 사이이므로 서로 정신감응력으로 영적으로 의사소통이 잘 되기 때문에 자연히 DNA Code(암호, 비밀번호)도 알게 되고 동시에 영혼의 Code도 알게 된다. 만일 우리가 자연에 의해서 자연선택적인 진화로 만들어졌다면 우리 자신도 DNA암호와 영혼의 암호를 알고 있어야만 할 것이다.

DNA암호를 알면 자연히 영혼의 암호(비밀번호)도 알게 된다. 그러면 영혼의 암호를 맞추어 서로 정신감응력으로 영혼끼리도 의사소통을 할 수 있다. 그러면 너무 비밀이 없는 어지러운 세상이 될 것이다. 왜냐하면 자기가 아는 사람들의 영혼비밀암호를 다 알면 전화나 텔레비전같이 영혼암호를 맞추어 정신감응력으로 보면서 정신적으로 대화할 수 있기 때문이다. 그러면 마음 놓고 사생활도 제대로 할 수 없을 것이다. 그 때문에 신이 아예 인간에게 DNA암호와 영혼의 암호를 모르게 정신감응능력을 억제시켜 놓은 것이 분명하다.

태아가 만들어지는 것도 전자기파를 미세하게 방출하고 흡수하는 원소들이 모여 단백질분자로봇과 DNA분자로봇과 정신감응력으로 정보를 주고받아 서로 정보의 내용을 영적으로 이해해서 공동상호작용이 이루어져 귀여운 아기가 조각되는 것이다. 즉 사람과 사람, 고양이와 고양이, 벌레와 벌레는 서로 의사소통을 잘 하는 거와 마찬가지로 영을 가지고 있는 단백질로 만들어진 생체물질, 조직, 기관들이나 생명의 3대 로봇(물질)은 영과 영끼리이므로 DNA 속에 있는 생명의 정보를 이해하고 그대로 행할 수 있는 것이다. 이들이 생명의 정보를 이해하고 그대로 행하는 것은 영과 영 사이의 정신감응력에 의한 것이다.

저 세상의 지구영혼국에는 지구 사람들의 영혼 Code(영혼비밀번호)를 저장하는 조그마한 영혼기계가 있을 것이다. 그래서 태아가 만들어질 때 생명의 3대 로봇인 광자로봇, 단백질분자로봇, DNA분자로봇이 만들어질 때 이들의 상호작용으로 하나님의 영이 그 아기의 영(혼, 영혼)으로 만들어지면서 영혼비밀번호가 보이지 않는 에너지나 정신감응에 의해 자동적으로 저 세상의 영혼컴퓨터기계 속에 저장되어질 수 있는 것이다. 마치 텔레비전이나 라디오 방송의 주파수가 맞든지 전화번호가 맞든지 팩스(fax, 팩시밀리)나 이메일(e-mail) 주소가 맞으면 정신적(내용) 물질적(글씨, 상, 사진)인 정보가 자동으로 자연히 전달되는 거와 같은 것이다.

영혼 Code는 정신적이기 때문에 공간과 시간과 물질의 제약을 전혀 받지 않기 때문에 암호만 맞으면 자동으로 자연히 영혼기에 입력되어진다. 사람의 일생 동안 행한 행적이 자동으로 영혼기에 기록되어 그 사람이 죽어서 영혼기에 의해 그 사람의 영혼비밀번호가 읽혀지면 영혼의 암호가 맞추어져 자연히 그 사람의 행적이 드러나 자동으로 죄의 심판을 받고, 동시에 DNA Code 속에 들어 있는 육체의 원소성분 내용대로 부활기계에 의해 자동으로 육체와 영혼을 돌려받게 될 것이다. 마치 우리가 이 세상에 올 때 엄마 자궁 속에서 영적인 단백질로봇기계들과 DNA로봇기계들에 의해 자동으로 조각되어 태어나는 거와 같이, 죽어서도 영혼로봇기계나 부활로봇기계에 의해 자동으로 영혼과 육체가 합성되어 부활될 것이다.

우리의 뇌기계는 한평생 동안 우리가 보고 듣고 냄새 맡고 말하고 맛본 모든 정보를 기록 저장해서 우리가 필요로 하면 즉시 기억정보를 꺼내어 비교 분석 평가 결정을 하여 생각을 하게 한다. 이러한 뇌기계의 능력은 천국의 영혼컴퓨터기계가 지구상의 영혼들의 일거일동 행적을 자연스레 자동으로 기록 저장하여 죄의 심판을 자동으로 내리게 하는 것도 그리 어려운 일이 아님을 짐작하게 한다.

02
동물의 텔레파시

동물들한테는 텔레파시 능력이 사람보다 더 강하게 작용한다고 한다. 많은 동물들은 자기파도 사람보다 더 잘 감지한다고 한다.

연구자들은 토끼한테 다음과 같은 실험을 했다.

실험실에서 키우는 작은 토끼 새끼를 엄마 토끼한테서 떼어 내어서 물속 잠수함으로 가져갔다. 엄마 토끼는 육지 실험실에 그대로 있었다. 잠수함이 물속 150m로 잠수했을 때, 한 사람이 토끼 새끼를 서서히 죽이기 시작했다. 그러자 실험실에 있던 엄마 토끼가 같은 시각에 매우 격렬하게 날뛰어 댔다. 두 번째, 세 번째 실험에서도 엄마 토끼는 똑같이 날뛰었다.

토끼, 두꺼비 등의 동물들이나 곤충들은 지진이 일어나기 전 며칠 전부터 다른 안전한 곳으로 피한다고 한다. 중국에서는 지진에 대한 동물들의 행동태도를 수십 년 전부터 이용해 왔다. 1975년 2월 4일 해청(Haicheng) 도시에서 동물들의 특이한 행동태도로 지진이 일어날 것을 예상하여 주민들을 다른 곳으로 피신시켰다. 얼마 후에 예측한

대로 7.3강도의 지진이 일어나 많은 집들이 파괴되었다. 아마도 동물들은 땅 속 용암에서 나오는 자기파를 인간보다 더 잘 감지하는 것 같다.

개들은 간질병을 앓고 있는 주인에게 미리 간질 발병을 경고할 수 있다고 한다. 그래서 미국에서는 간질병 환자들이 이러한 개를 기른다고 한다. 그리고 개들은 주인의 죽음도 미리 예감할 수 있는 것으로 알려지고 있다. 주인의 신체 어느 부위에 있는 암이나 질병이 있는 것도 감지해서 그 부분을 자주 핥기도 한다고 한다. 편지비둘기나 철새들은 수천 수만 리를 날아가 자기 집, 자기 고향을 찾아가는데, 이는 지구의 자기파와 태양의 자기파를 이용한다고 한다.

우리는 가끔 신문기사를 통해 개나 고양이가 먼 길을 찾아서 자기 주인을 찾아온 내용을 읽는다. 한 개가 미국 캘리포니아에서 2주를 걸려 미네소타로 달려왔다. 그 개는 이사 도중에 잊어버렸는데 먼 길을 달려서 자기 가족한테로 돌아온 것이다. 만일 동물들한테 텔레파시가 없다면 이러한 일들이 어떻게 일어날 수 있겠는가?

미국 동부 버지니아(Virginia)주에 있는 보안관의 여름 별장에 한 마리의 비둘기가 쉬고 있는 것을 12살 된 보안관 아들이 먹이를 주고 보살펴서 자기네 집비둘기로 길들였다. 그 비둘기는 167번 쪽지를 발에 단 경기용 비둘기였다. 몇 달 후 그 소년은 필리피에 있는 마이어스 메모리얼(Myers Memorial) 병원에서 수술을 받아야 했고, 그 비둘기는 여름 별장에 그대로 머물러 있었다.

그 소년이 입원한 지 일주일 후 어느 날 밤에 그 소년의 병실 창밖에서 푸드득 소리가 나는 것을 그 소년은 들었다. 그는 간호원을 불러서 창문을 좀 열어놓아 달라고 부탁해서 간호원은 창문을 열어놓았다. 그러자 비둘기는 병실 안으로 날아들어 왔다. 그 소년은 자기

비둘기인지 알아보고, 간호원에게 비둘기 발에 묶여있는 번호표를 보라고 부탁했다. 번호는 167번이었다.

남아프리카 자연연구자 마라이스는 1920년대에 흰개미 무리에는 어떤 자기파가 있는지 관찰했다. 그는 개미집(언덕)을 무너뜨려 개미통로를 메웠을 때 노동개미들이 그들의 개미통로를 수리하는 것을 보고 놀라워했다. 개미들은 그들의 끈적한 침으로 적신 흙을 가져와 통로 양쪽을 수리하기 시작했다. 이쪽에 있는 개미들은 막힌 통로 저쪽에 있는 개미들을 볼 수도 없고 접촉할 수도 없었다. 그럼에도 불구하고 양쪽 개미들은 열심히 작업을 하여 용하게 정확히 통로를 맞추어 뚫었다.

계속해서 마라이스는 다른 실험을 했다. 이번에는 무너진 통로 중심에 얇은 양철판을 꽂아서 양쪽의 개미 무리가 서로 접촉할 수 없게 만들었다. 그러나 왼쪽에 있는 개미 무리는 오른쪽에 있는 여왕개미가 있는 곳을 향하여 정확히 방향을 잡아 무너진 통로를 뚫어가기 시작했다. 그래서 관찰자는 여왕개미를 먼 다른 곳으로 옮겨놓아 보았다. 그러자 순간적으로 즉시 철판 양쪽에 있는 노동개미들은 일하는 것을 동시에 멈췄다. 다시 여왕개미를 원 위치에 가져다 놓았다. 그러자 양쪽 개미들은 용하게 알고 다시 통로를 뚫기 시작했다.

과학적으로 지금까지 풀리지 않는 실례가 있다.

코끼리는 용하게 자기와 깊은 인연이 있는 가족 코끼리가 죽어 뼈나 해골만 남아도 그 지역을 지나가다가 들러서 다른 코끼리 뼈와 해골 뼈들도 많은데 그 중에서 인연이 깊은 가족 해골 뼈를 용하게 찾아내서 코로 어루만지며 죽은 코끼리의 추억을 되살리며 슬픈 감상에 젖는데 아직까지도 어떻게 코끼리가 죽은 가족 코끼리의 뼈를 용하게 알아보는지는 수수께끼이다. 그래서 연구자들은 그 뼈와 다른 뼈들을 차로 싣고 코끼리들이 다니는 멀리 떨어진 길옆에 놓아보아도 그 길옆을 지나가던 해당 코끼리는 역시 용하게 죽은 가족 코끼리의 해골과 다리뼈들을 찾아내어 코로 어루만지며 감상에 젖곤 한다.

　뼈 냄새로 알아보기는 힘들 것이다. 왜냐하면 몇 년이 지나가 뼈가 삭고 햇볕에 바짝 말랐기 때문에 냄새가 나지 않기 때문이다. 또는 뼈의 자기파나 인으로 알아보는지 또는 뼈 속에서 죽은 가족 코끼리의 혼(영)을 알아보는지 현재로서는 수수께끼이다.

03
인간의 텔레파시

인간에게도 텔레파시 능력이 있는지 알아보기 위해서 가급적 명백한 증거가 되는 실례들을 살펴본다.

(1) 텔레파시연구소 SRI

1972년 미국 캘리포니아주에 있는 멘로 공원 안에 SRI 텔레파시 연구소가 설립되었다. 연구소의 Code 이름은 스타게이트(Stargate)였다. 냉전시대에는 미국과 소련 사이에 정보전쟁도 치열했고, 정보전쟁에 텔레파시능력을 이용하기도 했다.

1979년 10월 맥모니글(McMoneagle) 중위에게 소련 북쪽에 있는 의심나는 거대한 이상한 구조를 한 건물의 위성사진을 보여주었다. 그는 그 사진 속에 있는 이상한 거대한 건물 속에 무엇이 있는지 텔레파시 능력으로 알아내는 것이었다.

그는 그의 특이한 텔레파시 능력으로 거기서 건축 중에 있는 한 새로운 거대한 잠수함을 그렸다. 그것은 현존하는 거대한 소련 잠수함보다 여러 배 더 컸다. 그의 그림에는 18~20개의 긴 원자 라켓포신이 이상한 각도로 설계되어 있는 것이 보였다. 처음에 펜타곤(미 국방

성)에 있는 사람들은 배가 너무 크고, 그렇게 큰 잠수함이 그곳에서 어떻게 바다로 나갈 수 있느냐고 의문을 갖고 믿지 않았다.

맥모니글은 4달 후에는 비밀 항구에 있는 잠수함을 바다로 보내기 위해 운하 하나를 폭파시킬 거라고 예언했다. 4달 후 미국 첩보위성이 지금까지 건축된 잠수함 중 가장 큰 잠수함(Typhoon급)을 촬영했다. 그 잠수함은 폭파된 운하를 통해 바다로 갔는데 맥모니글이 예견한 대로 포신(포의 몸통)이 놀랍게도 20개였다.

그 다음해인 1980년에 이탈리아 테러분자들이 이탈리아 베로나 (verona) 도시의 개인집에 있는 미국 사단장 도지어(James L. Dozier)를 납치했다. 도지어는 유럽에서 고위 미국 나토 장교이며 많은 비밀정보를 다루는 사람이었다. 그의 납치는 북대서양조약기구에 대한 안보 문제에 심한 허점을 드러내는 것이다.

미국은 군사기관과 CIA로 하여금 이 사건을 수사토록 했다. 그러나 단서 없는 수사로서 진전이 전혀 없었다. 그래서 결국은 CIA국장이며 스타게이트(텔레파시 연구소)국장인 데일 그래프(Dale Graff)가 이 사건을 진두지휘하게 되었다. CIA국장은 또다시 맥모니글 중위로 하여금 텔레파시 능력으로 도지어 장군이 머물고 있는 곳을 알아내게 하였다. 그러자 맥모니글은 도지어 장군이 파두아(padua, 이탈리아) 도시에 있는 한 슈퍼마켓 위에 한 파란 텐트 속에 잡혀 있다고 말하고, 그 주위의 도로가 놓인 모양이나 건물들의 모양을 자세히 말했다.

며칠 후 수사관들이 파두아 도심지에 있는 한 개인 집을 덮쳤다. 수사진들은 놀란 테러분자들을 체포하고 도지어 장군을 구출해 낼 수 있었다. 실제로 도지어 장군은 납치된 동안에 방 복판에 있는 파란 텐트 속에 잡혀 있었다. 그리고 그 방은 맥모니글이 말한 대로 슈퍼마켓 위에 2층에 있었다. 물론 맥모니글 중위같이 강한 텔레파시능력을 가진 사람은 매우 드물다.

(2) 시카고의 형사사건

1977년 시카고에서 한 젊은 여자가 살해되었는데 다른 한 여자의 텔레파시에 의해 수사진은 범인을 체포할 수가 있었다. 이와 같은 사례를 담은 책들은 전 세계적으로 많이 있다. 잘 알려진 베스트셀러 저자는 "World of Strange phenomena" 책 속에 실제 있었던 한 사건을 기록했다.

1977년 2월 21일에 경찰은 미국 일리노이(Illinois)주 시카고에 있는 고층아파트에서 필리핀에서 이민 온 테라시타 바사(Teresita Basa)의 시체를 발견했다. 그녀는 모르는 범인에 의해 칼에 찔려 살해되었다. 경찰은 끔직한 살해사건의 동기를 못 찾아 미궁에 빠져 있었다.

바사는 에지워터(Edgewater) 병원에서 일했었다. 살해된 여자가 근무한 병원에서는 추아(Chua) 의사와 그의 부인도 일했다. 그들은 피해자를 알긴 했으나 거의 접촉은 없었다.

추아 부부는 시카고 교외인 스코키(Skokie)에서 살았다. 어느 날 저녁 추아 부인은 갑자기 혼수상태에 빠졌다. 그녀는 거실에서 일어나서 침실로 걸어갔다. 그녀가 침대에 눕자 갑자기 낯선 음성으로 말하는 것을 듣기 시작했다. 그 음성은 필리핀 말로 그녀는 바사라고 했다. 그녀는 남자 간호원으로부터 살해되었다고 애처롭게 말했다. 그리고 나서 추아 부인은 혼수상태에서 깨어났다.

그 후 날마다 추아 부인은 혼수상태에 빠졌고 그때마다 Basa의 구슬프고 애처로운 음성을 들었다. 바사는 앨렌 샤워리(Allan Showery) 남자간호원이 자기를 살해하고 그녀의 귀금속을 도둑질했다는 것이다. 사실 샤워리는 그녀를 살해하고 나중에 그녀의 진주 반지를 자기

여자 친구에게 선물했다.

추아 의사는 자기 부인한테서 들은 내용을 경찰수사관에게 모두 말했다. 리 에플렌(Lee Epplen)과 조셉 스테출러(Joseph Stachula) 수사관이 이 사건을 맡았다. 물론 그들은 처음에는 혼수상태에서 목소리만 들은 것에 대해 매우 의심스러워했다. 그러나 범인의 이름과 반지의 행적에 대해 들었으므로 어쨌든 수사를 추진할 수밖에 없었다. 그래서 수사진은 샤워리의 방을 수색했고, 거기서 도난당한 귀금속을 발견했을 뿐만 아니라 샤워리 여자친구는 바사의 진주반지를 손가락에 끼고 있었다. 그리하여 1977년 8월에 이 수사는 끝이 났다.

나중에 수사관 스테출러는 어떻게 추아 의사 부부가 그러한 정보를 얻었는지 지금까지 의문이 안 풀린다고 기록했다. 아마도 영과 영끼리 텔레파시의 암호가 맞추어져 서로 의사소통되는 현상일 것이다. 이는 사람이 죽더라도 영혼(영)은 없어지지 않는 것을 의미하고 증거하는 것이다.

(3) 독일 형사사건에 대한 수사방송

다음은 저자가 직접 독일 TV에서 본 텔레파시에 관한 실제 있었던 사건들을 몇 가지 소개한다.

① 2006년 독일 Anatomie TV Serie 방송에서(RTL Ⅱ TV방송국)

독일 TV 한 방송국에서는 미국 살인사건 수사과정을 배우들에 의해 다시 똑같게 재현한 것을 필름에 담아 일주일에 한 번씩 수사방송을 보여준다.

미국에서 실제 있었던 사건이다.
미국 한 지역에서 젊은 여성이 행방불명되었다. 여러 달이 지나가도 수사의 진전은 없었다. 어느 날 행방불명된 여자의 엄마가 그 지역 고속도로를 자기 차를 몰고 작은 나무들과 덤불만이 가끔 듬성듬성 있는 커다란 벌판 지역을 지나쳐 가는데, 그곳 어디에선가 "엄마 엄마!" 하고 애처롭고 구슬프게 울며 가느다랗게 부르는 자기 딸의 목소리를 듣고 엄마는 가슴이 두근거리며 몹시 놀라워했다. 엄마는 운전 도중 자기 딸이 이 황량한 넓은 들판에 있을 리 없고 자기가 딸애 때문에 너무 신경을 써서 환상으로 들은 것이라 생각하고 그대로 지나쳐 버리고 집에 돌아왔다. 집에 온 엄마는 밤새 딸애의 애처롭고 슬픈 목소리 때문에 편히 잠을 잘 수가 없었다.

이것저것 곰곰이 생각한 엄마는 아무래도 이상하니 그곳을 다시 지나가 보겠다고 마음먹고 그 다음날 아침 일찍 혼자서 차를 몰고 다시 그곳으로 갔다. 엄마가 그곳에 도착하자 다시 슬프고 애처롭게 울며 부르는 딸애의 목소리를 듣고 즉시 경찰소로 가서 자기가 겪은 일을 모두 말하고, 자기 생각으로는 분명히 자기 딸이 그 근방에 있을 거라며 하소연했고, 경찰들과 함께 그곳에 가서 그 지역을 샅샅이 찾아보았다.

마침내 한 덤불 속에서 부패된 한 여자의 시체를 발견했다. 옷가지며 소지품을 본 엄마는 즉각 자기 딸임을 알아보았다. DNA검사로도 딸이라는 것이 판명되었다. 나중에 범인도 체포되었다. 죽은 딸의 영이 너무 한이 맺혀 텔레파시로 어머니를 부른 것 같다.

이 사건 내용도 죽은 딸애의 영과 엄마의 영이 서로 정신감응되는 현상으로 죽은 영이 없어지지 않고 존재함을 증거하는 것이다.

② 2007년 독일 한 라디오 방송에서 잠깐 들었다

스위스에서 대학에 다니던 딸이 숲 속에서 살해되었다. 독일에 살던 엄마는 딸이 살해되는 똑같은 시각에 "엄마 엄마" 하고 비명소리를 지르는 딸의 애처로운 소리를 들었다. 엄마는 즉시 딸의 휴대폰에 전화를 했으나 그 이후로는 전화를 받지 않았다.

엄마는 딸에게 무슨 큰일이 일어난 것이 틀림없다고 생각하고 즉시 스위스로 가서 딸을 찾았으나 딸은 행방불명되어 경찰에 가서 모든 진상을 말했다. 이어서 수사관들에 의해 수사가 진행되어 대학과 집 사이의 덤불 속에서 딸의 시체를 발견하게 되었다.

③ 2007년 독일 Anatomie TV-Serie 방송에서

역시 미국에서 실제 있었던 사건이다.

한 60대 된 여인이 우연히 텔레파시의 암호가 맞아 정신감응으로 어떤 두 남자가 한 여자의 나체 시체를 그 지역에서 좀 떨어진 차도 옆 소나무 밑에 내려놓는 장면을 보고, 경찰에 가서 자기가 텔레파시로 본 장면을 모두 말했다. 범행 장소는 약 90도 각도로 굽은 차도 옆에 있는 낮은 야산 첫 입구에 있는 소나무 밑이었다.

경찰은 그 여자가 말한 대로 그 지역의 야산 입구 소나무 밑에서 여자 시체를 발견했다. 그러나 한동안 경찰들은 60대 그 여자를 의심했다. 다행히 나중에 그 여자가 말한 범인의 인상착의에 의해 범인들이 검거되어 그 여자에 대한 의심이 풀리게 되었다. 만일 영(영혼)이 죽음과 함께 사라진다면 이러한 텔레파시 현상으로 범인을 잡을 수는 없는 것이다.

④ 2007년 독일 Satz 1 법정 TV방송에서

독일 Satz 1 TV방송국은 실제 있었던 재판과정을 배우가 똑같게 재연을 해서 매일 오전과 오후 2번에 걸쳐 한 시간씩 TV방송으로 방송한다.

한 젊은 남자가 한 젊은 여자를 유괴한 혐의로 구속되어 법정에서 재판을 받게 되었다. 그 남자는 엄마와 둘이서 사는 아직 미혼의 남성이고, 그의 엄마는 그 여자 집에서 오랫동안 가정부로 일해 왔기 때문에 그 남자 가족과 그 여자 가족은 서로 잘 아는 사이였다.

여자네 집은 유행 옷 상점을 하는 비교적 부유한 집이었다. 여자는 며칠 동안 행방불명이었고, 마침내 범인들로부터 돈을 요구하는 협박편지가 왔다. 그러자 그 남자가 여자의 엄마한테 자기가 딸이 어디에 있는지 알아낼 터이니 그 대가로 돈을 달라고 요구했다. 여자의 엄마는 그렇게 한다고 동의했다.

그 남자는 그 여자가 입던 옷을 만지며 한참 후에 말하기를 그 여자는 지금 그 지역에서 좀 떨어진 어느 야산 숲 속에 사람이 살지 않는 오두막에 몸이 묶인 채로 갇혀 있다고 했다. 그리고 범인 둘이서 하얀색으로 포장된(칸막이가 있는) 작은 짐차로 그 여자를 유괴했다고 했다. 딸의 엄마는 즉시 경찰들과 함께 그곳에 가서 신기하게도 오두막 속에 묶여 있는 딸을 구출해 낼 수 있었다.

경찰은 즉시 그 젊은 남자를 공범으로 구속했다. 그 이유는 어떻게 그 남자가 그 여자가 있는 곳과 범인들이 사용한 작은 짐차의 색과 모양을 정확히 알 수 있었느냐 하는 점이다. 얼마 후 법정에서 그 젊은 남자는 범인들을 전혀 모르는 사이이고, 자기에게는 그러한 보기 드문 정신감응(Telepathy)능력이 있다고 진술했다. 물론 그는 무죄로 석방되었다. 나중에 두 범인들은 체포되었고, 이들 범인들과 그 젊은 남자는 서로 전혀 모르는 사이로 판명되었다.

04
텔레파시와 광자(에너지+정보+영)

미국 물리학자들은 원자의 광자정보를 광자(photon, 포톤, 양자)로 전달하는 데 성공했다. 애틀랜타에 있는 조지아 기술연구소의 두 명의 물리학자는 과학전문잡지(Science, Bd. 306, 663페이지)에 광자그물망교차점에 대해 기고했는데 그것은 광자조직 속에 저장된 정보가 원자로부터 photon으로 전달된다는 것이다.

정보저장의 최소단위는 보통 컴퓨터에서는 비트(Bit, 정보전달의 최소단위, 2진법의 0과 1)에 비해 광자컴퓨터는 정보를 큐비트(Qubits)에 저장한다. Bit는 단지 0과 1의 상태만 저장할 수 있는 데 비해 Qubits는 그것을 넘어 이 두 기본상태의 모든 가능한 겹침을 저장할 수 있다. 다시 말해 하나의 Qubit는, 예를 들어 0상태에서 겹침으로 인해 30%와 1상태에서 70%로 정보를 저장할 수 있다.

미래의 컴퓨터는 사람의 뇌를 연구하여 개발시켜 나간다. 그러한 정보의 겹침 가능성은 광자조직법칙에서 밝혀진다. 그 법칙은 광자입자가 둥둥 떠 있는 상태일 때 가능하다. 이들 광자조직의 현상으로 마침내 정보의 새로운 종류의 일처리 가능성이 생긴다. 그러한 일처리 가능성은 특정한 수학문제를 광자컴퓨터가 일반 컴퓨터보다 훨씬 쉽게 풀어낸다.

미국의 두 물리학자 알렉스 쿠즈미히(Alex Kuzmich)와 드미트리 마추케비치(Dzmitry Matsukevich)는 그러한 Qubits를 원자로부터 광자로 전달시키는 데 성공했다. 그러한 광자그물망 매듭의 개발은 광자정보를 오랫동안 저장하기 위해서 원자가 적합하므로 아주 중요한 것이다. 그러나 정보를 계속 더 전달하고 정보처리를 하도록 하기 위해서는 정보를 광자로 전달시켜야만 한다.

두 물리학자는 먼저 쪼개진 광선(빛) 중의 하나를 원자들 사이로 통해 보냄으로써 약 10억 개의 루비듐 원자에서 2개의 구름형태 속에 광자그물망교차점(매듭)을 실현시켰다. 이 방법으로 교차시킴(끼워 맞춤)이 낱개의 광자와 두 원자구름의 공동자극상태 사이에서 이루어진다. 교차시킴(끼워 맞춤)은 아인슈타인(Albert Einstein)이 유령 같은(기이한) 원격작용(정신감응)이라고 말한 바와 같이 기이한 광자조직의 특성인 것이다. 그와 동시에 2개의 공간적으로 서로 떨어진 광자조직이 한 공동의 상태로 존재하는 것이다.

귀결은 두 광자조직 사이에는 하나의 정신감응(텔레파시)적인 관계가 있다. 광자와 원자구름 사이에는 기이한 정신감응이 존재하기 때문에 동시에 원자구름의 상태도 변한다. 연구의 목적은 특정한 Qubit에 일치하도록 원자구름을 원하는 상태로 변형시키는 것이다.

다음 단계의 중요한 진보는 원자구름 속에 저장된 Qubit를 다시 선택(선별)하는 것이다. 그러기 위해 연구자는 빨간색의 빛의 맥동전류로 자극시킨다. 귀결로써 원자구름은 Qubit를 지닌 단 하나의 광자를 내보낸다. 과학자들은 광자그물망교차점 컴퓨터는 몇 년 후부터 실용화될 것으로 내다보고, 원자구름 속에 원자의 수도 100억 개 이상으로 높이려고 한다. 물질적인 Bit 컴퓨터는 기억을 저장하는 데 한계가 있으므로 사람의 뇌세포기능과 비슷한 Qubits 컴퓨터를 개발

연구하고 있다.

　이와 같이 정보를 전달하고 저장하고 하는 것은 원자구름, 광자구름 등이 정신감응(텔레파시)력으로 하는 것을 알 수 있는데 이는 정신적인 것도 보이지 않는 미세한 소립자나 미립자들의 작용인 것을 나타낸다. 그러므로 정신세계도 보이지 않는 물질세계인 소립자(미립자) 세계로 되어 있고 행해지는 것이다.